Bettina Sigmund • Margrit Goral • Petra Lea Müller

Aufstocken – Verdichten – Umnutzen

Aufstocken – Verdichten – Umnutzen

Potenziale urbaner Räume aktivieren

mit 202 Abbildungen und 36 Tabellen

Bettina Sigmund

Dipl.-Ing. Architektur, M. A. Architektur Media Management

Margrit Goral

Dipl.-Ing. Architektur, M. A. Architektur Media Management

Petra Lea Müller

Dipl.-Ing. Architektin, M. A. Architektur Media Management

RM Rudolf Müller

Bibliografische Information der Deutschen Nationalbibliothek

Die Deutsche Nationalbibliothek verzeichnet diese Publikation in der Deutschen Nationalbibliografie; detaillierte bibliografische Daten sind im Internet über http://dnb.d-nb.de abrufbar.

Maßgebend für das Anwenden von Regelwerken, Richtlinien, Merkblättern, Hinweisen, Verordnungen usw. ist deren Fassung mit dem neuesten Ausgabedatum, die bei der jeweiligen herausgebenden Institution erhältlich ist. Zitate aus Normen, Merkblättern usw. wurden, unabhängig von ihrem Ausgabedatum, in neuer deutscher Rechtschreibung abgedruckt.

Das vorliegende Werk wurde mit größter Sorgfalt erstellt. Verlag und Autorinnen können dennoch für die inhaltliche und technische Fehlerfreiheit, Aktualität und Vollständigkeit des Werkes keine Haftung übernehmen. Aus Gründen der besseren Lesbarkeit wird an einigen Stellen die männliche Form verwendet. Die verkürzte Sprachform hat nur redaktionelle Gründe und beinhaltet keine Wertung.

Wir freuen uns, Ihre Meinung über dieses Fachbuch zu erfahren. Bitte teilen Sie uns Ihre Anregungen, Hinweise oder Fragen per E-Mail: fachmedien.architektur@rudolf-mueller.de mit.

Lektorat: Dr. Doris Kliem, Urbach
Covergestaltung: Inga Lämmlein Grafikdesign, Rodgau
Satz und Umschlagerstellung: WMTP Wendt-Media Text-Processing GmbH, Birkenau
Druck und Bindearbeiten: Westermann Druck Zwickau GmbH, Crimmitschauer Straße 43, 08058 Zwickau

Printed in Germany

ISBN: 978-3-481-04934-8 (Buch-Ausgabe), Produktionscharge *001
ISBN: 978-3-481-04935-5 (E-Book als PDF)
ISBN: 978-3-481-04936-2 (Buch-Ausgabe + E-Book als PDF), Produktionscharge *001

PEFC-zertifiziert
Dieses Produkt stammt aus nachhaltig bewirtschafteten Wäldern, Recycling und kontrollierten Quellen
PEFC
PEFC/04-31-3513
www.pefc.co.uk

Vorwort

Städte sind im Wandel. Zwischen Klimaanpassung, Nachverdichtung und sozialem Ausgleich entstehen neue Anforderungen an den gebauten Raum. Der Begriff „urbaner Raum" beschreibt weit mehr als nur bauliche Verdichtung oder das Vorhandensein städtischer Infrastruktur. Er ist ein komplexes Gefüge aus physischen, sozialen und funktionalen Strukturen mit hoher Nutzungsdichte, vielfältigen Wechselwirkungen und beschleunigter Dynamik. Er zeichnet sich durch eine enge Verzahnung von Wohnen, Arbeiten, Mobilität, Freizeit, Produktion und Konsum aus. Es sind Räume ökonomisch, kulturell, technologisch und gesellschaftlich verdichteter Interaktionen. Im Unterschied zum „ruralen Raum" mit seinen Merkmalen Monofunktionalität, niedrigere Dichte, landschaftsgeprägte Identität und traditionellere Lebensmodelle liegt im Urbanen der Fokus auf Diversität, Heterogenität und Komplexität. Das bedeutet, dass urbane Räume konfliktreicher, aber auch innovationsfähiger sind. Sie sind anfälliger für Überlastung, aber auch robuster im Wandel.

Urbanität steht unter doppeltem Druck: Zum einen wächst die quantitative Nachfrage nach Wohnraum, Mobilität und Infrastruktur. Zum anderen steigen aber auch die qualitativen Ansprüche an Klimaanpassung, soziale Gerechtigkeit, Nachhaltigkeit und Lebensqualität. Die klassische Moderne mit ihrer funktionalen Trennung der Nutzungen ist an ihre Grenzen gestoßen. Gefragt sind heute robuste, durchmischte und wandelbare Strukturen, die mit Unsicherheiten umgehen können, sowohl ökologisch und ökonomisch als auch sozial. Der urbane Raum ist im 21. Jahrhundert mehr denn je ein Spannungsfeld zwischen Wachstum und Rückbau, zwischen Nutzung und Übernutzung, zwischen Schutz und Aktivierung. Angesichts globaler Herausforderungen wie Klimawandel, Ressourcenknappheit, demografischer Verschiebungen und sozialer Polarisierung steht die Stadt im Zentrum eines fundamentalen Umdenkens. Nicht das Mehr an Fläche, Neubau und Expansion prägt die Diskussion, sondern die Frage, wie das Vorhandene besser, gerechter und nachhaltiger genutzt werden kann.

Die Stadt wird zur Ressource. Sie ist nicht nur ein Aggregat baulicher Strukturen, sondern auch Trägerin von sozialen Netzwerken, räumlicher Identität sowie materiellen und immateriellen Potenzialen. Ihre brachliegenden Flächen, überformten Quartiere und untergenutzten Gebäude und ihr gebundenes CO2 sind keine Last, sondern ein Reservoir für zukünftige Entwicklungen. Diese Ressourcen zu aktivieren, erfordert jedoch eine differenzierte, disziplinenübergreifende Perspektive.

Über dieses Buch

Das vorliegende Buch widmet sich den ungenutzten Potenzialen, die in unseren Städten bereits vorhanden sind: den Restflächen, den übersehenen Strukturen, den wandelbaren Gebäuden, dem notwendigen Freiraum und nicht zuletzt den Menschen, die diesen Prozess gestalten. „Aufstocken – Verdichten – Umnutzen: Potenzial urbaner Räume aktivieren" zeigt Wege auf, wie Innenarchitektur, Architektur, Stadt-, Landschafts- und Freiraumplanung gemeinsam zu einer nachhaltigen, vielschichtigen und lebenswerten Stadt beitragen können – durch Transformation und Weiterbauen, aber auch durch neue Formen des Dialogs und der Verantwortung. Es versteht sich als Fach- und Inspirationsbuch zugleich, als ein Werkzeugkasten für Planende, Bauherrschaft, Kommunen und alle, die die Zukunft unserer Städte aktiv mitgestalten wollen.

Das Buch rückt das Planen und Bauen im Bestand, das Weiternutzen, das Transformieren in den Fokus. Es sucht nicht nach Tabula-rasa-Konzepten, sondern nach sensiblen Strategien und Ideen, mit denen urbane Räume in ihrer physischen wie auch sozialen Substanz weiterentwickelt werden können – ressourcenschonend, funktional adaptiv und sozial gerecht. Im Mittelpunkt steht dabei die Frage, wie urbane Räume durch Architektur und

Planung gezielt aktiviert, qualifiziert und in ihrem Potenzial entfaltet werden können, durch Umdeutung, kreative Eingriffe und intelligente Rücksichtnahme auf das Bestehende. Es geht nicht um spektakuläre Gesten, sondern um substanzielles Weiterbauen, das den Herausforderungen unserer Zeit mit architektonischer Klarheit, räumlicher Intelligenz und gesellschaftlicher Verantwortung begegnet.

Dieses Buch ist aus Gesprächen entstanden, aus Dialogen mit Architektinnen und Architekten, Bauherrinnen und Bauherren, Vertreterinnen und Vertretern von Wohnungsbaugesellschaften, Städten, Verbänden, Instituten und Forschungseinrichtungen. Sie alle haben großzügig Einblick in ihre Planungsprozesse, ihre Strategien und Entscheidungswege gewährt, in das, was gelungen ist, und in das, was auf dem Weg dorthin zu lernen war. Ohne diese Offenheit, diesen persönlichen Blick hinter die Kulissen, wäre dieses Buch nicht möglich gewesen.

Alle Zitate ohne Quellenangaben stammen aus diesen persönlichen Gesprächen und Interviews der Autorinnen mit den Expertinnen und Experten.

Der Dialog bildet auch das inhaltliche Fundament dieses Buches. Urbane Transformation entsteht dort, wo Fachdisziplinen in Austausch miteinander treten, wo Architektur, Stadt- und Landschaftsplanung, soziale, ökologische und wirtschaftliche Perspektiven zusammenfinden und neue Ziele formulieren. Die Texte und die beschriebenen Projekte zeigen, dass derzeitige Bestrebungen, urbane Potenziale zu aktivieren, weit über technische oder ökonomische Kategorien hinausgehen. Sie sind Ausdruck einer Haltung gegenüber der Stadt, dem Bestand, dem Klima und vor allem der Gesellschaft.

Fünf zentrale Themenblöcke strukturieren die Perspektive in diesem Buch:

- **Aufstockung:** Nutzung vorhandener Gebäudestrukturen und Dachpotenziale zur vertikalen Verdichtung,
- **Verdichtung:** Ergänzung und Optimierung innerstädtischer Flächen durch An- und Teilneubauten sowie Neubauten im Bestand,
- **Transformation:** Weiterentwicklung und Umnutzung bestehender Gebäude und Konversionsareale,
- **Multicodierung:** Überlagerung von Funktionen in Raum und Zeit zur Steigerung urbaner Effizienz,
- **Zirkularität:** kreislauffähiges Bauen, Wiederverwendung und Materialrückgewinnung.

Diese Strategien begegnen den Herausforderungen des urbanen Bauens mit unterschiedlichen Reaktionsformen: Verdichtung ohne Verdrängung, Nutzungserweiterung ohne Funktionseinbußen, Klimaanpassung ohne technische Überformung und Wachstum ohne zusätzlichen Flächenverbrauch.

Jedes der diese 5 Themenblöcke aufgreifenden Kapitel (siehe Kapitel 3 bis 7) beginnt mit einer persönlichen Haltung – einer Stimme aus der Praxis. Diese individuellen Statements verdeutlichen die Bedeutung des urbanen Weiterbauens und verstehen sich zugleich als Appell an alle Entscheidungsträger und -trägerinnen, den Handlungsspielraum im städtischen Kontext aktiv zu nutzen. Die anschließend folgenden Definitionen und Planungskriterien erläutern in verdichteter Form die zentralen Grundlagen, Zusammenhänge und Schlüsselbegriffe der jeweiligen Kategorie als assoziative, am Planungsprozess orientierte Gedankenkette. Sie ersetzen kein Nachschlagewerk, sondern bündeln die zentralen Themen und Kriterien in einer kompakten Form mit einem präzisen Blick für das Wesentliche. Sie verstehen sich als Impulsgeber, den Planungsprozess immer wieder zwischen Analyse, Intuition und Erfahrung neu zu justieren. Den Hauptteil der Kapitel 3 bis 7 bilden sorgsam ausgewählte Beispiele aus der Praxis, die Lösungsansätze für den urbanen Bestand aufzeigen.

Alle im Buch vorgestellten Projekte stammen aus dem Bereich der Alltagsarchitektur. Sie sind bewusst keine singulären Leuchtturmprojekte, sondern zeigen übertragbare, praxistaugliche Lösungen für reale planerische Herausforderungen. Sie arbeiten mit dem Vorhandenen, sind baulich realistisch, wirtschaftlich tragfähig und kulturell verankert. Damit bieten sie konkrete Anstöße für Städte, Wohnungsbaugesellschaften, Bauherrschaft und Planende, urbanes Potenzial verantwortungsvoll und gestalterisch qualitätsvoll zu aktivieren. Gleichzeitig ist jedes dieser Projekte in seiner eigenen Weise herausragend. Die geschilderten Projekte stehen exemplarisch für ein neues Bauen, das mit knappen Ressourcen achtsam umgeht, neue architektonische Ausdrucksformen findet und veränderten Erwartungen an Nachhaltigkeit, Funktionalität und Atmosphäre gerecht wird. Unabhängig davon, in welcher Typologie oder Kategorie sie verortet sind, zeigen die beschriebenen Projekte beispielhaft, wie Architektur heute zugleich verantwortungsvoll, relevant und gestalterisch stark sein kann.

Als planerisches Konzept erfordert der urbane Raum Kontexte mit hoher funktionaler Dichte, baulicher Komplexität und intensiver infrastruktureller Durchdringung, in denen sich soziale, wirtschaftliche und gestalterische Prozesse überlagern und dynamisch verändern. Er ist nicht zwangsläufig an Stadtgrenzen gebunden, sondern beschreibt eine räumliche Qualität, die auch in suburbanen oder intermediären Lagen entstehen kann. Dementsprechend greift dieses Buch auch Projekte auf, die als prototypische Beispiele urbaner Typologien gelten können, selbst wenn sie nicht in einem per Definition urbanen Kontext verortet sind. Entscheidend ist dabei nicht der geografische Standort, entscheidend sind die programmatische Dichte, die funktionale Vielfalt und die konzeptionelle Übertragbarkeit der Lösung.

Die Projekte und Konzepte werden anhand von 4 Maßstabsebenen beleuchtet:

- **Ausbau:** Raumkonzepte, adaptive Grundrisse und Eingriffe auf Mikroebene,
- **Hochbau:** strukturelle Ergänzungen und Neubauten im urbanen Bestand,
- **Städtebau:** städtebauliche Strategien, Quartiersentwicklungen und Stadtreparatur,
- **Freiraum:** grün-blaue Infrastruktur, Dachlandschaften und Ausgleichsräume.

Wir Autorinnen verstehen diese Publikation als Einladung zum Weiterdenken, als praktische Orientierungshilfe für Planende und Bauverantwortliche, als fachlichen Beitrag zum aktuellen Diskurs und als Impuls, urbane Ressourcen klug, sensibel und gemeinschaftlich zu nutzen. Die Initialzündung für dieses Buch gab Petra Lea Müller, deren langjährige Arbeit zu Nachverdichtung, Umnutzung und energetischer Sanierung sowie die Vorgängerpublikation „Urbane Ressourcen". Bettina Sigmund entwickelte das Konzept des Buches weiter und gab ihm Profil und Tiefe durch zahlreiche Fachgespräche zu Aufstockung, Verdichtung, Transformation, Multicodierung und Zirkularität sowie durch die Auswahl und Einordnung der Best-Practice-Beispiele. Margrit Goral hat mit der Aufbereitung der baurechtlichen Rahmenbedingungen das solide Fundament gelegt, auf dem diese Publikation aufbaut.

Dank

Unser besonderer Dank gilt allen Expertinnen und Experten, die dieses Buch durch ihre Erfahrungen, Gespräche und Projekte bereichert haben. Ebenso danken wir allen beteiligten Büros, Institutionen und Kommunen für ihr Vertrauen und ihre Bereitschaft, die Entstehung und Umsetzung ihrer Projekte transparent zu machen. Darüber hinaus danken wir allen Fotografen und Fotografinnen, die ihre Bilder honorarfrei zur Verfügung gestellt haben.

Ein herzliches Dankeschön gilt auch der RM Rudolf Müller Medien GmbH & Co. KG für die gute und konstruktive Zusammenarbeit sowie allen, die mit Lektorat, Grafik und Produktion zum Gelingen beigetragen haben.

Unser Dank gilt im Einzelnen Johannes Ernst, Stefan Forster, Aline Hielscher, Andreas Krys, Pascal Maas und Margit Sichrovsky für ihre bereichernden Positionen.

Für den intensiven Austausch zu den Best-Practice-Projekten danken wir zudem Alexis Angelis, Tobias Baldauf, Achim Behles, Susann Belitz, Pia Brückner, Johannes Ernst, Michael Ertel, Matthias Foitzik, Stefan Forster, Andrea Gebhard, Gil Ja Geiss, Almut Grüntuch-Ernst, Max Hacke, Matthias Heinrich, Pia Hesselschwerdt, Aline Hielscher, Frank Junker, Richard Königsdorfer, Kilian Kresing, Andreas Krys, Jürgen Lehmeier, Clemens Leonhardt, Pascal Maas, Simon Rott, Falk Schneemann, Frank Schönert, Margit Sichrovsky, Stuart Stadler, Goetz von Stuckrad, Andrea Zickhardt und der Stadt Heidelberg. Viele der Beteiligten lehren als Professorinnen und Professoren an Hochschulen. Im Sinne eines respektvollen, gleichberechtigten Austauschs über institutionelle Grenzen hinweg verzichten wir im Buch bewusst auf die Nennung akademischer Titel.

München/Düsseldorf/Münster, Februar 2026

Bettina Sigmund
Margrit Goral
Petra Lea Müller

Inhalt

1 Potenziale der Stadt

Bettina Sigmund

1.1 Stadt im Spannungsfeld

Die Stadt des 21. Jahrhunderts ist ein umkämpfter Raum, der knapp ist, weil Boden endlich ist. Sie steckt voller Widersprüche, weil viele Interessen auf begrenzter Fläche aufeinandertreffen. Sie ist aber auch zukunftsträchtig, weil sich dort zentrale gesellschaftliche, ökologische und wirtschaftliche Herausforderungen verdichten und verhandeln lassen. Städte sind nicht nur Orte des Wohnens, Arbeitens und Bewegens. Sie sind Infrastruktursysteme, soziale Netze, Biodiversitätsräume und vor allem Möglichkeitsräume. Wer heute über Stadt spricht, spricht über Nutzungskonkurrenz, Flächenversiegelung, Klimafolgen und soziale Ungleichheit, aber auch über Innovationspotenziale, Ressourceneffizienz und Lebensqualität.

In dieser Gemengelage ist Bauen im Bestand keine Ergänzung der klassischen Stadtentwicklung, sondern ihre zentrale Strategie. Aufstocken, Verdichten und Umnutzen sind keine Ausnahmenstrategien mehr, sondern konkrete Antworten auf den strukturellen Handlungsdruck: Wie gehen wir mit begrenztem Raum um? Wie können wir Wohn-, Arbeits- und Freizeitraum schaffen, ohne zu versiegeln? Wie lassen sich überformte oder brachliegende Strukturen revitalisieren? Wie kann dieser Wandel sozial, ökologisch und funktional verträglich gestaltet werden? Die Potenziale des urbanen Raumes liegen im Vorhandenen, in seinen Gebäuden, Flächen und Infrastrukturen wie auch in den sozialen Systemen, die daran gebunden sind. Der Weiterbau der Stadt ist damit eine Frage der Aktivierung, nicht der Expansion.

Eine solche Aktivierung erfordert eine ganzheitliche Perspektive: Es reicht nicht, Dichte zu steigern oder Flächen zu reorganisieren. Die Stadt bietet Ressourcen in einem erweiterten Sinn:

- ökologische Ressourcen, weil Städte Klima- und Biodiversitätsräume sind,
- soziale Ressourcen, weil Stadt Teilhabe strukturiert,
- funktionale Ressourcen, weil Dichte und Nutzungsmischung eine neue Logik brauchen,
- räumliche Ressourcen, weil urbane Qualität im Zusammenspiel von Gebautem und Freiraum entsteht,
- materielle Ressourcen, weil Bestände zu Materiallagern werden,
- emotionale Ressourcen, weil Orte Identität stiften, und
- gesundheitliche Ressourcen, weil die urbane Umwelt direkt auf den Menschen einwirkt.

Diese Ressourcen stehen nicht additiv nebeneinander, sondern sie bedingen einander und müssen als systemisches Ganzes verstanden werden. Wer Stadt weiterbauen will, braucht kein radikales neues Konzept, sondern die Fähigkeit, das bestehende Gefüge als Grundlage zur Schaffung neuer Potenziale zu erkennen.

1.2 Stadt und Mensch

Neue Lebensmodelle, technologische Entwicklungen und ökologische Rahmenbedingungen fordern eine umfassende Neudefinition städtischer Qualitäten. Die gebaute Stadt ist nicht statisch, und sie ist nie neutral. Sie unterliegt einem stetigen Wandel und der Anpassung an gesellschaftliche Erfordernisse. Sie prägt unser Verhalten und beeinflusst unser Wohlbefinden, unsere sozialen Kontakte und unsere Gesundheit. Der Mensch lebt nicht in abstrakten Strukturen, sondern in konkret erfahrbaren Räumen – im Licht eines Fensters, in der Enge eines Flures, im Schatten eines Baumes oder im Lärm eines Hinterhofs. Städte und ihre Gebäude üben eine Wirkung auf Körper, Psyche und Gesellschaft aus.

Gesundheit in der Stadt

Luftqualität, Tageslicht, Raumklima, Lärmpegel, Bewegungsanreize und soziale Dichte sind Faktoren, die in der städtischen Umwelt direkt auf die physische und psychische Gesundheit einwirken:

- **Licht und Rhythmus:** Tageslicht unterstützt den zirkadianen Rhythmus und wirkt sich positiv auf Schlafqualität, Konzentration und seelische Ausgeglichenheit aus.
- **Lärm und Stress:** Lärm ist nicht nur ein Komfortthema, sondern ein Gesundheitsfaktor. Chronische Belastung erhöht nachweislich das Risiko für Herz-Kreislauf-Erkrankungen.
- **Bewegung im Alltag:** Quartiere, die aktive Mobilität fördern, z. B. durch fußläufige Erreichbarkeit, Sichtbeziehungen und Aufenthaltsqualität, wirken präventiv gegen Bewegungsmangel und Isolation.
- **Hitze und Mikroklima:** Der urbane Hitzeinseleffekt stellt neue Anforderungen an die Planung von Freiräumen, Fassaden, Materialien und Wasser-Rückhalteflächen.

Diese Faktoren sind messbar und planbar, aber nicht selten unterbewertet. Jeder bauliche Eingriff im urbanen Raum wird zu einem Akt der Sozial- und Gesundheitspolitik, allein schon durch die Sicherstellung alltäglicher räumlicher Qualität.

Aneignung, Identität und soziale Resilienz

Stadt ist nicht nur gebauter Raum, sie ist auch sozialer Resonanzraum: Kann ich mich mit einem Ort identifizieren? Fühle ich mich dort sicher, sichtbar und willkommen? Gibt es Raum für Gemeinschaft, für Rückzug und für informelle Nutzung? Architektur wird zum Medium gesellschaftlicher Verhandlung zwischen Zugehörigkeit und Ausgrenzung, Kontrolle und Offenheit. Die Frage nach Aneignung ist mehr als eine Frage der Gestaltung – sie ist eine Frage der Teilhabe: Wer kann sich Raum leisten, kann ihn nutzen und prägen? Aneignung setzt voraus, dass Räume für alle sozialen Schichten zugänglich, kulturell offen und funktional vielfältig sind. In einer demokratisch offenen Gesellschaft spielen Heterogenität, Diversität, Inklusion und Barrierefreiheit keine Nebenrollen, sondern stehen bei der räumlichen Gestaltung für alle Altersgruppen, Lebensformen, sozialen Hintergründe und Mobilitätsbedarfe im Zentrum der Überlegungen. Stadtentwicklung muss deshalb Nutzbarkeit, Flexibilität und soziale Robustheit ermöglichen. Aneignung bedeutet auch, bestehende Strukturen nicht nur zu erhalten, sondern sie so weiterzubauen, dass sie sich neuen Lebensrealitäten öffnen. Aneignungsfähige Räume wie offene Erdgeschosszonen, Dritte Orte, Shared Places oder temporäre Zwischennutzungen stärken Nachbarschaften, Selbstwirksamkeit und soziale Resilienz. Sie fördern die Nutzungsmischung, ermöglichen Commoning-Prozesse (gemeinsames und selbstorganisiertes Sichaneignen, Produzieren und Pflegen) und Partizipation und erzeugen im besten Fall räumliche Identität und ein Gefühl von Verortung.

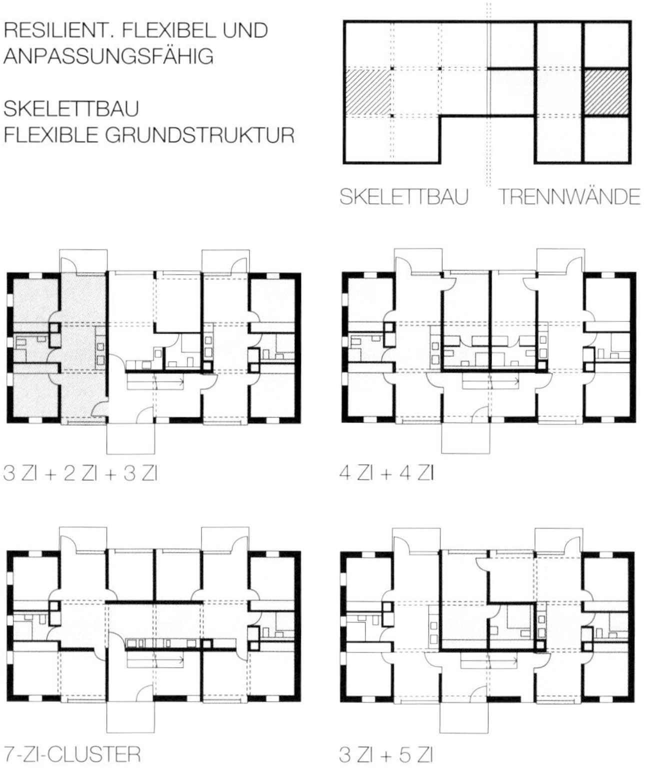

ZI Zimmer

Abb. 1.1: Cluster-Grundrisse mit Schalträumen des Mehrfamilienhauses DGJ228 „Gemeinsam Suffizient Leben" in Frankfurt am Main (Quelle: DGJ Architektur)

Von der Wohnung zum Wohnsystem

Besonders das urbane Wohnen steht im Wandel, weil es im Spannungsfeld verschiedener Ansprüche stattfindet: zwischen Individualisierung und Verdichtung, Gemeinschaft und Privatheit, steigenden Kosten und wachsendem Bedarf an Wohnqualität. Wohnen muss heute mehr bieten als Schutz und Rückzug. Es wird multifunktional, hybrid und kontextsensibel, vor allem im urbanen Raum, wo Flächen begrenzt, Anforderungen vielfältig und Nutzungskonflikte alltäglich sind. Städte ziehen Menschen mit unterschiedlichen Lebensmodellen, sozialen Hintergründen und Mobilitätsansprüchen an. Gleichzeitig steigen die Anforderungen an Nachhaltigkeit, Barrierefreiheit, Durchmischung und soziale Infrastruktur. Im Unterschied zu suburbanen oder ruralen Wohnformen, die stärker von funktionaler Trennung, homogenen Sozialstrukturen und einem höheren Flächenverbrauch geprägt sind, erfordert urbanes Wohnen ein hohes Maß an räumlicher Effizienz, Flexibilität und sozialer Offenheit. Dabei spielt das Bauen im Bestand eine zentrale Rolle für die Entwicklung zukunftsfähiger Wohnformen. Das urbane Wohnen der Zukunft setzt nicht auf den Verbrauch von mehr Fläche, sondern auf eine größere Dichte – durch punktuelle Eingriffe, präzise Transformationen und intelligente Umcodierungen bestehender Strukturen. Die Herausforderung besteht darin, diese Potenziale im Bestand zu erkennen, sie planerisch zu aktivieren und sie räumlich wie rechtlich in tragfähige Wohnmodelle zu überführen.

Wohnformen im Wandel zeichnen sich u. a. durch folgende Merkmale aus:

- **Typologische Offenheit:** Wohnräume sind durch ihre Anpassungsfähigkeit definiert, z. B. durch Schaltzimmer, flexible Trennwände oder Zonierungen.
- **Nutzungsüberlagerung:** Wohnen, Arbeiten, Versorgen und Begegnen stehen räumlich nicht in Konkurrenz zueinander, sondern finden in räumlich intelligent gestalteten Kombinationen statt.
- **Soziale Mischung:** Wohnungstypologien bedienen nicht nur einzelne Marktsegmente, sondern lassen bewusst soziale Diversität im Block, im Cluster oder im Haus zu.
- **Gemeinschaftliche Konzepte:** Baugruppen, Genossenschaften, gemeinschaftliches Eigentum und geteilte Infrastruktur sind Ausdruck eines veränderten Raumverständnisses, das auf Kooperation statt Abschottung setzt.
- **Barrierefreiheit als planerischer Standard:** Barrierefreiheit und Universal Design ermöglichen generationenübergreifendes Wohnen und eine inklusive Gesellschaft.
- **Kommunikative Zwischenräume:** Gute Erschließung, Schwellenzonen, vielfältige Außenräume und definierte Übergänge zwischen dem öffentlichen und dem privaten Raum sind Faktoren von zentraler Bedeutung für Identifikation und Alltagspraktikabilität.

Ein gutes Beispiel dafür sind die Cluster-Grundrisse mit Schalträumen des Mehrfamilienhauses DGJ228 „Gemeinsam Suffizient Leben" in Frankfurt am Main von DGJ Architektur (siehe Abb. 1.1): Als Nachverdichtung auf dem

Grundstück eines zuvor verwaisten Parkplatzes setzt das partizipativ entwickelte Wohnprojekt inhaltlich starke Zeichen. Die flexible Grundstruktur im Skelettbau ermöglicht vielfältige Wohnformen. Mittels nicht tragender Trennwände entstehen anpassungsfähige Grundrisse, die individuelle Rückzugsräume mit gemeinschaftlichen Bereichen verbinden. Cluster-Wohnungen und Schalträume fördern dabei Suffizienz, gemeinschaftliches Wohnen und soziale Aneignung, die flexible Raumorganisation erlaubt langfristige Anpassungen an unterschiedliche Lebensphasen, Haushaltsgrößen und Bedürfnisse der Bewohnerschaft. Im Schnitt nutzt jeder Bewohnende nur etwa 27,8 m^2.

Wohnungsbau in der Stadt bedeutet vor allem Weiterbauen: Eingriffe, die den Kontext nicht negieren, sondern präzise typologisch, konstruktiv und gestalterisch weiterdenken. Dabei wird der Bestand selbst zur Ressource: statisch, energetisch, historisch und materiell. Jede Umnutzung, jede Grundrissadaption, jede kleinmaßstäbliche Nachverdichtung stellt neue Anforderungen an Entwurf, Konstruktion und Schnittstellen. Dabei geht es weniger um die Perfektion des Neuen als um die Intelligenz und Anpassungsfähigkeit des Eingriffs.

Bevölkerungsentwicklung und -bedarfe

Ausführliche Daten zur Bevölkerungsentwicklung, Haushaltsstruktur, Wohnflächennutzung und regionalen Wohnungsnachfrage sind über das Bundesinstitut für Bau-, Stadt- und Raumforschung (BBSR; www.bbsr.bund.de) sowie die Statistischen Ämter des Bundes und der Länder abrufbar (z. B. www-genesis.destatis.de und www.statistikportal.de).

Für die Ermittlung von Wohnraumbedarfen steht eine Vielzahl öffentlich zugänglicher und kostenfreier Datenquellen und Analysetools zur Verfügung: Die Plattform Indikatoren und Karten zur Raum- und Stadtentwicklung (INKAR) stellt eine breite Palette an interaktiven Karten, Zeitreihen und regionalisierten Raumindikatoren bereit (www.inkar.de). Der Wegweiser Kommune der Bertelsmann Stiftung bietet demografische Prognosen bis 2030 sowie kommunale Vergleichsdaten zu Bevölkerungsentwicklung, Haushaltsstrukturen und Infrastruktur (www.wegweiser-kommune.de). Der GdW Bundesverband deutscher Wohnungs- und Immobilienunternehmen publiziert Marktberichte, Branchenstudien und Analysen zur aktuellen Wohnungswirtschaft (www.gdw.de).

Einen oft noch konkreteren Zugriff auf das aktuelle Geschehen bieten kommunale Wohnungsmarktberichte, wie sie von vielen größeren Städten oder von Landesentwicklungsgesellschaften regelmäßig publiziert werden. Sie enthalten differenzierte Auswertungen zu Zielgruppen, Leerstand, Preisdruck oder Neubaupotenzialen usw. Je nach Bundesland oder Stadt liegen auch integrierte Stadtentwicklungskonzepte (INSEK) vor, die strategische Entwicklungsziele für Quartiere definieren und eine Datenbasis bieten.

> **Hinweis:** Die Aktualität der Datenquellen variiert erheblich: Während BBSR- und Statistikdaten oft jährlich aktualisiert werden, können kommunale Wohnungsmarktberichte je nach Stadt unterschiedliche Veröffentlichungszyklen aufweisen. Datenstand und Erhebungszeitpunkt sollten deshalb stets geprüft werden.

Für die Analyse von Flächenpotenzialen, infrastrukturellen Lagen und sozialräumlichen Bedingungen bieten kommunale Geoportale eine niedrigschwellige, visuell zugängliche Grundlage. Sie ermöglichen interaktive Kartenabfragen zu Bebauungs- und Flächennutzungsplänen, Grundstücksgrenzen, Baulücken, Umweltaspekten oder Infrastrukturausstattung. Wer tiefer in die Datenanalyse einsteigen will, etwa bei Fragen zur Haushaltsentwicklung, zur demografischen Struktur, zu Nachverdichtungspotenzialen oder zur Überlagerung mehrerer Raumindikatoren, sollte zusätzlich auf Open-Data-Portale von Städten und Bundesländern zurückgreifen (z. B. https://daten.berlin.de/ oder https://open.nrw/open-data). Diese bieten Rohdaten (z. B. im Shapefile- [SHP], GeoJSON- oder CSV-Format), die in GIS-Software (GIS = Geoinformationssystem) weiterverarbeitet werden können.

Geoportale dienen der interaktiven Visualisierung, während Open-Data-Portale den datenanalytischen Tiefenzugriff ermöglichen. Zusammen bieten sie ein leistungsfähiges Instrumentarium für evidenzbasiertes Planen – vom ersten Lagecheck bis zur detaillierten Potenzialstudie. Mit kostenlosen Tools wie QGIS (https://qgis.org/) oder in Zusammenarbeit mit Fachplanenden können diese Daten zu aussagekräftigen Karten, Analysen und Szenarien zusammengeführt werden. Auch Overlay-Auswertungen ermöglichen fundierte Entscheidungen für Wettbewerbe, Konzeptstudien oder Stadtumbaustrategien.

1.3 Struktur und Typologie

Die gebaute Stadt ist keine leere Fläche, sondern ein vielschichtiger Raum aus bestehenden Strukturen, historischen Einschreibungen, funktionalen Überlagerungen und räumlichen Beharrungskräften. Genau darin liegt ihre Stärke. Umbaukultur bedeutet, im Vorgefundenen das Mögliche zu erkennen und daraus architektonisch produktive Lösungen zu entwickeln. Nicht Abriss und radikaler Neuentwurf, sondern präzise Weiterentwicklung, intelligente Umdeutung und typologische Offenheit werden zur wichtigsten Entwurfshaltung im urbanen Kontext. Umbaukultur bedeutet, diese Konstellationen nicht als Einschränkungen, sondern als Potenziale zu verstehen. Gerade dort, wo wirtschaftlicher Druck, energetische Zielkonflikte und soziale Anforderungen aufeinandertreffen, wird architektonische Gestaltung zum strategischen Management.

Urbane Typologien im Wandel

Urbane Typologien stehen unter wachsendem räumlichem, funktionalem, ökologischem und programmatischem Anpassungsdruck. Klassische Nutzungsmuster wie das monofunktionale Einkaufszentrum, der klassische Geschosswohnungsbau, das Verwaltungsgebäude der Nachkriegszeit oder das großmaßstäbliche Kulturhaus ge-

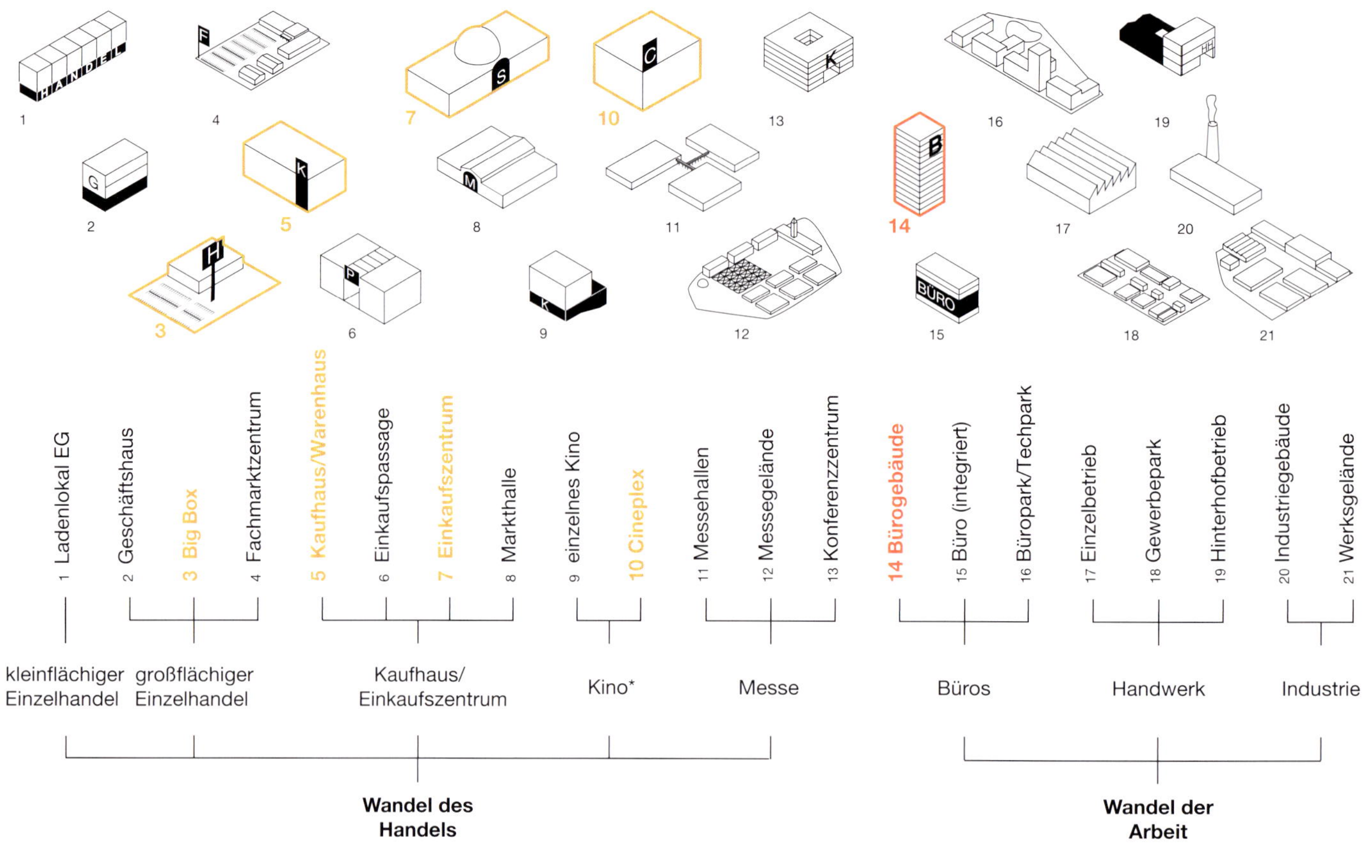

Abb. 1.2: Taxonomie der „Obsoleten Stadt" (Quelle: Marius Gantert, Julia Siedle)

nügen zunehmend nicht mehr den Anforderungen einer Gesellschaft im Wandel. Neue Lebensrealitäten mit fragmentierten Haushaltsformen, hybriden Arbeitsmodellen, digitalisierten Konsumgewohnheiten und veränderten Mobilitätsansprüchen treffen auf einen baulichen Bestand, der strukturell, energetisch und programmatisch vielfach nicht mehr kompatibel ist. Zugleich steigen die Erwartungen an Effizienz, Klimaverantwortung, Ressourcenschonung und funktionale Dichte. Die Folge: Immer mehr Gebäude und Infrastrukturen verlieren ihre ursprüngliche Funktion – sie stehen leer, sind überdimensioniert, nicht voll ausgenutzt oder in ihrer Nutzung nicht mehr vermittelbar. Diese Entwicklung betrifft u. a. Handelsimmobilien, Kultur- und Religionsorte, Verwaltungsliegenschaften sowie Industrie- und Bahnareale und zunehmend auch den Wohnungsbestand, dessen Zuschnitte nicht mehr passend sind. Während vielerorts Wohnraummangel herrscht, werden große Bestandswohnungen in Ermangelung von Alternativen von kleineren Haushalten genutzt und damit dem Markt entzogen.

Gerade in diesem Wandel liegt jedoch ein enormes Potenzial: Leerstand wird zur Chance, das nicht mehr Funktionale zum Möglichkeitsraum, die bauliche Hülle zur Ressource. Ob innerstädtisches Warenhaus, ehemalige Kirchenbauten oder Krankenhäuser – viele dieser Orte bieten räumliche Qualitäten für Wohnen, Arbeiten, Kultur, Bildung, Gastronomie oder gemeinschaftliche Nutzung, die sich durch kluge Planung, funktionale Neubesetzung und typologische Transformation in zukunftsfähige urbane Strukturen überführen lassen. Die Herausforderung besteht darin, diese Potenziale zu erkennen. Die urbane Zukunft liegt im Bestand, in der gezielten Reaktivierung und im strategischen Weiterbauen des Vorhandenen.

Getrieben von Megatrends wie Digitalisierung, Mobilitätswende, Säkularisierung und Individualisierung entstehen stadtweit Leerstände in Gebäuden, die ihre ursprüngliche Funktion verloren haben, darunter:

- **Handel:** Kaufhäuser, Einkaufszentren und Big-Box-Discounter,
- **Arbeit:** Büro, Gewerbe- sowie Industriebauten,
- **Mobilität:** Parkhäuser, Tankstellen und Kfz-Infrastruktur,
- **Religion:** Kirchen, Pfarr- und Gemeindehäuser.

Diese Typologien teilen spezifische Merkmale wie ineffiziente Nutzung der Gebäudeflächen, hohe Versiegelung und wenig Flexibilität. Sie können jedoch durch präzise Eingriffe (Umnutzung, Aufstockung, Nachverdichtung usw.) zu leistungsfähigen Stadtbausteinen transformiert werden. Die Studie „Obsolete Stadt" identifiziert solche Gebäudetypen mit hohem Transformationspotenzial (https://obsolete-stadt.net). Im Rahmen des Forschungsprojekts entstand ausgehend von 4 im Projektfokus stehenden Zukunftsthemen (dem Wandel der Arbeit, dem Wandel des Handels, dem Wandel der Mobilität und dem Wandel der Religiosität) eine Klassifizierung von Obsoleszenz bedrohter Typen, d. h. betroffener Nutzungen, Gebäude und Territorien mit erhöhtem Leerstandsrisiko (siehe Abb. 1.2).

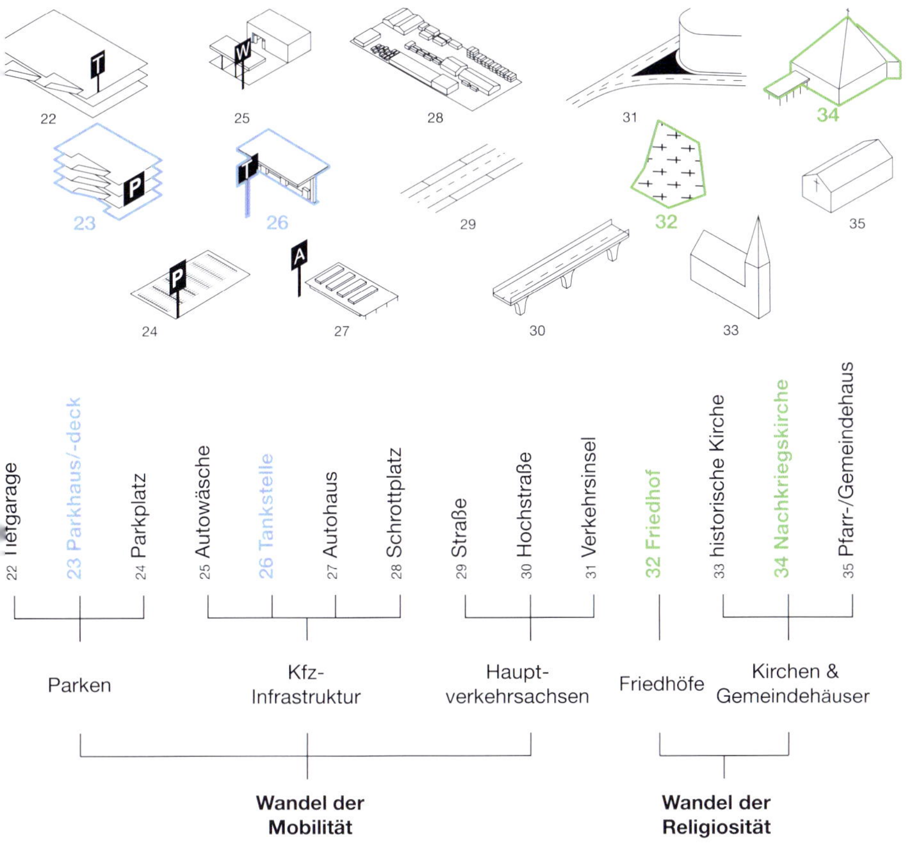

Neue Planungsprinzipien für alte Strukturen

Planerisch bedeutet Bauen im Bestand oft eine andere Logik: Statt Entwurfsparameter zu definieren und diese baulich zu erfüllen, gilt es, Potenziale zu erkennen und Restriktionen produktiv umzudeuten und für zukünftige Nutzungen umzugestalten. Die Entwurfsarbeit beginnt mit dem Lesen des Vorhandenen, der strukturellen Tragfähigkeit, der materiellen Substanz oder der programmatischen Offenheit. Gebäudetypologien werden im Bestand nicht frei entworfen, sondern abstrahiert – aus Nutzungsgeschichten, Nachbarschaften, Regelwerken, Studien und Genehmigungswillen. Volumen definieren sich anhand von Abstandsflächen, Grundrisse orientieren sich am Schallschutz, der Brandschutz gibt die Parameter für die Erschließung vor. Digitale Raummodelle unterstützen die Bewertung des Bestands, Materialpässe und Reuse-Kataster helfen, Optionen sichtbar zu machen. Bauen im Bestand ist nicht automatisch evidenzbasiert, könnte es aber zunehmend werden. Da Bestandsstrukturen komplex, historisch überformt und funktional dicht sind, reichen rein intuitive oder formale Entwurfsansätze oft nicht aus. Entscheidungen, die auf belastbaren Grundlagen beruhen, etwa auf Klimadaten, Sozialraumanalysen, Lebenszyklusbewertungen oder Studien zu Nutzungsszenarien, erhöhen die langfristige Qualität, Robustheit und Akzeptanz von Umbauprojekten. Das gilt besonders dort, wo der Bestand stark genutzt, sozial aufgeladen oder funktional überformt ist.

Die Transformation urbaner Räume verlangt eine andere Planungspraxis. Es gilt, 3 Dimensionen systematisch zu analysieren:

- **Städtebauliche Einbettung:** Versiegelungsgrad, Flächenzuschnitt, Erschließung, Sichtbarkeit und infrastrukturelle Anbindung sind wichtige Parameter. GIS-basierte Analysen und Kennzahlen (Grundflächenzahl [GRZ] und Geschossflächenzahl [GFZ]) dienen dafür als Vergleichsbasis.
- **Bauliche Struktur:** Geschosshöhen, Gebäudetiefen, Tragwerke, Fluchtwege, Fassadenraster und technische Infrastruktur definieren die Anpassungsfähigkeit.
- **Nutzungsszenarien und Beteiligung:** Umbaukultur ist dialogisch. An diesem Dialog sind Eigentümer, Verwaltung und Stadtgesellschaft beteiligt. Tools wie Nutzungsworkshops, Governance-Modelle (Modelle zur Steuerung und Kontrolle) und strategische Allianzen (z. B. Genossenschaften) werden dabei zur Planungsressource.

Zukunftsstrategien für das Weiterbauen

In vielen Projekten zeigt sich, dass die Präzision des Eingriffs über die Zukunftsfähigkeit entscheidet, nicht die Menge des Erneuerten. Modulare und hybride Ansätze gewinnen im Bestand an Bedeutung. Leichtbauweisen, etwa Holzleichtbau oder Holzhybridbau, verringern Lasten und Materialaufwand, erhöhen die Adaptierbarkeit und unterstützen insbesondere Aufstockungen oder temporäre

Umnutzungen. Vorgefertigte Elemente verkürzen die Bauzeiten und verringern die Belastungen für die Nachbarschaft. Zirkuläre Planungsansätze fördern die Nutzung von Reuse-Materialien und Rückbaukonzepten. Die Stadt wird als Materiallager begriffen, in dem nicht nur Raum weiterverwendet werden kann, sondern auch Ressourcen. Digitale Werkzeuge wie Building Information Modeling (BIM), parametrische Entwurfstools und GIS-gestützte Gebäude-Scans ermöglichen integrales Planen über Lebenszyklen hinweg inklusive Ökobilanzierung, Nutzungsvarianten und Materialflüssen.

Mit der Transformation baulicher Strukturen verändern sich auch die Anforderungen an die Planung. Trotz der wachsenden Relevanz des Bestands in der Baupraxis ist die systematische Verankerung der Transformation in der Ausbildung noch unzureichend. Über Jahrzehnte wurde im Studium der Architektur, Raum- und Stadtplanung sowie im Bauingenieurswesen vorwiegend der Neubau gelehrt. Die Entwurfsausbildung folgt oft der Logik des freien Raumes. Die strukturelle Umbaufähigkeit (technisch, rechtlich und gestalterisch) wurde dagegen weder systematisch vermittelt noch praxisnah trainiert. *„Wir haben Neubau gelernt, aber der Bestand ist die Zukunft“*, so Sarah Dungs, Vorsitzende des Verbands Bauen im Bestand (Sarah Dungs, db 360 °, 2025). Die Folge ist, dass viele aktuelle Entscheidungsträger in Architektur-, Planungs- und Immobilienbüros über zu wenig konkrete Erfahrung im Umgang mit heterogener Bausubstanz, unvollständiger Dokumentation, Schadstoffen, Raumklima und adaptiver Nachverdichtung verfügen. Unsicherheiten bestehen häufig in folgenden Bereichen:

- **systematische Bestandsanalyse:** Material, Tragwerk, Typologie und Genehmigungsstand,
- **Strategien der Umnutzung und Transformation:** Programmwechsel, Mehrfachnutzung und städtebauliche Einbindung,
- **baurechtliche, wirtschaftliche und ökologische Grundlagen:** Planungsrecht, Lebenszykluskosten und graue Energie,
- **Planungswerkzeuge und Methoden:** Reuse-Kataster, Szenarienplanung und evidenzbasierte Entwurfsprozesse.

Der 2023 in Berlin gegründete Verband für Bauen im Bestand e. V. (BiB) setzt sich als interdisziplinäres Netzwerk für eine nachhaltige Bauwende ein. Mit dem Ziel, graue Energie zu bewahren und CO_2 zu sparen, rückt er die Sanierung und Umnutzung bestehender Gebäude in den Fokus – als klimagerechte Alternative zum Neubau. Unter dem Motto „Mindset ändern, Bestand stärken“ fördert der BiB praxisnahe Lösungen, Bildungspartnerschaften und einen offenen Wissensaustausch. Mitglieder aus den Gebieten Planung, Bau, Recht und Wirtschaft schaffen gemeinsam neue Standards für eine zukunftsfähige Baukultur. Der Verband bietet auf seiner Internet-Seite (www.fuerbauenimbestand.de) kostenlose und frei zugängliche Tools an, wie den BiB-Check zur schnellen Projektprüfung der (bau) rechtlichen Grundlagen, den BiB 276 als praxisorientierte Auslegungshilfe zur Kostengliederung nach DIN 276 „Kosten im Bauwesen“ (2018) für den Bestand sowie den BiB-Bot, ein KI-gestütztes Tool, das bauordnungsrechtliche Informationen beruhend auf landesrechtlichen Regelungen gibt. Diese und weitere Tools sind zum Wachsen und Lernen befähigt. Sie wurden als Orientierungshilfen entwickelt, um den rechtssicheren, effizienten und klimafreundlichen Umgang mit Bestandsimmobilien zu erleichtern.

1.4 Dichte und Freiraum

Die Verdichtung urbaner Räume gilt heute als Schlüsselstrategie zur Reduktion von Flächenverbrauch und zur Stärkung der innerstädtischen Infrastruktur. Angesichts knapper Bodenressourcen und der politischen Zielsetzung der Innenentwicklung erscheint urbane Dichte als planerischer Imperativ. Sie bildet zugleich die räumliche Voraussetzung für das Leitbild der „Stadt der kurzen Wege“: Nur in kompakten Strukturen können Wohnen, Arbeiten, Versorgung und Freiraum in unmittelbarer Nähe voneinander organisiert werden. Dichte ist dabei nicht allein quantitativ zu verstehen, etwa über die GFZ oder die Einwohnerdichte, sondern vor allem qualitativ. Entscheidend ist die räumliche Organisation von Dichte: Wie wird sie erlebt, wie verträglich und wie atmosphärisch ist sie? „Gute“ Dichte erzeugt Nähe, Durchmischung und Zugänglichkeit, „schlechte“ Dichte dagegen Enge, Konflikt und Monofunktionalität.

Parallel zur Verdichtungsdebatte wächst die Erkenntnis der systemischen Bedeutung von urbanen Freiräumen als ökologische, soziale, klimatische und psychologische Ressource. Freiräume übernehmen Funktionen für das Regenwassermanagement, die Hitzereduktion, die Artenvielfalt und die CO_2-Bindung ebenso wie für Erholung, Spiel, Bewegung und soziale Begegnung. In hochverdichteten Quartieren ist der qualitative Freiraum kein Add-on, sondern integraler Bestandteil funktionierender Urbanität. Entscheidend ist nicht nur die Fläche, sondern auch die Nutzbarkeit, Erreichbarkeit und Programmierung von Freiflächen sind ausschlaggebend, im Idealfall im Sinne einer Mehrfachnutzung – grün, klimawirksam, biodiversitätsfördernd, als Teil der Schwammstadtstrategie und zugleich als sozial nutzbare Ausgleichsfläche für den Menschen.

Eine einfache, aber wirkungsvolle Orientierung bietet die 3-30-300-Regel, entwickelt vom Urban-Forestry-Experten Cecil Konijnendijk (Konijnendijk, 2021) und durch eine aktuelle Studie der RMIT University Melbourne und der Technischen Universität München empirisch validiert (Croeser et al., 2024). Sie formuliert 3 konkrete Schwellenwerte:

- Jeder Stadtmensch sollte von der Wohnung, der Schule oder dem Arbeitsplatz aus 3 Bäume im Blick haben.
- Jedes Quartier sollte über mindestens 30 % Baumkronenabdeckung verfügen.
- Niemand sollte weiter als 300 m von einer öffentlichen Grünfläche entfernt leben.

Die Regel macht auf anschauliche Weise deutlich, dass es nicht allein auf die Gesamtfläche von Freiräumen ankommt, sondern auf deren Qualität, Erreichbarkeit und Verteilung im Stadtraum. Sie liefert Planenden damit greifbare Kriterien für eine gesundheitsförderliche und klimaresiliente Freiraumgestaltung (Croeser et al., 2024).

Leitbild „doppelte Innenentwicklung"

Dichte ohne qualitätsvollen Freiraum erzeugt soziale Spannungen und gesundheitliche Risiken, Freiraum ohne städtische Dichte verliert an urbaner Wirksamkeit. Die planerische Herausforderung liegt in der Komposition beider Dimensionen. Das Leitbild der doppelten Innenentwicklung zielt auf eine gleichwertige Betrachtung von baulicher Verdichtung und urbaner Freiraumentwicklung ab. Es verbindet Nachverdichtung mit der Sicherung, Qualifizierung und Mehrfachcodierung von Freiräumen. Urbane Grün- und Freiflächen werden dabei als elementare grüne und blaue Infrastruktur verstanden. Sie übernehmen klimatische, ökologische und soziale Schlüsselaufgaben und müssen daher mit der gleichen planerischen Sorgfalt behandelt werden wie das Gebaute. Erfolgreiche Projekte der doppelten Innenentwicklung zeigen, dass hohe Dichte bei hoher Freiraumqualität kein Widerspruch ist: Kompakte Bebauung kann durch gemeinschaftlich nutzbare Innenhöfe, vernetzte Parks, durchgrünte Straßenräume oder multifunktionale Dachflächen ergänzt werden. Entscheidend ist, dass bauliche Kompaktheit, ökologische Resilienz und soziale Aufenthaltsqualität nicht nacheinander, sondern integrativ geplant werden (Böhm et al., 2016).

Die Analyse von Fallstudien (Küchel et al., 2022) verdeutlicht, dass eine gelungene Balance von Dichte und Freiraum auf 3 ineinandergreifenden Ebenen beruht:

- **Lebensqualität:** Urbane Freiräume sind keine nachgeordneten Grünflächen, sondern primäre Alltagsräume. Sie tragen entscheidend zur Wohn- und Aufenthaltsqualität bei. Sie sind Orte der Begegnung, Bewegung und Erholung. Spätestens die Corona-Pandemie hat gezeigt, dass Grünräume zentrale Infrastrukturen für Gesundheit, soziale Stabilität und Lebenszufriedenheit sind.
- **Freiraumqualität:** Urbane Freiräume sind heute unverzichtbare grüne und blaue Infrastrukturen. Sie übernehmen Aufgaben der Kühlung, der Wasserretention und der Sicherung der Biodiversität und steigern zugleich die räumliche Identität. Multicodierte Freiraumtypen, die technische, ökologische und soziale Funktionen verbinden, gelten als zukunftsweisend.
- **Prozesse:** Die doppelte Innenentwicklung erfordert komplexe Aushandlungsprozesse und ein akkurates Schnittstellenmanagement. Erfolgreiche Projekte zeichnen sich durch Kooperation zwischen Kommunen, Investoren, Zivilgesellschaft und Fachplanung aus. Erfolgsfaktoren sind kooperative Planungsverfahren, Freiraumquoten, städtebauliche Verträge und Monitoring-Instrumente.

> **Hinweis:** Dichte allein erzeugt keine urbane Qualität – sie braucht den komplementären Freiraum. Die doppelte Innenentwicklung liefert dafür ein robustes planerisches Leitbild, das ökologische Resilienz, soziale Inklusion und städtebauliche Kompaktheit miteinander verbindet.

Besonders in urbanen Bestandsquartieren, in denen Flächen knapp, Nutzungslasten hoch und Eigentumsverhältnisse fragmentiert sind, ist Nachverdichtung sowohl städtebaulich als auch gestalterisch anspruchsvoll. Der Druck zur Innenentwicklung steht dabei oft in scheinbarem Widerspruch zur Forderung nach Flächenentsiegelung und Klimaanpassung. Eine planerische Antwort liegt in multifunktionalen Freiraumstrukturen, die ökologische, soziale und gestalterische Funktionen gleichzeitig erfüllen. Oft kollidieren auch Eigentumslogiken mit den kommunalen Zielen der Freiraumversorgung: Investoren streben nach maximaler Grundstücksausnutzung, während Kommunen eine ausreichende Versorgung mit öffentlich zugänglichen, klima- und sozialwirksamen Freiräumen sicherstellen müssen. In solchen Fällen sind neue kooperative Entwicklungsmodelle, klare Regelwerke (z. B. Freiraumquoten sowie Erschließungsanforderungen) und instrumentelle Kopplungen (z. B. Bonusmodelle) gefragt. Städtebauliche Konzepte müssen diesem Zielkonflikt differenziert begegnen. Mögliche Ansätze:

- **Dichte in der Vertikalen:** Mehrgeschossigkeit statt Flächenverbrauch unter Wahrung von Belichtung, Belüftung und sozialer Durchmischung
- **Diversifizierung von Freiraumtypologien:** Pocketparks, Dachgärten, grüne Höfe, Sportdächer oder Retentionsflächen – je nach Kontext
- **Schaffen multifunktionaler Räume:** Shared Places, Dritte Orte, Zwischenräume und informelle Begegnungsräume
- **Steuerung durch Freiraumquoten:** Vorgaben, Leitlinien und Richtwerte für Freiflächen pro Einwohner
- **Placemaking und Partizipation:** Aneignung durch Mitgestaltung

Grüne Stadtreparatur

Mit der wachsenden Relevanz von Vegetation im Stadtraum verschwimmen die Grenzen zwischen den planerischen Disziplinen Stadt- und Landschaftsplanung zunehmend. Bei Eingriffen im Bestand stellt sich oft die Frage, wie Verluste an Vegetation bilanziell erfasst und ausgeglichen werden können. Klassische Kennwerte wie Grünflächenanteile oder Baumzahlen sind oft zu grob, da sie lediglich zweidimensionale Flächen berücksichtigen. Die Grünvolumenbilanzierung erweitert diesen Ansatz, indem sie das dreidimensionale Vegetationsvolumen einbezieht: Baumkronen, Strauchvolumen sowie Dach- und Fassadenbegrünungen werden gleichermaßen erfasst und bewertet. Geht durch eine bauliche Ergänzung ein Teil der Hofbegrünung verloren, kann dies durch vertikale Vegetation oder Dachbegrünung bilanziell ausgeglichen werden. Auch kleinteilige Maßnahmen wie Rankpflanzen an Bestandsfassaden oder modulare Balkonbegrünungen können in die Bilanz einfließen und so zur ökologischen Gesamt-Performance beitragen. Eine Grundlage für diese Methodik liefert der Umweltatlas Berlin. Darin wird im Kapitel „Grünvolumen" die Grünvolumenzahl (GVZ) als Kennwert eingeführt (05.09 Grünvolumen 2020, 2020). Sie gibt das Grünvolumen in Kubikmeter pro Quadratmeter Grundfläche an (m^3/m^2) und erlaubt eine belastbare Quantifizierung von Vegetationsvolumen im Stadtraum.

Urbane Forstwirtschaft ist ein interdisziplinäres Fachgebiet zwischen Forstwissenschaft, Stadtplanung und Landschaftsarchitektur. Es umfasst die Planung, Pflanzung, Pflege und Integration von Bäumen in Städten – von Straßenbäumen bis zu stadtnahen Wäldern. Dabei stehen sowohl ökologische Leistungen wie Kühlung, Luftreinigung, CO_2-Bindung und Biodiversität als auch soziale Funktionen wie Erholung, Aufenthaltsqualität und Gesundheit im Fokus. Hinzu kommen technische Aspekte, etwa Regenwassermanagement, Wurzelschutz oder Substratwahl, sowie strategische Instrumente wie Baumrichtlinien oder Monitoring-Programme. Urban Forestry versteht den Baumbestand als essenzielle Infrastruktur der Stadt, gleichrangig mit Energie- oder Verkehrssystemen. Gerade in der Transformation urbaner Räume eröffnet es neue Schnittstellen zu Architektur und Stadtplanung, da Freiraum und Bebauung zunehmend als zusammenhängende Systeme gedacht und entwickelt werden müssen.

Der Begriff Hortitecture ist ein Kunstwort aus „hortus" (lateinisch: Garten) und „architecture". Er umschreibt die Fusion von Vegetation und Baukunst. Das heißt, Pflanzen werden nicht nur als Begrünung, sondern als integraler Bestandteil architektonischer Strukturen verstanden. Geprägt und systematisch weiterentwickelt wurde das Forschungsfeld im Rahmen mehrerer internationaler Symposien am Institut für Entwerfen und Gebäudelehre (IDAS) an der TU Braunschweig, wo es als eigenständiger Forschungsschwerpunkt verankert ist (Grüntuch-Ernst, 2018). Hortitecture versteht Bauwerke als hybride Systeme, in denen Vegetation architektonisch relevante Leistungen übernimmt. Dies erfordert, die Vegetation bereits im Entwurfs- und Konstruktionsprozess mitzudenken – in Statik, Bauphysik, Haustechnik und Materialwahl. Damit erweitert Hortitecture die Perspektive der doppelten Innenentwicklung: Verdichtung und Freiraum stehen nicht nur nebeneinander, sondern sind ineinander verwoben. Teams aus Architekten und Architektinnen sowie Landschaftsplanern und -planerinnen entwerfen damit nicht nur Raum, sondern zugleich Lebensräume für Pflanzen.

Instrumente wie Gestaltungssatzungen, Bebauungspläne oder Begrünungspflichten schreiben Begrünungs- sowie Entsiegelungsmaßnahmen vor und sichern ihre Umsetzung rechtlich ab. Dazu stehen begleitend Fördermittel in Form von Zuschüssen, Darlehen, Förderpauschalen sowie Bonus- und Anreizsystemen zur Verfügung, ergänzt durch Programme im Rahmen kommunaler Klimaanpassungsstrategien, die Begrünung als Teil der grünen und blauen Infrastruktur unterstützen. Die Förderbereiche umfassen sowohl extensive und intensive Dachbegrünungen, teils in Kombination mit Photovoltaik, als auch Fassadenbegrünungen. Hinzu kommen Maßnahmen zur Entsiegelung versiegelter Flächen und deren Ersatz durch wasserdurchlässige Beläge sowie die Aufwertung von Innenhöfen und Freiflächen durch Vegetation und Retentionsflächen. Wie der „Leitfaden kommunale Förderinstrumente Dach- und Fassadenbegrünung sowie Entsiegelung und Hofbegrünung" (2024) verdeutlicht, steht Kommunen und Bauherren ein breites Spektrum an rechtlichen, finanziellen und planerischen Werkzeugen zur Verfügung, um diese Maßnahmen systematisch in der Praxis zu verankern.

1.5 Mobilität und Leitbilder

Der öffentliche Raum ist der sichtbarste Ausdruck urbaner Ordnung und zugleich der am stärksten umkämpfte. Über Jahrzehnte hinweg wurde ein Großteil dieser Räume funktionalisiert, d. h. dem Verkehr zugewiesen, dem motorisierten Individualverkehr untergeordnet, technisiert und vereindeutigt. Straßenräume, die einst Orte der Bewegung, Begegnung und Aneignung waren, wurden zu Transiträumen, zu reinen Verbindungsflächen ohne Aufenthaltsqualität. Heute erleben Städte einen Paradigmenwechsel: Der öffentliche Raum wird wieder als sozialer, ökologischer und kultureller Lebensraum verstanden, nicht nur als infrastrukturelles Netz, sondern als Bühne für Urbanität. Die Leitfrage lautet: Wie viel Raum braucht Mobilität und wie viel Raum braucht das Leben?

Vom Transitraum zum Lebensraum

Die Qualität urbaner Räume hängt wesentlich davon ab, wie Mobilität organisiert und gestaltet wird. Verkehrsplanung, Landschaftsarchitektur, Stadtplanung und Städtebau greifen dabei eng ineinander – erst ihre Verknüpfung entfaltet das volle urbane Potenzial. Die Mobilitäts- und Verkehrsplanung bildet die strategische Grundlage. Kennzahlen wie der Modal Split steuern, wie sich Verkehr auf verschiedene Verkehrsträger verteilt. Das Ziel ist eine Verschiebung hin zu Fuß- und Radverkehr sowie zu öffentlichem Nahverkehr. Ergänzend dient das Prinzip „vermeiden – verlagern – verbessern" als Handlungslogik: Unnötige Wege sollen vermieden, Wege auf nachhaltige Verkehrsmittel verlagert und der verbleibende Verkehr effizienter gestaltet werden. Instrumente sind u. a. Verkehrsentwicklungspläne, kommunale Mobilitätskonzepte und Parkraummanagement.

Landschaftsarchitektur und Stadtplanung übersetzen diese strategischen Leitbilder in konkrete räumliche Strukturen. Konzepte wie Begegnungszonen oder Shared Space (https://begegnungszone-sharedspace.de) zeigen, wie Flächen neu verteilt werden können – zugunsten von Gehwegen, Radspuren, Stadtgrün oder Aufenthaltszonen (Hinweise zu Straßenräumen mit besonderem Überquerungsbedarf, 2011; Baier et al., 2015; Straßenverkehrs-Ordnung [StVO] vom 6. März 2013, zuletzt geändert am 11. Dezember 2024). Straßenraum-Leitfäden und Gestaltungshandbücher liefern die Werkzeuge für eine qualitätsvolle Umsetzung. Der Städtebau sorgt letztlich dafür, dass Mobilität nicht isoliert, sondern im Gefüge der Stadt gedacht wird. Er verknüpft Verkehrsnetze mit Quartieren und öffentlichen Räumen. Mobilität ist weit mehr als die reine Verkehrsorganisation – sie ist ein wichtiger Hebel zur Aktivierung urbaner Potenziale.

Im Zentrum dieses Wandels stehen neue Mobilitätsformen, verändertes Nutzerverhalten und politische Zielsetzungen zur Verkehrsverlagerung. Der Bedeutungsgewinn von Radverkehr, Fußgängern, Carsharing und Mikromobilität stellt den Status quo der Raumverteilung grundlegend infrage. Konzepte wie die „Stadt der kurzen Wege" und die „15-Minuten-Stadt" nach Carlos Moreno, entwickelt für Paris (Moreno et al., 2021), verstärken diese Entwicklung, da sie Mobilität räumlich neu denken. Ziel ist es, Alltagswege so kurz zu gestalten, dass sie vorzugsweise zu Fuß oder mit dem Rad zurückgelegt werden können. Die „Stadt der kurzen Wege" betont dabei die funktionale Mischung von Wohnen, Arbeiten, Versorgung und Freizeit in räumlicher Nähe. Sie ist ein Leitbild, das in Deutschland seit den 1990er-Jahren vom Bundesbauministerium gefördert wurde. Die „15-Minuten-Stadt" konkretisiert dieses Leitbild, indem sie fordert, dass alle wesentlichen Einrichtungen des täglichen Lebens innerhalb von 15 Minuten erreichbar sein sollen, idealerweise ohne Auto. Die Konzepte verdeutlichen, dass urbane Potenziale nicht nur in der Umverteilung von Flächen liegen, sondern auch in der Neuorganisation ihrer Erreichbarkeit.

Temporäre Interventionen im Straßenraum

Ein wirkungsvolles Instrument zur Aktivierung urbaner Potenziale sind temporäre Interventionen. Sie erproben neue Nutzungen im Straßenraum und machen Veränderungen erlebbar. Beispiele sind Parklets (z. B. in München, Hamburg, Berlin und Stuttgart), bei denen einzelne Stellplätze in kleine Aufenthaltsflächen mit Sitzgelegenheiten oder Begrünung umgewandelt werden. Schanigärten ermöglichen die Außengastronomie auf vormals dem Autoverkehr vorbehaltenen Flächen. Auch temporäre Spielstraßen zeigen, wie Nachbarschaften durch zeitlich begrenzte Straßensperrungen lebendige Aufenthaltsräume gewinnen können. Ein weiteres Beispiel sind Wanderbäume, die flexibel in mobilen Pflanz-Containern aufgestellt werden und so Begrünung, Schatten und Aufenthaltsqualität in den Straßenraum bringen.

Die Maßnahmen sind niedrigschwellig, kostengünstig und reversibel. Zugleich besitzen sie eine starke Signalwirkung. Sie helfen, neue Routinen zu etablieren, Akzeptanz in der Bevölkerung aufzubauen und langfristige Umgestaltungen vorzubereiten. Temporäre Interventionen im Straßenraum erfordern in der Regel eine formale Genehmigung. Grundlage ist meist eine Sondernutzungserlaubnis. Sobald der Verkehr betroffen ist, etwa durch Sperrungen oder Umleitungen, kommt zusätzlich eine verkehrsrechtliche Anordnung ins Spiel. Temporäre Spielstraßen und Straßenfeste basieren auf § 29 Abs. 2 StVO, während systematische Verkehrsversuche wie Pop-up-Radwege unter § 45 Abs. 1 Satz 6 StVO fallen. Zuständig für die Prüfung und Erteilung dieser Genehmigungen sind die Kommunalverwaltungen, in größeren Städten häufig die Straßenverkehrsbehörde oder das jeweilige Bezirksamt. Viele Kommunen haben ergänzende Leitfäden entwickelt, die das Verfahren konkretisieren und standardisieren, so etwa der „Leitfaden zur Einrichtung temporärer Spielstraßen Berlin" (2022) oder die Regelungen für Münchner Sommerstraßen (Sommerstraßen in München, 2024). Diese enthalten auch Anforderungen an Sicherheit, Barrierefreiheit oder Möblierung. Häufig wird zudem eine Beteiligung der Anwohnerschaft eingefordert, entweder in Form einer Zustimmung oder durch Kooperationsvereinbarungen mit den Bezirken. Damit wird deutlich: Temporäre Interventionen sind zwar niedrigschwellige Maßnahmen, erfordern aber ein klar geregeltes Verfahren, das zwischen Sondernutzung, Verkehrsrecht und lokaler Beteiligung vermittelt (Pop-up-Maßnahmen für die Mobilitätswende, 2025).

Reallabore für neue Mobilität und urbane Transformation

Reallabore sind ein zunehmend genutztes Instrument, um urbane Mobilitätskonzepte unter realen Bedingungen zu erproben. Sie verbinden wissenschaftliche Begleitung mit praktischen Interventionen im Stadtraum und schaffen so Räume des Experiments und des Lernens. Im Unterschied zu klassischen Pilotprojekten geht es in Reallaboren nicht nur um die Testphase einzelner Maßnahmen, sondern um einen offenen Prozess. Verwaltung, Wissenschaft, Zivilgesellschaft, Planung und Wirtschaft entwickeln gemeinsam neue Lösungen und evaluieren diese kontinuierlich. Gerade im Bereich der Mobilität bieten Reallabore die Möglichkeit, Veränderungen sichtbar und erlebbar zu machen. Beispiele sind auf Zeit autofreie Quartiere, temporäre Bus- oder Radspuren, die Umnutzung von Straßen zu Begegnungsräumen oder der Test neuer Sharing-Angebote. Die Bewohnerschaft kann die Maßnahmen direkt erfahren, Feedback geben und so aktiv an der Weiterentwicklung mitwirken. Für Architektur und Städtebau sind Reallabore wertvoll, weil sie den gebauten Raum als flexibles Experimentierfeld begreifen. Planende können erproben, wie sich die Umverteilung von Straßenflächen auf die Nachbarschaften auswirkt, welche Raumqualitäten durch die Integration von Grün, Sitzgelegenheiten oder Radinfrastruktur entstehen oder wie Mobilitätsstationen architektonisch in ein Quartier eingebettet werden können. Der Städtebau wiederum profitiert von den Erkenntnissen, wie sich veränderte Mobilität auf Dichte, Nutzungsmischung und öffentliche Räume auswirkt. So fungieren Reallabore als Brücke zwischen strategischer Verkehrsplanung und konkreter Gestaltung. Sie schaffen belastbare Grundlagen für dauerhafte Umsetzungen und geben architektonische wie städtebauliche Impulse, wie urbane Räume durch Mobilität neu aktiviert werden können.

Reallabore im Kontext von Mobilität und urbaner Transformation bewegen sich bislang in einem rechtlichen Graubereich. Sie stützen sich in der Praxis meist auf bestehende Instrumente wie Sondernutzungserlaubnisse, verkehrsrechtliche Anordnungen oder kommunale Satzungen. Es gibt aber keine eigene Rechtskategorie dafür. Der Sammelband „Reallabore für urbane Transformation" (2022) hebt hervor, dass diese Unsicherheiten die Umsetzung erschweren, und fordert gezielt mehr Experimentierklauseln, die Spielräume für städtische Transformationen eröffnen. Die Bundesregierung verfolgt mit einem seit 2023 in Diskussion befindlichen Reallabore-Gesetz das Ziel, einen einheitlichen Rahmen zu schaffen, der auch urbane Reallabore umfasst – von Mobilitätsversuchen über neue Nutzungsformen im Straßenraum bis hin zu quartiersbezogenen Transformationsprojekten. Damit sollen Verfahren vereinfacht werden, es soll Rechtssicherheit geschaffen werden, und die aus den Experimenten gewonnenen Erkenntnisse sollen systematisch in die Verwaltung und die Gesetzgebung zurückgespielt werden. Einen umfassenden Überblick über Ansätze, Methoden und Praxisbeispiele bietet die Plattform des Forschungsprojekts SynVer*Z (www.nachhaltige-zukunftsstadt.de).

Neue Spielräume durch neue Regeln

Die Rückgewinnung des öffentlichen Raumes ist keine nostalgische Reurbanisierung, sondern ein strukturpolitisches Vorhaben mit großer planerischer Relevanz. Sie eröffnet neue Handlungsspielräume für Städtebau, Architektur und Freiraumplanung, die weit über die reine Verkehrsreduktion hinausreichen. Ein wichtiges Steuerungswerkzeug bilden dabei die kommunalen Stellplatzsatzungen auf Grundlage der Landesbauordnungen (z. B. § 48 BauO NRW vom 21. Juli 2018 und § 49 BauO Bln vom 29. September 2005, zuletzt geändert am 11. Dezember 2024). Viele Städte ermöglichen inzwischen flexible Stellplatzanforderungen, etwa durch Reduktionsfaktoren bei guter ÖPNV-Anbindung, Carsharing-Angeboten oder Mobilitätsstationen. Wo Stellplätze nicht nachgewiesen werden können, erlaubt die Stellplatzablöse eine Ausgleichszahlung. In progressiven Kommunen werden diese Mittel gezielt in Radinfrastruktur, Sharing-Systeme oder Mobilitätsstationen investiert und tragen so aktiv zur Verkehrswende bei.

Darüber hinaus haben sich Mobilitätskonzepte in vielen Städten zu einem verbindlichen Bestandteil der Bauleitplanung und der Genehmigungspraxis entwickelt. Bei Bebauungsplanverfahren, größeren Bauanträgen oder Quartiersentwicklungen wird von Investierenden und Planenden verlangt, ein integriertes Konzept vorzulegen. Darin werden Maßnahmen dokumentiert, die über den klassischen Stellplatznachweis hinausgehen, etwa Fahrrad-Abstellanlagen, Ladeinfrastruktur für E-Mobilität, Sharing-Angebote, Mobilitätsstationen oder eine fuß- und radgerechte Wegeführung. Auf diese Weise dienen Mobilitätskonzepte nicht nur als Nachweis, sondern auch als aktives Steuerungsinstrument, das die Wirkungen neuer Bauprojekte in Richtung nachhaltiger Mobilität lenkt.

Ergänzend haben viele Kommunen eigene Strategien und Planungsinstrumente entwickelt, die Anforderungen konkretisieren und Verfahren standardisieren. Diese reichen von Handreichungen über integrierte Mobilitätsstrategien bis hin zu umfassenden Klimamobilitätsplänen. Sie verdeutlichen, dass Mobilität zunehmend nicht mehr isoliert betrachtet wird, sondern systematisch mit städtebaulichen und klimapolitischen Zielen verknüpft ist und damit zum Schlüssel für die Transformation urbaner Räume wird.

1.6 Urbane Adaptivität und Resilienz

Hitzewellen, Starkregen, Energiekrisen, Migrationsdruck, demografischer Wandel und zunehmende Nutzungskonkurrenz im Bestand setzen Städten permanent zu. Laut Umweltbundesamt werden sich die mittleren Temperaturen in Deutschland bis 2060 um bis zu 1,5 °C erhöhen (Monitoringbericht 2023 zur Deutschen Anpassungsstrategie an den Klimawandel, 2023), mit deutlich mehr Hitzetagen und längeren Trockenperioden in den Sommermonaten. Gleichzeitig nehmen Starkregenereignisse in ihrer Häufigkeit und Intensität zu, mit besonderen Auswirkungen im verdichteten Raum, wo versiegelte Flächen dominieren. Auch soziale und funktionale Anforderungen verändern sich. Laut BBSR steigt die Zahl kleiner Haushalte stetig an (Hoymann et al., 2025). Ebenso gewinnen temporäre Wohnformen, hybride Arbeitsmodelle und Pflegebedarfe an Bedeutung. Der Wohnraumbestand ist in großen Teilen auf klassische Familienmodelle, starre Grundrissschemata und monofunktionale Erschließungssysteme ausgerichtet und wird diesen Anforderungen immer weniger gerecht.

Hinzu kommt eine räumliche Polarisierung: Während Boomtowns durch starkes Wachstum, steigende Bodenpreise und Verdichtungsdruck geprägt sind, kämpfen schrumpfende Städte mit Leerstand, Rückbau und der Sicherung der Daseinsvorsorge. Parallel dazu geraten ganze Gebäudetypologien unter Druck: Kaufhäuser, Kirchen, Verwaltungs- und Industriegebäude sowie Parkhäuser oder Tiefgaragen fallen aus der Nutzung, Innenstädte verlieren an Besucherfrequenz und Funktion. Infrastruktur, Quartiere, Wohnraum, öffentliche Räume und Gebäudetypologien müssen daher nicht nur effizient, sondern anpassungsfähig und widerstandsfähig werden, auf mehrere Lebenszyklen ausgerichtet, unter sich wandelnden Bedingungen und bei begrenzten Ressourcen. Resilienz zeigt sich dort, wo Städte auf veränderte Raum- und Nutzungsmuster reagieren können. Sie müssen gleichermaßen mit Schrumpfung und Wachstum, mit Leerstand und Verdichtung sowie mit dem Spannungsfeld von Bewahren und Umnutzen umgehen können.

Dimensionen urbaner Resilienz

Urbane Resilienz ist mehrdimensional. Sie verbindet klimatische Anpassungsfähigkeit mit sozialer Stabilität, ökonomischer Robustheit, kultureller Kontinuität, technischer Sicherheit und institutioneller Lernfähigkeit:

- **Klimaresilienz** bedeutet die Anpassungsfähigkeit städtischer Strukturen an Hitzewellen, Starkregen oder Trockenperioden. Entsiegelung, Begrünung, Verschattung, Regenwassermanagement und klimaaktive Baustoffe sind dabei wichtige Strategien.
- **Soziale Resilienz** entsteht durch inklusive und flexible Wohnangebote, die verschiedene Lebensmodelle ermöglichen. Eine Quartiersentwicklung, die gemeinschaftliche Räume, barrierefreie Zugänge und soziale Infrastruktur integriert, stärkt die Nachbarschaften und wirkt Segregation entgegen. Dabei müssen gewachsene Quartiere mit den gleichen Qualitäten und Angeboten nachgerüstet werden, wie sie in neuen Quartiersentwicklungen heute selbstverständlich sind. Beispiele sind etwa Urban Gardening, Treffpunkte, Nachbarschaftszentren, Reparaturwerkstätten, multifunktionale Erdgeschosszonen, sichere Spiel- und Bewegungsflächen, Sharing-Angebote für Mobilität oder Räume für Co-Working und Care. Gerade in Bestandsquartieren fehlen diese Infrastrukturen oft, obwohl sie entscheidend zur sozialen Stabilität und Alltagstauglichkeit beitragen.
- **Ökonomische Resilienz** ergibt sich aus Nutzungsvielfalt und Funktionsmischung. Wo Wohnen, Arbeiten, Bildung und Versorgung ineinandergreifen, entstehen robuste Stadtstrukturen, die resistenter bei Krisen einzelner Branchen sind und eine nachhaltige Innenentwicklung ermöglichen.
- **Kulturelle Resilienz** zeigt sich in der Fähigkeit, bauliches Erbe und bestehende Strukturen produktiv weiterzunutzen. Die Transformation von Fabriken, Kirchen oder Verwaltungsbauten schafft Identität und Kontinuität, sie macht Geschichte zur Ressource für die Zukunft.
- **Technisch-infrastrukturelle Resilienz** verlangt robuste und anpassungsfähige Systeme wie dezentrale Energieversorgung, resiliente und alternative Mobilitätsangebote durch multimodale Systeme sowie verlässliche digitale Infrastrukturen. Zusammen sichern diese Systeme die alltägliche Funktionsfähigkeit der Stadt und eröffnen zugleich Spielräume für ihre nachhaltige Weiterentwicklung.
- **Governance-Resilienz** schließlich umfasst die Fähigkeit von Planungs- und Entscheidungsstrukturen, auf Unsicherheit und Wandel zu reagieren. Flexible Bauleitplanung, städtebauliche Verträge, kooperative Beteiligungsprozesse und szenarienbasierte Planung erweitern die Handlungsfähigkeit.

Die Mehrdimensionalität urbaner Resilienz deckt sich mit den Leitlinien der Agenda 2030, die auch in deutschen Städten zunehmend zur Bezugsgröße wird. Zahlreiche Kommunen erstellen Voluntary Local Reviews (VLR) oder Nachhaltigkeitsberichte, in denen sie zeigen, wie Bau- und Stadtentwicklungsprojekte zur Umsetzung der Sustainable Development Goals (SDG) beitragen. Projekte müssen immer häufiger auf ihren Beitrag zu Zielen von SDG 11 „Nachhaltige Städte und Gemeinden" oder SDG 13 „Maßnahmen zum Klimaschutz" geprüft werden. Dies geschieht über Indikatoren, die direkt an Planungsvorhaben anschließen. Das sind z. B. der Anteil entsiegelter Flächen, die Energieautarkie in Quartieren, ein sozial gemischter Wohnungsbau, der Modal Split usw. Mit den SDG gibt die Agenda 2030 einen zusätzlichen Orientierungsrahmen vor, der globale Zielsetzungen mit lokalen Planungsentscheidungen verknüpft (Ahrens et al., 2025).

Klimaresilienz von Städten und Gebäuden

Die klimatischen Belastungen im urbanen Raum – insbesondere Hitzewellen, Trockenperioden und Starkregenereignisse – verlangen im Gebäudebestand nach räumlich wirksamen, integrativen Lösungen. Entscheidend ist dabei nicht die vollständige Erneuerung des Systems, sondern die kluge Aktivierung und Ergänzung vorhandener baulicher Strukturen. Klimaanpassung wird zur Entwurfsaufgabe und zum Parameter architektonischer Qualität. In vielen Städten sind zudem planerische Festsetzungen zur Begrünung, Versickerung oder Photovoltaiknutzung in Sanierungsgebieten oder bei Umbauten formal integriert, etwa über städtebauliche Verträge, Gestaltungssatzungen oder Förderprogramme.

Im Stadtraum bieten insbesondere die Zwischenräume – Höfe, Erschließungszonen und Nebennutzungen – ein großes, oft ungenutztes Potenzial für grün-blaue Klimamaßnahmen. Die Entsiegelung bestehender Flächen ist eine der wirkungsvollsten Strategien zur Regenwasser-Rückhaltung und Verbesserung des Mikroklimas. Bestehende Platz- oder Parkplatzflächen lassen sich mit versickerungsfähigen Belägen, Baumrigolen oder bepflanzten Muldenrändern aufwerten, ohne ihren Nutzwert zu verlieren. Multifunktionale Freiraumtypologien, etwa grüne Schulhöfe, Retentionsplätze oder ökologisch aktivierte Zwischennutzungsflächen, auch auf Dachflächen, verbinden ökologische Leistung mit sozialer Aufenthaltsqualität. Für die thermische Belastung ganzer Quartiere sind darüber hinaus Frischluftschneisen, gestufte Bebauungsprofile und Durchwegungen entscheidend, damit atmende Quartiere entstehen.

Auf Gebäudeebene bestehen wirkungsvolle Maßnahmen aus dem Zusammenspiel von baulicher Verschattung, Begrünung, thermischer Masse und natürlicher Luftzirkulation. Fest integrierte Bauteile wie tief eingeschnittene Fensterlaibungen oder begrünte Rankstrukturen tragen nicht nur zur Eindämmung direkter Sonneneinstrahlung bei, sondern strukturieren zugleich die Fassade architektonisch. Fassaden- und Dachbegrünungen senken nachweislich die Oberflächentemperatur, verstärken die Verdunstungskühlung und binden Feinstaub. Ergänzt durch reflektierende, helle Materialien auf Dach- und Wandflächen, kann die Wärmeaufnahme verringert werden. Bei Umbauten lohnen sich gezielte Maßnahmen zur Reaktivierung von Querlüftung, etwa durch Öffnung tief geschnittener Grundrisse, Freilegung von Durchlüftungsachsen oder Integration von Öffnungselementen in bestehende Fassaden und Dächer. Die Wahl geeigneter Materialien unterstützt diese Strategien: kapillaraktive Innenputze, thermisch träge Massivbauteile oder trennbare Hybridkonstruktionen leisten sowohl raumklimatische als auch zirkuläre Beiträge.

Klimaanpassung im Bestand ist damit keine rein technische Aufgabe, sondern eine architektonisch-räumliche Kompetenz. Sie macht Gebäude nicht nur widerstandsfähiger, sondern auch lesbarer, nutzbarer und gestalterisch präziser. Im besten Fall wird Resilienz dabei nicht als Auflage empfunden, sondern als Ausdruck eines neuen planerischen Selbstverständnisses (Offermann et al., 2022).

Das interdisziplinäre Forschungsprojekt „Grüne Stadt der Zukunft – klimaresiliente Quartiere in wachsenden Städten" widmete sich der Frage, wie urbane Räume durch Begrünung, nachhaltige Planung und soziale Teilhabe widerstandsfähiger gegenüber den Folgen des Klimawandels werden können. Im Mittelpunkt steht die Integration von Stadtgrün als zentrale Ressource urbaner Klimaanpassung auf Gebäude-, Freiraum- und Quartiersebene. Dach- und Fassadenbegrünungen, entsiegelte Flächen, vernetzte Freiraumsysteme und grün-blaue Infrastrukturen sollen nicht nur das Mikroklima und die Biodiversität verbessern, sondern auch die Aufenthaltsqualität steigern und das soziale Gefüge stärken. Besonders wertvoll für die Planung ist der praxisorientierte Ansatz des Forschungsprojekts. Es zeigt, wie Klimaanpassung verbindlich in Planungsinstrumente integriert werden kann, etwa in Bauleitplanung, städtebauliche Wettbewerbe oder Verwaltungspraxis. Umfangreiche Checklisten, Leitfäden und Steckbriefe erläutern konkrete Handlungsspielräume, rechtliche Bezüge und Prozessschritte, um klimaresiliente Maßnahmen vom Konzept bis zur Umsetzung zu verankern. Ein breites Angebot an Werkzeugen und Beispielen für die Planungspraxis steht zum Download zur Verfügung (https://gruene-stadt-der-zukunft.de/).

Adaptive Reuse – Umnutzung als Nachhaltigkeitsstrategie

Ein planerischer Ansatz zur Resilienzstärkung des Bestands ist Adaptive Reuse. Der Begriff entstammt der angloamerikanischen Architektur- und Denkmalpflege-Diskussion seit den 1970er-Jahren. Dort wurde er zunächst im Kontext der Umnutzung von Industrie- und Sakralbauten geprägt und ist seither international als Leitbegriff für ressourcenschonendes Weiterbauen etabliert. Adaptive Reuse bezeichnet allgemein die Transformation bestehender Gebäude für neue Nutzungen, ohne deren Substanz vollständig zu erneuern. Tragwerke, Fassaden oder Erschließungen bleiben erhalten und werden in neue funktionale Kontexte überführt. Damit verbindet Adaptive Reuse Ressourcenschonung mit Anpassungsfähigkeit: Leerstehende Verwaltungsbauten können zu Wohnhäusern werden, ehemalige Kaufhäuser zu Co-Working-Orten, Industriehallen zu Kultur- und Sozialräumen. Im Unterschied zu einer rein funktionalen Umnutzung legt Adaptive Reuse besonderen Wert auf den architektonischen Charakter des Bestands. Die Identität des Gebäudes bleibt erkennbar. Zugleich entsteht Raum für

KOMMUNIKATION +PROZESSE

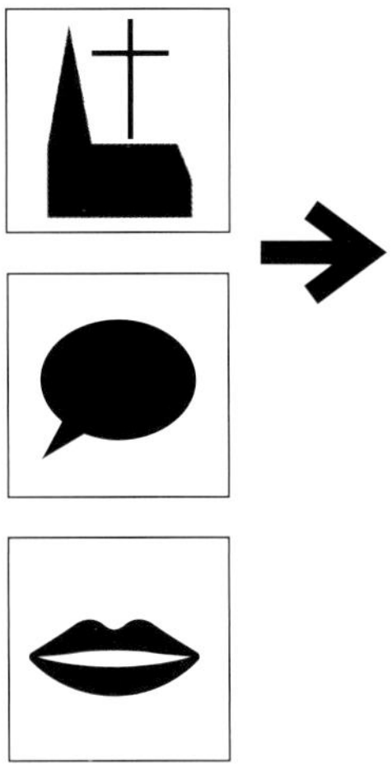

	BAUAMT / LAND / REGION	BETREIBER / GEMEINDE	NUTZER / G.MITGLIEDER	NACHBARN / UMFELD	STADT / ORT	DENKMALSCHUTZ	ARCHITEKT	FACHPLANER / GUTACHTER	INTERNE KOMMUNIKATOREN	EXTERNE KOMMUNIKATOREN	URHEBER D. BESTANDS-ARCHITEKTUR	
1. PROJEKTZUSCHNITT/BEDARFE KLÄREN	X					X	X	X				BEDARFE
TEAMKONSTELLATION	X											BEDARFE
WORKSHOP INTERN / FUNKTIONAL	X	X	X				X		X	X		BEDARFE
GUTACHTEN, STUDIEN / TECHNISCH	X					X		X				BEDARFE
BENCHMARK TYPUS / EXKURSION	X	X					X		X			LÖSUNGEN
WORKSHOP GANZHEITLICH / GESTALTUNGSRICHTLINIEN / ENTWURFSABSICHT / BAUMASSNAHME	X	X	X				X	X	X	X		LÖSUNGEN
2. PROJEKTZUSCHNITT / BUDGET / ZEIT	X								X			LÖSUNGEN
ARCHITEKTURWETTBEWERB / PLANERWAHL ADRESSBILDUNG / STRATEGIE / UMSETZUNG	X						X					UMSETZUNG
PLANUNGSPHASE MIT ZWISCHENOUTPUT KORREKTURPHASEN / ABGLEICH	X	X					X		X			UMSETZUNG
3. PROJEKTZUSCHNITT / ABGLEICH ZIEL	X	X	X	X	X	X	X	X	X	X		UMSETZUNG
UMSETZUNG / OFFENE BEGEHUNGEN / RÜCKFRAGEN / BEMUSTERUNGEN	X						X		X	X		UMSETZUNG
FAZIT / DOKUMENTATION							X		X	X		UMSETZUNG

ZEICHEN:

NICHT ZWINGEND/ INDIREKT

X ZWINGEND/DIREKT

Abb. 1.3: Übersicht der im Adaptive-Reuse-Prozess eingebundenen Akteure und notwendigen begleitenden Entwicklungs- und Umsetzungsphasen am Beispiel von Sakralbauten (Müller, 2022, Seite 278)

neue Formen des Zusammenlebens und der Nutzung. Das Konzept erfüllt damit 2 zentrale Anforderungen der Resilienz: die Schonung von Material- und Flächenressourcen sowie die Fähigkeit, auf veränderte Bedarfe zu reagieren.

„*Die Wiederverwendung der Substanz verlängert nicht nur den Lebenszyklus von Gebäuden, sondern erhält auch soziale und kulturelle Werte, die sonst mit dem Abriss verlorengingen*“, erläutert Bettina-Maria Müller, Architektin und Professorin an der IU Internationalen Hochschule München, den Wert von Adaptive Reuse. In ihrer Dissertation „Typus + Adaption“ (Müller, 2022) entwickelte sie Kriterien für qualitätssichernde Umnutzungsprozesse am Beispiel von Sakralbauten und zeigte, wie durch den bewussten Umgang mit Substanz, architektonischer Erkennbarkeit und zukünftiger Flexibilität eine neue Umbaukultur entstehen kann. „*Sakralbauten sind aufgrund ihrer städtebaulichen Präsenz und symbolischen Aufladung ein besonderes Feld für adaptive Umnutzung – die daraus gewonnenen Erkenntnisse lassen sich jedoch auch auf viele andere Bautypologien übertragen*“, erklärt Müller und weist darauf hin, adaptive Umnutzung könne „*nicht allein durch architektonische Eingriffe entstehen, sondern durch ein kuratiertes Zusammenspiel von Bauämtern, Gemeinden, Nutzenden sowie Architekten und Architektinnen in einem engmaschigen, kollektiven Planungsprozess*“ (siehe Abb. 1.3 und 1.4).

Auswirkungen auf den Planungsprozess

Resilienz und Adaptivität lassen sich im Bestand nicht nach Belieben nachrüsten. Sie müssen gezielt in den Entwurfs- und Umbauprozess integriert werden. Das erfordert eine Planungslogik, die über klassische Abläufe hinausgeht. Modelle, in denen zunächst Programme festgeschrieben und anschließend baulich „übersetzt“ werden, stoßen in komplexen, sich wandelnden Stadtstrukturen zunehmend an ihre Grenzen. Anpassungsfähigkeit beginnt bereits mit einer anderen Entwurfshaltung: Räume, Tragwerke und Erschließungen müssen mehrdeutig nutzbar, reversibel und in Wartung wie Weiterentwicklung robust sein. Die Vorstellung eines „fertigen Gebäudes“ weicht dem Prinzip langlebiger, prozessoffener Systeme. Es geht nicht um Planungsendpunkte, sondern um strukturelle Offenheit, die verschiedene Nutzungszyklen ermöglichen kann.

Im Planungsalltag bedeutet das, Bedarfe nicht statisch zu kalkulieren, sondern szenarienbasiert zu erfassen. BIM-Modelle sollten nicht nur Geometrie und Technik abbilden, sondern auch Lebenszyklus- und Umnutzungsdaten integrieren. Bereits in der Vor- und Entwurfsplanung müssen Fragen der Ertüchtigung, Trennbarkeit oder (temporären) Weiter- und/oder Mehrfachnutzung mitgedacht werden. Gestaltung wird so nicht zum Abschluss, sondern zum Ausgangspunkt zukünftiger Veränderbarkeit (siehe auch Kapitel 7).

Die zunehmende Komplexität und Interdisziplinarität im Planen und Bauen im Bestand bringt auch ein verändertes Rollenverständnis mit sich: Transformation wird nicht nur als architektonische oder technische, sondern auch als gesellschaftliche Aufgabe verstanden: Räume müssen gemeinsam mit Nutzenden, Kommunen und Zivilgesellschaft neu verhandelt und gestaltet werden. Planungsprozesse werden zunehmend zur kollektiven Aufgabe. In vielen Fällen ent-

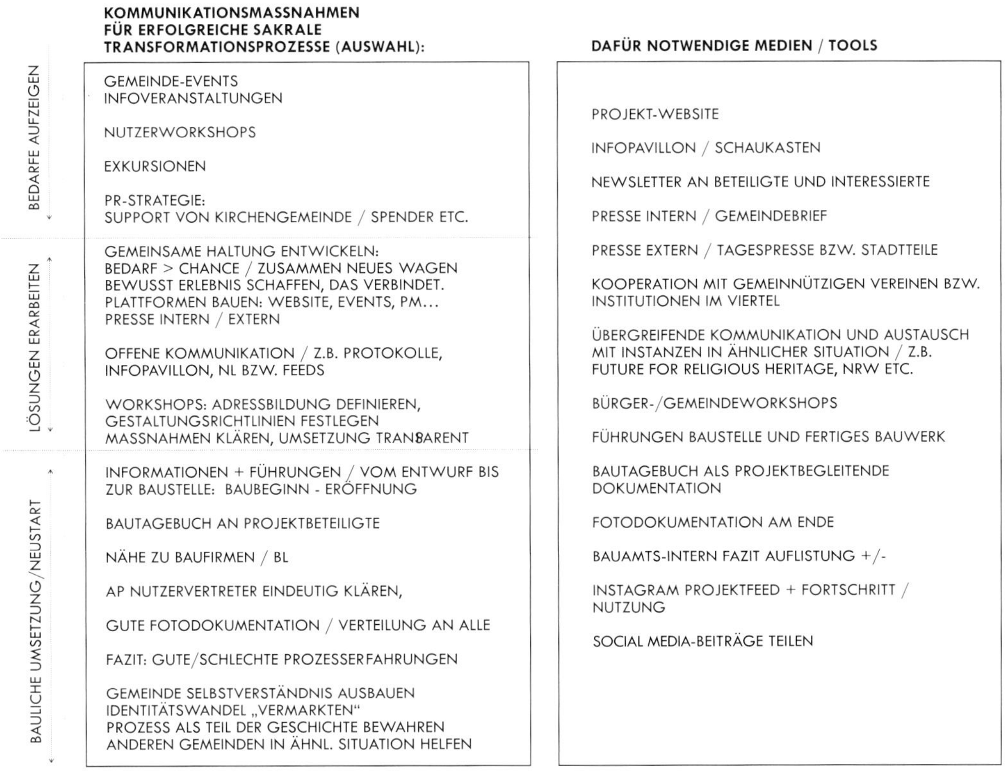

AP	Ansprechpartner	NL	Newsletter	PM	Pressemeldung
BL	Bauleitung	NRW	Nordrhein-Westfalen	PR	Public Relations

Abb. 1.4: Auswahl an begleitenden Kommunikationsmaßnahmen für den Adaptive-Reuse-Prozess (Müller, 2022, Seite 281)

stehen daraus keine völlig neuen Berufe, sondern vielmehr erweiterte oder spezialisierte Aufgabenprofile innerhalb bestehender Professionen, etwa in Architektur-, Stadtplanungs- oder Ingenieurbüros, kommunalen Fachämtern oder projektbegleitenden Beratungsstrukturen:

- **Resilienzmanager** sind häufig in kommunalen Verwaltungen oder interdisziplinären Planungsteams angesiedelt. Sie koordinieren technische, soziale und ökologische Risiken und sind heute bereits in vielen Städten als Klimaanpassungsmanager tätig, etwa in Berlin, Freiburg und Leipzig.
- **Stadtklimabeauftragte** arbeiten in der Bauleitplanung, im Umweltamt oder in Projektkontexten mit mikroklimatischem Fokus. Ihre Expertise fließt beispielsweise in die Freiraumplanung, das Schwammstadtprinzip oder die Ausrichtung von Neubauten zur Hitzeminderung ein.
- **Bestandskurator oder Umbaugestalter** ist zwar (noch) keine formalisierte Berufsbezeichnung, aber sie beschreibt eine Haltung und Kompetenz, die in vielen Umbauprojekten faktisch bereits gelebt wird. Sie umfasst die Fähigkeit, das räumliche und strukturelle Potenzial des Vorhandenen zu lesen, zu interpretieren und zukunftsfähig weiterzudenken.
- **Kreislaufplaner** gewinnen in Pilotprojekten mit Fokus auf zirkuläres Bauen zunehmend an Bedeutung. Sie koordinieren Reuse-Strategien, Rückbaukonzepte, Materialpässe und Lebenszyklusanalysen. Ihre Expertise wird vor allem bei Konzeptvergaben, Zertifizierungen der Deutschen Gesellschaft für Nachhaltiges Bauen (DGNB) oder Förderverfahren angefragt.
- **Bauteilbeschaffungsmanager** unterstützen bei der konkreten Beschaffung von Sekundärrohstoffen oder Reuse-Bauteilen auf den Sekundärmärkten wie Bauteilbörsen. Sie werden umgangssprachlich auch „Bauteiljäger" genannt.

> **Hinweis:** Diese neuen und erweiterten Rollen und Disziplinen markieren eine Verschiebung planerischer Verantwortung weg vom statischen Objekt hin zum Lebenszyklus, weg vom linearen Bauen hin zu zirkulären Strategien. Architektur wird zunehmend zum Management transformierbarer Möglichkeitsräume. Unsere urbanen Strukturen müssen belastbar, verhandelbar und wandelbar sein.

2 Baurechtliche Rahmenbedingungen

Margrit Goral

Rechtliche Grundlagen strukturieren die Auseinandersetzung mit städtischem Raum. Sie sorgen dafür, dass ökologische, funktionale, soziale und ästhetische Aspekte nicht isoliert, sondern systemisch behandelt werden. Damit wird das Baurecht zum Instrument gesellschaftlicher Aushandlung:

- Es schützt zentrale Versorgungsbereiche vor Verdrängung.
- Es regelt die Balance zwischen Nachverdichtung und Freiraum.
- Es sichert Belichtung, Belüftung und Mindestabstände.
- Es ermöglicht Befreiungen und Ausnahmen, wenn Innovation anders nicht möglich wäre.

In diesem Sinne ist Baurecht nicht nur Regelwerk, sondern auch Planungsressource. Es strukturiert die städtische Transformation, indem es Bestand bewahrt, Entwicklungen steuert und zugleich rechtliche Werkzeuge für experimentelle oder neuartige Lösungen bereithält.

2.1 Rechtliche Grundlagen

2.1.1 Baugesetzbuch (BauGB) allgemein

Das Baugesetzbuch (BauGB) vom 3. November 2017, zuletzt geändert am 12. August 2025, ist das Fundament des deutschen Städtebaurechts. Es legt die Verfahren der Bauleitplanung fest, regelt die Sicherung von Bauflächen und bestimmt die Zulässigkeit von Vorhaben. Damit ist es das zentrale Steuerungsinstrument, um Herausforderungen – Nutzungskonkurrenz, Ressourceneffizienz, soziale Teilhabe und urbane Resilienz – in rechtlich verbindliche Bahnen zu lenken. Eine besondere Rolle spielt dabei der Grundsatz der Innenentwicklung. Das BauGB verpflichtet Gemeinden dazu, vorhandene Flächenpotenziale vorrangig zu aktivieren, bevor neue Bauflächen im Außenbereich erschlossen werden. Dies deckt sich mit der Notwendigkeit, urbane Räume nicht durch Expansion, sondern durch Aktivierung des Bestehenden weiterzuentwickeln.

Von zentraler Bedeutung ist § 34 BauGB, der die Zulässigkeit von Vorhaben innerhalb der im Zusammenhang bebauten Ortsteile regelt. Er greift insbesondere dort, wo gewachsene Stadtstrukturen ohne qualifizierten Bebauungsplan bestehen – also in genau den Situationen, in denen Umbaukultur, Aneignung und flexible Nachverdichtung entscheidend sind. Die Frage des „Einfügens" verbindet dabei bauliche Maßstäblichkeit mit funktionalen und sozialen Anforderungen.

Das BauGB eröffnet daneben besondere Instrumente für komplexe Vorhaben. Dazu gehören der städtebauliche Vertrag (§ 11 BauGB; vgl. Kapitel 2.3.1), der eine flexible, vertragliche Steuerung städtebaulicher Entwicklungen zwischen Kommune und Vorhabenträger ermöglicht, sowie der Vorhaben- und Erschließungsplan (§ 12 BauGB; siehe Kapitel 2.3.2) oder die Bebauungspläne der Innenentwicklung (§§ 13a ff. BauGB; siehe Kapitel 2.3.3). Diese Verfahren wurden geschaffen, um Nachverdichtung und Umnutzung auch unter Zeit- und Ressourcendruck zu ermöglichen und zugleich Planungs- und Investitionssicherheit zu gewährleisten.

2.1.2 Baunutzungsverordnung (BauNVO) allgemein

Die Baunutzungsverordnung (BauNVO) vom 21. November 2017, zuletzt geändert am 3. Juli 2023, regelt die Art und das Maß der baulichen Nutzung. Sie definiert Baugebiete – vom reinen Wohngebiet bis zum Sondergebiet – und legt Kennziffern wie GRZ oder GFZ fest. Damit steuert sie, welche Funktionen sich in einem Gebiet entwickeln können und in welchem Umfang Verdichtung möglich ist.

Traditionell diente die BauNVO der funktionalen Trennung von Nutzungen. Angesichts neuer Lebens- und Arbeitsformen gewinnen jedoch Mischformen an Bedeutung. Urbane Gebiete oder Mischgebiete (§§ 6 und 6a BauNVO) eröffnen Chancen, Wohnen, Arbeiten und Versorgen in räumlich und sozial intelligenten Kombinationen zusammenzuführen. Dies entspricht der Notwendigkeit, soziale Mischung, Funktionswandel und Nutzungsüberlagerung als Treiber urbaner Lebensqualität zu begreifen.

Die BauNVO ist also ein zentrales Steuerungsinstrument für Nachverdichtung und Umnutzung. Sie gibt einerseits klare Grenzen vor, wenn monofunktionale Gebietskategorien fortgeschrieben werden. Sie bietet andererseits aber auch Flexibilität, wenn Gemeinden bewusst auf Mischgebiete, urbane Gebiete oder Sondergebiete zurückgreifen. Die praktischen Auswirkungen zeigen sich im Zusammenspiel mit dem BauGB: Während das BauGB den Rahmen vorgibt, präzisiert die BauNVO die konkrete Ausgestaltung von Dichte und Mischung (vgl. Kapitel 2.2 zu § 34 BauGB).

2.1.3 Innenbereichssatzung und § 34 BauGB

Die Innenbereichssatzung ist ein kommunales Steuerungsinstrument, das die Zulässigkeit von Vorhaben im noch unbeplanten Innenbereich klärt. Sie ergänzt und konkretisiert damit § 34 BauGB, der auf das „Einfügen" in die Eigenart der näheren Umgebung abstellt. Mithilfe der Innenbereichssatzung können Gemeinden genau festlegen, welche Flächen als im Zusammenhang bebaut gelten und welche Entwicklungsspielräume dort eröffnet werden.

Exkurs: Eigenart der näheren Umgebung – Maßstab für das Einfügen nach § 34 BauGB

Die Eigenart der näheren Umgebung ist der zentrale Bezugspunkt bei Bauvorhaben im unbeplanten Innenbereich. Sie beschreibt nicht das ästhetische Erscheinungsbild, sondern die tatsächlich vorhandene städtebauliche Prägung eines Gebiets. Entscheidend sind Art und Maß der baulichen Nutzung, die Bauweise, die überbaubare Grundstücksfläche sowie die Parzellierung und Stellung der Gebäude zueinander.

Die „nähere Umgebung" umfasst alle Grundstücke und Bauwerke, die das Baugrundstück prägen oder von ihm beeinflusst werden. Ihr räumlicher Umfang hängt von der Siedlungsstruktur ab: In dichten Stadtquartieren kann sie wenige Parzellen umfassen, in locker bebauten Ortslagen aber auch mehrere 100 m. Maßgeblich ist, was die bodenrechtliche Situation bestimmt und den Charakter des Gebiets prägt.

Für die Praxis bedeutet das: Ein Vorhaben fügt sich ein, wenn es die prägenden Strukturen respektiert und weiterführt, ohne den Charakter des Gebiets zu verändern. Damit wird „Einfügen" zu einem Instrument der kontinuierlichen Weiterentwicklung, also nicht der Nachahmung, sondern der städtebaulichen Anschlussfähigkeit.

Gemäß § 34 Abs. 1 BauGB gilt: „*Innerhalb der im Zusammenhang bebauten Ortsteile ist ein Vorhaben zulässig, wenn es sich nach Art und Maß der baulichen Nutzung, der Bauweise und der Grundstücksfläche, die überbaut werden soll, in die Eigenart der näheren Umgebung einfügt und die Erschließung gesichert ist.*" Damit ist der Innenbereich gesetzlich als jener Teil einer Gemeinde definiert, in dem eine tatsächlich aufeinanderfolgende Bebauung besteht, die ein gewisses städtebauliches Gewicht hat und den Eindruck der Geschlossenheit vermittelt. Der Außenbereich (§ 35 BauGB) beginnt dort, wo dieser Zusammenhang endet.

Die Innenbereichssatzung (§ 34 Abs. 4 bis 6 BauGB) ermöglicht Gemeinden, diese Grenzen präzise zu ziehen, etwa zur Klärung, ob eine Fläche noch „im Zusammenhang bebaut" ist oder bereits zum Außenbereich zählt. Dadurch können sie

- Baulücken gezielt schließen,
- Aufstockungen oder Umnutzungen im Bestand ermöglichen,
- unklare Gemengelagen rechtssicher ordnen und
- kleinere Entwicklungsflächen aktivieren, ohne ein vollständiges Bebauungsplanverfahren durchzuführen.

Gerade für Nachverdichtung und Bestandsentwicklung ist dieses Instrument besonders wichtig: Es schafft planerische Klarheit und fördert kontextsensible Eingriffe, die sich an der vorhandenen Struktur orientieren. Die Innenbereichssatzung verbindet damit Flexibilität, da kein vollwertiger Bebauungsplan notwendig ist, mit fundierter Rechtssicherheit, da die Abgrenzung des Innenbereichs verbindlich geregelt ist.

Hinweis: Die Aufstellung der Innenbereichssatzung erfolgt durch die Gemeinde, meist initiiert vom Stadtplanungs- oder Bauamt. Beteiligte Akteure sind in der Regel der Gemeinderat, Fachbehörden (z. B. Naturschutz oder Denkmalschutz) und betroffene Eigentümer. Planende und Eigentümer können Anregungen zur Satzung einbringen, haben aber keinen Anspruch auf deren Erlass. Für Vorhabensträger schafft die Innenbereichssatzung Klarheit, ob ein Bauantrag nach § 34 BauGB zulässig ist.

Die Bedeutung der Innenbereichssatzung wird im Kapitel 2.3.3 ausführlicher behandelt. Dort werden auch die Handlungsmöglichkeiten von Gemeinden aufgezeigt, über § 34 Abs. 4 bis 6 BauGB gezielt steuernd einzugreifen. In Verbindung mit den Erleichterungen nach § 34 Abs. 3a BauGB (vgl. Kapitel 2.2.1) bildet die Innenbereichssatzung ein praxisnahes Instrument, um Transformation, Resilienz und Nachverdichtung in bestehenden Quartieren rechtssicher zu gestalten.

2.1.4 Ausnahmen und Befreiungen (§ 31 BauGB)

§ 31 BauGB zu Ausnahmen und Befreiungen ist ein wichtiges Instrument zur Flexibilisierung des Planungsrechts. Er ermöglicht, Vorhaben zuzulassen, die von den Festsetzungen eines Bebauungsplans abweichen, ohne dessen Grundkonzept aufzugeben. Damit wird ein rechtlicher Rahmen geschaffen, der Anpassung, Innovation und Bestandstransformation gleichermaßen erlaubt. Gerade im Kontext von Nachverdichtung, Umbaukultur und sozioökologischer Resilienz spielt diese Rechtsvorschrift eine wichtige Rolle: Sie eröffnet Wege, die bestehende Ordnung zu respektieren und dennoch weiterzudenken.

§ 31 BauGB unterscheidet 2 Formen der Abweichung: die Ausnahme nach Abs. 1 und die Befreiung nach Abs. 2. Beide dienen dazu, im Einzelfall besondere Umstände zu berücksichtigen, unterscheiden sich jedoch in ihrer rechtlichen Reichweite:

- Die **Ausnahme** (§ 31 Abs. 1 BauGB) greift, wenn sie im Bebauungsplan selbst nach Art und Umfang ausdrücklich vorgesehen ist und die Grundzüge der Planung nicht berührt. Sie betrifft planungsrechtlich vorhersehbare Sonderfälle. Typische Beispiele sind geringfügige Überschreitungen von Baugrenzen, abweichende Dachformen oder Nutzungsvarianten, die das planerische Konzept ergänzen, aber nicht infrage stellen.
- Die **Befreiung** (§ 31 Abs. 2 BauGB) geht über die Ausnahme hinaus und erlaubt Abweichungen auch dann, wenn der Bebauungsplan keine ausdrückliche Regelung enthält. Eine Befreiung kann erteilt werden, wenn Gründe des Wohles der Allgemeinheit dies erfordern, die Abweichung städtebaulich vertretbar ist oder die Durchführung des Planes eine unzumutbare Härte darstellen würde. In der Praxis sind Befreiungen häufig bei Umbauten, Aufstockungen oder Nutzungsänderungen erforderlich, die zwar im öffentlichen Interesse liegen, aber von bestehenden Planvorgaben abweichen. Voraussetzung ist stets, dass die Grundzüge der Planung gewahrt bleiben und keine unzumutbaren Beeinträchtigungen öffentlicher oder nachbarlicher Belange entstehen.

Abgrenzung zu bauordnungsrechtlichen Abweichungen

Neben dem BauGB eröffnen auch die Landesbauordnungen (LBO) Möglichkeiten für Abweichungen, insbesondere in technischen Fragen wie Brandschutz, Abstandsflächen oder Barrierefreiheit. Während § 31 BauGB auf die planungsrechtliche Ebene abzielt, also auf Nutzung, Maß und Lage von Bauvorhaben, betrifft die Landesbauordnung die technische und gestalterische Ebene. In der Praxis bedeutet das: Für viele Projekte sind parallele Anträge erforderlich: ein planungsrechtlicher Antrag auf Befreiung nach § 31 BauGB und ein bauordnungsrechtlicher Antrag auf Abweichung nach LBO. Eine frühzeitige Abstimmung beider Ebenen ist entscheidend, um Genehmigungen reibungslos zu erlangen und Doppelprüfungen zu vermeiden.

Bedeutung für die Planungspraxis

§ 31 BauGB spielt eine wesentliche Rolle, wenn Planungsrecht und Realität auseinanderfallen. Besonders bei Nachverdichtungen, Bestandsumbauten oder neuen Wohnformen kann die Befreiung dazu beitragen, ortsangepasste Lösungen zu ermöglichen. Auch für städtebauliche Qualitäten ist die Befreiung ein wichtiges Werkzeug. Sie erlaubt, Konzepte der sozialen Mischung, gemeinschaftliche Nutzungen oder klimagerechte Anpassungen umzusetzen, selbst wenn diese von älteren Bebauungsplänen nicht abgedeckt sind.

Praxistipp: Für die Anwendung von § 31 BauGB gilt:

- frühzeitig prüfen, ob eine Ausnahme oder Befreiung erforderlich ist und welcher Paragraf Anwendung findet,
- bei der Antragstellung den städtebaulichen Mehrwert klar herausarbeiten, etwa in Bezug auf Klimaanpassung, soziale Mischung oder Bestandserhalt,
- Parallelbauordnungsrecht beachten (Abweichungen nach LBO können ergänzend notwendig sein),
- gute Dokumentation des Einfügens, der Begründung und der Abwägung sicherstellen (entscheidend für die Genehmigung),
- mit Gemeinde und Nachbarschaft abstimmen (kann Konflikte vermeiden und die Akzeptanz erhöhen) und
- Befreiungen strategisch nutzen, um innovative Projekte auch in engen rechtlichen Rahmen zu ermöglichen.

2.1.5 Beteiligungsrechte, Verfahrensregeln und Transparenz in der Bauleitplanung (§§ 3 und 4 BauGB)

Beteiligung, Transparenz und Nachvollziehbarkeit sind wichtige Bausteine der Bauleitplanung. §§ 3 und 4 BauGB regeln, wie Öffentlichkeit, Behörden und sonstige Träger öffentlicher Belange in Planungsverfahren einzubeziehen sind. Ziel ist es, die planerische Entscheidung auf eine möglichst breite Wissensbasis zu stellen, Konflikte frühzeitig zu erkennen und die Akzeptanz von Planungen zu sichern. Bauleitplanung ist nicht nur ein technischer oder juristischer Prozess, sondern auch ein demokratisches Verfahren, das städtebauliche Entwicklung nachvollziehbar und überprüfbar macht.

Beteiligungsrechte

§ 3 BauGB bestimmt die Beteiligung der Öffentlichkeit, § 4 BauGB die Beteiligung der Behörden und sonstigen Träger öffentlicher Belange. Beide Vorschriften bilden gemeinsam das Rückgrat des kommunalen Planungsverfahrens (siehe Tabelle 2.1). Sie gewährleisten, dass private, fachliche und öffentliche Interessen gleichermaßen gehört werden. Sie dienen der Informationsvermittlung und der Konfliktbewältigung, beides Voraussetzungen für rechtssichere und inhaltlich ausgewogene Bauleitpläne.

Die Beteiligung der Öffentlichkeit erfolgt gemäß § 3 BauGB in 2 aufeinanderfolgenden Stufen:

- Die **frühzeitige Beteiligung** nach § 3 Abs. 1 BauGB findet in einem frühen Verfahrensstadium statt. Die Gemeinde informiert über Ziele, Zwecke und mögliche Auswirkungen der Planung, stellt den Vorentwurf öffentlich aus und ermöglicht mündliche oder schriftliche Stellungnahmen. Diese Phase dient dem offenen Diskurs und der Sammlung lokaler Kenntnisse, etwa zu Nutzungskonflikten, Umweltfragen oder sozialen Aspekten.
- In der **formellen Beteiligung** nach § 3 Abs. 2 BauGB wird der Planentwurf für die Dauer von mindestens einem Monat öffentlich ausgelegt. Während dieser Zeit kann jede Person Anregungen oder Bedenken vorbringen. Die Gemeinde ist verpflichtet, alle Stellungnahmen zu prüfen und die Ergebnisse in der Abwägung zu berücksichtigen. Über das Ergebnis der Prüfung sind die Einwender zu informieren. Damit wird das Beteiligungsrecht mit einem Anspruch auf Transparenz und Rückmeldung verbunden.

Tabelle 2.1: Verfahrensregeln für kommunale Planungsverfahren gemäß BauGB

Verfahrensstufen	Rechtsgrundlage	Bekanntmachungen	Mindestfristen	Beteiligte/Hinweise
frühzeitige Beteiligung	§ 3 Abs. 1 BauGB	Amtsblatt, Website, ortsüblich	keine feste Frist (üblicherweise 2–4 Wochen)	Bürger, Initiativen, Fachöffentlichkeit
formelle Beteiligung	§ 3 Abs. 2 BauGB	Amtsblatt und Website (mindestens eine Woche vor Beginn)	mindestens ein Monat Auslegung	jede Person kann Stellung nehmen
digitale Veröffentlichung	§ 3 Abs. 2 BauGB	Internet-Seite der Gemeinde	entsprechend der Auslegung	gleichwertig zur physischen Einsicht
Abwägung/Rückmeldung	§ 1 Abs. 7 BauGB, §§ 3 und 4 BauGB	schriftliche Information an Einwender	nach Abschluss	Ergebnisdarstellung im Abwägungsbeschluss

Parallel zur Beteiligung der Öffentlichkeit erfolgt die Beteiligung der Behörden und sonstigen Träger öffentlicher Belange gemäß § 4 BauGB. Eingebunden werden alle Stellen, deren Aufgabenbereiche durch die Planung berührt werden können, beispielsweise Fachbehörden für Umwelt, Verkehr, Naturschutz und Denkmalschutz oder Nachbargemeinden. Die Beteiligung dient der Sicherung fachlicher Belange, der Vermeidung von Widersprüchen und der frühzeitigen Koordination zwischen Verwaltungsebenen. Die Behörden erhalten dafür in der Regel einen Monat Frist zur Stellungnahme. Diese Frist kann in begründeten Fällen verlängert werden. Stellungnahmen sollen sich auf den jeweiligen Zuständigkeitsbereich beschränken und sind der Abwägung zuzuführen. Durch dieses abgestufte Verfahren wird gewährleistet, dass Fachwissen und Interessen systematisch in die Planaufstellung einfließen.

Transparenz und Dokumentation

Alle eingegangenen Stellungnahmen – sowohl aus der Öffentlichkeit als auch von Behörden – werden gesammelt, abgewogen und dokumentiert. Das Ergebnis der Abwägung wird öffentlich zugänglich gemacht und bildet einen integralen Bestandteil des Bebauungsplanverfahrens. Damit wird nachvollziehbar, welche Belange berücksichtigt, verändert oder zurückgestellt wurden. Diese Dokumentation ist nicht nur Ausdruck von Transparenz, sondern auch Grundlage der Rechtssicherheit: Fehler oder Unterlassungen in der Beteiligung können zur Unwirksamkeit eines Bauleitplans führen. Viele Kommunen gehen über die gesetzlichen Mindestanforderungen hinaus und nutzen digitale Beteiligungsplattformen, Bürgerdialoge oder thematische Workshops. Diese erweiterten Formate stärken die Identifikation mit der Planung und ermöglichen es, lokale Expertise frühzeitig einzubinden – ein entscheidender Erfolgsfaktor für Akzeptanz und Umsetzung.

Bedeutung für die Planungspraxis

Für die kommunale Planungspraxis haben die Beteiligungsvorschriften weitreichende Bedeutung. Sie strukturieren den Ablauf, sichern die Verfahrensgerechtigkeit und fördern die Legitimation städtebaulicher Entscheidungen. Besonders in Zeiten wachsender Nutzungskonkurrenz und zunehmender Verdichtung gewinnen Transparenz und Beteiligung an Gewicht. Wer also Beteiligung als Ressource versteht, kann Wissen, Perspektiven und Akzeptanz mobilisieren.

> **Praxistipp:** Für die Anwendung der §§ 3 und 4 BauGB gilt:
>
> - frühzeitig Klarheit über den Beteiligungskreis und die Kommunikationsstrategie schaffen,
> - frühzeitige Beteiligung als Dialog nutzen, nicht nur als formale Informationspflicht,
> - digitale Beteiligungsplattformen zur Erhöhung von Transparenz und Reichweite nutzen,
> - Stellungnahmen systematisch erfassen, kategorisieren und dokumentieren,
> - Fristen und Veröffentlichungsformen (ortsübliche Bekanntmachung) einhalten, um Rechtsfehler zu vermeiden,
> - frühzeitige Abstimmung zwischen den verschiedenen Behörden sichern, um fachliche Konflikte und doppelte Prüfungen zu vermeiden und
> - nach Abschluss des Verfahrens zur Stärkung von Vertrauen und Akzeptanz Rückmeldung an die Beteiligten geben.

2.2 Konkretisierungen nach § 34 BauGB

§ 34 BauGB „Zulässigkeit von Vorhaben innerhalb der im Zusammenhang bebauten Ortsteile" ist die maßgebliche Rechtsgrundlage für den unbeplanten Innenbereich, also für Gebiete ohne qualifizierten Bebauungsplan, die aber durch zusammenhängende Bebauung geprägt sind. Seine Funktion ist es, Transformation im Bestand nicht zu verhindern, sondern rechtlich zu rahmen. Er bestimmt, wie Nutzungskonkurrenz, Nachverdichtungen und Umbauten in gewachsenen Quartieren möglich werden – stets im Spannungsfeld zwischen sozialer Verträglichkeit, ökologischer Verantwortung und funktionaler Anpassung.

2.2.1 Bedeutung einzelner Absätze des Paragrafen

§ 34 Abs. 1 BauGB

Der Grundsatz des § 34 Abs. 1 BauGB lautet: Ein Vorhaben ist zulässig, wenn es sich in die Eigenart der näheren Umgebung einfügt, die Erschließung gesichert ist und es keine schädlichen Auswirkungen hat. Für die planerische Praxis bedeutet das: Transformation im Bestand ist möglich, solange sie den Kontext respektiert. Dies entspricht der Haltung, Umbaukultur nicht als Tabula rasa, sondern als Weiterbauen im Gefüge zu verstehen. „Im Zusammenhang bebaut" grenzt Innen- von Außenbereich ab. Rechtlich entscheidend ist, dass eine aufeinanderfolgende Bebauung eine prägende Siedlungsstruktur bildet.

§ 34 Abs. 3a BauGB

Erweiterungen, Änderungen, Nutzungsänderungen oder Erneuerungen eines zulässigerweise errichteten Gebäudes sind auch dann zulässig, wenn sie den Anforderungen des § 34 Abs. 1 BauGB nicht voll entsprechen, sofern die Abweichung städtebaulich vertretbar ist und die Erschließung gesichert bleibt. Dies gilt insbesondere zur Schaffung zusätzlichen Wohnraums. § 34 Abs. 3a BauGB erlaubt Erweiterungen, Änderungen oder Nutzungsänderungen bestehender Gebäude auch dann, wenn diese nicht vollständig den Anforderungen des „Einfügens" entsprechen. Ziel ist es, Wohnraum zu schaffen und Bestandsnutzungen zu sichern, ohne langwierige Planungsverfahren. In der Praxis bedeutet das: Aufstockungen, Anbauten oder Umnutzungen zu Wohnzwecken können erleichtert genehmigt werden. Damit ist § 34 Abs. 3a BauGB ein konkreter Hebel, um die Transformation von Büro- zu Wohnnutzung oder den Ausbau von Dachgeschossen rechtssicher umzusetzen.

> **Hinweis:** Gerade bei Dachaufstockungen, Anbauten oder Umnutzungen zu Wohnzwecken lohnt sich ein Verweis auf die Erleichterungen nach § 34 Abs. 3a BauGB. Das kann Genehmigungen beschleunigen und die Planungssicherheit erhöhen.

Folgende Instrumente können für die Planung hilfreich sein:

- **Abstimmungsgespräche vor Antragstellung:** Frühzeitiger Austausch mit der Bauaufsichtsbehörde hilft, das Vorhaben auf Vertretbarkeit zu prüfen und Genehmigungsverfahren abzukürzen.
- **Städtebauliche Begründung bzw. Verträglichkeitsprüfung:** Ein kurzer Nachweis, dass die Maßnahme keine negativen städtebaulichen oder nachbarschaftlichen Auswirkungen hat, erhöht die Erfolgsaussichten erheblich.
- **Bestandsanalyse und Visualisierung:** Eine Darstellung der bestehenden Struktur und des geplanten Eingriffs (Höhen, Bauweise und Nutzung) verdeutlicht, dass sich das Vorhaben trotz Abweichung funktional und räumlich einfügen wird.
- **Verweis auf wohnungspolitische Ziele der Kommune:** Wenn das Vorhaben zusätzlichen Wohnraum schafft, kann dieser Zweck im Sinne des § 34 Abs. 3a BauGB ausdrücklich als öffentliches Interesse gewertet werden.

§ 34 Abs. 4 bis 6 BauGB

Innenbereichssatzungen sind ein zentrales Instrument, um im unbeplanten Innenbereich gezielt zu steuern, wo und in welchem Umfang Nachverdichtung oder neue Nutzung möglich ist. Sie konkretisieren die im § 34 BauGB angelegte Flexibilität und schaffen Rechtssicherheit für Planende und Eigentümer, ohne dass ein vollständiges Bebauungsplanverfahren durchgeführt werden muss.

Der § 34 BauGB regelt grundsätzlich die Zulässigkeit von Bauvorhaben im „im Zusammenhang bebauten Ortsteil". In der Praxis führt die Abgrenzung zwischen Innen- und Außenbereich jedoch häufig zu Unsicherheiten. Innenbereichssatzungen nach § 34 Abs. 4 BauGB schaffen in diesen Fällen Klarheit: Sie definieren, welche Grundstücke rechtlich zum Innenbereich gehören und damit dem einfacheren Zulässigkeitsregime des § 34 BauGB unterfallen. Gleichzeitig ermöglichen sie, einzelne angrenzende Flächen einzubeziehen oder zu entwickeln, wenn dies städtebaulich vertretbar ist. Für Gemeinden ist das ein flexibles Werkzeug, um bestehende Strukturen zu aktivieren, Baulücken zu schließen oder Randlagen zu arrondieren, insbesondere dort, wo ein Bebauungsplan zu aufwendig wäre oder die Strukturen zu kleinteilig für eine förmliche Bauleitplanung sind.

Innenbereichssatzungen kommen typischerweise zum Einsatz, wenn

- gewachsene Ortsteile ohne verbindlichen Bebauungsplan fortentwickelt werden sollen,
- Baulücken und Restgrundstücke aktiviert werden,
- kleinteilige Ergänzungen oder Nachverdichtungen im Bestand rechtlich abgesichert werden müssen oder
- die Grenze zwischen Innen- und Außenbereich unklar oder strittig ist.

Damit greifen Innenbereichssatzungen genau in das Spannungsfeld zwischen Dichte, Kontext und ortsverträglicher Entwicklung ein. Sie sind ein Ausdruck einer planerischen Haltung, die Bestehendes stärkt und Weiterbauen im Gefüge ermöglicht. Die Ermächtigung ergibt sich aus § 34 Abs. 4 BauGB, ergänzt durch § 34 Abs. 5 und 6 BauGB, die formale Anforderungen und Rechtsfolgen regeln. Innenbereichssatzungen werden als satzungsrechtliche Beschlüsse der Gemeinde gefasst und ortsüblich bekannt gemacht. Mit Inkrafttreten erhalten sie unmittelbare Rechtswirkung. Sie unterscheiden sich damit deutlich von Bebauungsplänen: Sie ersetzen keine Bauleitplanung, sondern präzisieren lediglich die Anwendung des § 34 BauGB. Für Planende schaffen Innenbereichssatzungen eine verlässliche Grundlage, um Projekte im Bestand zu entwickeln, ohne den Umweg über eine langwierige Bauleitplanung. Für Kommunen sind sie ein effizientes Instrument, um behutsame Nachverdichtung zu fördern und gleichzeitig die Eigenart des Ortes zu wahren.

Der Gesetzgeber unterscheidet 3 Satzungsvarianten, die je nach Zielrichtung deklaratorisch oder konstitutiv wirken:

- **Klarstellungssatzung (§ 34 Abs. 4 Satz 1 BauGB):** Sie grenzt den Innenbereich vom Außenbereich ab und stellt fest, welche Grundstücke zum „im Zusammenhang bebauten Ortsteil" gehören. Sie schafft kein neues Baurecht, sondern bestätigt den bestehenden Rechtszustand.
- **Entwicklungssatzung (§ 34 Abs. 4 Satz 2 BauGB):** Sie überführt Außenbereichsflächen, die im Flächennutzungsplan als Baufläche dargestellt sind, in den Innenbereich. Dadurch wird neues Baurecht nach § 34 BauGB geschaffen – häufig für Rest- oder Randflächen, die in bestehende Strukturen eingebunden werden.
- **Ergänzungssatzung (§ 34 Abs. 4 Satz 3 BauGB):** Sie ermöglicht, angrenzende Außenbereichsflächen in den Innenbereich einzubeziehen, wenn sie durch die bestehende Bebauung geprägt sind. Diese Satzungsvariante wirkt konstitutiv und kann städtebauliche Festsetzungen enthalten.

> **Hinweis:** Für Klarstellungssatzungen genügt ein Gemeinderatsbeschluss; ein formelles Verfahren ist nicht erforderlich. Entwicklungs- und Ergänzungssatzungen folgen dem vereinfachten Verfahren nach § 13 BauGB mit Beteiligung der Öffentlichkeit und der Behörden. Eine Umweltprüfung entfällt, jedoch sind Begründung und Ausgleichsmaßnahmen vorzusehen.

2.2.2 Ausnahmen und Befreiungen

Auch im unbeplanten Innenbereich gibt es Fälle, in denen Vorhaben nicht den Gebietskategorien oder Maßvorgaben entsprechen. Über den § 31 BauGB zu Ausnahmen und Befreiungen können dennoch Genehmigungen erteilt werden. Voraussetzung ist, dass städtebauliche Ziele gewahrt bleiben und keine unzumutbaren Nachteile entstehen.

2.2.3 Sonderfälle und Sonderregelungen

Das Baugesetzbuch enthält neben den allgemeinen Instrumenten der Bauleitplanung eine Reihe von Sonderregelungen, die in bestimmten Situationen eine Abweichung oder Ergänzung des üblichen Planungsrechts ermöglichen. Diese Vorschriften haben den Zweck, in außergewöhnlichen Fällen schnell reagieren oder besondere öffentliche Interessen berücksichtigen zu können, etwa in Krisensituationen, bei staatlichen Aufgaben oder bei Projekten von überörtlicher Bedeutung. Sonderregelungen dienen damit als eine Art Flexibilitätsreserve innerhalb des Planungsrechts. Sie greifen, wenn die klassischen Verfahren nach §§ 30 bis 35 BauGB

(Bebauungsplan, Innen- oder Außenbereich) aufgrund zeitlicher, räumlicher oder sachlicher Umstände an ihre Grenzen stoßen. Häufig stehen sie im Kontext akuter Herausforderungen, z. B. bei Wohnraummangel, Energieversorgung oder der Unterbringung Geflüchteter.

Neben § 246 BauGB, der befristete Erleichterungen für Unterkünfte und andere staatliche Zwecke vorsieht, existieren weitere Sondervorschriften, etwa für städtebauliche Entwicklungsmaßnahmen (§§ 165 ff. BauGB), zur Sicherung der Bauleitplanung (§ 15 BauGB) oder für den vorzeitigen Baubeginn (§ 33 BauGB). Auch Übergangsvorschriften im Zusammenhang mit befristeten Gesetzesänderungen oder krisenbedingten Anpassungen (z. B. Energiesicherung, Pandemievorsorge) sind unter die Sonderregelungen einzuordnen.

Hinweis: In der Praxis sind solche Sonderregelungen mit Vorsicht anzuwenden: Sie bieten Erleichterungen, verlangen aber zugleich eine sorgfältige Abwägung zwischen öffentlichem Interesse, Nachbarschaftsschutz und städtebaulicher Ordnung. Oft sind sie nur temporär gültig und setzen eine klare Begründung voraus, warum der Ausnahmecharakter greift.

§ 246 BauGB

Der § 246 BauGB enthält befristete, besondere Planungsrechtserleichterungen für den Bau, die Änderung und die Nutzung von Unterkünften für Geflüchtete, Asylsuchende sowie andere staatlich oder humanitär begründete Zwecke. Ziel ist es, kurzfristig dringend benötigte Unterkünfte auch dort zu ermöglichen, wo das reguläre Planungsrecht dies erschweren oder verhindern würde. Die Sonderregelungen betreffen insbesondere folgende Arten von Unterkünften:

- Aufnahme-, Gemeinschafts- und Notunterkünfte,
- Umnutzungen bestehender Gebäude zu Wohnzwecken oder Einrichtungen,
- öffentliche oder gemeinwohlorientierte Unterkünfte, etwa für Menschen in Krisenlagen.

§ 246 Abs. 8 bis 17 BauGB gilt sowohl für öffentliche als auch für private Träger, sofern die Nutzung im öffentlichen Interesse erfolgt und die Zweckbindung gesichert ist. § 246 Abs. 10 bis 12 BauGB erlaubt, ausnahmsweise auch in solchen Gebieten Unterkünfte zu errichten, sofern keine gravierenden Störungen zu erwarten sind und die Nutzung zeitlich befristet bleibt. In dringenden Fällen kann auch dort gebaut werden, wo § 35 BauGB normalerweise entgegenstünde, sofern die Dringlichkeit nachgewiesen ist (§ 246 Abs. 13 BauGB). Hotels, Bürohäuser oder Sporthallen können zu Unterkünften umgebaut werden, ohne dass alle bauplanungsrechtlichen Festsetzungen gelten (§ 246 Abs. 8 und 10 BauGB).

Diese Vorschriften sind befristet; derzeit gilt die Verlängerung bis 31. Dezember 2027. Nach Beendigung der Nutzung können Anschlussverwendungen (z. B. dauerhafte Wohnnutzung) zugelassen werden, sofern sie städtebaulich vertretbar sind (§ 246 Abs. 13 BauGB). Umwelt- und Nachbarschaftsbelange bleiben grundsätzlich zu berücksichtigen, auch wenn sie teilweise zugunsten der Dringlichkeit zurücktreten.

2.2.4 Schutz zentraler Versorgungsbereiche

§ 34 Abs. 3 BauGB stellt klar, dass Bauvorhaben keine schädlichen Auswirkungen auf zentrale Versorgungsbereiche haben dürfen. Damit wird die Rolle innerstädtischer Zentren als Möglichkeitsräume abgesichert. Zentrale Versorgungsbereiche sind Orte sozialer Dichte, kultureller Identität und urbaner Resilienz.

Das Baugesetzbuch definiert den Begriff „zentrale Versorgungsbereiche" nicht ausdrücklich, seine Auslegung ergibt sich aber aus Rechtsprechung und Verwaltungspraxis. Nach ständiger Rechtsprechung (u. a. BVerwG, Urteil vom 24. November 2005 – 4 C 10.04) gilt: Zentrale Versorgungsbereiche sind räumlich abgegrenzte Gebiete einer Gemeinde, in denen Einrichtungen und Angebote konzentriert sind, die der Versorgung der Bevölkerung mit Gütern und Dienstleistungen des täglichen und/oder des periodischen Bedarfs dienen und die für die städtebauliche Entwicklung und Ordnung von prägender Bedeutung sind. Dazu zählen in der Regel folgende Bereiche:

- Innenstädte und Ortskerne,
- Stadtteil- und Ortsteilzentren,
- teils auch Nahversorgungszentren in verdichteten Wohngebieten.

Nicht als zentraler Versorgungsbereich gelten dagegen Einzelstandorte oder reine Fachmarkt- bzw. Gewerbegebiete ohne städtebauliche Versorgungsfunktion.

Praxistipp: Für die Anwendung des § 34 BauGB gilt:

- **Die „Einfügung" dokumentieren:** Da das Einfügen in die Eigenart der näheren Umgebung ein Kernkriterium ist, empfiehlt sich eine systematische Bestandsanalyse (Baufluchten, Traufhöhen, Dachformen, Nutzungsarten und Freiraumqualitäten).
- **Ausnahmen und Befreiungen gezielt vorbereiten:** Wenn ein Vorhaben aus dem Rahmen fällt, etwa bei höherer GFZ oder neuer Nutzung, sollte die Argumentation auf städtebaulichen Mehrwert abgestellt werden (soziale Mischung, Klimaanpassung und Quartiersaufwertung). Zuständige Behörden erkennen solche Argumentationen häufig an, wenn sie nachvollziehbar und ortsbezogen sind.
- **Schutz zentraler Versorgungsbereiche beachten:** Besonders bei gewerblichen Projekten ist die frühzeitige Bestellung eines Einzelhandelsgutachters sinnvoll. So lassen sich Konflikte mit der Sicherung zentraler Versorgungsbereiche vermeiden und gleichzeitig Chancen für Nahversorgung im Quartier herausarbeiten.
- **Baulückenschließung im unbeplanten Innenbereich möglich machen:** Viele Städte nutzen Innenbereichssatzungen, um kleine Grundstücke nachträglich als bebaubar zu erklären. Für Baugruppen oder Genossenschaften kann das ein Weg sein, kleinteilige Projekte rechtssicher durchzuführen, ohne den Aufwand eines vollständigen Bebauungsplans.
- **Mit den Nachbarn zusammenarbeiten:** Da § 34 BauGB stark auf die Umgebung verweist, sind nachbarschaftliche Akzeptanz und Mitsprache entscheidend. Informelle Beteiligung oder gemeinsame Entwicklungskonzepte erhöhen die Chancen auf eine reibungslose Genehmigung.

2.3 Weitere planungsrechtliche Instrumente

Neben den Regelungen des § 34 BauGB gibt es ergänzende Instrumente, die insbesondere für komplexere Umbau-, Nachverdichtungs- und Umnutzungsprojekte Bedeutung haben. Sie bilden eine Brücke zwischen der Flexibilität des unbeplanten Innenbereichs und der detaillierten Steuerung klassischer Bebauungspläne.

2.3.1 Städtebaulicher Vertrag nach § 11 BauGB

Der städtebauliche Vertrag ist eines der flexibelsten Instrumente des Baugesetzbuchs. Nach § 11 BauGB können Gemeinden mit Investoren, Eigentümern oder sonstigen Vorhabenträgern Vereinbarungen schließen, die der Durchführung städtebaulicher Maßnahmen dienen. Anders als ein Bauleitplan ist ein städtebaulicher Vertrag kein förmliches Satzungsverfahren, sondern ein zivilrechtlicher Vertrag im öffentlichen Kontext – und damit häufig schneller, passgenauer und verfahrensärmer als eine Änderung des Bebauungsplans.

Der städtebauliche Vertrag dient der kooperativen Steuerung von Entwicklungsvorhaben. Er kann nahezu alle Themen umfassen, die für eine städtebauliche Entwicklung wesentlich sind: von der Planung und Erschließung über Kosten- und Folgelasten bis zu Ausgleichs- oder Sozialbindungen. Die rechtliche Grundlage bildet § 11 Abs. 1 BauGB, der beispielhaft folgende Inhalte nennt:

- Übernahme von Planungs- und Erschließungskosten durch den Investor,
- Durchführung von Maßnahmen des Naturschutzes und der Landschaftspflege,
- Schaffung oder Sicherung von sozialem Wohnraum,
- Festlegung von Nutzungsbindungen oder Baufristen,
- Beteiligung an Infrastruktur oder Gemeinschaftseinrichtungen.

Das zentrale Prinzip lautet: „Leistung gegen Gegenleistung". Die Gemeinde gewährt dem Vorhabenträger planungsrechtliche Möglichkeiten, etwa durch Einleitung oder Anpassung eines Bebauungsplans oder durch Zustimmung zu einem Vorhaben, und erhält im Gegenzug vertragliche Zusagen zur Umsetzung, Qualität oder Finanzierung.

Gerade bei innerstädtischen Projekten, in denen eine Bebauungsplanänderung zeitlich oder politisch schwer durchsetzbar ist, bietet der städtebauliche Vertrag eine effiziente Alternative. Er ermöglicht es, Verfahren zu verkürzen und Inhalte individuell zu gestalten, ohne den formellen Weg einer Satzungsänderung gehen zu müssen. In der Praxis werden solche Verträge häufig eingesetzt, um,

- Nachverdichtungen oder Aufstockungen mit sozialer oder ökologischer Kompensation zu verknüpfen,
- Sondernutzungen (z. B. urbane Produktion oder genossenschaftliches Wohnen) abzusichern,
- Erschließungs- oder Freiraumkonzepte zu konkretisieren und
- Verpflichtungen zur Energieversorgung oder Klimaanpassung festzuschreiben.

Voraussetzung ist stets, dass die vertraglichen Inhalte städtebaulich veranlasst sind. Unzulässig sind Vereinbarungen, die keinen sachlichen Bezug zu städtebaulichen Zielen haben oder in unzulässiger Weise Druck auf die Vertragsparteien ausüben (sogenanntes Kopplungsverbot). Die Gemeinde darf also keine Gegenleistungen verlangen, die über den sachlichen Anlass hinausgehen. Von besonderer Wichtigkeit sind in diesem Zusammenhang die Transparenz und die Gleichbehandlung: Verträge müssen auf Grundlage klarer städtebaulicher Ziele abgeschlossen werden, um Willkür zu vermeiden. In der Regel beschließt der Rat die Eckpunkte vorab, insbesondere bei größeren Vorhaben.

Der wesentliche Vorteil liegt in der Zeitersparnis: Während ein Bebauungsplanverfahren meist 12 bis 24 Monate dauert, kann ein städtebaulicher Vertrag bei klarer Sachlage binnen weniger Wochen abgeschlossen werden. Häufig wird er mit einem Durchführungsvertrag nach § 12 BauGB kombiniert oder zur flankierenden Regelung laufender Planverfahren eingesetzt. Für Gemeinden ist er zudem finanziell attraktiv, weil Kostenübernahmen und Folgelasten (z. B. für Infrastruktur, Ausgleichsmaßnahmen und Grünflächenunterhalt) rechtsverbindlich übertragen werden können. Für Investierende bietet er Planungssicherheit, da Rechte und Pflichten vertraglich fixiert und Konflikte im Vorfeld bereinigt werden.

Im Sinne einer resilienten und dialogorientierten Stadtentwicklung steht der städtebauliche Vertrag exemplarisch für eine neue Planungskultur: Er setzt nicht auf Hierarchie, sondern auf Kooperation. Er erlaubt, ökologische und soziale Belange in konkrete Vereinbarungen zu übersetzen – etwa zur Energieversorgung, Klimaanpassung, Biodiversität oder Mobilität.

Praxistipp: Für den städtebaulichen Vertrag nach § 11 BauGB gilt:

- frühzeitige Gespräche mit der Kommune führen, um den Anwendungsrahmen und den Verfahrensweg abzustimmen,
- Ziele und Gegenleistungen klar dokumentieren, um das Kopplungsverbot zu vermeiden,
- den Vertrag als Teil eines strategischen Gesamtprozesses begreifen, denn die Kombination mit § 12 BauGB (Vorhaben- und Erschließungsplan) oder § 13a BauGB (beschleunigtes Verfahren) kann Synergien schaffen,
- Qualitätssicherung vertraglich absichern, etwa durch Gestaltungsleitfäden, Monitoring oder Energieziele, und
- juristische Prüfung des Vertragsentwurfs einplanen, um spätere Anfechtungen zu vermeiden.

2.3.2 Vorhaben- und Erschließungsplan nach § 12 BauGB

Der Vorhaben- und Erschließungsplan (§ 12 BauGB) ist ein spezielles Instrument der verbindlichen Bauleitplanung, das für komplexe oder investorengetragene Projekte konzipiert wurde. Im Unterschied zum klassischen Bebauungsplan geht die Initiative dabei meist vom privaten Vorhabenträger aus. Dieser erarbeitet gemeinsam mit der Kommune ein detailliertes Konzept, das Gebäude, Nutzungen, Erschließung und Gestaltung umfasst, und verpflichtet sich durch einen Durchführungsvertrag zur Realisierung.

Ziel des Vorhaben- und Erschließungsplans ist es, städtebauliche Entwicklungsvorhaben passgenau und kooperativ umzusetzen. § 12 BauGB verbindet planungsrechtliche Festsetzungen mit vertraglicher Bindung: Der Bebauungsplan wird auf das konkrete Projekt zugeschnitten, während der Vorhabenträger die Durchführung übernimmt. Dadurch entsteht ein hohes Maß an Planungssicherheit, ohne dass der kommunale Steuerungsanspruch verlorengeht. Der Vorhaben- und Erschließungsplan eignet sich insbesondere für

- gemischt genutzte Quartiere (Wohnen, Gewerbe oder soziale Infrastruktur),
- städtebauliche Entwicklungsmaßnahmen auf komplexen Bestandsflächen und
- innovative Nutzungskonzepte wie urbane Produktion, gemeinschaftliches Wohnen oder Campusstrukturen.

Das Verfahren ermöglicht, Bebauungsplan und Projektentwicklung eng zu verzahnen – mit klarer Verteilung der Verantwortlichkeiten zwischen Kommune und Investor. Es orientiert sich grundsätzlich an der Aufstellung eines Bebauungsplans (§§ 2 ff. BauGB), weist aber folgende Besonderheiten auf:

- Der Vorhabenträger erarbeitet den Planentwurf und legt ihn der Gemeinde vor.
- Gemeinde und Vorhabenträger schließen einen Durchführungsvertrag, in dem Pflichten zu Planung, Erschließung, Zeitrahmen und Finanzierung festgelegt sind.
- Erst nach Abschluss des Vertrags beschließt die Gemeinde den Bebauungsplan als Satzung.
- Wird das Vorhaben nicht innerhalb der vereinbarten Frist realisiert, kann der Plan aufgehoben werden (§ 12 Abs. 6 BauGB).

Der größte Vorteil des Vorhaben- und Erschließungsplans ist die Verfahrensintegration: Planung, Finanzierung und Umsetzung werden in einem Schritt geregelt. Dadurch können Projekte mit hohem Abstimmungsbedarf zügig umgesetzt werden. Das Verfahren eignet sich besonders dort, wo städtebauliche Ziele mittels eines konkreten Vorhabens erreicht werden sollen, ohne dass ein offener Planungsprozess erforderlich ist. Grenzen bestehen, wenn die Planung noch nicht ausgereift ist oder verschiedene Alternativen geprüft werden müssen. In diesen Fällen ist ein regulärer Bebauungsplan zweckmäßiger. Auch bleibt die Bindung an das konkret vereinbarte Vorhaben bestehen: Änderungen sind nur über ein neues Verfahren möglich.

Der Vorhaben- und Erschließungsplan hat sich als flexibles Instrument bewährt, um kommunale und private Interessen zu verbinden. Er ermöglicht maßgeschneiderte Stadtbausteine – etwa gemischte Quartiere, Konversionsflächen oder Projekte mit besonderem Innovationsanspruch – in enger Kooperation zwischen Verwaltung und Investor. So lassen sich komplexe Entwicklungsaufgaben rechtssicher, effizient und gestalterisch qualitätsvoll umsetzen.

2.3.3 Bebauungspläne der Innenentwicklung nach § 13a BauGB

§ 13a BauGB schafft ein beschleunigtes Verfahren zur Aufstellung von Bebauungsplänen, die auf Innenentwicklung, Nachverdichtung und Wohnraumschaffung abzielen. Damit sollen Baulücken, Brachflächen und mindergenutzte Areale zügig aktiviert werden, ohne ein vollständiges Planverfahren nach §§ 2 ff. BauGB durchlaufen zu müssen. Mit § 13a BauGB steht ein praxisnahes Instrument zur Verfügung, um urbane Flächen effizienter zu nutzen und neue Versiegelungen im Außenbereich zu vermeiden. Ausgangspunkt ist der Grundsatz des § 1a BauGB, wonach Boden sparsam und schonend zu nutzen ist. Der § 13a BauGB übersetzt dieses Prinzip in ein vereinfachtes Verfahren, das Planungssicherheit, Zeitgewinn und Flexibilität kombiniert. Er richtet sich insbesondere an Gemeinden, die unter hohem Wohnungsdruck stehen oder Nachverdichtungspotenziale im Bestand aktivieren wollen.

Das Verfahren kann angewendet werden, wenn der Bebauungsplan auf Innenentwicklung abzielt, insbesondere auf

- die Wiedernutzbarmachung von Brach- oder Gewerbeflächen,
- die Nachverdichtung in bestehenden Quartieren und
- die Aufwertung und Arrondierung des Siedlungsbestands.

Die zulässige Grundfläche des Plangebiets darf in der Regel 20.000 m^2 nicht überschreiten; bis zu 70.000 m^2 sind möglich, sofern keine erheblichen Umweltauswirkungen zu erwarten sind.

Der Bebauungsplan der Innenentwicklung ist ein kommunales Verfahren. Die Initiative liegt bei der Gemeinde, die prüft, ob die Voraussetzungen für das beschleunigte Verfahren vorliegen, und einen entsprechenden Aufstellungsbeschluss fasst (siehe Tabelle 2.2). Private Vorhabenträger (Eigentümer und Investoren) können die Aufstellung eines Bebauungsplans nach § 13a BauGB anregen, haben aber keinen Anspruch auf dessen Durchführung. Die Entscheidung über die Einleitung liegt bei der Gemeinde. Für Planungsbüros, Architekten und Projektentwickler ist der Bebauungsplan der Innenentwicklung ein wichtiges Kooperationsfeld mit den Kommunen: Sie liefern planerische Grundlagen, Nachweise und Entwürfe, während die Kommune die rechtliche Trägerschaft des Verfahrens behält.

Tabelle 2.2: Beteiligte Akteure und ihre Rollen beim Bebauungsplan der Innenentwicklung

Akteure	Rollen
Gemeinde/ Stadtplanungsamt	Verfahrensführung, Vorbereitung der Beschlüsse, Koordination der Beteiligung und Beschluss der Satzung
politische Gremien (Rat, Ausschüsse)	Fassen von Aufstellungs- und Satzungsbeschlüssen
Fachbehörden (z. B. Umwelt, Verkehr, Denkmalschutz)	Beteiligung in verkürzter Form
Planende/ Architekturbüros	Erarbeiten städtebaulicher Entwürfe, Begründungen und Fachgutachten im Auftrag oder in Abstimmung mit der Kommune
Öffentlichkeit	Recht, informiert zu werden, Möglichkeit, in vereinfachter Form Stellung zunehmen

In der Praxis gliedert sich der Verfahrensablauf zum Bebauungsplan der Innenentwicklung in 5 Schritte:

1. Projektidee oder Antrag eines Eigentümers bzw. Investors,
2. Prüfung durch die Stadtplanung auf Eignung des Gebiets (Innenbereich, Größe und Umweltbelange),
3. Aufstellungsbeschluss durch den Rat,
4. Beteiligung der Fachstellen und der Öffentlichkeit (verkürzt),
5. Satzungsbeschluss und Bekanntmachung, woraufhin der Bebauungsplan in Kraft tritt.

Das Verfahren nach § 13a BauGB bringt deutliche Vereinfachungen:

- Verzicht auf Umweltprüfung, Umweltbericht und zusammenfassende Erklärung,
- Entfall der naturschutzrechtlichen Eingriffsregelung,
- verkürzte Beteiligung der Öffentlichkeit und Behörden (nach § 13 BauGB),
- automatische Anpassung des Flächennutzungsplans im Wege der Berichtigung (§ 13a Abs. 2 Satz 2 BauGB).

Diese Schritte erlauben eine Verfahrensdauer von oft nur wenigen Monaten – ein klarer Vorteil gegenüber klassischen Planverfahren.

Praxistipp: Für Kommunen und Gemeinden gilt zur Anwendung von Bebauungsplänen der Innenentwicklung nach § 13a BauGB:

- frühzeitig prüfen, ob die planungsrechtlichen Voraussetzungen erfüllt sind (Innenbereich, Flächengröße und Umweltverträglichkeit),
- Verfahren strategisch einsetzen, vor allem für innerstädtische Brachflächen, Umnutzungen und Quartiersarrondierungen,
- Beteiligung der Fachstellen digital oder komprimiert durchführen, um Zeitgewinne zu sichern,
- Dokumentation und Begründung nachvollziehbar halten, auch wenn der Umweltbericht entfällt (dies erhöht die Rechtssicherheit).

Für Planende, Architekten und Projektentwickler gilt zur Anwendung von Bebauungsplänen der Innenentwicklung nach § 13a BauGB:

- frühzeitige Abstimmung mit dem Stadtplanungsamt anstreben, denn nur die Kommune kann das Verfahren einleiten,
- Eignung und Argumentation klar herausarbeiten (Innenentwicklung, soziale Mischung und Energieeffizienz),
- fachliche Begründungen so aufbereiten, dass sie direkt in das Verfahren übernommen werden können,
- Beteiligungsprozesse aktiv begleiten, denn auch im beschleunigten Verfahren bleibt Akzeptanz ein Erfolgsfaktor.

2.4 Bauordnungsrecht

Das Bauordnungsrecht bildet neben dem Bauplanungsrecht den zweiten Pfeiler des öffentlichen Baurechts. Während BauGB und BauNVO die planungsrechtliche Zulässigkeit von Vorhaben festlegen, regelt das Bauordnungsrecht die konkrete Ausführung von Bauwerken, also wie gebaut wird und welche Anforderungen an Sicherheit, Gesundheit, Umwelt und Gestaltung zu erfüllen sind. Es handelt sich überwiegend um Landesrecht, das in den jeweiligen Landesbauordnungen (LBO) verankert ist. Diese orientieren sich an der Musterbauordnung (MBO) und werden durch technische Regelwerke wie DIN-Normen oder Eurocodes ergänzt. Ziel des Bauordnungsrechts ist es, die bauliche Entwicklung geordnet, sicher und nachhaltig zu gestalten. Es umfasst zentrale Themen wie Brandschutz, Standsicherheit, Wärmeschutz, Schallschutz, Abstandsflächen, Barrierefreiheit und Energieeffizienz.

Gerade im Kontext von Umbau, Nachverdichtung und Umnutzung zeigt sich seine Bedeutung: Bauordnungsrecht ist kein starres Regelwerk, sondern ein dynamisches Instrument, das den Ausgleich zwischen Sicherheit, Nachhaltigkeit und städtebaulicher Qualität ermöglicht.

2.4.1 Regelwerke und Werkzeuge des Bauordnungsrechts

Landesbauordnungen und Musterbauordnung

Die LBO sind das rechtliche Fundament des Bauordnungsrechts. Als Landesrecht unterscheiden sie sich je nach Bundesland, orientieren sich aber weitgehend an der MBO, die als gemeinsame Empfehlung der Länder einheitliche Standards und Begrifflichkeiten etabliert. Die LBO regeln, unter welchen technischen, gestalterischen und sicherheitsbezogenen Bedingungen Gebäude errichtet, geändert, genutzt oder abgebrochen werden dürfen. Sie präzisieren zentrale Themen wie Brandschutz, Standsicherheit, Schallschutz, Abstandsflächen und Barrierefreiheit – immer im Kontext örtlicher Bedürfnisse und baulicher Besonderheiten.

Für Umbau, Nachverdichtung und Umnutzung heißt das: Wer tragfähige und innovative Konzepte umsetzen will, muss die spezifischen Regelungen des jeweiligen Landes kennen und bewerten. Möglichkeiten für Abweichungen, Ausnahmen und Erleichterungen sind in den Landesbauordnungen meist klar definiert. Gerade im Bestand kann diese Flexibilität die Möglichkeit eröffnen, individuelle Lösungen für zeitgemäße Stadtentwicklung zu entwickeln. Für die Planungspraxis empfiehlt sich daher eine frühzeitige Prüfung der LBO, um Spielräume zielgerichtet nutzen und Genehmigungsrisiken minimieren zu können.

Aktuelle bauordnungsrechtliche Entwicklungen

Auch das Bauordnungsrecht ist im Wandel: Digitale Bauanträge und elektronische Verwaltungsverfahren sorgen für schnellere, transparentere Prozesse (siehe Tabelle 2.3). Gleichzeitig setzen die Bundesländer eigene Schwerpunkte in ihren Bauordnungen. Weitere Länder arbeiten aktiv am Anschluss dieser Systeme. Alle Lösungen setzen auf zentrale Vorgangsräume, Online-Assistenten und Schnittstellen zu Behörden und Antragstellenden.

Parallel bringen viele Bauordnungen neue Erleichterungen und spezifische Standards: Baden-Württemberg und Nordrhein-Westfalen setzen zunehmend auf digitale Nachweise und beschleunigte Verfahren. Bayern, Mecklenburg-Vorpommern und andere Bundesländer ermöglichen digitale Absprachen, die Abschaffung von Papierformvorgaben und eine medienbruchfreie Kommunikation im Baugenehmigungsprozess. Die Anforderungen an Authentifizierung,

Tabelle 2.3: Übersicht der Bundesländer und ihrer digitalen Werkzeuge des Bauordnungsrechts

Bundesländer	digitale Tools und Portale	Ausbaustand 2025
Bayern	BayernPortal, digitaler Bauantrag	flächendeckend, mehr als 75 % der Bauämter, München online
Baden-Württemberg	virtuelles Bauamt (ViBa BW)	landesweit, End-to-End-Lösung, verpflichtend seit 2025
Nordrhein-Westfalen	Bauportal.NRW	Portal für digitale Bauanträge, Serviceausbau laufend
Hessen	Ekom21, Bauportal Hessen	Pilotbehörden aktiv, landesweite Umsetzung vorangetrieben
Mecklenburg-Vorpommern	digitaler Bauantrag MV	flächendeckend, Ursprung des „Einer-für-Alle"-Modells
Saarland	digitale BauCloud	Pilotprojekte seit 2020, Übergang zu landesweiter Plattform
Rheinland-Pfalz	digitaler Bauantrag RP	Rollout ab 2024 flächendeckend (Trier als Vorreiter)
Niedersachsen, Bremen, Schleswig-Holstein, Sachsen, Sachsen-Anhalt, Brandenburg	„Einer-für-Alle" Vorgangsraum (Browser-basiert)	gemeinsame Plattform nach dem Modell von Mecklenburg-Vorpommern, mehr als 150 Ämter angebunden

Dokumentation und Prüfung variieren, etwa hinsichtlich der Pflicht zur elektronischen Signatur, der Integration von Building Information Modeling (BIM) oder von Typengenehmigungen.

Weitere Verordnungen

Über die Landesbauordnungen hinaus prägen weitere Verordnungen das Bauordnungsrecht. Dazu zählen Sonderbauverordnungen, z. B. die Versammlungsstättenverordnung (MVStättVO), die Garagenverordnung (M-GarVO) und die Verkaufsstättenverordnung (MVKVO), die besondere Anforderungen an Nutzungssicherheit, Brandschutz und Fluchtwege für spezielle Gebäudetypen definieren. Ebenso relevant sind technische Baubestimmungen wie DIN-Normen und Eurocodes, die Detailstandards für Bauausführung, Materialwahl und -qualität sowie Energieeffizienz setzen.

> **Hinweis:** Für Umbau und Nachverdichtung im Bestand ist es entscheidend, diese ergänzenden Regelwerke frühzeitig in die Planung einzubinden. Sie geben Orientierung für innovationsfreundliche Lösungen und schaffen gleichzeitig Rechtssicherheit im Genehmigungsprozess. Insbesondere im Zusammenspiel mit kommunalen Satzungen, etwa zu Stellplätzen, und weiteren Spezialvorschriften kann so ein maßgeschneiderter, zukunftsfähiger Rahmen für das konkrete Bauvorhaben entstehen.

2.4.2 Abstandsflächen

Abstandsflächen sind ein wichtiges Element des Bauordnungsrechts. Sie regeln die freien Flächen, die vor Gebäuden von Bebauung freizuhalten sind. Ihr Zweck liegt im Schutz von Belichtung, Belüftung, Brandsicherheit und einem angemessenen Sozialabstand zwischen Bauwerken. Damit haben sie unmittelbare Bedeutung für die Lebensqualität und die städtebauliche Dichte. Die Tiefe von Abstandsflächen wird in der Regel als Vielfaches der Wandhöhe berechnet. In Wohn- und Mischgebieten beträgt sie meist 0,4 H, in Gewerbe- und Industriegebieten 0,2 H – jeweils mindestens 3 m. Grundsätzlich müssen Abstandsflächen auf dem eigenen Grundstück liegen. Unter bestimmten Voraussetzungen dürfen sie sich aber auch auf angrenzende öffentliche Flächen wie Straßen oder Grünzüge erstrecken.

Die Landesbauordnungen sehen zahlreiche Sonderregelungen vor; eine Auswahl zeigt Tabelle 2.4. Weitere Sonderfälle ergeben sich aus Bestandsschutz und Duldungspflichten: Gebäude, die nach früherem Recht zulässig errichtet wurden, genießen Bestandsschutz. Werden Abstandsflächen unbeabsichtigt und ohne Fahrlässigkeit unterschritten, kann der Nachbar zur Duldung verpflichtet sein, oft verbunden mit einem Ausgleichsanspruch.

Tabelle 2.4: Ausnahmen und Sonderformen von Abstandsflächen (kein Anspruch auf Vollständigkeit)

Bereich	Sonderregelung
Grenzbebauung	bei Vorgabe durch das Planungsrecht Entfall der Abstandsfläche auf dieser Seite
geschlossene Bauweise	seitliche Abstandsflächen bei Reihen- und Doppelhäusern nicht erforderlich
Kleinbauten	Garagen, Carports oder Gartenhäuser teilweise von den Abstandsflächenpflichten ausgenommen, wenn sie bestimmte Maße nicht überschreiten
nachbarliche Vereinbarungen	mit Zustimmung Möglichkeit vorhanden, die Abstandsfläche auch auf das Nachbargrundstück zu legen
untergeordnete Bauteile	nur eingeschränkte Berücksichtigung von Vor- und Rücksprüngen wie Balkonen oder Dachüberständen
Dachneigungen	bei steilen Dächern nur anteilige oder volle Einrechnung der Dachflächen in die Wandhöhe

Da das Bauordnungsrecht Sache der Länder ist, unterscheiden sich Faktoren, Mindestabstände und Ausnahmeregelungen von Bundesland zu Bundesland. Für die Planungspraxis bedeutet das, dass stets die spezifische Landesbauordnung geprüft werden muss. Um dies zu verdeutlichen, finden sich in Tabelle 2.5 Beispiele für die landesrechtlichen Unterschiede der 5 bevölkerungsreichsten Bundesländer.

Tabelle 2.5: Landesrechtliche Unterschiede der 5 bevölkerungsreichsten Bundesländer in der Regelung von Abstandsflächen

Bundesländer	Rechts-grundlage	Faktor (Tiefe der Abstandsfläche)	Abweichungen/ Sonderregelungen	Besonderheiten und Praxishinweise
übergeordnet	§ 6 MBO[1)]	0,4 × H mindestens 3,00 m	Abstandsflächen grundsätzlich auf eigenem Grundstück; Ausnahmen bei öffentlicher Fläche oder Grenzbebauung	Referenzmodell, an dem sich alle LBO orientieren; Harmonisierungsvorlage für IS-ARGEBAU
Nordrhein-Westfalen	§ 6 BauO NRW[2)]	0,4 × H mindestens 3,00 m	Reduktion auf 0,25 × H in Gewerbe-/Industriegebieten; keine Abstandsfläche bei geschlossener Bauweise; nur anteilige Berücksichtigung von Vorbauten (Balkonen, Erkern)	häufigster Praxisfall: Abweichung über § 69 BauO NRW möglich, wenn Schutzziele (Belichtung, Belüftung, Brandschutz) nachgewiesen sind; digitale Abstandsflächenrechner vieler Kommunen verfügbar
Bayern	Art. 6 BayBO[3)]	0,4 × H mindestens 3,00 m in Gemeinden mit über 250.000 Einwohnern und für Gartenstadtgebiete bis zu 1,0 H (bis maximal 16 m Wandlänge)	Anrechnung auf öffentliche Straßen, Grün- und Wasserflächen bis zur Mitte zulässig; in Gewerbe-, Kern- und Industriegebieten sowie urbanen Gebieten: 0,2 × H, mindestens 3,00 m; Nebenanlagen (z. B. Garagen, Carports) bis 9 m Länge an der Grenze abstandsflächenfrei	in Bayern weiterhin Nutzung des „H"-Prinzips, vorgegebene Abstandsflächen aber durch Gebietsausnahmen de facto MBO-konform; häufiger Fehler: volle Mitrechnung der Dachflächen nur dann, wenn die Dachneigung mehr als 70 ° beträgt; bei Dachneigung bis einschließlich 70 ° nur anteilige Anrechnung
Baden-Württemberg	§ 5 LBO BW[4)]	0,4 × H mindestens 2,50 m bei Wänden bis 5,00 m Breite mindestens 2,00 m	Unterschreitung der Abstandsfläche zulässig bei Blockrandbebauung und wenn nach planungsrechtlicher Vorschrift an die Grundstücksgrenze gebaut werden darf; Anrechnung öffentlicher Flächen als Abstandsfläche bis zur Mitte möglich, sofern städtebaulich vertretbar; Kleinbauten (z. B. Anlagen nach § 6 LBO BW wie Garagen, Schuppen, Nebenanlagen): teilweise abstandsflächenfrei oder geringere Abstände vorgegeben	in innerstädtischen Bereichen durch die Vorschriften großzügige Abweichungen zugelassen, insbesondere durch lokales Baurecht und städtebauliche Einbindung; Übernahme von Abstandsflächen auf Nachbargrundstücke gemäß § 5 Abs. 7 LBO BW mit Zustimmung und Eintragung einer Baulast möglich
Hessen	§ 6 HBO[5)]	0,4 × H mindestens 3,00 m	Reduktion auf 0,25 × H in Gewerbe-/Industriegebieten; Vor- und Rücksprünge anteilig; öffentliche Verkehrsflächen anrechenbar	klare Formulierung zur Anrechenbarkeit von Straßenraum (§ 6 Abs. 2 HBO); Leitfäden der Kommunen zur Berechnung (z. B. Frankfurt, Wiesbaden)
Berlin	§ 6 BauO Bln[6)]	0,4 × H mindestens 3,00 m	in geschlossener Bauweise keine Abstandsflächen; Sonderregelungen bei Blockinnenbereichen; Garagen bis 3 m Höhe an der Grenze privilegiert	Nutzung von § 6 BauO Bln zur Steuerung urbaner Dichte; häufig Anwendung im Bestand über Abweichungsverfahren nach § 67 BauO Bln; stadtweite Praxisleitfäden zu Belichtung und Abstand

H Wandhöhe
IS-ARGEBAU Informationssystem der Arbeitsgemeinschaft der für Städtebau, Bau- und Wohnungswesen zuständigen Ministerinnen und Minister der Länder
LBO Landesbauordnung
MBO Musterbauordnung

1) MBO vom November 2002, zuletzt geändert am 26./27. September 2024
2) BauO NRW vom 21. Juli 2018
3) BayBO vom 14. August 2007, zuletzt geändert am 25. Juli 2025
4) LBO BW vom 8. August 1995, zuletzt geändert am 18. März 2025
5) HBO vom 28. Mai 2018, zuletzt geändert am 9. Oktober 2025
6) BauO Bln vom 29. September 2005, zuletzt geändert am 11. Dezember 2024

2.4.3 Brandschutz

Die Systematik der Gebäudeklassen ist ein zentrales Steuerungsinstrument des Bauordnungsrechts. Sie strukturiert die Anforderungen an den Brandschutz nach Größe, Nutzung und Gefährdungspotenzial von Gebäuden. Damit bildet sie eine rechtliche Übersetzung für das, was als urbane Dichte, Nutzungsmischung und Gesundheit beschrieben wurde: Je dichter und höher die Stadt, desto höher sind die Anforderungen an Sicherheit, Rettungswege und baulichen Brandschutz.

Die Einteilung in Gebäudeklassen erfolgt nach der MBO und wird in den Landesbauordnungen konkret umgesetzt. Sie unterscheidet grundsätzlich 5 Klassen:

- **Gebäudeklasse 1:** kleine, freistehende Gebäude (z. B. eingeschossige Wohngebäude bis 7 m Höhe),
- **Gebäudeklasse 2:** Gebäude bis 7 m Höhe mit nicht mehr als zwei Nutzungseinheiten,
- **Gebäudeklasse 3:** sonstige Gebäude bis 7 m Höhe,
- **Gebäudeklasse 4:** Gebäude bis 13 m Höhe,
- **Gebäudeklasse 5:** alle übrigen Gebäude, auch Hochhäuser ab 22 m.

Mit zunehmender Gebäudeklasse steigen die Anforderungen an Feuerwiderstand, Baustoffqualität und Rettungswege. Diese Staffelung erlaubt es, Verdichtung in städtischen Quartieren zu organisieren, ohne dabei ein einheitliches und damit oft überzogenes Sicherheitsniveau zu erzwingen.

Gerade bei Umbau, Umnutzung oder Nachverdichtung stoßen Planende oft auf das Problem, dass Bestandsgebäude dadurch formal einer höheren Gebäudeklasse zugeordnet würden, die sie konstruktiv kaum erfüllen können. Für diesen Fall bieten die Bauordnungen Abweichungs- und Kompensationsinstrumente: Anstelle massiver Wand- oder Deckenkonstruktionen können etwa Sprinkleranlagen, Brandmeldeanlagen oder Rauchdrucksysteme als gleichwertige Maßnahmen anerkannt werden. Diese Flexibilisierung ermöglicht es, innerstädtische Strukturen an neue Nutzungen anzupassen, ohne den Bestand über Gebühr zu belasten.

> **Hinweis:** Auch die Definition von Geschossigkeit und Höhe ist in der Praxis ein Hebel: Durch geschickte Planung, etwa die Einbeziehung von Staffelgeschossen oder Lufträumen, kann verhindert werden, dass ein Gebäude formal einer höheren Klasse zugeordnet wird.

In der Planungspraxis empfiehlt es sich, die Gebäudeklasse frühzeitig zu prüfen und die Konsequenzen für die Gestaltung mitzudenken. Häufig kann die Wahl von Bauweise und Nutzung die Gebäudeklasse beeinflussen, etwa durch Reduktion von Nutzungseinheiten oder durch Kombination von Gebäudeteilen mit Brandwänden. Brandschutzkonzepte sollten immer als integrativer Bestandteil des Entwurfs verstanden werden. Besonders im dichten urbanen Raum ist der Brandschutz nicht nur eine juristische Notwendigkeit, sondern auch eine Voraussetzung für Aneignung und Akzeptanz. Zu beachten ist: Die Behördenpraxis variiert. Während manche Bauaufsichtsämter eher formal auf die Einhaltung der Gebäudeklasse pochen, sind andere offen für kreative Lösungen über Kompensationsmaßnahmen. Ein frühzeitiges Abstimmungsgespräch kann die Planungs- und Rechtsrisiken deutlich reduzieren.

2.4.4 Bestands- und Denkmalschutz

Die baulichen Herausforderungen im urbanen Kontext – knapper Raum, Nutzungskonkurrenz, soziale Teilhabe und die Aktivierung vorhandener Ressourcen –verdeutlichen, dass Denkmalschutz nicht allein eine konservierende Praxis, sondern ein Bestandteil der Umbaukultur ist, die das Vorhandene als Ressource begreift und historische Substanz zum Ausgangspunkt urbaner Innovation werden lassen kann.

Bestandsschutz ist eine vom Bundesverwaltungsgericht entwickelte Rechtsfigur, die sich aus dem Art. 14 Grundgesetz, zuletzt geändert am 22. März 2025, zur Eigentumsgarantie ableitet. Sie schützt rechtmäßig errichtete oder genehmigte bauliche Anlagen in ihrem Bestand (passiver Bestandsschutz). Ergänzend erlaubt der aktive Bestandsschutz Erhaltungs- und Anpassungsmaßnahmen, solange die Identität des Bauwerks gewahrt bleibt. Maßgeblich konkretisiert wird der Bestandsschutz durch die Landesbauordnungen, die Abweichungen, Ausnahmen und Befreiungen ermöglichen. In der Praxis heißt das: Ein Gebäude, das nach früherem Recht rechtmäßig entstanden ist, darf grundsätzlich weiter genutzt werden, auch wenn heutige Vorschriften dies nicht mehr erlauben würden. Umbauten oder Umnutzungen sind aber nur innerhalb des Rahmens möglich, den die Bauordnungen und das Abweichungsrecht eröffnen.

Der Denkmalschutz ist Ländersache. Die Denkmalschutzgesetze regeln, welche Gebäude, Ensembles oder Ortsbilder geschützt sind, wie Eintragungen erfolgen und unter welchen Voraussetzungen Ausnahmen und Befreiungen möglich sind. Ein wichtiges Prinzip ist die Erlaubnispflicht: Jede Veränderung an einem Denkmal bedarf einer Genehmigung der Denkmalbehörden. Auf Bundesebene verweist § 1 Abs. 6 Satz 5 BauGB auf die Pflicht, Denkmalschutzbelange in der Bauleitplanung zu berücksichtigen.

Die Praxis des Bauens im Bestand zeigt, dass Denkmalschutz nicht als Blockade wirkt, sondern über rechtliche Instrumente Spielräume eröffnet. Dazu zählen:

- **Abweichungen von Bauordnungsrecht:** Nach § 67 MBO bzw. den jeweiligen Landesregelungen (z. B. § 69 BauO NRW) können bauordnungsrechtliche Anforderungen modifiziert werden, wenn die Schutzziele, etwa beim Brandschutz, anderweitig erreicht werden.
- **Befreiungen im Denkmalschutzrecht:** Wenn Anforderungen unzumutbar sind, können Befreiungen gewährt werden. Dies setzt eine Zumutbarkeitsprüfung voraus, die Wirtschaftlichkeit, denkmalwerte Teile und mögliche Alternativen berücksichtigt.
- **Energierechtliche Ausnahmen:** Das Gebäudeenergiegesetz (GEG) vom 8. August 2020, zuletzt geändert am 16. Oktober 2023, sieht mit §§ 79 und 105 GEG Ausnahmen für Denkmäler vor, wenn Standardmaßnahmen das Erscheinungsbild beeinträchtigen oder unverhältnismäßig sind.

- **Planungsrechtliche Flankierung:** Besonders relevant ist § 34 BauGB, der im unbeplanten Innenbereich Erleichterungen für Wohnnutzungen und Nachverdichtungen bietet (§ 34 Abs. 3a BauGB). Denkmalschutzbelange sind dabei eigenständig zu berücksichtigen, können aber mit planungsrechtlichen Erleichterungen kombiniert werden.

Für Planende bedeutet dies, dass Nachverdichtungen oder Umnutzungen im Denkmalbereich selten an einer einzelnen Vorschrift scheitern, sondern vielmehr einer präzisen Argumentation bedürfen. Schutzziele sind die zentrale Kategorie: Wenn Belichtung, Rettungswege oder Energieeinsparungen auf andere Weise nachgewiesen werden können, lassen sich Genehmigungen besser erreichen. Erfolgreiche Projekte nutzen meist eine Kombination aus denkmalrechtlicher Erlaubnis, bauordnungsrechtlicher Abweichung und energetischer Ausnahme. Entscheidend sind zudem die frühzeitige Abstimmung mit den Denkmalbehörden und die transparente Dokumentation von Wirtschaftlichkeit und Alternativen.

2.4.5 Standsicherheit

Die Standsicherheit gehört zu den elementaren Schutzzielen des Bauordnungsrechts. Die gebaute Stadt ist kein statisches Gefüge, sondern ein wandelbares System. Umbau, Umnutzung und Nachverdichtung werfen deshalb nicht nur Fragen der Nutzungsmischung oder Identität auf, sondern immer auch Fragen der Tragfähigkeit und Stabilität.

Die Standsicherheit ergibt sich aus dem baurechtlichen Grundprinzip der Gefahrenabwehr. Gebäude müssen so errichtet, geändert und genutzt werden, dass sie weder Nutzende noch Nachbarschaft durch Einsturz oder unzulässige Verformung gefährden. Diese Pflicht ist im Bauordnungsrecht aller Länder verankert (vor allem durch die MBO und die LBO) und wird durch technische Normen konkretisiert, etwa durch das Normenwerk des Eurocode-Systems (DIN EN 1990 ff.), das nationale Regelungen weitgehend ersetzt hat. Im Bestand kommt eine weitere Ebene hinzu: Der Bestandsschutz schützt zwar rechtmäßig errichtete Bauten, befreit aber nicht von der Pflicht, bei wesentlichen Änderungen oder Nutzungsänderungen die Standsicherheit nach heutigen Maßstäben nachzuweisen.

> **Hinweis:** Rechtlich ist die Standsicherheit keine starre Norm, sondern ein Schutzziel, und lässt somit Spielraum für innovative Konzepte.

Die LBO sehen Möglichkeiten vor, von strikten Vorgaben abzuweichen, sofern die Schutzziele durch alternative Nachweise erreicht werden. Für die Standsicherheit bedeutet das: Statt jedes Bauwerk nach aktuellen Normen komplett ertüchtigen zu müssen, kann ein objektbezogenes statisches Konzept ausreichen, das die besondere Struktur und Bauweise berücksichtigt. Besonders bei Nachverdichtungen, etwa Aufstockungen, wird so die Möglichkeit eröffnet, bestehende Tragwerke durch verstärkende Maßnahmen zu sichern, ohne die Substanz vollständig zu ersetzen. Ein wichtiges Instrument ist dabei das vereinfachte Verfahren nach Bauordnungsrecht, das je nach Bundesland bestimmte Bauvorhaben von umfassender Prüfung entlastet. Gleichzeitig können die Bauaufsichtsbehörden Abweichungen genehmigen, wenn durch Ingenieurnachweise die Standsicherheit auf anderem Weg sichergestellt wird. Auch das Bauproduktenrecht spielt eine Rolle: Wiederverwendung von Bauteilen oder innovative Baustoffe können über allgemeine bauaufsichtliche Zulassungen (abZ) oder europäische CE-Kennzeichnungen in den Bestand eingebracht werden.

Umbau- und Nachverdichtungsprojekte müssen in der Praxis frühzeitig eine statische Bestandsanalyse vorsehen. Tragfähigkeiten, Baugrund und Lastreserven sind zu prüfen, bevor Eingriffe wie Aufstockungen oder Umnutzungen geplant werden. Tragwerksplanende können mittels Simulationen und Modellrechnungen alternative Nachweise erbringen, die den geltenden Anforderungen genügen. Dazu ist es sinnvoll, mit den Bauaufsichtsbehörden und Prüfstatikern frühzeitig in den Dialog treten. Projektabläufe können optimiert werden, wenn alternative Nachweise abgestimmt sind, bevor Bauanträge eingereicht werden.

2.4.6 Wärmeschutz

Wärmeschutz ist direkt mit den Themen Klimaanpassung, Gesundheit und Ressourcenschonung verknüpft. Das Raumklima, die Luftqualität und die Energieeffizienz der Gebäude sind zentrale Faktoren für Lebensqualität und Teilhabe. Wärmeschutz bedeutet nicht nur Energieeinsparung, sondern auch Schutz vor Überhitzung und Sicherung von Behaglichkeit, und leistet einen Beitrag zur Resilienz der Stadt. Dabei bitten die Autorinnen zu berücksichtigen, dass dieses Buch nicht die klassische Energiesanierung im Fokus hat, sondern die Einbindung energetischer Aspekte als selbstverständlichen Bestandteil jeder baulichen Maßnahme unter Einordnung in die bestehenden Rahmenbedingungen.

Die rechtlichen Anforderungen an den Wärmeschutz sind bundesrechtlich im GEG geregelt. Dieses Gesetz vereint die früheren Regelungen der Energieeinsparverordnung (EnEV), des Energieeinsparungsgesetzes (EnEG) und des Erneuerbare-Energien-Wärmegesetzes (EEWärmeG). Es legt Anforderungen an Neubauten und Bestandsgebäude fest, insbesondere an Wärmedämmung, Anlagentechnik und erneuerbare Energien. Für den Bestand sind vor allem die Nachrüstpflichten relevant. Denkmäler und erhaltenswerte Bausubstanz sind teilweise ausgenommen oder genießen Sonderregelungen, wenn die Anforderungen technisch oder wirtschaftlich unzumutbar wären.

Das GEG sieht ausdrücklich Ausnahmen und Befreiungen vor, wenn Anforderungen im Einzelfall unbillig sind (§ 105 GEG). Bei Baudenkmälern oder Gebäuden mit besonderem architektonischem Wert können die Behörden abweichende Lösungen zulassen, solange die Schutzziele auf andere Weise erreicht werden. Typische Spielräume ergeben sich durch alternative Dämmmethoden oder durch effiziente Anlagentechnik, die den höheren Wärmeverlust kompensiert. Ein weiteres Instrument sind Förderprogramme, die nicht nur finanzielle Anreize schaffen, sondern über technische Mindeststandards auch indirekt Planungssicherheit geben. Förderfähige Effizienzhausstandards der KfW etwa sind häufig ambitionierter als die gesetzlichen Mindestvorgaben, können aber über Zuschüsse oder Tilgungszuschüsse attraktiv werden.

Auch Wärmeschutz sollte nicht isoliert, sondern integrativ gedacht werden. Nachverdichtungen im urbanen Kontext können zu zusätzlicher Wärmebelastung führen und so in Teilen zu Entwicklungen wie Hitzeinseleffekten beitragen. Integrativ gedacht, kann geplanter Wärmeschutz aktiv solchen Entwicklungen gegensteuern, wenn er mit Begrünung, Verschattung, Entsiegelung und Belüftung kombiniert wird.

2.4.7 Schallschutz

Lärm ist nicht nur ein Komfortthema, sondern auch ein Gesundheitsfaktor. Gerade in nachverdichteten urbanen Räumen, wo viele Funktionen auf engem Raum zusammentreffen, ist Schallschutz von elementarer Bedeutung für Lebensqualität, Teilhabe und Resilienz. Schallschutz ist somit kein Nebenaspekt, sondern unmittelbar mit der urbanen Ressourcenlogik verbunden: Räume müssen sozial, gesundheitlich und funktional verträglich sein.

> **Hinweis:** Für Bestandsgebäude gilt: Ein rechtmäßig errichtetes Gebäude unterliegt dem Bestandsschutz. Werden aber Nutzungen geändert oder Gebäude erweitert, sind oft erhöhte Anforderungen nachzuweisen, insbesondere, wenn dadurch zusätzliche Lärmbelastungen für Nachbarn oder neue Nutzer entstehen.

Die Anforderungen an den Schallschutz ergeben sich aus dem Bauordnungsrecht, aus den technischen Baubestimmungen sowie aus spezialgesetzlichen Vorgaben. Zentrale Norm ist die DIN-Normenreihe 4109 „Schallschutz im Hochbau", die bauliche Mindestanforderungen an Luftschall- und Trittschalldämmung definiert. Ergänzend regeln das Bundes-Immissionsschutzgesetz (BImSchG) und die 16. Verkehrslärmschutzverordnung (16. BImSchV) den Schutz vor Außenlärm, insbesondere bei Neubauten oder wesentlichen Änderungen. Das Bauordnungsrecht erlaubt Abweichungen, wenn die Schutzziele auch auf anderem Wege erreicht werden können. In der Praxis bedeutet dies: Statt durch massive Wandstärken kann Schallschutz auch durch technische Maßnahmen wie schallabsorbierende Materialien, Vorsatzschalen oder innovative Fensterlösungen erreicht werden. Ein weiteres Instrument sind Bebauungspläne, die Lärmschutz als städtebauliche Anforderung festsetzen können, etwa durch die Anordnung von Baukörpern als Lärmschutzriegel. Zudem ermöglichen Förderprogramme für energetische Sanierung oft auch Verbesserungen beim Schallschutz, da Dämmmaßnahmen beide Aspekte gleichzeitig bedienen.

In der Planungspraxis muss Schallschutz frühzeitig mitgedacht werden, besonders bei Nachverdichtungen im Innenbereich, wo Nutzungen wie Wohnen, Arbeiten und Freizeit eng beieinander liegen. Dafür ist es empfehlenswert, Quartiersstrategien zu nutzen. Gebäude können so angeordnet werden, dass lärmintensive Nutzungen wie Gewerbe oder Verkehr an der Außenseite positioniert werden, während dahinter liegende Höfe und Wohnbereiche geschützt werden. Auch Innenraumnutzungen flexibel zu planen, kann eine Strategie sein. Räume, die weniger schutzbedürftig sind, können lärmintensiven Außenbereichen zugeordnet werden, während Schlafräume und Aufenthaltsräume in ruhigere Zonen verlagert werden. Darüber hinaus ist der kreative Umgang mit Materialien ein Ansatz: Begrünte Fassaden oder Lärmschutzwände, die zugleich Aufenthaltsqualität bieten, verbinden technische Anforderungen mit urbaner Qualität.

2.4.8 Urbane Waldflächen

Der urbane Wald ist mehr als nur Grünfläche – er ist ein zentraler Bestandteil der im Einleitungstext beschriebenen urbanen Ressourcen. Wälder und größere Gehölzflächen leisten nicht nur einen Beitrag zur Biodiversität, sondern auch zur Gesundheit der Stadtbewohner, zur Klimaanpassung und zur Identität eines Ortes. Im Kontext von Nachverdichtung, Umbau und Umnutzung sind Waldflächen deshalb keine „Restflächen", sondern eine rechtlich geschützte Ressource, die planerisch berücksichtigt werden muss.

> **Hinweis:** Der Waldschutz ist im Bundeswaldgesetz (BWaldG) und in den jeweiligen Landeswaldgesetzen geregelt. Wald im rechtlichen Sinne ist jede mit Forstpflanzen bestockte Fläche, unabhängig von Eigentum, Nutzung oder Lage. Daraus folgt ein allgemeines Umwandlungsverbot: Wald darf grundsätzlich nicht in eine andere Nutzungsart überführt werden, es sei denn, die zuständige Forstbehörde stimmt einer Waldumwandlung zu (§ 9 BWaldG vom 8. Mai 1975, zuletzt geändert am 10. August 2021).

Darüber hinaus greifen im urbanen Kontext auch planungsrechtliche Vorschriften. In der Bauleitplanung sind Waldflächen als Teil der Freiraumstruktur zu berücksichtigen (§ 1 Abs. 6 Satz 7 BauGB). Auch das Bundesnaturschutzgesetz (BNatSchG) stellt Wälder unter besonderen Schutz, insbesondere als Lebensräume und Klimapuffer. Waldumwandlungen sind nur mit Genehmigung möglich und in der Regel an Kompensationsmaßnahmen gebunden, etwa Aufforstung an anderer Stelle oder Ersatzpflanzungen. Das eröffnet planerisch die Möglichkeit, Nachverdichtung im Innenbereich mit ökologischer Aufwertung zu kombinieren. In manchen Bundesländern gibt es zusätzliche Schutzkategorien wie Bannwald oder Schutzwald, die besonders strenge Anforderungen enthalten. Dort sind die Spielräume geringer, aber auch bei Bann- oder Schutzwald können Kompensationskonzepte, etwa die ökologische Aufwertung von brachliegenden Flächen, den Ausschlag geben. Für die Stadtentwicklung besonders relevant sind zudem Schnittstellen mit dem Klimaschutzrecht: Wälder tragen maßgeblich zur CO_2-Bindung bei. Bei Projekten, die den Erhalt oder die Entwicklung urbaner Wälder fördern, kann deshalb nicht nur naturschutzrechtlich, sondern auch klimapolitisch argumentiert werden.

Flächen, die nach Waldrecht geschützt sind, lassen sich nicht einfach in Bauflächen umwandeln. Stattdessen sollten Wald- und Gehölzstrukturen als Ressource begriffen werden, die die Qualität von Nachverdichtungsvorhaben erheblich steigern können. Frühzeitige Abstimmung und Klärung mit Forst- und Naturschutzbehörden vermeiden Konflikte und ermöglichen, dass Wald zum integralen Bestandteil der Planung wird. Wald und Bebauung sind dabei nicht zwangsläufig Gegensätze: Urbane Wälder können

Ein bedeutendes Werkzeug für Umweltbelange ist die Umweltprüfung (§ 2 Abs. 4 BauGB), die bei jeder Aufstellung oder Änderung von Bebauungs- und Flächennutzungsplänen durchzuführen ist. Sie umfasst u. a. folgende Aspekte:

- Auswirkungen auf Tiere, Pflanzen, Wasser, Boden, Luft, Klima und Landschaft,
- Berücksichtigung von Wechselwirkungen zwischen den Umweltgütern,
- Dokumentation und Bewertung im Umweltbericht, der die Grundlage für die Abwägungsentscheidung der Gemeinde bildet.

In der Praxis ergänzen viele Kommunen einen Klimacheck, der stadtklimatische Faktoren, Energieeffizienz und Klimaanpassungsmaßnahmen (etwa Schattenspender, Grünflächen und Rückhaltebecken) in die Planung integriert.

In Bauleitplanverfahren wird Klima- und Umweltschutz regelmäßig durch Festsetzungen konkretisiert:

- Festlegung von Grünflächen, Biotopen und Frischluftschneisen,
- Vorschriften zur Energieversorgung und Integration erneuerbarer Energien,
- Vorgaben zur Regenwasserversickerung, zum Bodenschutz oder zur Durchgrünung,
- Berücksichtigung von Starkregenrisiken und Hochwasserschutz.

Bei Bauprojekten im Bestand sind Nachweise zu Umweltauswirkungen, Biodiversität und Klimaanpassung heute Standard, einbezogen in die Genehmigungspraxis durch Umweltbaubegleitung und Monitoring.

Hinweis: Für Planende empfiehlt es sich, Umwelt- und Klimaschutz nicht als nachgelagerte Pflicht, sondern als integralen Bestandteil des Projekts zu behandeln. Eine frühzeitige Abstimmung mit Umwelt- und Naturschutzbehörden kann Genehmigungsrisiken senken und Akzeptanz schaffen. Kompensationsmaßnahmen – etwa Dach- und Fassadenbegrünung, Regenwassermanagement oder die ökologische Aufwertung von Freiflächen – sind nicht nur rechtlich erforderlich, sondern verbessern auch die städtebauliche und soziale Qualität des Projekts.

2.6.2 Vergabe- und Vertragsrecht (VgV, VOB und HOAI)

Das Vergabe- und Vertragsrecht regelt, wie öffentliche Aufträge vergeben, Bauleistungen erbracht und Planungsleistungen honoriert werden. Es steht auf 3 Säulen:

- **Vergabeverordnung (VgV):** Sie konkretisiert das Verfahren öffentlicher Auftragsvergaben nach EU-Recht.
- **Vergabe- und Vertragsordnung für Bauleistungen (VOB):** Diese gibt technische, rechtliche und kaufmännische Regeln für Bauaufträge vor.
- **Honorarordnung für Architekten und Ingenieure (HOAI):** Diese definiert die Abrechnung von Planungsleistungen.

In der Nachverdichtung und beim Bauen im Bestand kommt dem Vergabe- und Vertragsrecht eine besondere Rolle zu. Öffentliche Auftraggeber sind verpflichtet, transparente und diskriminierungsfreie Verfahren durchzuführen, etwa bei der Umnutzung von Bestandsgebäuden oder der Entwicklung neuer Quartiere. Auch private Projekte orientieren sich oft an VOB-Regelungen, um Rechtssicherheit und Qualität zu gewährleisten. Die HOAI wiederum schafft den Rahmen für faire Honorierung, Planungssicherheit und Leistungsdefinition.

Praxistipp: Bedeutung des Vergabe- und Vertragsrechts für Planende:

- Bei öffentlichen Projekten sind die Vorgaben der VgV strikt einzuhalten. Eine sorgfältige Dokumentation der Eignungs- und Zuschlagskriterien ist entscheidend.
- Bei Bauverträgen empfiehlt es sich, die VOB/B als Vertragsgrundlage zu vereinbaren, um Gewährleistung und Mängelrechte klar zu regeln.
- Bei Planungsverträgen sollte die HOAI bewusst eingesetzt werden – nicht nur als Preisrahmen, sondern auch als inhaltliche Strukturierung der Leistungsphasen.

2.6.3 Barrierefreiheit und Inklusion (BGG, DIN 18040 und Bauordnungen)

Barrierefreiheit ist ein zentrales Schutzziel des Bauordnungsrechts und zugleich ein gesellschaftspolitisches Leitmotiv. Sie bedeutet, dass bauliche Anlagen so gestaltet sind, dass sie von Menschen mit Behinderungen, älteren Menschen und Personen mit temporären Einschränkungen ohne besondere Erschwernis und grundsätzlich ohne fremde Hilfe genutzt werden können. Im Kontext von Umbau, Nachverdichtung und Umnutzung gewinnt Barrierefreiheit besondere Relevanz. Während Neubauten durchgängig barrierefrei geplant werden müssen, stellt der Bestand Planende häufig vor Herausforderungen: Fehlende Aufzüge, enge Flure oder historische Substanz schränken Anpassungsmöglichkeiten ein. Gleichzeitig steigt der Druck durch den demografischen Wandel: Städte müssen Wohnraum, Arbeitsstätten und öffentliche Einrichtungen inklusiv gestalten, um gesellschaftliche Teilhabe zu sichern.

Rechtliche Grundlagen:

- Behindertengleichstellungsgesetz (BGG) auf Bundesebene
- Landesbauordnungen, die Anforderungen an barrierefreies Bauen verbindlich machen
- DIN-Normenreihe 18040 „Barrierefreies Bauen", die technische Standards für Wohngebäude, öffentliche Gebäude und den Verkehrsraum definiert

Die Bauordnungen der Länder verpflichten in der Regel bei Neubauten ab einer bestimmten Größe zur Barrierefreiheit (z. B. bei Wohngebäuden mit mehr als 2 Wohneinheiten). Im Bestand sind Abweichungen möglich, wenn die Anforderungen technisch nicht umsetzbar oder wirtschaftlich unzumutbar sind. In diesen Fällen greifen Erleichterungen, Ausnahmen und Befreiungen, die dennoch ein Minimum an Barrierefreiheit verlangen, etwa über Teilertüchtigungen oder alternative Lösungen. Zudem können Förderprogramme (z. B. KfW „Altersgerecht Umbauen") Anreize schaffen, über die gesetzlichen Mindestanforderungen hinauszugehen.

Praxistipp: Bedeutung der Schutzziele Barrierefreiheit und Inklusion für Planende:

- frühzeitige Abstimmung mit Bauaufsichts- und ggf. Denkmalbehörden anstreben, um Spielräume und Kompensationslösungen zu klären
- DIN-Normenreihe 18040 als Orientierungsrahmen nutzen, denn auch wenn im Bestand nicht alles umsetzbar ist, steigert eine weitgehende Annäherung doch die Akzeptanz und den Gebrauchswert
- inklusive Planung breiter denken und nicht nur barrierefreie Zugänge, sondern auch Orientierungssysteme, Akustik, Licht und digitale Hilfen berücksichtigen

2.6.4 Immissionsschutz über Lärm hinaus (Luft, Geruch und Erschütterungen)

Lärmschutz steht in der Baupraxis häufig im Vordergrund. Jedoch gehören auch Luftverunreinigungen, Gerüche und Erschütterungen zu den zentralen Themen des Immissionsschutzrechts. Gerade in verdichteten urbanen Räumen treten Konflikte zwischen Wohnen, Gewerbe, Verkehr und Industrie besonders deutlich zutage. Luftschadstoffe aus Verkehr und Heizanlagen, Geruchsimmissionen aus Gastronomie oder Landwirtschaft sowie Erschütterungen durch Bahnverkehr oder Baustellen können die Lebensqualität erheblich einschränken.

Rechtsgrundlage ist vor allem das Bundes-Immissionsschutzgesetz (BImSchG), ergänzt durch untergesetzliche Regelwerke wie die Technische Anleitung zur Reinhaltung der Luft (TA Luft), die Geruchsimmissions-Richtlinie (GIRL) oder die Normenreihe DIN 4150 „Erschütterungen im Bauwesen“:

- **Luftqualität:** Die TA Luft und europäische Luftqualitätsrichtlinien setzen Grenzwerte für Feinstaub, Stickoxide und andere Schadstoffe. In Planungsverfahren wird geprüft, ob diese eingehalten werden, etwa durch Abstände, Filtertechnik oder Verkehrslenkung.
- **Gerüche:** Die GIRL regelt, wann Gerüche als erheblich belästigend gelten. Für Wohnnutzungen gilt in der Regel eine strengere Zumutbarkeitsschwelle als für Misch- oder Gewerbegebiete.
- **Erschütterungen:** Die Normenreihe DIN 4150 definiert Anhaltswerte für Erschütterungen an Gebäuden und für Menschen in Gebäuden. Sie dient als Maßstab für Bau- und Verkehrsvorhaben.

Spielräume entstehen insbesondere durch planerische Maßnahmen wie die Anordnung von Baukörpern, die Wahl von Nutzungsarten oder technische Lösungen (z. B. Abluftreinigungen oder Schwingungsdämpfer). Auch städtebauliche Verträge und Nebenbestimmungen in Baugenehmigungen können genutzt werden, um Konflikte auszugleichen.

Praxistipp: Für Planende empfiehlt sich in Bezug auf den Immissionsschutz folgende Vorgehensweise:

- frühzeitige Abstimmung mit den Umwelt- und Immissionsschutzbehörden anstreben, um mögliche Konflikte zu identifizieren,
- Gutachten und Prognosen einholen (z. B. Luftschadstoff-, Geruchs- oder Erschütterungsgutachten), um Genehmigungsfähigkeit abzusichern,
- Gestaltung nutzen, z. B. Baukörper so anordnen, dass empfindliche Nutzungen (Schlafen und Aufenthalt) geschützt werden, während weniger sensible Räume (Treppenhäuser und Küchen) exponiert sind,
- Kompensationsmaßnahmen prüfen, etwa Begrünungen, Filteranlagen oder Abschirmungen.

2.6.5 Kreislaufwirtschaft und Bauprodukterecht (KrWG und EU-Bauproduktenverordnung)

Der Bausektor ist für einen erheblichen Teil des Ressourcenverbrauchs und der Abfallmengen in Deutschland verantwortlich. Die Transformation von Bestandsgebäuden – sei es durch Umbau, Nachverdichtung oder Umnutzung – erzeugt große Mengen an Bau- und Abbruchabfällen. Gleichzeitig entsteht dabei die Chance, Materialien wiederzuverwenden und damit nicht nur ökologische, sondern auch ökonomische Vorteile zu erzielen. Bauprodukterecht und Kreislaufwirtschaft bestimmen, welche Produkte verwendet werden dürfen, wie deren Qualität gesichert ist und wie Baustoffe nach Rückbau in neue Projekte integriert werden können.

Das Kreislaufwirtschaftsgesetz (KrWG) sowie die EU-Bauproduktenverordnung (BauPVO) bilden den rechtlichen Rahmen, um Rohstoffe im Kreislauf zu halten, Abfälle zu vermeiden und gleichzeitig die Sicherheit von Bauprodukten zu gewährleisten:

- **Kreislaufwirtschaftsgesetz (KrWG):** Dieses Gesetz regelt die Abfallhierarchie (Vermeidung, Wiederverwendung, Recycling, sonstige Verwertung und Beseitigung). Für Bauvorhaben bedeutet das: Die Priorität liegt auf der Wieder- und Weiterverwendung von Materialien, bevor Recycling oder Entsorgung erfolgt.
- **EU-Bauproduktenverordnung (BauPVO):** Sie legt europaweit verbindliche Anforderungen an Bauprodukte fest, insbesondere in Bezug auf Sicherheit, Umweltverträglichkeit und Leistungsnachweise (CE-Kennzeichnung).
- **Regelung des Einsatzes von Sekundärrohstoffen:** Zulassungssysteme wie allgemeine bauaufsichtliche Zulassungen (abZ) oder europäische technische Bewertungen (ETA) eröffnen die Möglichkeit, recycelte Baustoffe in Bauprojekten einzusetzen.
- **Kommunale Vorgaben:** Immer mehr Städte und Gemeinden verankern Prinzipien der Kreislaufwirtschaft in Ausschreibungen oder städtebaulichen Verträgen, etwa über den verpflichtenden Einsatz von Recyclingbeton oder die Erstellung von Rückbaukonzepten.

Praxistipp: Planende sollten im Hinblick auf Bauprodukterecht und Kreislaufwirtschaft folgende Punkte beachten:

- bereits in der Entwurfsphase ein Rückbau- und Materialkonzept entwickeln (sogenanntes Design for Disassembly),
- ein Materialkataster führen, um die Herkunft und Qualität von Baustoffen nachvollziehbar zu dokumentieren,

- Recyclingbaustoffe gezielt prüfen, denn R-Beton oder recycelte Dämmstoffe können oft konventionelle Materialien ersetzen und die Genehmigungsfähigkeit sichern,
- Lebenszykluskosten berücksichtigen, weil Wiederverwendung Entsorgungskosten reduziert und die Nachhaltigkeitsbilanz verbessert,
- Kooperation mit spezialisierten Fachplanern und Rückbauunternehmen anstreben, um die praktische Umsetzung mit dem rechtlichen Rahmen zu koordinieren.

2.7 Fazit

Die Betrachtung der baurechtlichen Rahmenbedingungen zeigt, dass Recht weit mehr ist als eine Ansammlung von Vorschriften. Es ist die Spielregelarchitektur, in der sich Umbaukultur, Nachverdichtung und Umnutzung überhaupt erst entfalten können. BauGB, BauNVO und Bauordnungen stecken den Rahmen ab, während Sonderinstrumente wie die Sonderregelung zur Beschleunigung des Wohnungsbaus (§ 246e BauGB), Förderprogramme oder städtebauliche Gebote Dynamik in die Prozesse bringen. Ergänzende Rechtsbereiche – vom Umwelt- und Klimaschutzrecht über das Vergabe- und Vertragsrecht bis hin zur Kreislaufwirtschaft – verdeutlichen, dass Bauen im Bestand heute nicht mehr nur eine planerische, sondern auch eine rechtliche Querschnittsaufgabe ist.

Über die Zukunftsfähigkeit urbaner Räume entscheiden nicht allein planerische Visionen, sondern auch die Fähigkeit, diese Visionen rechtssicher in den komplexen Regelwerken umzusetzen. Wer Baurecht versteht, kann Transformation gestalten: kontextsensibel, ressourcenschonend und innovationsfreundlich.

In den Projekten, die in den folgenden Kapiteln vorgestellt werden, wird sichtbar, wie diese Regelwerke im Detail wirken. In ihnen wird erfahrbar, wie rechtliche Grenzen zu gestalterischen Chancen werden.

3 Aufstockung

Statement von Stefan Forster

3.1 Position

Welches Potenzial die Aufstockung für die Stadtentwicklung besitzt, fasst das Statement von Stefan Forster (Stefan Forster Architekten) eindrücklich zusammen:

„Aufstockung als Ressource

Aufstockungen gehören zu den direktesten Antworten auf die Herausforderungen der Stadtentwicklung. Sie erweitern bestehende Gebäude nach oben, statt neue Flächen zu versiegeln. Damit nutzen sie eine Ressource, die in deutschen Städten in großer Zahl vorhanden ist: Nachkriegsbestände mit geringer Ausnutzung und tragfähigen Strukturen. Aufstockungen erschließen diese Reserven, ohne die Infrastruktur neu schaffen zu müssen – Straßen, Leitungen und soziale Einrichtungen sind bereits vorhanden.

Potenzial für Stadträume

Die Wirkung von Aufstockungen beschränkt sich nicht allein auf die Geschosszahl. Jede vertikale Ergänzung verändert den Maßstab, die Wahrnehmung und die Hierarchie eines Gebäudes im Stadtraum. Ihr volles Potenzial entfalten Aufstockungen meist im Zusammenspiel mit weiteren Eingriffen, die Stadträume präzisieren, Adressen schaffen und zuvor schwache Ränder stärken. Ergänzende Neubauten fassen offene Räume ein, schließen Zeilenenden und definieren in Verbindung mit der Aufstockung die Proportion von Stadtblöcken. Bei der Innenentwicklung reicht das reine Aufstocken also oft nicht aus – entscheidend ist die Transformation offener Siedlungsstrukturen in klar gefasste urbane Räume.

Technische und konstruktive Dimension

Aufstockungen stellen höchste Anforderungen an Statik, Brandschutz und Bauorganisation. Häufig müssen Fundamente ertüchtigt, Deckenlagen verstärkt, Installationen neu geordnet oder gar Technikebenen eingefügt werden. Serielle Verfahren – insbesondere modulare Holzbauweisen – bieten in diesem Zusammenhang besondere Chancen: Vorfertigung ermöglicht Geschwindigkeit, reduziert Baustellenbelastungen und macht Bauen im laufenden Betrieb möglich. Ein wesentlicher Vorteil besteht darin, dass die Wohnungen im Bestand während der Bauzeit bewohnt bleiben können. So entsteht ein ökologischer und ökonomischer Mehrwert, der über das einzelne Projekt hinausreicht.

Soziale Verantwortung

Wer aufstockt, verändert nicht nur Gebäude, sondern auch Nachbarschaften. Aufstockungen müssen daher mit einer klaren Verantwortung entwickelt werden: Sie sollen Bestände nicht verdrängen, sondern stabilisieren und durchmischen. Gerade Erdgeschosse, lang als Problemzonen betrachtet, lassen sich in diesem Kontext als ausgleichender Gegenpart neu definieren – durch Gärten, Sockelzonen oder klare Übergänge zum öffentlichen Raum. So wertet Aufstockung das Wohnen im Bestand auf, anstatt es zu belasten.

Aufstockung als Haltung

Aufstockung ist mehr als ein technisches Verfahren. Sie ist Ausdruck einer Haltung gegenüber der gebauten Stadt, vorhandene Strukturen nicht abzuwerten, sondern weiterzuentwickeln. Sie verbindet Ressourcenschonung, Stadtraumqualität und soziale Verantwortung. Wer aufstockt, zeigt, dass auch im Bestand Spielräume für Wachstum, Transformation und Baukultur vorhanden sind – und dass die Zukunft der Stadt nicht im Neubau auf der grünen Wiese, sondern im intelligenten Weiterbauen liegt. Damit diese Potenziale breit wirksam werden, braucht es einen verlässlichen rechtlichen Rahmen, der Verfahren vereinfacht und bauordnungsrechtliche Hürden reduziert."

3.2 Definition

3.2.1 Nachverdichtung ohne Flächenverbrauch

› Vertikale Nachverdichtung › Bauen ohne Baugrund
Die vertikale Nachverdichtung ist eine Form der baulichen Erweiterung bestehender Gebäude durch Aufbauten oder Ausbauten nach oben. Während die horizontale Nachverdichtung (z. B. im Blockinnenbereich) neue Baukörper in ein Grundstück einfügt, arbeitet die vertikale Nachverdichtung ausschließlich mit dem Vorhandenen und setzt damit auf Nachverdichtung ohne zusätzlichen Flächenverbrauch. Damit ist sie ein elementares Instrument der nachhaltigen Stadtentwicklung, das insbesondere in wachsenden Städten mit begrenztem Baugrund zur Anwendung kommt. Vertikale Nachverdichtung nutzt bestehende Infrastrukturen (z. B. Erschließung, Versorgung und Verkehr), schont Bodenressourcen und kann soziale, energetische und städtebauliche Impulse für ein Quartier setzen. Sie umfasst verschiedene bauliche Eingriffe, die sich in ihrer Intensität, ihren gestalterischen Auswirkungen und ihrer technischen Komplexität unterscheiden.

3.2.2 Typen der vertikalen Nachverdichtung

› Dachgeschossausbau
Darunter versteht man die Ertüchtigung und den Ausbau des Dachgeschosses mit Umnutzung ungenutzter Dachräume (Kaltdach) zu Nutz- bzw. Wohnfläche. Wichtige Parameter:

- keine Veränderung der Gebäudehöhe
- geringer baulicher Eingriff, deshalb wirtschaftlich attraktiv
- meist mit energetischer Dachsanierung kombiniert
- Aufwertung bestehender Dachzonen ohne äußere Veränderungen
- je nach Bundesland verfahrensfreies Bauvorhaben (z. B. Art. 57 BayBO vom 14. August, 2007, zuletzt geändert am 25. Juli 2025)

› Dachanhebung
Dabei wird der vorhandene Dachstuhl angehoben, um ausreichende Raumhöhe zu schaffen (Vollgeschosse). Wichtige Parameter:

- notwendig, wenn die vorhandene lichte Höhe bzw. Kniestockhöhe nicht ausreichend für Wohnnutzung ist
- statischer Eingriff erforderlich (Dach wird temporär abgehoben oder neu errichtet)
- Vorteil: neue Nutzung mit vergleichsweise geringer Auflast auf die Konstruktion

› Teilaufstockung
Bei Teilaufstockung werden einzelne Gebäudeteile um ein oder mehrere Geschosse erweitert. Teilaufstockung

- betrifft nur einen Gebäudeflügel, Eckbereiche oder Anbauten,
- ermöglicht architektonische Akzentuierung und
- eignet sich gut zur Schaffung ergänzender Wohnflächen wie Ateliers, Studios oder Mikroapartments.

› Aufstockung
Aufstockung entspricht dem Aufbringen eines oder mehrerer neuer Vollgeschosse auf das gesamte Gebäude. Wichtige Parameter:

- deutliche Veränderung der Gebäudehöhe und -struktur
- umfassende statische, brandschutztechnische und genehmigungsrechtliche Prüfung erforderlich
- in der Regel erheblicher Eingriff in Dach, Decke und Erschließung
- häufig in modularer oder vorgefertigter Leichtbauweise (z. B. Holzrahmenbau)

› Parasiten › Aufgesetzte Kleinvolumen
Einzelne modulare Baukörper, die auf ein Flachdach aufgesetzt werden, werden auch als Parasiten bezeichnet. Wichtige Parameter:

- kleinteilige, teils temporäre Einheiten
- gestalterisch abgesetzt vom Bestandsgebäude (sichtbarer Eingriff)
- geringe Auflast und hohe Flexibilität (z. B. Nutzung als Gästewohnung, Büro oder Atelier)
- minimalinvasive Eingriffe in die Statik
- Andockung an die vorhandene Infrastruktur (vertikale Erschließung, technische Installationen und Schächte)

› Maisonette-Aufstockungen
Eine Maisonette-Aufstockung ist eine mehrgeschossige Aufstockung. Wichtige Parameter:

- Erweiterung der oberen Bestandswohnung um ein oder mehrere darüberliegende Geschosse
- Schaffung durchgängiger Wohneinheiten über mehrere Ebenen mit interner Erschließung
- Vorteil: neue Geschossdecke(n) innerhalb derselben Nutzungseinheit, keine Schallschutzanforderungen zwischen verschiedenen Eigentümern
- effizient bei knapper Tragreserve, da die Lastverteilung optimiert werden kann
- Schaffung von Flexibilität für Eigentümergemeinschaften oder private Bauherren (hochwertige Wohnformen mit Penthouse-Charakter, großzügige Raumhöhen, Dachterrassen usw. möglich)

3.3 Planungskriterien

3.3.1 Rechtssicherheit, Einfügung und Schutzgüter

Baurechtliche Rahmen bestimmen die Spielräume bei Aufstockungen. Sie zeigen, wie anpassungsfähig Stadtraum und Regulierung im Umgang mit vertikaler Verdichtung sind.

› § 34 BauGB › Bebauungsplan › Abstandsflächen
Die Einfügung in das städtebauliche Umfeld ist bei allen Varianten wesentlich (z. B. Dachform, Traufhöhe und Materialität). Maßgeblich sind baurechtliche Vorgaben, definiert über Bebauungspläne oder in Absprache nach § 34 BauGB (Einfügegebot). In dicht bebauten urbanen Strukturen wird die maximale Höhe oft über die Einhaltung der Abstandsflächen nach MBO bzw. LBO definiert.

Siehe dazu auch die Kapitel 2.2 und 2.4 (dort insbesondere Kapitel 2.4.2).

› **Gebäudeklasse**
Aufstockungen können dazu führen, dass das Gebäude nach LBO in eine höhere Gebäudeklasse aufrückt (meist von GK3 zu GK4) und damit höhere Anforderungen an Tragwerk, Decken, Treppenräume, Rettungswege und Brandschutzwände ausgelöst werden und bestimmte Bauteile (z. B. Holzdecken, Holzbalken oder Holztreppen) nicht mehr zulässig sind oder kompensierende Maßnahmen benötigen. Dies erfordert eine genaue Abwägung, ob durch die Erweiterung neue Nachweise nötig sind (z. B. Prüfstatik oder Brandschutznachweis). Je nach Bauordnung muss ggf. ein Prüfingenieur eingeschaltet werden (GK5). Kompensationen sind möglich, z. B. durch technische Brandschutzmaßnahmen, einen alternativen zweiten Rettungsweg über bauliche Sonderlösungen (z. B. Nachbargebäude), Bauteilertüchtigung oder Kapselung (z. B. bei Holzbau). Nach den Modernisierungsgesetzen der BayBO 2025 werden eingeschossige Aufstockungen hinsichtlich der bauordnungsrechtlichen Anforderungen privilegiert und haben keine Auswirkung auf die Gebäudeklasse.

Siehe dazu auch Kapitel 2.4.3.

› **Verschattung**
Die Verschattung ist bei Aufstockungen ein wesentlicher städtebaulicher und nachbarschaftlicher Planungsfaktor. Zusätzliche Gebäudehöhen oder veränderte Baukörper können die Besonnung angrenzender Wohnräume oder Freiflächen beeinträchtigen, insbesondere in engen Höfen oder bei geringer Abstandsfläche. In solchen Fällen ist das nachbarliche Rücksichtnahmegebot (§ 15 BauNVO; auch bei § 34 BauGB nach ständiger Rechtsprechung) zu beachten, das unzumutbare Beeinträchtigungen ausschließt. Zur Beurteilung werden häufig Verschattungsanalysen oder Tageslicht-Gutachten herangezogen. Rücksprünge, Staffelungen oder transparente Aufbauten können helfen, unerwünschte Verschattung zu minimieren.

› **Denkmalaufstockung**
Aufstockungen an denkmalgeschützten Gebäuden sind grundsätzlich zulässig, unterliegen jedoch einem besonders sensiblen Prüf- und Planungsprozess. Neben der regulären Baugenehmigung ist die denkmalrechtliche Erlaubnis der zuständigen Unteren Denkmalbehörde erforderlich (siehe landesspezifische Denkmalschutzgesetze). Die Aufstockung muss in gestalterischer, konstruktiver und funktionaler Hinsicht mit dem denkmalpflegerischen Schutzziel vereinbar sein. Dementsprechend stehen insbesondere Materialwahl, Proportionen, Dachformen sowie die Gliederung und Farbigkeit der Fassade im Fokus der Abstimmung. Denkmalbehörden können gestalterische Vorgaben machen, etwa zur Firsthöhe, zur Ausbildung von Gauben oder zur Dachdeckung. Technisch bedingte Anforderungen, etwa aus dem Brandschutz oder der Statik, dürfen die denkmalprägende Substanz nicht unverhältnismäßig beeinträchtigen. Eingriffe wie das Entfernen von historischen Dachstühlen oder die Verlegung neuer Deckenlagen sind im Einzelfall genehmigungsfähig, bedürfen aber einer differenzierten Abwägung. Rechtlich erfolgen Aufstockungen an Denkmalen im Rahmen des allgemeinen Bauplanungsrechts, typischerweise unter Anwendung von § 34 BauGB (Einfügen in die Eigenart der näheren Umgebung), in Verbindung mit dem jeweiligen Landesdenkmalschutzgesetz. Im Sinne der Planungs- und Rechtssicherheit ist es ratsam, die denkmalrechtlichen Rahmenbedingungen bereits im Vorentwurf planerisch mitzudenken und dokumentarisch abzustimmen.

Siehe dazu auch Kapitel 2.4.4.

› **Rückbau** › **Bestandsschutz**
Bei Aufstockungen mit vorangehendem Rückbau wesentlicher Gebäudeteile (z. B. der Dachkonstruktion oder des obersten Geschosses) besteht das Risiko, dass der Bestandsschutz gemäß allgemeinen Rechtsprinzipien bzw. landesrechtlichen Regelungen entfällt. Dies ist der Fall, wenn der Eingriff dem Aufwand eines Neubaus entspricht und die bauliche Identität nicht gewahrt bleibt. Die Folge ist die volle Anwendung des aktuellen Bauordnungsrechts, inklusive Stellplatzpflicht, Abstandsflächen und Brandschutzanforderungen. Insbesondere bei vollständigem Rückbau oberer Geschosse mit nachfolgender Leichtbau-Aufstockung sollte frühzeitig geprüft werden, ob der Eingriff noch als Substanzerhalt oder bereits als Neubau zu werten ist. Eine baurechtliche Abstimmung mit der Genehmigungsbehörde ist in solchen Fällen zwingend.

› **Stellplatznachweis**
Bei Aufstockungen im Gebäudebestand kann der Stellplatznachweis bauordnungsrechtlich relevant werden, insbesondere wenn durch Rückbau- und Erweiterungsmaßnahmen der Bestandsschutz entfällt. In diesem Fall greifen die Stellplatzanforderungen gemäß den jeweiligen Landesbauordnungen sowie den kommunalen Stellplatzsatzungen. Zahlreiche Kommunen haben in den letzten Jahren auf die wohnungspolitische Bedeutung der innerstädtischen Nachverdichtung reagiert und in ihren Satzungen Ausnahmeregelungen oder Erleichterungen für Aufstockungen und Dachgeschossausbauten zu Wohnzwecken verankert. In Berlin müssen seit 2021 laut AV Stellplätze der BauO Bln im Wohnungsbau nur noch Fahrradstellplätze und pro Gebäude ein Pkw-Stellplatz für Behinderte berücksichtigt werden (AV Stellplätze, 2021). Auch andere Bundesländer ermöglichen im Rahmen der jeweiligen Bauordnungen (z. B. über § 37 LBO BW oder § 49 Hamburgische Bauordnung [HBauO] vom 14. Dezember 2005) Befreiungen oder Reduzierungen der Stellplatzpflicht, etwa bei Bestandsmaßnahmen, kleiner Wohnraumschaffung oder Mobilitätskonzepten mit ÖPNV-Anbindung. Mit der BayBO-Novelle 2025 entfällt seit dem 1. Oktober 2025 die unmittelbare Stellplatzpflicht nach der Bayerischen Bauordnung. Stellplatzanforderungen werden seither nur auf Grundlage kommunaler Stellplatzsatzungen gestellt, die bei Aufstockungen im Bestand häufig Reduzierungen oder Ausnahmen vorsehen. Entsprechende Maßnahmen lassen sich daher in der Praxis vielfach ohne zusätzlichen Stellplatznachweis umsetzen, sofern keine weitergehenden kommunalen Vorgaben greifen.

Siehe dazu auch Kapitel 2.4.9.

› **Brandschutz** › **Rettungswege**
Aufstockungen erhöhen die brandschutztechnischen Anforderungen, wenn sich die Gebäudeklasse ändert. Dies betrifft die Feuerwiderstandsdauer tragender Bauteile, die

Verwendung nicht brennbarer Baustoffe sowie die Ausbildung der Rettungswege. Tragende Wände und Decken müssen in diesen Fällen mindestens feuerhemmend bis feuerbeständig ausgeführt werden (z. B. F60-A oder F90-A). Tragende Holzbauteile sind durch geeignete Kapselungen (z. B. K45) nach DIN EN 13501-2 „Klassifizierung von Bauprodukten und Bauteilen zu ihrem Brandverhalten – Teil 2: Klassifizierung mit den Ergebnissen aus den Feuerwiderstandsprüfungen und/oder Rauchschutzprüfungen, mit Ausnahme von Lüftungsanlagen" (2023) brandschutztechnisch zu sichern. Außenwandaufbauten müssen aus nicht brennbaren oder schwer entflammbaren Materialien bestehen, insbesondere bei hinterlüfteten Fassaden oder gedämmten Aufbauten. Auch die Rettungswege unterliegen ab GK4 verschärften Anforderungen. Aufenthaltsräume müssen 2 unabhängige Rettungswege aufweisen. Ist ein zweiter baulicher Rettungsweg nicht möglich, sind technische Kompensationen notwendig. Dazu zählen etwa Rauchwarnmelder, Rauchabzugsanlagen, Fluchtfenster oder Zugänge über Dachterrassen, die eine Rückführung ermöglichen. Sofern einzelne bauliche Anforderungen im Bestand nicht vollständig umgesetzt werden können, etwa aufgrund des baulichen Zuschnitts, des Denkmalschutzes oder bestehender Eigentumsverhältnisse, erlaubt das Bauordnungsrecht abweichende Lösungen, wenn das baurechtliche Schutzziel gleichwertig erreicht wird. Die jeweiligen Landesbauordnungen regeln dies in den Abschnitten zu Abweichungen oder Ausnahmen. Voraussetzungen sind jeweils die Prüfung durch einen Brandschutz-Fachplaner sowie die Zustimmung der Bauaufsichtsbehörde im Einzelfall.

Siehe dazu auch Kapitel 2.4.3.

› **Brandschutz im Denkmal**
Bei Aufstockungen auf denkmalgeschützten Gebäuden wird der Brandschutz zur planerischen Schlüsselaufgabe. Planende müssen Sicherheit, Genehmigungsfähigkeit und Substanzerhalt in ein ausgewogenes Gesamtkonzept überführen.

Siehe dazu auch Kapitel 3.5.3, Exkurs „Brandschutz im Baudenkmal".

3.3.2 Lasten, Bauverfahren und Sicherheit

Tragfähigkeit und Materialeffizienz entscheiden über die Machbarkeit. Leichte, adaptive Systeme setzen auf konstruktive Intelligenz und überwinden so strukturelle Grenzen.

› **Tragwerksanalyse**
Die Tragfähigkeit von Außenwänden, Geschossdecken und Fundamenten ist frühzeitig von einem Tragwerksplaner zu überprüfen. Grundlage dafür sind die Eurocodes, insbesondere DIN EN 1990 „Eurocode: Grundlagen der Tragwerksplanung" (2021) in Verbindung mit der Normenreihe DIN EN 1991 „Eurocode 1: Einwirkungen auf Tragwerke", den Normenreihen DIN EN 1992 „Eurocode 2: Bemessung und Konstruktion von Stahlbeton- und Spannbetontragwerken", DIN EN 1993 „Eurocode 3: Bemessung und Konstruktion von Stahlbauten", DIN EN 1994 „Eurocode 4: Bemessung und Konstruktion von Verbundtragwerken aus Stahl und Beton", DIN EN 1995 „Eurocode 5: Bemessung und Konstruktion von Holzbauten" und DIN EN 1996 „Eurocode 6: Bemessung und Konstruktion von Mauerwerksbauten". Des Weiteren sind die Regelungen der Normenreihe DIN EN 1997 „Eurocode 7: Entwurf, Berechnung und Bemessung in der Geotechnik" zu Fundamenten und Baugrund und der DIN 1054 „Baugrund – Sicherheitsnachweise im Erd- und Grundbau – Ergänzende Regelungen zu DIN EN 1997-1" (2021) zu beachten. Bei unzureichender Tragfähigkeit sind bautechnisch geeignete Verstärkungen oder Sekundärkonstruktionen wie vorgestellte Stützen, Stahlrahmen oder Fundamentertüchtigungen erforderlich und im statischen Nachweis zu führen.

Siehe dazu auch Kapitel 2.4.5.

› **Aufmaß/Punktwolke**
Digitale Bestandsaufnahmen mit Laser-Scanning und Punktwolkenmodellen schaffen eine präzise Grundlage für die Planung und Ausführung. Sie ermöglichen es, komplexe Gebäudestrukturen millimetergenau zu erfassen, Geometrien zu analysieren und den Bestand direkt in den digitalen Entwurfsprozess zu integrieren.

Siehe dazu auch Kapitel 3.5.1, Exkurs „Digitale Tools für das Bauen im Bestand".

› **Fundamentertüchtigung**
Viele Altbauten verfügen über Fundamente, die nur für die ursprüngliche Gebäudelast dimensioniert wurden. Eine zusätzliche Belastung durch neue Geschosse kann zu unzulässigen Setzungen oder Standsicherheitsrisiken führen. Im Rahmen der statischen Nachweise gemäß DIN EN 1997-1 „Eurocode 7: Entwurf, Berechnung und Bemessung in der Geotechnik – Teil 1: Allgemeine Regeln" (2014) sowie DIN 1054 muss die Gründung hinsichtlich Tragfähigkeit, Gebrauchstauglichkeit und Standsicherheit überprüft werden. Alternativ müssen diese Parameter durch belastbare Altunterlagen belegt werden. Neben der Ertüchtigung bestehender Fundamente durch Unterfangung, Verbreiterung oder Betonergänzungen ist die Pfahlgründung (z. B. durch Mikro- oder Bohrpfähle) eine häufig gewählte Lösung, um Lasten in tiefere, tragfähige Bodenschichten abzuleiten. Alternativ kann eine Tischkonstruktion mit vorgestellten Stützen eingesetzt werden, bei der die neuen Lasten unabhängig vom Bestand direkt in eine separate Gründung geführt werden. Darüber hinaus kommen zunehmend bodenverbessernde Maßnahmen zum Einsatz, etwa Injektionsverfahren mit Expansionsharzen oder Zementsuspensionen zur lokalen Tragfähigkeitssteigerung oder mechanische Verdichtungen und Bodenaustausch, wenn Auffüllungen oder setzungsempfindliche Schichten im Untergrund vorliegen. Die Wahl des geeigneten Verfahrens hängt von der Bausubstanz, den geplanten Aufstockungslasten und den geologischen Gegebenheiten ab. Ein Baugrund-Gutachten gemäß DIN 4020 „Geotechnische Untersuchungen für bautechnische Zwecke – Ergänzende Regelungen zu DIN EN 1997-2" (2010) ist bei deutlicher Erhöhung der Gebäudelasten oder unzureichenden Informationen zu Gründung und Baugrund empfehlenswert.

› **Nutzlast obere Deckenlage**
Geschossdecken von nicht ausgebauten Dachböden wurden in der noch bis 2010 gültigen DIN 1055-3 „Einwirkungen auf Tragwerke – Teil 3: Eigen- und Nutzlasten für

Hochbauten" (2006) im Regelfall für eine Nutzlast von $qk = 1{,}0$ kN/m² bemessen. Bei Nutzungsänderung durch Ausbau oder Aufstockung ist die Nutzlast nach der neuen DIN EN 1991-1-1/NA „Nationaler Anhang – National festgelegte Parameter – Eurocode 1: Einwirkungen auf Tragwerke – Teil 1-1: Allgemeine Einwirkungen auf Tragwerke – Wichten, Eigengewicht und Nutzlasten im Hochbau" (2010) für Wohn- und Aufenthaltsräume mit $qk = 1{,}5$ bis 2,0 kN/m² anzusetzen.

› Lastumschichtung
Die begrenzte Tragfähigkeit der obersten Geschossdecke stellt häufig eine Herausforderung dar, insbesondere bei älteren Gebäuden, deren Dachböden ursprünglich nur für geringe Nutzlasten mit 1,0 kN/m² ausgelegt worden sind. Die Umschichtung von Lasten ist ein fachlich anerkanntes Verfahren auf Basis der DIN EN 1991-1-1/NA und DIN EN 1990, bei dem durch Reduktion von Eigenlasten zusätzliche Nutzlastreserven statisch nachgewiesen werden können. Dabei werden vorhandene Eigenlasten durch den Rückbau schwerer Bauteile, etwa von Verbundestrichen, verringert und durch leichtere Alternativen wie Trockenestrich ersetzt. Die dadurch eingesparten Eigenlasten können anteilig als zusätzliche Nutzlast angerechnet werden. Voraussetzung ist jedoch eine ingenieurtechnische Bewertung im Einzelfall. Ergänzend ist zu beachten, dass durch die Reduktion der Masse schallschutztechnische Nachteile entstehen können, die ggf. durch geeignete Maßnahmen oder durch Grundrisslösungen (z. B. interne Maisonette-Nutzung) kompensiert werden müssen.

› Spannbeton-Fertigdecke
Wenn die vorhandene Geschossdecke eines Bestandsbaus statisch nicht für eine Aufstockung geeignet ist, können vorgespannte Fertigteildecken aus Spannbeton eine wirtschaftliche und bautechnisch saubere Lösung sein. Sie werden auf tragfähige Außenwände aufgelagert und bilden eine eigenständige, lastabtragende Plattform für die neue Geschossstruktur. Die nach DIN EN 1168 „Betonfertigteile – Hohlplatten" (2011) industriell vorgefertigten Elemente (typischerweise 1,20 m breit und 15 bis 40 cm dick) lassen sich mit hoher Maßgenauigkeit und kurzer Bauzeit verlegen. Statisch wirken sie als einachsig gespannte Plattenstreifen. Im Vergleich zu gleich hohen Massivdecken reduzieren die Hohlräume den Betonbedarf und senken das Eigengewicht bei gleicher Tragfähigkeit deutlich – oft um bis zu 50 %. Im Wohnungsbau sind 20 cm hohe Platten gängig für Spannweiten bis 7,5 m, 26 bis 27 cm hohe Platten für Spannweiten von bis zu 10 m. Bei entsprechender Ausführung kann die Decke der Feuerwiderstandsklasse F90 zugeordnet werden. Wird die neue Decke mit Abstand zur Altdecke aufgelagert, kann dies bei entsprechender bauakustischer Ausführung auch den Schallschutz nach der Normenreihe DIN 4109 „Schallschutz im Hochbau" verbessern. Der Bundesverband Spannbeton-Fertigdecken e. V. (BVSF) hat umfangreiche Nachschlagewerke als Merkblätter dazu erarbeitet.

› Leichtbau
Leichtbau eröffnet für Aufstockungen vielseitige konstruktive und gestalterische Spielräume. Durch geringe Eigenlasten und vorgefertigte Systeme, etwa in Holzrahmen-, Stahl- oder Hybridbauweise sowie in Form von modularen Elementbau- oder Trockenbausystemen, lassen sich zusätzliche Geschosse effizient errichten, ohne die Tragreserven des Bestands zu überlasten.

Siehe dazu auch Kapitel 3.7.1, Exkurs „Leichtbau".

› Holztafelbau › Holzrahmenbau › Holzleichtbau
Der Holzleichtbau hat sich in den letzten Jahren als besonders geeignetes Konstruktionsprinzip für Aufstockungen etabliert und bietet eine wirtschaftliche und ressourcenschonende Form der Nachverdichtung im Gebäudebestand. Typischerweise kommen Holzrahmenbau oder Holztafelelemente zum Einsatz, die im Werk maßgenau vorgefertigt und auf der Baustelle in kurzer Zeit montiert werden können. Mit dem gestiegenen Interesse an Holzaufstockungen haben sich in den letzten Jahren auch die bauordnungsrechtlichen Rahmenbedingungen deutlich weiterentwickelt. Bis vor wenigen Jahren war die Anwendung von Holz als tragendem Baustoff oberhalb der Gebäudeklasse GK3 in vielen Bundesländern faktisch ausgeschlossen. Heute erlauben zahlreiche Landesbauordnungen – in Anlehnung an die MBO und flankiert von der M-HFHHolzRL „Muster-Richtlinie über brandschutztechnische Anforderungen an Bauteile und Außenwandbekleidungen in Holzbauweise" (Fassung Oktober 2020, kurz: Muster-Holzbaurichtlinie) – die Verwendung von Holzbau auch in den Gebäudeklassen GK4 und GK5. Diese Öffnung wurde begleitet von einer neuen Generation technischer Nachweise und Anforderungen. Tragende und aussteifende Holzbauteile müssen bei Gebäuden dieser Klassen entweder durch geeignete brandschutztechnische Bekleidungen (z. B. gemäß Kapselungsklasse K2 30, K2 60 oder K2 90) geschützt oder mit nachweislich feuerwiderstandsfähigen Holzbausystemen ausgeführt werden. Grundlage dafür ist die DIN EN 13501-2 in Verbindung mit der Normenreihe DIN 4102 „Brandverhalten von Baustoffen und Bauteilen" und landesspezifischen Brandschutzvorgaben. Neben dem Brandschutz erfüllt der Holzleichtbau auch die Anforderungen an Wärme- und Schallschutz (nach den Normenreihen DIN 4108 „Wärmeschutz und Energie-Einsparung in Gebäuden" und DIN 4109) sowie die Standsicherheit nach DIN EN 1995-1-1 „Eurocode 5: Bemessung und Konstruktion von Holzbauten – Teil 1-1: Allgemeines – Allgemeine Regeln und Regeln für den Hochbau" (2010). In der Planungspraxis sind Holzaufstockungen heute nicht nur technisch ausgereift und genehmigungsfähig, sondern eröffnen auch einen großen architektonischen Gestaltungsspielraum.

› Holzmodulbau
Der Holzmodulbau kombiniert die Vorteile des Leichtbaus mit großer Vorfertigungstiefe und kurzen Bauzeiten. Vorproduzierte Raummodule oder Wandelemente aus Holz ermöglichen präzise gefügte, emissionsarme Aufstockungen, die den laufenden Betrieb im Bestand weniger beeinträchtigen und zugleich hohe architektonische Qualität bieten können.

Siehe dazu auch Kapitel 3.6.1, Exkurs „Aufstocken im Holzmodulbau".

› Schallschutz
Der Schallschutz stellt bei Aufstockungsmaßnahmen eine besondere Herausforderung dar, da bestehende Geschossdecken häufig nicht den heutigen Anforderungen an Tritt-

schall- und Luftschalldämmung entsprechen. Insbesondere bei Altbauten fehlt es oft an Masse oder entkoppelten Schichten, um störende Schallübertragungen wirksam zu begrenzen. Wird die Aufstockung als eigenständige Wohneinheit realisiert, ist gemäß der Normenreihe DIN 4109 der baurechtlich geforderte Mindestschallschutz einzuhalten. In vielen Fällen – insbesondere im Geschosswohnungsbau – ist planerisch zusätzlich ein erhöhter Schallschutz nach DIN 4109-5 „Schallschutz im Hochbau – Teil 5: Erhöhte Anforderungen" (2020) oder nach VDI 4100 „Schallschutz im Hochbau – Wohnungen – Beurteilung und Vorschläge für erhöhten Schallschutz" (2012) anzusetzen. Konstruktive Maßnahmen wie schwimmender Estrich, entkoppelte Aufbauten oder abgehängte Decken sind typische Lösungen. Wird die Aufstockung als Maisonette ausgeführt, entfällt der Schallschutznachweis zwischen den Ebenen, da sie zur gleichen Nutzungseinheit gehören. Da Schallschutzmängel häufig zu rechtlichen Auseinandersetzungen führen, ist eine sorgfältige Planung mit frühzeitiger akustischer Bewertung dringend zu empfehlen. Der Nachweis ist zwar nicht prüfpflichtig, jedoch verpflichtend zu führen.

› Schadstoffbelastung

Die Erfassung von Schadstoffbelastungen ist eine zentrale Voraussetzung jeder Maßnahme im Bestand. Sie liefert entscheidende Informationen über Gesundheitsrisiken, Entsorgungswege und Rückbaubedarf und beeinflusst damit frühzeitig Materialwahl, Bauablauf und Kostenplanung.

Siehe dazu Kapitel 3.5.2, Exkurs „Schadstoffbelastung im Gebäudebestand".

3.3.3 Wirtschaftlichkeit, Prozessintegration und Förderung

Aufstockungen aktivieren bestehende Ressourcen und schaffen Synergien zwischen Planung, Eigentum und Förderung. Prozessuale Abstimmung wird zum Schlüssel ökonomischer Nachhaltigkeit.

› Kosten-Nutzen-Abwägung › Investitionssynergien
› Grundstücksausnutzung

Aufstockungen bieten aus ökonomischer Sicht ein großes Potenzial, da bestehende Infrastrukturen wie Erschließung, Tragstruktur und haustechnische Systeme weiterverwendet werden können. Besonders wirtschaftlich sind bauliche Eingriffe die mit ohnehin anstehenden Instandhaltungs- oder Modernisierungsmaßnahmen, etwa an der Dachkonstruktion oder der Heizungsanlage, kombiniert werden. Es entstehen Investitionssynergien, die zu einer Senkung der Baukosten je Quadratmeter Nutzfläche führen, beispielsweise durch gemeinsame Baustelleneinrichtung und Planungsleistungen. Gleichzeitig verbessert sich die Grundstücksausnutzung (GRZ/GFZ) – zusätzliche Wohn- oder Nutzfläche generiert höhere Ertragspotenziale bei konstantem Flächenverbrauch. Im Vergleich zu einem Abrissneubau entfallen nicht nur Primärinvestitionen in Grundstück und Erschließung, sondern es entsteht auch eine signifikant günstigere Ökobilanz, insbesondere hinsichtlich grauer Energie und CO_2-Emissionen. Der Erhalt der tragenden Bestandssubstanz wirkt sich positiv auf die Lebenszykluskosten aus. Gleichzeitig besteht über Programme zur energetischen Sanierung oder zur Schaffung von Wohnraum (z. B. KfW, BEG und IFB) Zugang zu Fördermitteln, die die Amortisationsdauer verkürzen können.

Exkurs: Leitlinie Aufstockung

Die „Leitlinie zur Vereinfachung der Planung und Durchführung von Aufstockungs-/Erweiterungsmaßnahmen als Nachverdichtungsmaßnahme in innerstädtischen Bereichen", kurz „Leitlinie Aufstockung", richtet sich an Planende, die Aufstockungsprojekte systematisch und sicher umsetzen möchten. Ziel ist es, das große Potenzial dieser Maßnahme zu heben, indem Planungsaufwand, Unsicherheiten und Risiken bereits im Vorfeld spürbar verringert werden. Der Leitfaden bündelt technische, rechtliche und wirtschaftliche Aspekte zu einem praxisorientierten Werkzeug, das von der ersten Bestandsanalyse bis zur Genehmigung begleitet. Ein Element von zentraler Bedeutung sind Richtwerte für Gebäude verschiedener Baualtersklassen, die typische Konstruktionen, gängige Schwachstellen und oft verbaute Materialien beschreiben. Damit lassen sich frühzeitig brandschutzrelevante Eigenschaften, statische Reserven und mögliche Schadstoffbelastungen abschätzen, etwa als wertvolle Grundlage für eine Machbarkeitsprüfung. Ergänzt wird die Leitlinie durch Hinweise zur Bestandsdiagnostik, zur strukturierten Tragwerksbewertung und zur rechtssicheren Einordnung nach Gebäudeklassen. Im Bereich des Baurechts bietet die Leitlinie eine Übersicht zu landesspezifischen Anforderungen, insbesondere zu Abweichungen und Kompensationsmöglichkeiten im Brandschutz. Darüber hinaus werden ökologische und wirtschaftliche Bewertungen einbezogen, von der Ökobilanzierung bis zur Lebenszyklus-Kostenanalyse, um Investitionsentscheidungen auf belastbare Kennwerte zu stützen. Praktische Kapitel zu Planungsorganisation, Mieterintegration, Bauablauf und Normen erleichtern die Umsetzung im Alltag. Für Planende steht damit ein kompakter Leitfaden zur Verfügung, der auf viele Anfangsfragen bei Aufstockungsprojekten sehr detaillierte Antworten gibt und Handlungsansätze vorstellt.

Literaturtipp: Fath et al.: Leitlinie zur Vereinfachung der Planung und Durchführung von Aufstockungs-/Erweiterungsmaßnahmen als Nachverdichtungsmaßnahme in innerstädtischen Bereichen. Stuttgart: Fraunhofer IRB Verlag, 2019:

3.3.4 Versorgungssysteme, Anbindung und Betrieb

Neue Ebenen erfordern neue Systeme. Erschließung, Barrierefreiheit und Technik sind integrale Bestandteile der erweiterten Gebäude.

› Erschließung

Die innere Erschließung über vorhandene Treppenhäuser ist bei Bestandsgebäuden meist bis zum Dachboden gegeben und kann bei Aufstockungen in der Regel weiterverwendet oder verlängert werden. In Fällen, in denen das bestehende Treppenhaus nicht den brandschutztechnischen Anforderungen der neuen Gebäudeklasse genügt (z. B. bei offenen Holztreppen in GK4), kann eine Abweichung nach § 69 BauO NRW (bzw. analogen LBO-Regelungen) beantragt werden, z. B. mit Kompensation durch zusätzliche Rauchmelder, Rauchabzüge oder Kapselungsmaßnahmen. Holztreppen im Bestand genügen in der Regel nicht der F90-A-Anforderung ab GK4.

› **Aufzüge**
Die Nachrüstung von Aufzügen im Bestand ist planerisch hochkomplex und greift tief in Tragstruktur, Erschließung und Gebäudetechnik ein. Planende müssen dabei statische, brandschutztechnische und barrierefreie Anforderungen mit möglichst minimalen Eingriffen in die Bausubstanz erfüllen.

Siehe dazu auch Kapitel 3.4.1, Exkurs „Aufzüge im Bestand".

› **Sanitär-, Heizungs- und Klimatechnik (SHK)**
› **Gebäudetechnik**
Die Integration neuer Geschosse in bestehende Heizungs-, Wasser- und Stromsysteme kann komplex sein und eine vollständige Erneuerung notwendig machen. Vorhandene Steigleitungen für Heizung, Wasser und Abwasser lassen sich aber in vielen Fällen in die aufgestockten Geschosse fortführen. Bei Projekten mit kompletter Haustechniksanierung werden oft neue vertikale Schächte integriert, z. B. durch Anbauten oder im Rahmen von Erschließungskernen. Die Durchdringung der Decke für neue Installationen (z. B. für Abwasser und Entlüftung) ist statisch und brandschutztechnisch zu bewerten.

3.3.5 Ressourcen und Ökobilanz

Vertikale Erweiterungen verbinden Flächenschonung mit Klimaanpassung. Dachbegrünung und energetische Optimierung machen die Aufstockung zum Werkzeug ökologischer Stadtentwicklung.

› **Klimabilanz Aufstockung** › **Ökobilanzierung**
Aus Sicht der Ökobilanzierung nach DIN EN 15978 „Nachhaltigkeit von Bauwerken – Bewertung der umweltbezogenen Qualität von Gebäuden – Berechnungsmethode" (2012) und im Rahmen von Lebenszyklusanalyse-gestützten Nachhaltigkeitsbewertungen (z. B. Deutsche Gesellschaft für Nachhaltiges Bauen [DGNB] und Bewertungssystem Nachhaltiges Bauen [BNB]) wird die Aufstockung als klimapositiver Beitrag zur Stadtentwicklung bewertet, insbesondere wenn sie mit energetischen Maßnahmen am Bestand kombiniert wird, z. B. Dachdämmung oder Techniktausch. Gleichzeitig ermöglicht sie eine effizientere Nutzung vorhandener städtischer Infrastruktur bei Vermeidung zusätzlicher Flächenversiegelung, Transportaufwände und baubedingter CO_2-Emissionen. Der Erhalt und die Weiterverwendung der tragenden Gebäudeteile machen die Aufstockung zu einer zentralen Strategie der klimagerechten Transformation des Gebäudebestands. Dies entspricht den Prinzipien eines zirkulären Bauens, wie sie im europäischen Klimarahmen gefordert werden (Green Deal, Renovation Wave).

› **Dachbegrünung im Bestand**
Die Begrünung von Bestandsdächern gilt als wirksame, aber technisch anspruchsvolle Maßnahme zur klimaangepassten Stadterneuerung. Im Gegensatz zum Neubau müssen im Bestand Tragfähigkeitsreserven individuell geprüft, Abdichtungen und Entwässerungssysteme angepasst und bauphysikalische Anforderungen wie Wärme-, Feuchte- und Brandschutz sorgfältig berücksichtigt werden. Eine genaue Bestandsanalyse ist daher unerlässlich, um Tragwerk, Aufbau und Abdichtung zu bewerten und geeignete Begrünungssysteme auszuwählen. Im Planungsprozess kommt es auf die enge Abstimmung zwischen Dachdecker-, TGA- und Begrünungsgewerken an (TGA = technische Gebäudeausrüstung). Besonders im Bestand bewähren sich leichte, modulare Systeme mit großer Wasserhaltefähigkeit und geringer Auflast sowie eine standortgerechte Vegetationswahl. Das Forschungsprojekt BestandsGebäudeGrün (BeGG) des Bundesverbands GebäudeGrün e. V. (2022 bis 2024) hat dafür praxisnahe Checklisten, Kostenrichtwerte und Planungshilfen entwickelt (BestandsGebäudeGrün, 2025). Sie sollen Planende dabei unterstützen, nachträgliche Dach- und Fassadenbegrünungen technisch und wirtschaftlich sicher umzusetzen. Der Forschungsbericht gibt wertvolle Planungshinweise, etwa zur Einschätzung statischer Voraussetzungen, zur Integration von Begrünungssystemen in bestehende Aufbauten und zur Schnittstellenkoordination zwischen den beteiligten Gewerken. Wertvolle Hinweise geben auch die beiden Publikationen „Handbuch Bauwerksbegrünung" und „Bauwerksbegrünung im Bestand", erschienen im Verlag RM Rudolf Müller Medien.

3.4 Ausbau

3.4.1 M6 Private – Aufstockung als Sanierungsstrategie, München

Dachgeschossausbau als Hebel für nachhaltige Bestandsaufwertung

- Aufzüge
- Bestandsaufwertung
- Dachgeschossausbau
- Energetische Sanierung
- Maisonette-Aufstockungen
- Massivholz-Bauweise
- Raumklima
- Reduktionsstrategie
- Sanierungssynergien
- Vorfabrikation

Abb. 3.1: Durch die Sanierung mit Aufstockung wurde der Altbau aus dem Jahr 1896 behutsam in die Moderne überführt. Eine Herausforderung war es, den Charme des historischen Gebäudes zu bewahren und gleichzeitig zeitgemäßen Wohnkomfort zu schaffen (Quelle: Vadim Kretschmer).

Mit einer präzise gesetzten Aufstockung nutzte Architekt Stuart Stadler das Potenzial eines klassischen Münchner Mehrfamilienhauses in Blockrandbebauung aus. Der Dachausbau wurde dabei zum Schlüssel einer umfassenden Sanierung – funktional, energetisch und gestalterisch. Im Haidhauser Franzosenviertel gelang die vertikale Verdichtung des innerstädtischen Bestandsgebäudes durch integrale Planung: Der Rückbau eines unzureichenden Notdachs und die darauf aufgesetzte zweigeschossige Dachkonstruktion aus vorgefertigtem Massivholz-Mauerwerk ermöglichten nicht nur den Zugewinn hochwertiger Wohnfläche, sondern bildeten auch den Anstoß für die umfassende Sanierung des Gebäudes – darunter der Anschluss an das städtische Fernwärmenetz, die Dämmung der Gebäudehülle, die Erneuerung der Haustechnik, der Anbau eines Aufzugs und von Balkonen sowie die Neuordnung der Grundrisse. Die Erweiterung des Dachraums wurde so zum Katalysator für eine bauliche und energetische Aufwertung des gesamten Hauses.

Raumgewinn durch Mansarddach

Entscheidend für das räumliche und architektonische Konzept war die Wahl eines steil geneigten Mansarddachs mit Edelstahlhülle: Zur Straßenseite hin ermöglichte die Schräge den Einbau von großformatigen Atelierfenstern über 2 Ebenen. Zur Hofseite öffnen sich großzügige Terrassenflächen. Die Mansardform ist dabei ein Produkt aus Nutzung, Nachbarschaft und Genehmigungsfähigkeit und ermöglicht maximale Wohnfläche unter Einhaltung der Baugrenzen.

> **Praxistipp:** Die Mansardform kann in engen innerstädtischen Kontexten helfen, das baurechtlich maximal zulässige Volumen mit städtebaulicher Verträglichkeit zu kombinieren – eine elegante Lösung für hohe Flächeneffizienz.

Massivholz statt Leichtbau

Die Aufstockung wurde als zweigeschossige Konstruktion in vorgefertigtem Massivholz-Mauerwerk realisiert – eine bewusste Entscheidung gegen konventionelle Holzrahmen- oder Ständersysteme mit diffusionssensiblen Schichten. Das massive System bietet bauphysikalische Sicherheit sowie große Materialruhe und minimiert die Komplexität bei Schichtaufbau, Abdichtung und Fügung. Die Bauteile wurden passgenau in einer Zimmerei vorgefertigt und im Ganzen auf die verstärkte Deckenkonstruktion aufgesetzt.

> **Hinweis:** Vorfertigung minimiert Bauzeit, Lärm und Schnittstellen – gerade bei bewohntem Bestand ein entscheidender Vorteil. Wichtig ist dabei die präzise Vorbereitung: Millimetergenaue Elementplanung und ein klar getakteter Bauablauf ermöglichen das zügige Setzen ganzer Geschosse in wenigen Tagen. Das reduziert nicht nur Belastungen für die Anwohnerschaft, sondern schafft auch Planungssicherheit auf engen innerstädtischen Baustellen.

„Die Vorfertigung ermöglichte eine erhebliche Verkürzung der Bauzeit und minimierte die Belastung für die Nachbarschaft. Gleichzeitig konnten wir durch den Einsatz von Massivholz ein besonders angenehmes Raumklima schaffen."

Stuart Stadler (Stuart Stadler Architekten, Planungswelt)

Abb. 3.2: Die Dachgeschosswohnungen bestechen durch ihre lichtdurchflutete Großzügigkeit. Panoramafenster und Dachterrassen eröffnen Ausblicke über die Dächer Münchens (Quelle: Vadim Kretschmer).

Licht, Luft und Klima: Tageslicht als Entwurfsprinzip

Die Potenziale des Dachraums werden durch ein räumliches Konzept aus Offenheit, Lichtführung und Sichtachsen geprägt. Die nach Norden orientierten Atelierfenster bringen blendfreies Licht in die Tiefe. Zusätzlicher Sonnenschutz ist nicht notwendig. Ein zentraler Luftraum definiert den Essbereich. Zur Südseite öffnen sich großzügige Terrassen, erschlossen über bodentiefe Glasflächen mit Sonnenschutzverglasung, Raffstores und Markise. Die natürliche Querlüftung wird durch ergänzende Gaubenöffnungen ermöglicht. Die energetische Qualität der Gebäudehülle wurde gezielt verbessert: Die neue Dachkonstruktion erhielt eine Dämmung, die in Kombination mit dem Massivholz ein sehr stabiles Temperaturverhalten ermöglicht. Die Nordfassade wurde mit einem Wärmedämm-Verbundsystem versehen und mit neuen Fenstern ausgestattet. Auf eine zusätzliche Dämmung der Südfassade wurde verzichtet – wegen der starken solaren Einstrahlung und der geringen Kondensatgefahr genügte der Austausch der Fenster.

Hinweis: Die kontrollierte Querlüftung erfolgt über Gaubenöffnungen, ergänzt durch die großvolumige Geometrie des Dachraums. Dank des gut gedämmten Massivholzaufbaus, der Nordorientierung der Hauptlichtflächen und der verschattbaren Südfenster ergibt sich ein stabiles Raumklima – auch im Hochsommer. Die installierte Wärmepumpe zur Klimatisierung dient der Sicherheit in Hitzeperioden. Die Wärmeversorgung erfolgt über CO_2-neutrale Fernwärme. Das energetische Konzept ist bewusst robust, aber nicht übertechnisiert. Je besser Lichtführung, Dämmung und Lüftung zusammenspielen, desto weniger technische Klimatisierung wird tatsächlich benötigt.

Exkurs: Aufzüge im Bestand

In Gebäuden mit mehr als 4 oberirdischen Geschossen, die Aufenthaltsräume enthalten, müssen Aufzüge eingebaut werden (§ 39 Abs. 4 Satz 1 MBO). Staffelgeschosse unter 50 % der darunterliegenden Geschossfläche werden dabei häufig nicht mitgezählt. Bei Aufstockungen im Bestand kann unter bestimmten Voraussetzungen (Bestandsschutz, technische oder wirtschaftliche Unzumutbarkeit) eine Befreiung von der Aufzugpflicht beantragt werden. Die Entscheidung liegt bei der zuständigen Bauaufsichtsbehörde und ist länderspezifisch geregelt.

In urbanen Lagen mit hoher Dichte ist die nachträgliche barrierefreie Erschließung älterer Gebäude oft nur durch individuelle Lösungen möglich. Typische Optionen:

- **innen liegender Einbau** (z. B. im Treppenauge oder durch Umbau des Bestandskerns; Achtung: brandschutztechnisch nicht im notwendigen Treppenraum zulässig, außer als Feuerwehraufzug)
- **außen liegender Anbau** (z. B. hofseitig oder straßenseitig, freistehend oder angebunden; Abstandsflächenproblematik beachten)
- **Haltestellen auf Zwischenpodesten** (erfüllen nicht die Anforderungen an vollständige Barrierefreiheit nach DIN 18040 und sind nur als dokumentierte Kompromisslösung möglich)

Im Bestand ist oft eine Kombination aus baulichen Kompromissen und technischer Anpassung notwendig, etwa bei Schachtgrößen, Zugangsbreiten oder Fundamentierung. Die Einbindung in bestehende Geschossstrukturen sowie der Anschluss an die Keller- oder Dachnutzung erfordern eine enge Abstimmung zwischen Architektur, Tragwerksplanung und TGA.

Relevante Regelwerke und Richtlinien:

- DIN 18040-1 „Barrierefreies Bauen – Planungsgrundlagen – Teil 1: Öffentlich zugängliche Gebäude" (2010) und DIN 18040-2 „Barrierefreies Bauen– Planungsgrundlagen – Teil 2: Wohnungen" (2011) zu barrierefreiem Bauen und den Anforderungen an Aufzugsanlagen im öffentlich zugänglichen und im Wohnungsbau
- DIN EN 81-20 „Sicherheitsregeln für die Konstruktion und den Einbau von Aufzügen – Aufzüge für den Personen- und Gütertransport – Teil 20: Personen- und Lastenaufzüge" (2020) und DIN EN 81-50 „Sicherheitsregeln für die Konstruktion und den Einbau von Aufzügen – Prüfungen – Teil 50: Konstruktionsregeln, Berechnungen und Prüfungen von Aufzugskomponenten" (2020) mit Sicherheitsregeln für die Konstruktion und den Einbau von Aufzügen
- DIN 14090 „Flächen für die Feuerwehr auf Grundstücken" (2024) zum Thema Feuerwehraufzüge (bei Gebäuden ab GK5)
- Bauordnungen der Länder zum zweiten Rettungsweg, zum Einbau im Bestand und zu Genehmigungspflichten
- ASR V3a.2 „Barrierefreie Gestaltung von Arbeitsstätten" (2012) für öffentlich zugängliche Gebäude mit Anforderungen an barrierefreie Nutzbarkeit von Aufzügen

Ein nachträglicher Aufzug ist nie nur eine technische Maßnahme, sondern immer auch ein baulicher Eingriff mit funktionalen und rechtlichen Implikationen.

Abb. 3.3: Lageplan (Quelle: GeodatenService München, OpenStreetMap contributors, Bayerische Vermessungsverwaltung – www.geodaten.bayern.de)

Abb. 3.4: Nordlicht sorgt für eine homogene Belichtung ohne Überhitzung (Quelle: Vadim Kretschmer).

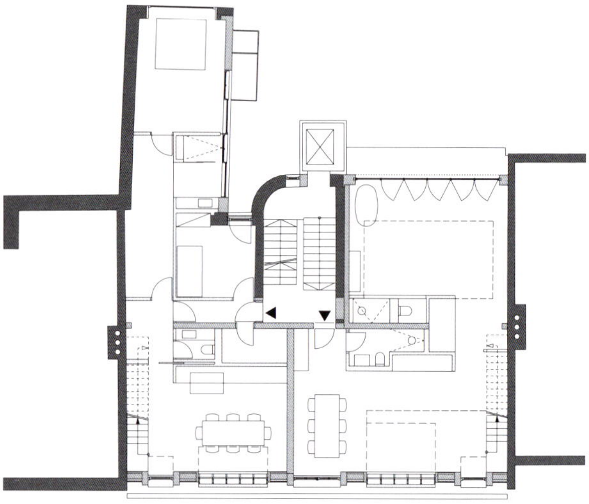

Abb. 3.5: Grundriss der beiden Maisonette-Wohnungen, 4. OG (Quelle: Stuart Stadler Architekten)

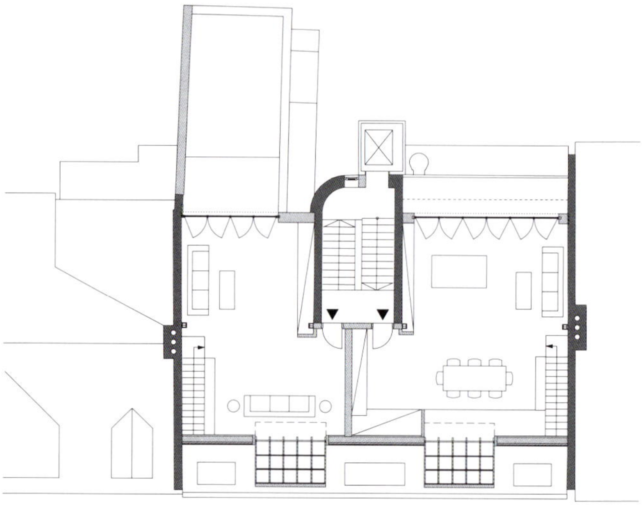

Abb. 3.6: Grundriss 5. OG (Quelle: Stuart Stadler Architekten)

Infrastruktur: Aufzug, Tiefgarage und Müllraum

Mit der Aufstockung wurde die Erschließung des Mehrfamilienhauses neu organisiert: Ein hofseitig platzierter Glasaufzug erschließt sämtliche Ebenen bis in das Untergeschoss. Die Gründung des Aufzugs reicht tief in das Erdreich und musste aufgrund der beengten Hinterhofsituation mit kleinem Gerät ausgehoben werden. Im Untergeschoss wurde das Gebäude über einen brandschutztechnisch abgetrennten Verbindungsgang an die Tiefgarage des Nachbargrundstücks angeschlossen. Neben der Stellplatzanbindung ermöglicht dieser Verbindungsgang auch eine neue Mülllogistik: Die Entsorgung erfolgt nun über den Keller statt durch das Treppenhaus – ein erheblicher Zugewinn an Sauberkeit, Komfort und Nutzerfreundlichkeit.

Praxistipp: Wo Nachbarschaft und Eigentumsverhältnisse es zulassen und bei entsprechender rechtlicher und technischer Abstimmung können unterirdische Anbindungen an benachbarte Grundstücke wertvolle Spielräume eröffnen: etwa für zusätzliche Stellplätze oder logistisch optimierte Erschließungs- oder Entsorgungskonzepte. Solche Lösungen erfordern zwar Kooperation und frühzeitige Planung, können aber im dicht bebauten Bestand funktionale Qualitäten schaffen, die auf dem eigenen Grundstück nicht realisierbar wären.

Abb. 3.7: Große Schiebefensterelemente öffnen den Wohnraum (Quelle: Vadim Kretschmer).

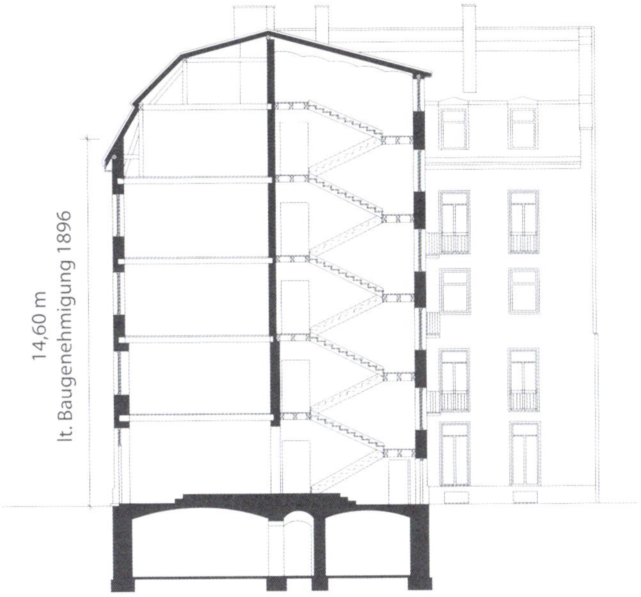

Abb. 3.8: Schnitt durch den Bestand mit ungenutztem Dach vor dem Ausbau (Quelle: Stuart Stadler Architekten)

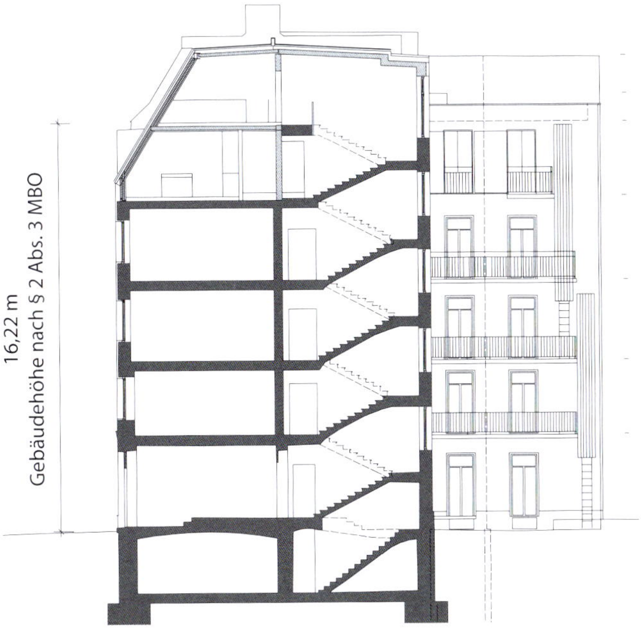

MBO Musterbauordnung

Abb. 3.9: Schnitt durch das weitergebaute Gebäude mit Mansarddach; in der Ansicht die Fluchtbalkone (Quelle: Stuart Stadler Architekten)

Tabelle 3.1: Objektübersicht M6 Private

Projektdetails	Beschreibung
Standort	München
Planung	Stuart Stadler Architekten (www.planungswelt.de)
Typologie	vorher: Wohnhaus mit ungenutztem Notdach nachher: Wohnhaus mit Maisonette-Aufstockung
Fertigstellung	2023
Maßnahme	Aufstockung und energetische Sanierung eines bewohnten Altbaus: Fernwärmeanschluss, Nordwanddämmung, Balkone Süd, Aufzug, Dachabbruch und Aufstockung in Massivholzvorfertigung
Brutto-Grundfläche	vorher: 1.092,77 m^2 nachher: 1.501,02 m^2
Grundflächenzahl	vorher: 0,68 nachher: 0,79
Geschossflächenzahl	vorher: 3,31 nachher: 3,86
Energieeffizienz	Endenergiebedarf vorher: 175 kWh/(m^2·a) nachher: 72,7 kWh/(m^2·a)
Statik	Verstärkung obere Balkenlage zur Erhöhung der Traglast
Brandschutz	zweiter Rettungsweg über Fluchtbalkone
Schallschutz	Trittschall mit Heizestrich, akustisch entkoppelte Maßeinbauten im Innenausbau
Stellplätze	zusätzliche Stellplätze in der Tiefgarage des Nachbargebäudes
Besonderheit	Ausbau im bewohnten Zustand, Aufzug neu eingebaut, historische Bausubstanz (Treppenhaus, Geländer, Terrazzoboden) wurde erhalten und ergänzt

M6 @ Stuart Stadler Architekten, Planungswelt:

Genehmigungsstrategie: zweiter Rettungsweg über Balkone

Im Zuge der Genehmigungsplanung zeigte sich, dass ein zweiter baulicher Rettungsweg über die Straßenseite aufgrund vorhandener Straßenbäume nicht realisierbar war. Die brandschutztechnische Erschließung des Dachgeschosses musste daher über die Rückseite des Gebäudes gelöst werden. Die hofseitigen Balkone wurden entsprechend dimensioniert und in das Fluchtwegkonzept integriert – eine Maßnahme, die nicht nur funktionalen Vorgaben entspricht, sondern gleichzeitig auch die Aufenthaltsqualität der neuen Wohneinheiten erhöht.

> **Hinweis:** Der zweite Rettungsweg ist mehr als ein brandschutztechnisches Erfordernis – er kann zum integralen Entwurfsbestandteil werden. Hofseitige Balkone bieten dabei nicht nur funktionale Lösungsmöglichkeiten, sondern eröffnen auch gestalterisches Potenzial.

3.5 Hochbau

3.5.1 Garagenaufstockung Heilbronner Straße – Bauen ohne Baugrund, Karlsruhe-Rintheim

Reversibel, ressourcenschonend, nachbarschaftlich: ein Praxisbeispiel aus dem sozialen Wohnungsbau

- Aufmaß/Punktwolke
- Aufstockung
- Bebauungsplan
- Holzständer-Bauweise
- Nachverdichtung
- Rückbaubarkeit
- Sozialer Wohnungsbau
- Sortenreines Bauen
- Urban Mining
- Versetzbarkeit
- Vorfertigung

Abb. 3.10: Insgesamt werden durch die Garagenaufstockungen 536 m² Wohnfläche geschaffen, bei denen es sich zum Großteil um geförderten Wohnraum handelt (Quelle: Volkswohnung GmbH / Foto: Chiara Bellamoli).

In Karlsruhe wurden auf 3 baugleichen Garagenbauten aus den 1970er-Jahren insgesamt 12 Wohnungen realisiert – durch Aufstockung ohne Neuversiegelung. Das Projekt von Falk Schneemann Architektur entwickelte sich nach einem Ideenwettbewerb und wurde von der kommunalen Volkswohnung GmbH als innovativer Beitrag zur Nachverdichtung beauftragt. Die Planung nutzte die Spielräume im Bebauungsplan aus den 1950er-Jahren und zeigt, wie pragmatische Architektur, digitale Werkzeuge und kreislauffähiges Bauen im urbanen Kontext produktiv verschränkt werden können. Die Aufstockungen wurden komplett in Holztafel-Bauweise errichtet, sind rückbaubar und wurden versetzbar konzipiert. Sie beinhalten wiederverwendete Bauteile aus dem Bestand der Bauherrin.

Planungsrecht strategisch nutzen

Grundlage für die baurechtliche Umsetzbarkeit war ein Bebauungsplan von 1958, der die L-förmigen Garagen als Baukörper aufführt, jedoch keine Aussagen zur Nutzung oder Geschossigkeit trifft. Dieser Spielraum wurde genutzt, um unter Einhaltung der Abstandsflächen eine Wohnnutzung aufzusetzen. So konnten auf 3 Garagenhöfen jeweils 4 Wohneinheiten (3 Einzimmer- und eine Zwei- bzw. Dreizimmerwohnung) integriert werden, die über Laubengänge erschlossen werden. Die Nutzung der Garagen blieb erhalten. Der Eingriff schont Flächen, wertet das Quartier auf und schafft soziale Treffpunkte.

Praxistipp: Alte Bebauungspläne bieten häufig nutzbare Graubereiche. Eine detaillierte Prüfung und Analyse lohnt sich insbesondere bei Nebenanlagen wie Garagen oder Schuppen, um Baurechtspotenziale zu erschließen.

„Die Planung im Rintheimer Feld konnte erfolgreich die knappen Spielräume in der rechtlichen Auslegung des Bebauungsplans zur Nachverdichtung nutzen", erläutert Pia Hesselschwerdt von der Volkswohnung GmbH, weist aber darauf hin, dass das Bauplanungsrecht oft eine Hürde ist: *„Die Aufstockung von Garagen stellt eine Nutzungsänderung dar, die in den Bebauungsplänen ihrer Entstehungszeit nicht vorgesehen war und eine Änderung des B-Plans erfordert. Auch Grenzabstände und Abstandsflächen sind zu beachten, die Garagenaufstockungen müssen durch ihre oft räumliche Nähe zu Bestandsgebäuden hohe Brandschutzauflagen erfüllen. Die Anforderungen an die Hauptnutzung Wohnen sind deutlich höher als die an eine Garagennutzung. Hinzu kommen bautechnische und statische Herausforderungen: Unsere Erfahrungen zeigen, dass solche Projekte einer Einzelfallprüfung bedürfen und nur ein geringer Bestand der Garagen baurechtlich sowie hinsichtlich der Tragfähigkeit für Aufbauten geeignet ist. Vor allem der Bestand aus den 1960ern/1970ern kann als Basis für Aufbauten verwendet werden – Garagen aus früheren Jahrzehnten sind meist zu sanierungsbedürftig, Garagen aus jüngerer Zeit zu leicht gebaut, um ein weiteres Geschoss zu tragen. Zwei weitere Standorte, die wir für eine analoge Aufstockung geprüft haben, kamen daher aus baurechtlichen Gründen nicht zustande."*

„Niemand kam mit dem Auftrag zu mir und sagte: ‚Da sind Garagen – bitte stocken Sie die auf.' Es war genau andersherum: Ich habe eine Idee skizziert, ein Bild erzeugt, das verstanden wurde. Und plötzlich war Interesse da. Ich glaube, genau das ist unsere Aufgabe als Architekten und Architektinnen – gerade im Bestand: Bedarfe nicht nur zu bedienen, sondern sie mit Bildern und Konzepten überhaupt erst zu erzeugen."

Falk Schneeman (Falk Schneemann Architektur FSA)

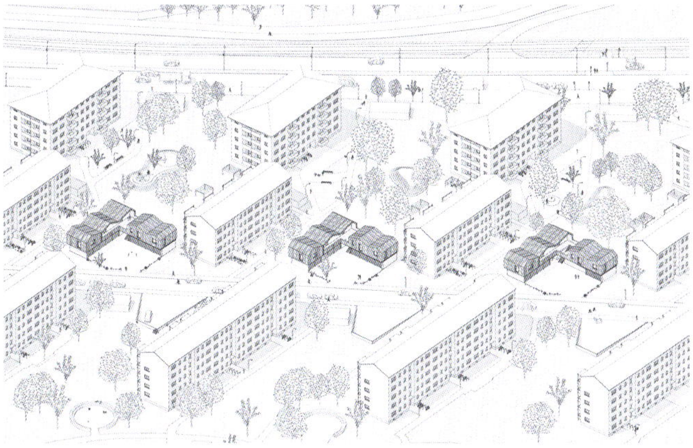

Abb. 3.11: Lageplan/Axonometrie: Bei den Garagenaufstockungen handelt es sich um 3 L-förmige und nahezu baugleiche Anlagen (Quelle: Falk Schneemann Architektur FSA).

Leichtbau auf Stahlrost: Holztafelbau für die Aufstockung

Die Traglast der Bestandswände und Streifenfundamente war für die Aufstockung ausreichend, Stahlbetonbalken und Stützen wurden durch ergänzende Stahlstützen mit neuen Punktfundamenten entlastet. Die Tragstruktur basiert auf einem Stahlrost, der punktuell auf den Garagen auflagert und als Flächentragwerk zur Lastverteilung dient. Individuelle Stahlfüße nivellieren die Höhenunterschiede der vorhandenen Pultdächer. Die Aufbauten selbst erfolgten in klassischer Holzständer-Bauweise mit 2D-Elementen. Boden-, Wand- und Dachelemente wurden industriell vorgefertigt und inklusive Fenstern, Sonnenschutz und Elektroinstallation geliefert. Die Bäder wurden als Fertigmodule eingesetzt. Die Vorfertigung ermöglichte eine Bauzeit von nur einer Woche pro Einheit (ohne Ausbau und Klempnerarbeiten an der Fassade) und reduzierte die Lärm- und Emissionsbelastung für die Anwohnerschaft. Der Hohlraum zwischen Alt- und Neubau dient zur horizontalen Verziehung der Haustechnik.

Praxistipp: Bei hohem Grad der Vorfertigung empfiehlt sich eine vorgezogene Vergabe der Holzbauleistungen bereits auf Grundlage der Leistungsphase 3. Dies ist unüblich, aber bei vorgefertigten Holzbauten teils erforderlich, um frühzeitig mit der Abstimmung und Detailbearbeitung für die Produktion beginnen zu können. Die Vergabe beim beschriebenen Projekt erfolgte als „dichte Hülle" inklusive Fenstern, Sonnenschutz, Abdichtungen usw.

Digitale Präzision: Punktwolken und modellbasierte Fertigung

Ein 3D-Laser-Scan diente der millimetergenauen Erfassung des Bestands. Die daraus generierte Punktwolke bildete die Grundlage für die passgenaue Planung und Vorfertigung.

Exkurs: Digitale Tools für das Bauen im Bestand

Die Bundesarchitektenkammer (BAK) bietet mit der Broschüre „Digitalisierung und Bauen im Bestand" einen praxisorientierten Leitfaden für Architekturschaffende aller Fachrichtungen. Erarbeitet wurde die Publikation von der gleichnamigen Arbeitsgruppe unter Federführung der Bayerischen Architektenkammer. Die Handreichung gibt einen umfassenden Überblick über den Einsatz digitaler Planungswerkzeuge bei Umbau, Sanierung und Erweiterung, also im alltäglichen Umgang mit dem Gebäudebestand. Behandelt werden zentrale Themen wie folgende:

- Bedarfsermittlung und digitale Bestandserfassung,
- Besonderheiten des BIM-Prozesses im Bestand,
- Nachhaltigkeit und Kreislaufwirtschaft in der digitalen Planung,
- Einsatzmöglichkeiten von BIM in der Denkmalpflege,
- Potenziale Künstlicher Intelligenz für den Bestandsbau.

Der Leitfaden unterstützt Planende, Auftraggeber und Projektbeteiligte dabei, digitale Methoden strukturiert, effizient und zielgerichtet im Bestand einzusetzen – mit großer fachlicher Tiefe und direktem Praxisbezug.

Literaturtipp: Digitalisierung und Bauen im Bestand. Berlin: Bundesarchitektenkammer (BAK), 2025:

Abb. 3.12: Die Wohnungen einer Anlage werden über jeweils eine Außentreppe mit Laubengang erschlossen. Diese Laubengänge dienen auch als Orte der Begegnung und schaffen so innerhalb der Siedlung eine soziale Kleinstruktur und Identität (Quelle: Volkswohnung GmbH / Foto: Chiara Bellamoli).

Abb. 3.13: Boden-, Wand- und Dachelemente sind als 2D-Elemente in hohem Grad vorgefertigt, einschließlich Fenstern, Sonnenschutz und Elektroinstallationen (Quelle: Falk Schneemann Architektur FSA).

Abb. 3.14: Neben ökologischen Aspekten waren weitere Vorteile der Holzbauweise das geringe Gewicht und die kurze Bauzeit vor Ort (Quelle: Falk Schneemann Architektur FSA).

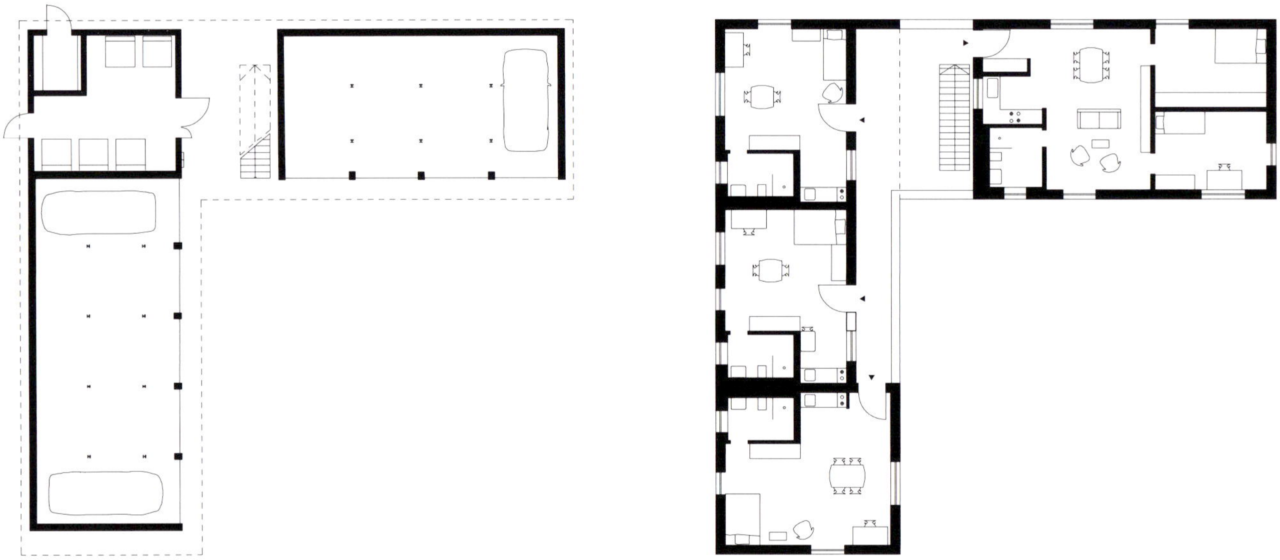

Abb. 3.15: EG-Grundriss mit Garage und Müllraum (links) und OG-Grundriss der Wohnungen (rechts) (Quelle: Falk Schneemann Architektur FSA)

Abb. 3.16: Schnitte durch die Aufstockung (Quelle: Falk Schneemann Architektur FSA)

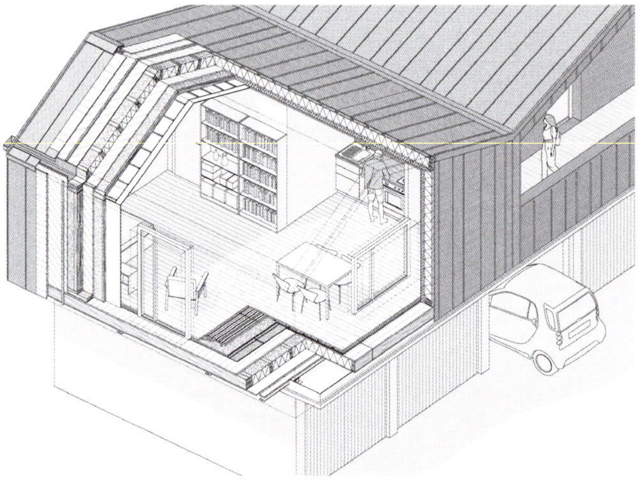

Abb. 3.17: Der vorgefertigte Holzständerbau erlaubt den Transport und eine zerstörungsfreie Demontage. Darüber hinaus machen eingestellte Fertigbäder, Elektroinstallationen mit Steckverbindung und der Verzicht auf Verklebungen, z. B. bei Böden und deren Unterkonstruktionen, die Versetzbarkeit möglich (Quelle: Falk Schneemann Architektur FSA).

Sie erlaubte die exakte Höhenabstimmung der Stahlrostauflager sowie die Planung präziser Fügestellen für die zimmermannsmäßige Verbindung der Bauelemente. Die Vorfertigung der 2D-Holztafelelemente erfolgte CNC-gesteuert anhand eines Werkstattmodells. Die Architekturplanung basierte auf einer 2D-CAD-Umsetzung, die über DWG-Schnittstellen in die Fachplanung und die 3D-Modelle der Tragwerks- und Holzbaufirmen überführt wurde. Die Ausschreibung, Vergabe und Abrechnung (AVA) erfolgten mit digitalen Mengenmodellen. Auf der Baustelle wurde mittels einer Bauprojektmanagement-App vollständig digital dokumentiert und kommuniziert. Die Ökobilanzierung wurde auf der Bundesplattform eLCA durchgeführt. Lediglich der Bauantrag wurde in Papierform eingereicht. Die digitalen Planungsprozesse ermöglichten eine enge Verzahnung von Entwurf, Fachplanung und Ausführung – auch ohne vollumfängliches BIM-Modell.

> **Hinweis:** Digitale Punktwolken können auch bei scheinbar einfachen Bestandskörpern die Qualität und Geschwindigkeit von Planung und Ausführung erhöhen. Ihr volles Potenzial entfalten sie aber bei komplexen Bauvorhaben im Bestand.

Kreislauffähigkeit und Versetzbarkeit

Die Konstruktion wurde so geplant, dass sie rückbaubar und an anderer Stelle erneut aufbaubar ist. Eingesetzt wurden u. a. Schraub- und Steckverbindungen, sortenreine Wandaufbauten ohne Folien oder Verbundstoffe sowie wiederverwendbare Sanitärzellen, die nach ihrer ersten Nutzungsphase wiederaufbereitet werden können. Materialien wie Titanzink (Fassade), Hanf (Dämmung) und Konstruktionsvollholz wurden kreislauffähig eingesetzt. Zudem kamen gebrauchte Bauteile aus dem Bestand der Volkswohnung zum Einsatz: Türen, Briefkästen und Bodenbeläge. Das Projekt wurde nach Urban Mining Index (UMI) und Global Warming Potential (GWP) bilanziert und zeigt, dass ressourcenschonendes Bauen auch im geförderten Wohnungsbau möglich ist.

Praxistipp: Innovation kann als Hebel für Förderungen genutzt werden. Je nach Bauaufgabe lohnt sich der Blick auf die derzeitigen Förderprogramme, um passende Kriterien strategisch förderfähig zu integrieren – auch in Kombination mit dem Bauen im Bestand eine sinnvolle Ergänzung.

Wohnumfeld-Verbesserung durch soziale Impulse

Die Aufstockung diente nicht nur der Schaffung von Wohnraum, sondern auch der Verbesserung der Quartiersinfrastruktur. Neue Fahrradstellplätze, Müllräume und ein Waschsalon wurden auch für die Bestandsmieter gebaut. Die 4 Wohnungen pro Baukörper bilden mit dem Laubengang eine Art soziale Kleinstruktur und wurden gezielt an Menschen in Übergangsphasen vermietet, wie etwa Studierende, Auszubildende oder auch junge Paare. So entsteht Durchmischung in einem vormals homogen geprägten Umfeld. Die gestalterisch klare, aber einfache Architektursprache wirkt identitätsstiftend und setzt einen Impuls für weitere Qualität im Bestand.

Tabelle 3.2: Objektübersicht Garagenaufstockung

Projektdetails	**Beschreibung**
Standort	Karlsruhe
Bauherr	Volkswohnung, Karlsruhe (www.volkswohnung.de)
Planung	Falk Schneemann Architektur (www.falk-schneemann.de)
Projekt-beteiligte	Tragwerk: wh-p Ingenieure HLS: gent+gent Elektro: Ossowski Engineering Bauphysik: Müller Ingenieure Kreislaufberatung: Dirk Hebel u. a.
Typologie	vorher: Garagenhöfe (L-förmig), 1970er-Jahre nachher: Wohnen (12 Wohneinheiten)
Fertigstellung	2023
Maßnahme	Aufstockung, Wohnumfeld-Verbesserung, Urban Mining
Verfahren	Direktbeauftragung nach Ideenwettbewerb „Hier wohnen wir"
Finanzierung/ Förderung	Innovativ Wohnen Baden-Württemberg (700.000 €), Förderung Wohnungsbau Baden-Württemberg 2021/22, BEG WG – KfW 55
Brutto-Grundfläche	vorher: 6.450 m^2 (Garagen und Wohnungsbau) nachher: 7.050 m^2 (inklusive Aufstockungen)
Energie-effizienz	KfW 55
Statik	Stahlrost mit punktueller Fundamentertüchtigung
Brandschutz	Titanzinkfassade, brandtechnisch motiviert
Stellplätze	Garagennutzung bleibt erhalten, für Aufstockung nach § 37 Abs. 2 LBO BW keine neuen Stellplätze nötig
Awards	Bundespreis UMWELT & BAUEN 2025 (Finalist), DAM Preis 2025 (Nominierung), bundespreis ecodesign 2024 (Nominierung), Beispielhaftes Bauen Stadt Karlsruhe 2018-2024 (Auszeichnung), Holzbaupreis Baden-Württemberg 2024 (Auszeichnung), Ammodo Architecture Award 2024 (Social Engagement)
Besonderheit	versetzbare Aufstockungen, sortenreine Konstruktion, wiederverwendete Bauteile, Umsetzung von Urban Mining im sozialen Wohnbau

Garagenaufstockung Karlsruhe @ Falk Schneemann Architektur:

> **Hinweis:** Quartiersinterventionen gewinnen, wenn bauliche Verdichtung mit sozialen und infrastrukturellen Verbesserungen verknüpft wird.

3.5.2 Li18.Berlin – Blockrandstruktur verdichten und aufstocken, Berlin

Konstruktiv und sozial verdichtet: Aufstockung trifft urbane Transformation

- Aufstockung
- Baulücke
- Blockrandverdichtung
- Brandschutz
- Holzfassade
- Massivholzbau
- Schadstoffsanierung
- Vertikale und horizontale Nachverdichtung

Abb. 3.18: Die Holz-Hybridbauweise von Neubau und Aufstockung spiegelt in Bezug auf die Gebäudedimension den zur Zeit der Umsetzung baulich größtmöglichen Holzanteil wider (Quelle: Jan Bitter).

Ein Ermöglichungsraum

Im Berliner Stadtteil Wedding realisierten Holzer Kobler Architekturen mit Li18.Berlin eine Kombination aus Aufstockung und Lückenschluss – ein Beitrag zum urbanen Weiterbauen mit Anspruch an Materialität, Nachhaltigkeit und architektonische Integration. Der siebenstöckige Neubau bildet mit der Massivholz-Aufstockung eines gründerzeitlichen Gewerbehofs ein zusammenhängendes Ensemble in Holz-Hybridbauweise. Dabei treffen gestalterischer Feinsinn auf baurechtliche Abweichungen, baulogistische Herausforderungen und ein durchdachtes Raumkonzept. Die Aufstockung ist auch sozialer Katalysator und Teil einer kuratierten Community.

Tragende Entscheidung: Massivholz

Die Wahl einer durchgängigen Massivholz-Bauweise war sowohl konstruktiv als auch gestalterisch motiviert. Auf das Bestandsdach nach Rückbau zahlreicher schadstoffbelasteter Altaufbauten wurde ein Brettsperrholz-Boden nivelliert, auf dem die neue Aufstockung als reine Brettsperrholz-Konstruktion (CLT-Konstruktion) aufsetzt. Aufgrund der minimierten Eigenlast war keine tiefgreifende Verstärkung der Altbaustruktur nötig. Alle Decken und Wände wurden sichtbar belassen. Das spart Ausbaukosten, sorgt für ein warmes Raumklima und ist materialökologisch effizient. Tragende Elemente bestehen aus Baubuche-Brettschichtholz. Nur bei großen Spannweiten, z. B. 14 m im Wohnbereich, kamen einzelne Stahlträger zum Einsatz.

Praxistipp: Bei Aufstockungen auf statisch sensiblen Bestandsdecken lohnt es sich, auf Massivholz zu setzen. CLT mit sichtbaren Oberflächen spart Ausbau und Gewicht, erlaubt aber dennoch stabile Grundrisse mit großer Spannweite bei reduziertem Materialeinsatz.

Schadstoffe: Risiko unter der Oberfläche

Im Altbestand fanden sich viele unterschiedliche Dachaufbauten nebeneinander. Trotz mehrfacher Probenentnahme stellte sich der alte Dachaufbau als heterogen und schadstoffbelastet heraus, mit Belastung durch unterschiedliche Schadstoffe wie polyzyklische aromatische Kohlenwasserstoffe (PAK). Die Entsorgung erforderte eine aufwendige Differenzierung der Schadstoffe. Das führte zu Verzögerungen und erhöhten Kosten durch verlängerten Witterungsschutz sowie zu Stillstand auf der Baustelle.

Praxistipp: Schadstoffprüfung im Altbestand sollte engmaschig geplant werden, denn jede Dachschicht kann anders sein. Bei Dachaufstockungen in Bestandsbauten ist eine flächendeckende, rasterbasierte Schadstoffbeprobung essenziell. Es sollten nicht nur Stichproben entnommen werden. So lassen sich Rückbauplanung, Entsorgungslogistik und Kosten realistisch kalkulieren und Verzögerungen vermeiden.

Baurechtlich einbetten: § 34 BauGB als Türöffner

Das Projekt Li18.Berlin wurde im unbeplanten Innenbereich nach § 34 BauGB genehmigt. Ausschlaggebend war die nachvollziehbare Einfügung in die städtebauliche Struktur des Gebäudeblocks durch die vollständige Blockrandergänzung entlang der Grundstücksgrenze. Die Gebäudehöhe von 26,95 m und die neue Turmfigur wurden über eine Argumentation zur Harmonisierung und städtebaulichen Setzung legitimiert. Es entstand keine Fremdkörperwirkung, sondern eine Weiterentwicklung des vorhandenen Maßstabs.

Hinweis: Der strategische Umgang mit § 34 BauGB schafft die Grundlage für Abweichungen und Sonderlösungen im Bauantragsverfahren. Neben den quantitativen Kriterien ist die Gestaltqualität entscheidend für die Einfügung.

„Das Projekt begeistert mit der Kombination aus nachhaltiger Konstruktion und echter sozialer Qualität. Wir haben mit dem Massivholz nicht nur eine leichte und sichtbare Bauweise umgesetzt, die sich hervorragend für die Aufstockung eignet, sondern auch flexible Grundrisse geschaffen, die sich über Jahrzehnte hinweg unterschiedlich nutzen lassen – heute ist es wohnähnliches Gewerbe, morgen vielleicht richtiges Wohnen. Gleichzeitig ist durch die Bauherrinnen eine Community entstanden, die ganz bewusst kuratiert wurde. Es gibt einen gemeinsamen Hof, einen sozialen Anspruch, eine klare Haltung. Das ist gelebte Architektur, die über das Bauen hinaus Wirkung entfaltet."
Andrea Zickhardt, Mitglied der Geschäftsleitung (Holzer Kobler Architekturen)

Abb. 3.19: Neubau einer Balkonanlage für bestehende Gewerbeeinheiten und farbige Balkone für den Wohnturm (Quelle: Jan Bitter)

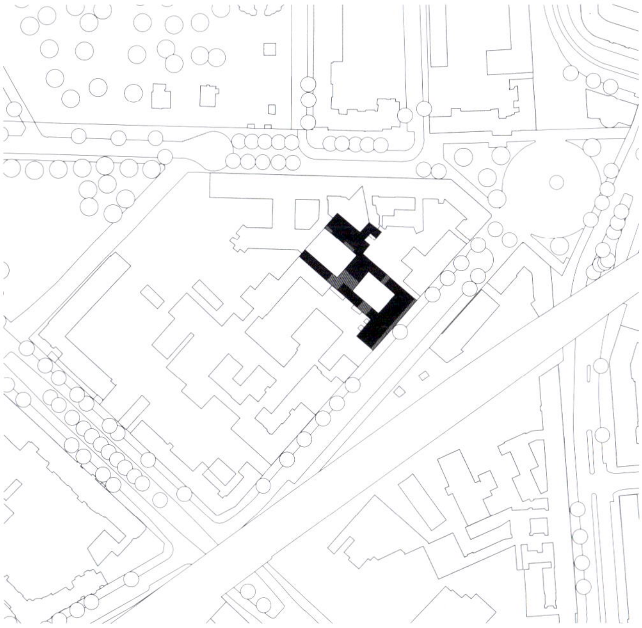

Abb. 3.20: Lageplan (Quelle: Holzer Kobler Architekturen)

Lösungen für Abweichungen verhandeln

Die Umsetzung der Holzfassade im Grenzbereich zum Nachbargrundstück erforderte mehrere Abweichungen von der BauO Bln, insbesondere in Bezug auf die Anforderungen an nicht brennbare Fassadenzonen. Die Lösung: Hinter der sichtbaren Holzverschalung aus Fichte wurde eine Promatplatte als nicht brennbare Brandschutzschicht installiert. Formal bleibt die Fassade so als Holzfassade erkennbar, erfüllt aber funktional die Anforderung eines erhöhten Feuerwiderstands. Diese „verdeckte" Brandschutzlösung wurde erfolgreich mit der Behörde abgestimmt. Auch die

Exkurs: Schadstoffbelastung im Gebäudebestand

Der Gesamtverband Schadstoffsanierung e. V. (GVSS; www.gesamtverband-schadstoff.de) ist eine zentrale Anlaufstelle für Planende, die im Gebäudebestand arbeiten und mit Schadstoffen konfrontiert sind. Seine Angebote umfassen eine praxisnahe Kombination aus Fachwissen, Arbeitshilfen, Normenbezug und Weiterbildung und bieten damit ein hohes Maß an Planungssicherheit und Rechtssicherheit für Sanierungs- und Umbauprojekte. Der Verband unterstützt Architekten und Architektinnen, Fachplanende und Projektverantwortliche mit umfangreichen Informationen zu typischen Schadstoffen im Bestand wie Asbest, PAK, polychlorierten Biphenylen (PCB) oder künstlichen Mineralfasern. Neben fundierten Hintergrundinformationen stellt der GVSS konkrete Praxisleitfäden und Richtlinien zur Verfügung, etwa zur Schadstoffkartierung, zum selektiven Rückbau oder zur fachgerechten Entsorgung. Diese basieren auf geltenden gesetzlichen Regelwerken wie der Gefahrstoffverordnung sowie auf den Technischen Regeln für Gefahrstoffe (TRGS), insbesondere TRGS 519 „Technische Regeln für Gefahrstoffe – Asbest – Abbruch- Sanierungs- oder Instandhaltungsarbeiten" (2014), TRGS 521 „Technische Regeln für Gefahrstoffe – Abbruch-, Sanierungs- und Instandhaltungsarbeiten mit alter Mineralwolle" (2008) und TRGS 524 „Technische Regeln für Gefahrstoffe – Schutzmaßnahmen bei Tätigkeiten in kontaminierten Bereichen" (2010).

Darüber hinaus bietet der GVSS eine Vielzahl nützlicher Tools und Arbeitshilfen für die tägliche Planungspraxis: Checklisten zur Vorbereitung von Rückbau- oder Sanierungsmaßnahmen, Musterdokumente für Ausschreibungen oder Sicherheits- und Gesundheitsschutzpläne (SiGe-Pläne) sowie Formulare zur Dokumentation und behördlichen Abstimmung. Besonders hilfreich für Planende sind auch die Verweise und Querverbindungen zu anerkannten Regelwerken, etwa zu BIA-Leitlinien, UBA-Empfehlungen oder Merkblättern für emissions- und immissionsarmen Rückbau.

Empfehlenswert sind zu diesem Thema die folgenden beiden Publikationen:	Bossemeyer et al.: Schadstoffe im Baubestand, 3. Aufl. Köln: RM Rudolf Müller Medien GmbH & Co. KG, 2025:	Bossemeyer: Gebäudeschadstoffe im Bild. Köln: RM Rudolf Müller Medien GmbH & Co. KG, 2020:

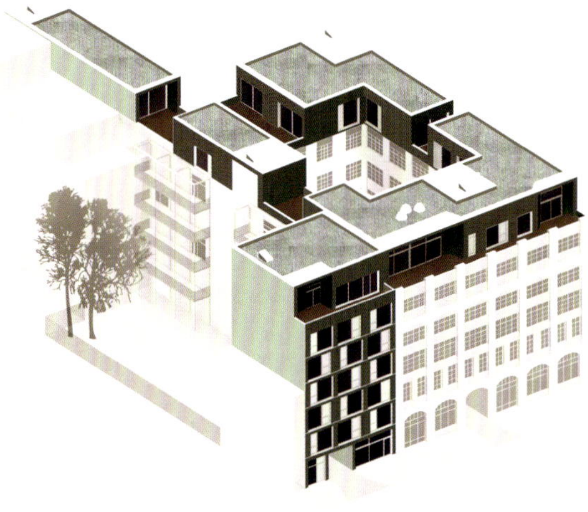

Abb. 3.21: Neubau und Aufstockung bilden aufgrund ihrer eingefärbten Sichtholzfassade mit großen Fensteröffnungen eine formale, subtil eingebettete und gleichzeitig als Ergänzung wahrnehmbare Einheit (Quelle: Holzer Kobler Architekturen).

Abb. 3.22: Grundriss 6. OG: Erschließung über vorhandene Treppenhauskerne mit Aufzügen, die bereits im Bestand auf dem Dach endeten. Diese Struktur gab die Verteilung der Aufstockungsboxen sowie die Leitungsführung und -versorgung über die Treppenhäuser vor (Quelle: Holzer Kobler Architekturen).

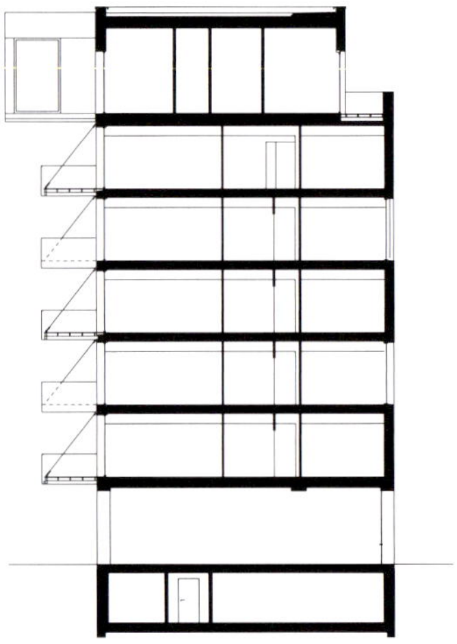

Abb. 3.23: Längsschnitt durch den Neubau „Turm" (Quelle: Holzer Kobler Architekturen)

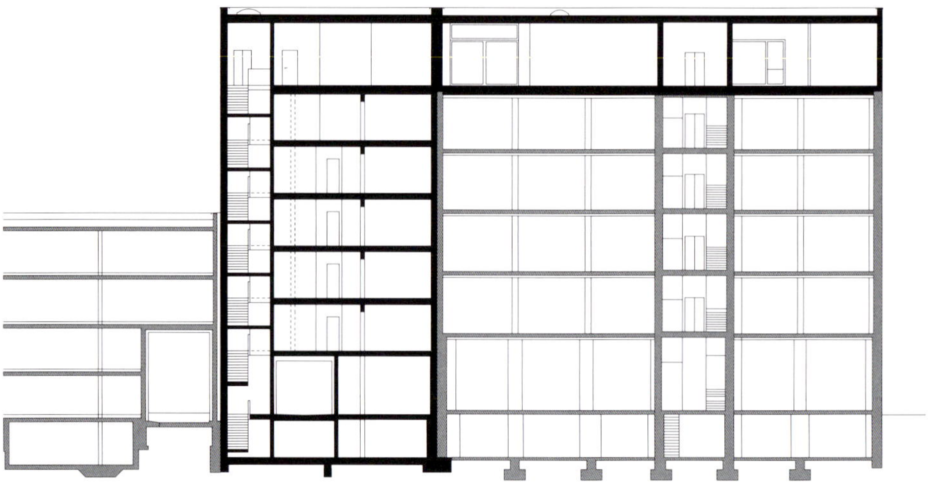

Abb. 3.24: Querschnitt durch Turm, Aufstockung und Bestand (Quelle: Holzer Kobler Architekturen)

Tiefe der neuen Balkone wurde im Dialog mit dem Amt verhandelt: Mithilfe von Modellpräsentationen wurde sichergestellt, dass der soziale Abstand gewährleistet bleibt.

Praxistipp: Bei Holzaufstockungen innerhalb bestehender Blockrandstrukturen sind Brandschutzabweichungen oft unvermeidlich. Ein auf Holzbau spezialisierter Brandschützer ist der Schlüssel zum Erfolg – sowohl in der Ausarbeitung technischer Details als auch in der Genehmigungsstrategie.

Technik im Bestand: Schächte und Kamine als Nadelöhr

Die Erschließung der Aufstockung erfolgte über 5 vorhandene Treppenhauskerne, die bereits bis zum ehemaligen Flachdach des Bestands hochgeführt waren. Diese bestehende Struktur wurde genutzt, um die neuen Einheiten direkt anzubinden, ohne zusätzliche Treppenkonstruktionen. Für die technische Versorgung wurden neue Installationsschächte für Fernwärme, Wasser, Abwasser, Lüftung und Strom ebenfalls an diese Kerne angeschlossen. Dabei war die Durchdringung der Decken statisch anspruchsvoll. Zusätzlich mussten über 100 stillgelegte Schornsteine aus brandschutzrechtlichen Gründen kontrolliert, teilweise ausgebrannt oder verlängert werden.

Praxistipp: Bestehende Erschließungselemente können zur technischen Versorgung einer Aufstockung mitgenutzt werden, vorausgesetzt, die Schnittstellen zu Statik, Brandschutz und Leitungsführung wurden vorab präzise durchgeplant.

Atmosphäre durch Struktur: Gestaltung mit Haltung

Außen grün beschichtet, innen roh: Die Aufstockung und der Neubau stehen im Dialog mit dem industriellen Bestand. Die Holzfassade mit Schwedenfarbe schützt und homogenisiert das Erscheinungsbild. Die flexible Grundrissstruktur erlaubt wohnähnliches Gewerbe und Wohneinheiten. Im Turm gibt es zentrale Versorgungskerne, die eine individuelle Grundrissorganisation erlauben. In der Aufstockung wurde eine spätere Trennbarkeit in 2 Einheiten vorbereitet; Leitungsführung, Heizkreise und Rohbauöffnungen sind entsprechend vorgeplant. Durch Gemeinschaftsflächen wie den begrünten Hof, barrierefreie Zugänge und gezielte Kuratierung der Nutzenden entsteht ein hybrider Raum, der sozialen Mehrwert schafft.

Praxistipp: Eine gute Strategie ist es, flexible Grundrisslogik mitzudenken: Wandlungsfähige Einheiten sichern langfristige Nutzbarkeit. Bei Aufstockungen ermöglichen vorausschauend platzierte Versorgungskerne, Reserveleitungen und trennbare Grundrissmodule eine spätere Umnutzung. Das steigert die Resilienz gegenüber sich wandelnden Marktbedingungen und Nutzergruppen.

Tabelle 3.3: Objektübersicht Li18.Berlin

Projektdetails	Beschreibung
Standort	Berlin
Bauherr	Wohnen: privat Gewerbe: www.li18.berlin
Planung	Holzer Kobler Architekturen Berlin GmbH (www.holzerkobler.com)
Projektpartner	zweikant architekturen, Köln (www.zweikant.com)
Typologie	vorher: Industrie nachher: Mixed Use mit Gewerbe und Wohnen
Fertigstellung	2020
Maßnahme	Neubau siebengeschossiges Gebäude mit Gewerbe- und Wohnnutzung, Aufstockung von 4 Wohneinheiten, Balkonanlage für bestehende Gewerbeeinheiten, Revitalisierung des Gemeinschaftshofs
Verfahren	Direktauftrag
Gebäudeklasse	GK5
Baukosten	KG 300 + 400: 9.184.301 € brutto KG 500: 361.052 € brutto
Brutto-Grundfläche	nachher: 2.590 m^2
Brutto-Rauminhalt	nachher: 11.007 m^3
Grundflächenzahl	vorher: 0,50 nachher: 0,56 / 0,00 Aufstockung, 0,06 Neubau
Geschossflächenzahl	vorher: 2,47 nachher: 3,09 / +0,25 Aufstockung, +0,37 Neubau
Energieeffizienz	Energiestandard: EnEV 2016 Energieerzeuger: Fernwärme
Statik/ Konstruktion	Massivholzbau (Aufstockung), Hybridbau (Turm) Außenwand: Massivholzbau aus Brettsperrholz-Wänden in Industrieoptik Dach: Massivholz (Flachdach mit Gefälledämmung und extensiver Begrünung) Decke: Massivholz (Brettsperrholz auf Brettschichtholz-Trägern aus Baubuche) Innenwände: Skelettbau (Brettschichtholz-Stützen aus Baubuche)
Stellplätze	2 barrierefreie Pkw-Stellplätze, 3 Pkw-Stellplätze im Gartenhof, 22 Fahrrad-Abstellplätze nach AV Stellplätze, § 49 BauO Bln
Awards	Architecture MasterPrize 2021 (Mixed Use Architecture – Winner), BDA Preis Berlin 2021 (Lobende Erwähnung), Architektenkammer Berlin „da! Architektur in und aus Berlin" 2022
Besonderheit	maximale Verdichtung durch Lückenschluss und Aufstockung

Li18.Berlin @ Holzer Kobler Architekturen:

3.5.3 Hamburger Burg – Dachaufstockung auf denkmalgeschütztem Ensemble, Hamburg

Historisch integriert: zweigeschossige Lösung im Spannungsfeld von Denkmal und Verdichtung

- Befundsicherung
- Dachlandschaft
- Denkmalschutz
- Maisonette-Aufstockungen
- Mittelganglösung
- Stahl-Holz-Hybrid
- Zeitschichten

Abb. 3.25: Die neue Dachlandschaft übersetzt die vertikale Gliederung des Bestands in eine plastisch rhythmisierte Dachfigur mit eingeschnittenen Loggien und Gauben (Quelle: Andrew Alberts).

Im Hamburger Stadtteil Eimsbüttel realisierte das Berliner Büro Trutz von Stuckrad Penner eine anspruchsvolle zweigeschossige Aufstockung auf einem denkmalgeschützten Reformwohnungsbau aus dem frühen 20. Jahrhundert. Der Bauherr verfolgte das Ziel, durch die zusätzliche Höhe eine substanzielle Wohnraumreserve zu aktivieren – trotz der denkmalpflegerischen Sensibilität des Bestands. Das Ensemble war im Krieg weitgehend ausgebrannt und wurde in den 1950er-Jahren mit Stahlbetondecken und funktionalem, ungedämmtem Notdachabschluss ausgestattet. Nur ein kleiner Teil des Originaldachs blieb unbeschädigt, musste aber im Zuge der Aufstockung aufgrund hoher Schadstoffbelastung dennoch rückgebaut werden. Die Aufstockung vereint nun städtebauliche Nachverdichtung, energetische Sanierung und eine gestalterische Haltung, die historischen Kontext und zeitgenössische Architektursprache überzeugend verbindet. In enger Abstimmung mit der Hamburger Denkmalpflege entstand so ein neuer, plastischer Dachabschluss – maßgeschneidert und zugleich richtungweisend für urbane Nachverdichtungen im Bestand.

Weiterbauen: strategischer Umgang mit dem Denkmal

Maßgeblich für die zweigeschossige Dachaufstockung war die Orientierung an der Dachform zur Erbauungszeit der Wohnanlage um das Jahr 1907. Dafür wurde das Thema einer durch Giebel, Türme und unterschiedliche Firsthöhen abwechslungsreich gegliederten Dachlandschaft neu interpretiert. Ein wichtiges Gestaltungsmittel waren dabei Schleppgauben, die straßenseitig über bodentiefe Fenster, hofseitig über Fenster mit Brüstung verfügen. Die ehemaligen Giebel bzw. Risalite wurden in modifizierter Form durch konisch nach außen geöffnete Loggien ausgebildet. Diese betonen durch ihre Lage und Plastizität die ursprüngliche Komposition der historischen Dachgestalt. Zur Straße wurde ein Drempel mit Klinkerverblendung ausgebildet, der optisch die Fassade verlängert. Dadurch werden die vom Straßenraum sichtbaren Dachflächen in ihrer Dimension und Wirkung reduziert. Gedrehte Fensteröffnungen in der zweiten Dachebene ermöglichen gleichzeitig Denkmalverträglichkeit, Belichtung und den Zugang zu wohnungsbezogenen Außenräumen. In den geschützten Dachterrassenbereichen entstehen kleine Nachbarschaften über der Stadt.

> **Hinweis:** Bei diesem Projekt wurde historische Struktur weitergedacht, nicht kopiert: Die Dachaufstockung folgt dem Prinzip des Weiterbauens im Sinne einer evolutionären Fortschreibung der historischen Struktur. Die Belichtung des zweiten Obergeschosses erfolgt ausschließlich über Fensteröffnungen in um 90° gedrehten Dachflächen. Da aus dem Stadtraum keine Fenster wahrnehmbar sind und die Dachfläche geschlossen ist, entspricht der Aufbau stärker dem Typus Dach.

Zweigeschossige Aufstockung: Stahl-Holz-Hybrid

Nachdem der bestehende Notdachstuhl des Gebäudes abgebrochen worden war, wurde das Gebäude um eine neue ein- bis zweigeschossige Dachkonstruktion ergänzt. Im Lastenvergleich von Bestand und Aufstockung ergaben sich bis zu 15 % höhere Lasten. Das vorhandene Mauerwerk wurde durch Vergleichsberechnungen geprüft und für zureichend tragfähig befunden. Zur gleichmäßigen Lasteinleitung wurde jedoch eine neue Stahlträgerlage auf der vorhandenen Stahlbetondecke aus den 1950er-Jahren errichtet. Das Haupttragwerk wird nun durch ein- bzw. zweigeschos-

„Die Herausforderung war, eine zweigeschossige Aufstockung denkmalverträglich zu integrieren – möglichst ruhig im Straßenbild, aber mit hoher Qualität im Inneren. Uns ging es nicht um Kontrast oder Rekonstruktion, wir wollten das Neue aus dem Vorhandenen entwickeln. Unser Ziel war eine neue Dachlandschaft, die dem Stadtraum Rhythmus gibt – und den Bewohnern und Bewohnerinnen Räume mit Weitblick und Nähe zugleich."

Götz von Stuckrad
(Trutz von Stuckrad Penner Architekten)

Abb. 3.26: Dachterrasse einer der neuen Wohnungen. Die äußere Hülle aus dunkel vorbewittertem und plastisch gefaltetem Zink verleiht der Dachlandschaft eine homogene Erscheinung (Quelle: Andrew Alberts).

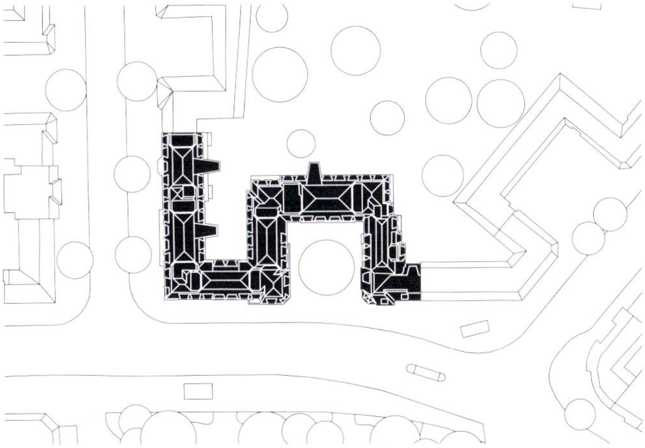

Abb. 3.27: Lageplan (Quelle: Trutz von Stuckrad Penner Architekten TVSP)

sige Stahlrahmen in Querrichtung ausgebildet. Dazwischen spannen sich in Längsrichtung Holzbalken als sekundäre Tragstruktur der Dachhaut. Die Aussteifung erfolgt über die Rahmentragwirkung der Stahlrahmen, die Mauerwerkswände sowie die Scheibentragwirkung der Decken- und Dachflächen. Das Stahl-Holz-Hybridsystem reagiert gezielt auf die limitierte Tragkraft des Bestands: Stahlträger ermöglichen große Spannweiten, Holzkonstruktionen übernehmen die Lastverteilung.

Exkurs: Brandschutz im Baudenkmal

Brandschutzmaßnahmen im denkmalgeschützten Bestand erfordern ein individuelles Konzept, das bauordnungsrechtliche Anforderungen mit den Erfordernissen des Substanzerhalts vereint. Die Regelungen der jeweiligen Landesbauordnung und die Gebäudeklasse bilden den rechtlichen Rahmen, innerhalb dessen jedoch von den Standardvorgaben abgewichen werden kann, sofern die Sicherheit durch kompensierende Maßnahmen gewährleistet ist. Kompensationen umfassen typischerweise technische Systeme wie Rauch- und Wärmeabzugsanlagen (RWA), Rauchwarnmelder oder vernetzte Systeme zur Branderkennung, aber auch organisatorische Vorkehrungen und bauliche Sonderlösungen. In bestimmten Fällen kann auch die gezielte Information oder Schulung der Nutzenden zum Verhalten im Brandfall Bestandteil des Sicherheitskonzepts sein – insbesondere, wenn technische Maßnahmen nicht ausreichen, um die Anforderungen vollumfänglich zu erfüllen. Nachweise erfolgen über ein genehmigungsfähiges Brandschutzkonzept, das die funktionale Gleichwertigkeit der Maßnahmen gegenüber den Regelanforderungen dokumentiert. Relevant sind insbesondere die Auswahl geeigneter Baustoffe gemäß Baustoffklasse (nicht brennbar bzw. mindestens schwer entflammbar mit klassifizierter Bekleidung), die brandschutztechnische Abschottung einzelner Nutzungseinheiten sowie die funktionssichere Ausbildung der erforderlichen Rettungswege. Genehmigungsfähig ist nur ein schutzzielorientiertes Gesamtkonzept, dessen Kompensationsstrategien technisch nachvollziehbar und im Abgleich mit Nutzung, Tragstruktur, Materialität und denkmalpflegerischer Bindung plausibel hergeleitet sind.

Empfehlenswert ist zu diesem Thema die folgende Publikation:

Kabat: Brandschutz in Baudenkmälern und historischen Bauten, 2. Aufl. Köln: RM Rudolf Müller Medien GmbH & Co. KG, 2025:

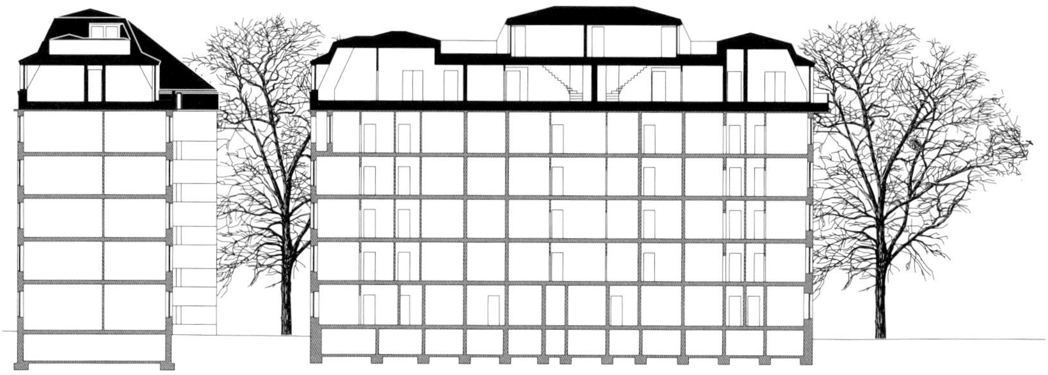

Abb. 3.28: Schnitt durch das aufgestockte Ensemble (Quelle: Trutz von Stuckrad Penner Architekten TVSP)

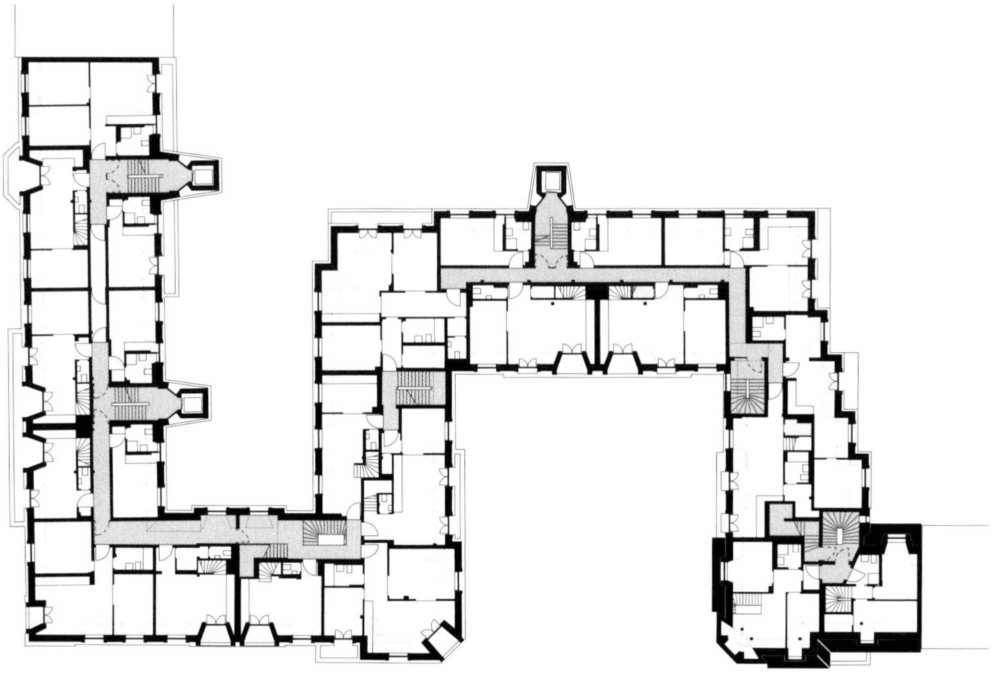

Abb. 3.29: Grundriss 5. OG: Die neuen Aufzugstürme wurden im Innenhof positioniert und erschließen die Geschosse auf Höhe der Zwischenebene. Ihre konisch geformten Köpfe setzen sich gestalterisch in der plastisch gefalteten Dachlandschaft fort (Quelle: Trutz von Stuckrad Penner Architekten TVSP).

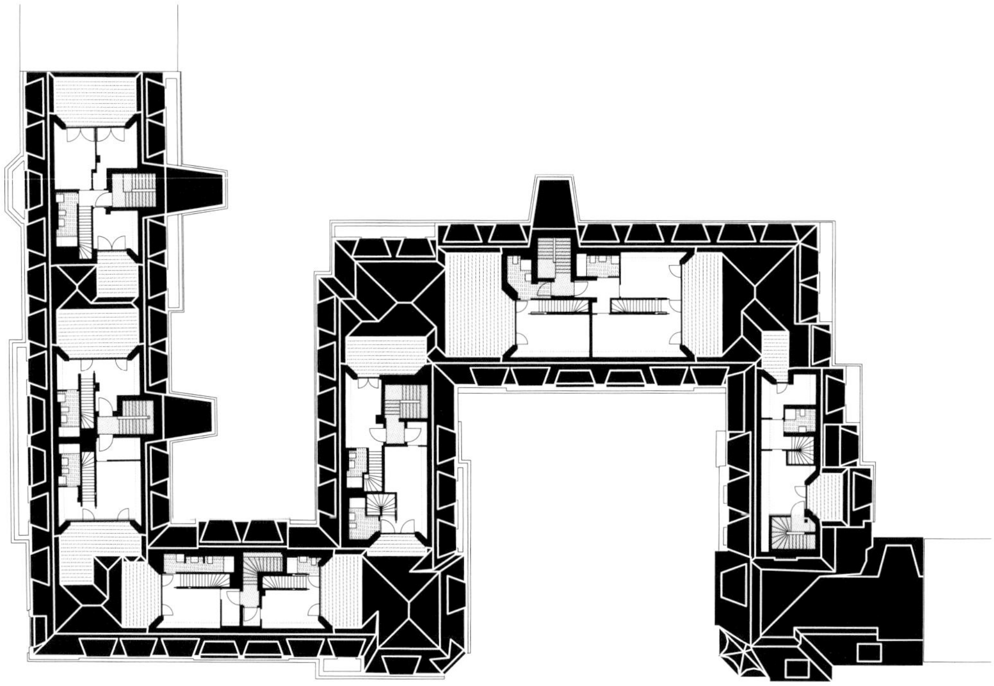

Abb. 3.30: Grundriss 6. OG: Das oberste Geschoss ist in mehrere zurückgesetzte Baukörper gegliedert, die jeweils separat erschlossen werden. Eingeschnittene Terrassen, asymmetrische Zuschnitte und eigenständige Grundrisse kennzeichnen die differenzierte Ausformulierung der Aufstockung (Quelle: Trutz von Stuckrad Penner Architekten TVSP).

Praxistipp: Ein Stahl-Holz-Hybridsystem ist ideal bei begrenzter Tragfähigkeit sowie teils unregelmäßiger Auflagerlogik der Bestandswände. Die Kombination aus stählernem Primärtragwerk, Holzwerkstoffen und Trockenbau ermöglicht ein schnelles und präzises Bauen. Gleichzeitig erlaubt das schlanke Tragwerk großzügige Öffnungen. Dies erweist sich als vorteilhaft für die komplexe Dachgeometrie sowie für die Anforderungen an Tageslichtführung, Brandschutz und Gewicht.

Brandschutz bei Anleiterproblematik: Fluchtwege im Dach

Die Aufstockung führte zur Einstufung in Gebäudeklasse 5 – es greifen die höchsten Anforderungen an den baulichen Brandschutz unterhalb der Hochhausgrenze. Aufgrund der geschlossenen Blockrandstruktur und einer eingeschränkten Feuerwehrzugänglichkeit konnte eine Anleiterbarkeit in weiten Bereichen des Innenhofs nicht gewährleistet werden. Eine klassische Lösung für den zweiten Fluchtweg über Außentreppen oder Rettungsbalkone kam denkmalpflegerisch nicht infrage. Das Brandschutzkonzept basiert daher auf einem innen liegenden Fluchtflur auf Dachgeschossniveau, der als Mittelganglösung konzipiert wurde. Dieser verbindet die neu geschaffenen Wohnungen mit mehreren bestehenden Treppenhäusern, die als erste und zweite Rettungswege fungieren. Damit das Konzept genehmigungsfähig wurde, waren umfangreiche Sonderabstimmungen mit Feuerwehr und Bauaufsicht erforderlich.

Hinweis: Die brandschutztechnische Sonderlösung konnte im Rahmen der sogenannten Öffnungsklausel nach § 69 HBauO zugelassen werden. Diese Bezeichnung ist eine Hamburger Besonderheit. In den Bauordnungen der übrigen Bundesländer finden sich inhaltlich gleichwertige Regelungen, die dort allerdings durchweg unter dem Begriff Abweichungen geführt werden (z. B. Art. 63 BayBO, § 69 BauO NRW, § 56 LBO BW und § 67 BauO Bln).

Restauratorisches Konzept: Befundsicherung als Grundlage

Die Wohnanlage Methfesselstraße/Lutterothstraße gehört als sogenanntes Hamburger-Burg-Ensemble zum geschützten städtebaulichen Denkmalbestand. Im Vorfeld der Aufstockung wurde eine umfassende restauratorische Befundsicherung u. a. der Treppenhäuser durchgeführt, mit dem Ziel, historische Farb- und Materialfassungen belastbar zu dokumentieren. Farbwerte wurden mikroskopisch untersucht, dokumentiert und über das Natural Color System (NCS) in ein planbares Farbkonzept übersetzt. Parallel wurden Bestandserhebungen der Ziegelfassade durchgeführt. Dabei wurde geprüft, wo originale Materialien wie Glasurziegel oder Putzflächen erhalten, sanierungsfähig oder zu ergänzen waren. Ein Fassadenfarbkonzept entstand auf Grundlage der bauzeitlichen Gliederung und wurde über Bemusterungen vor Ort abgestimmt.

Praxistipp: Restauratorische Befundsicherung liefert belastbare Entscheidungsgrundlagen und stärkt die gestalterische Argumentation gegenüber Denkmalbehörden.

Tabelle 3.4: Objektübersicht Aufstockung Hamburger Burg

Projektdetails	Beschreibung
Standort	Hamburg
Bauherr	Stadtboden Grundstücks GmbH & Co. Betriebs KG, Berlin (www.stadtboden.com)
Planung	Trutz von Stuckrad Penner Architekten (www.trutzvonstuckradpenner.de)
Projektbeteiligte	Brandschutz: Peter Stanek, Berlin Bauleitung: KMT, Hamburg Statik: Westphal, Hamburg
Typologie	Wohnen (Mietwohnungsbau)
Fertigstellung	ursprünglich 1908, Fertigstellung Sanierung/Aufstockung 2022
Maßnahme	zweigeschossiger Dachgeschossaufbau und energetische Sanierung eines denkmalgeschützten Ensembles einer Wohnanlage
Verfahren	Direktauftrag
Baukosten	KG 300 + 400: 17,37 Millionen € KG 500: + 0,24 Millionen €
Brutto-Grundfläche	vorher: 9.550 m^2 nachher: 12.093 m^2
Brutto-Rauminhalt	nachher (gesamt): 34.796 m^3
Grundflächenzahl	nachher: 0,49
Geschossflächenzahl	nachher: 2,98
Tragwerk	Ziegel-/Betonmassivbau (Bestand) + Stahl-Holz-Hybridsystem (Aufstockung)
Brandschutz	Gebäudeklasse 5, Sonderabstimmung mit Bauaufsicht und Feuerwehr; Sonderregelung zweiter Rettungsweg über innen liegenden Flur auf Dachniveau
Besonderheit	zweigeschossige Aufstockung auf denkmalgeschütztem Bestand im laufenden Betrieb, plastisch gegliederte Dachfigur als Weiterführung der historischen Vertikalstruktur, Hybridkonstruktion mit hoher Präzision, komplexes Brandschutzkonzept ohne Anleiterbarkeit, restauratorische Farb- und Fassadenuntersuchungen
Awards	Erich-Mendelsohn-Preis 2023 (Silber), DAM Preis 2023 (Shortlist), Deutscher Bauherrenpreis 2022 (Nominierung)

Dachaufstockung in Hamburg
@ Trutz von Stuckrad Penner Architekten:

3.6 Städtebau

3.6.1 Platensiedlung – Aufstockung und Verdichtung, Frankfurt am Main

Aus Siedlung wird Stadt: Aufstockung im großen Maßstab

- Aufstockung
- Erdgeschosszone
- Freiraumstrategie
- Fundamentverstärkung
- Holzmodulbau
- Modulares Bauen
- Quartiersentwicklung
- Soziale Mischung
- Städtebaulicher Vertrag
- Vertikale und horizontale Nachverdichtung

Abb. 3.31: In der Platensiedlung im Stadtteil Ginnheim setzte die ABG FRANKFURT HOLDING zum ersten Mal Module in Holzmodul-Bauweise ein (Quelle: Stefan Forster Architekten SFA / Foto: Jean-Luc Valentin, Skykamera).

Die Platensiedlung in Frankfurt-Ginnheim zählt zu den größten deutschen Umbauprojekten im Bestand. Ursprünglich in den 1950er-Jahren als Wohnsiedlung für US-Soldaten errichtet, zeigte sich das Kasernenquartier über Jahrzehnte in Form monotoner Zeilenbauten mit geringer Dichte, viel Abstandsgrün ohne Aufenthaltsqualität und fehlender Infrastruktur. Mit dem von 2018 bis 2025 laufenden Umbau nach Plänen von Stefan Forster Architekten hat die kommunale ABG FRANKFURT HOLDING das Areal grundlegend transformiert: Neunzehn Häuserzeilen wurden um 2 Geschosse in Holzmodul-Bauweise ergänzt, weitere 15 Neubauten verdichten die Struktur als Kopf-, Brücken- und Torhäuser. Entstanden sind 681 neue Wohnungen (zur Hälfte gefördert), ergänzt durch soziale Angebote, Einrichtungen des täglichen Bedarfs und neu gestaltete Freiräume. Die Platensiedlung gilt als Modellprojekt für die Verbindung von serieller Bauweise, sozialer Mischung und ressourcenschonender Quartiersentwicklung.

Von der Zeilensiedlung zum Stadtquartier

Die Struktur war typisch für die offene Siedlungsbauweise der 1950er-Jahre: klare Zeilenlogik, große Abstandsgrünflächen, geringe Geschossflächenzahl (ca. 0,4 bis 0,5) und homogene Bewohnerstrukturen. Die Transformation zielte nie auf eine maximale Verdichtung ab, sondern unter dem Motto „von der Siedlung zur Stadt" auf eine gezielte Ergänzung, um den Charakter des Quartiers grundlegend zu verändern. Dafür wurden die Zeilen räumlich gefasst, die offenen Enden geschlossen und klare Baufluchten definiert. Nach innen entstanden geschützte Höfe, die durch Mietergärten und gemeinschaftliche Flächen aktiviert wurden. Die ehemals „grüne Brache" zwischen den Zeilen wurde so in differenzierte Räume mit klarer Typologie überführt – privat, gemeinschaftlich und öffentlich.

> **Hinweis:** Nachkriegssiedlungen sind oft unterschätzt und bergen enorme Innenentwicklungspotenziale: Durch Aufstockung und Neubauten lässt sich Wohnraum teils verdreifachen, ohne neue Baugebiete zu erschließen.

Transformation: Aufstockung und Quartiersstruktur

Der Umbau kombinierte 2 Strategien: Aufstockung des Bestands und punktuelle Neubauten zur Verdichtung. Die 19 Zeilenbauten wurden um 2 Etagen mit insgesamt 380 Wohnungen ergänzt – ein Eingriff, der den Maßstab der Gebäude an heutige Stadträume anpasste. Zusätzlich wurden in den Neubauten weitere 301 Wohnungen realisiert. Die Neubauten dienen als städtebauliche Instrumente: Kopfgebäude rhythmisieren die Zeilen, Brückenbauten definieren Höfe, Torhäuser schaffen markante Zugänge. Zur Platenstraße wurde eine urbane Fassung des Quartiers mit Ladenzeilen, Cafés und 2 Kindertagesstätten geschaffen. Der Siedlungsrand, zuvor offen und gesichtslos, wurde zu einer stadträumlichen Adresse.

> **Hinweis:** Transformation erfordert nicht nur die Addition von Wohnfläche, sondern auch das Umdenken der Raumlogik: Blockbildung statt Zeilenoffenheit, Integration von Nutzungen und die Schaffung urbaner Adressen führen zu einer städtebaulichen Neuordnung.

Abb. 3.32: Die Raummodule wurden zu 80 % vorgefertigt an der Baustelle angeliefert (Quelle: Stefan Forster Architekten SFA).

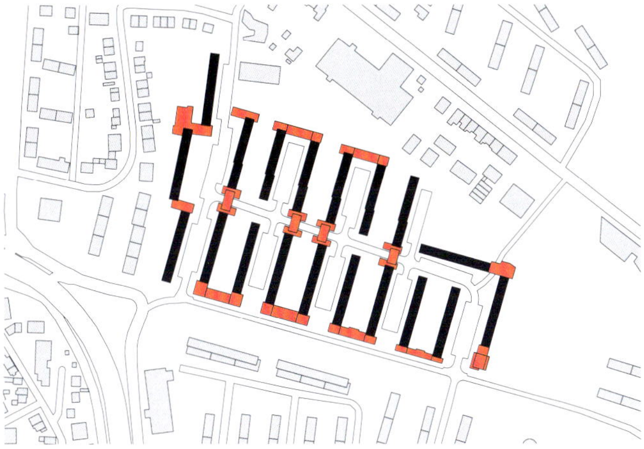

Abb. 3.33: Lageplan (Quelle: Stefan Forster Architekten SFA)

Abb. 3.34: Bestandssiedlung vor der Aufstockung und Transformation (Quelle: Stefan Forster Architekten SFA)

Serielle Aufstockung in Holzmodul-Bauweise

Zentrales Element der Aufstockung ist der serielle Einsatz von Holzbaumodulen. Insgesamt 1.102 Module wurden in einer eigens errichteten Feldfabrik bei Frankfurt gefertigt und mit hohem Vorfertigungsgrad angeliefert. Innerhalb von nur 15 Monaten konnten die Aufstockungen realisiert werden – ein enormer Geschwindigkeitsvorteil, zumal die Bestandswohnungen währenddessen bewohnt blieben. Ge-

„Als wir mit der Planung begonnen haben, war unser Ziel, durch Aufstockung und Nachverdichtung bezahlbaren neuen Wohnraum zu schaffen und die Siedlung gleichzeitig sozial zu stabilisieren. Das haben wir erreicht. Die Mieterinnen und Mieter in der Platensiedlung repräsentieren heute eine große Bandbreite der Frankfurter Bevölkerung."

Frank Junker, Geschäftsführer
(ABG FRANKFURT HOLDING)

„Modulares Bauen eröffnet neue Handlungsspielräume im urbanen Weiterbauen. Durch industrielle Vorfertigung entstehen präzise Bauteile, die schneller gefügt werden können und dabei die Belastung der Umgebung gering halten. Die eigentliche Stärke liegt jedoch nicht in der Technik allein, sondern in der Möglichkeit, Rationalität und Baukultur zu verbinden: Wenn Architektur und Systemplanung früh aufeinander abgestimmt sind, wird aus Effizienz ein Gestaltungsgewinn."

Stefan Forster
(Stefan Forster Architekten)

Exkurs: Aufstocken im Holzmodulbau

Der Holzmodulbau ist besonders für großmaßstäbliche Aufstockungen des Bestands geeignet. Das geringe Eigengewicht ermöglicht zusätzliche Geschosse auch bei Gebäuden mit begrenzten Tragreserven. Durch die Vorfertigung lassen sich komplette Raummodule präzise herstellen, termingerecht liefern und in kurzer Zeit montieren. Das ist ein wesentlicher logistischer Vorteil auf engen innerstädtischen Baustellen. Dadurch verkürzen sich die Bauzeiten erheblich, Wartezeiten durch Trocknungsprozesse entfallen und es entstehen nur minimale Lärm- und Staubemissionen. Der Modulbau überzeugt aber auch technisch und funktional: Ein hoher Vorfertigungsgrad sichert Präzision, große Spannweiten ermöglichen flexible Grundrisse und moderne Holzbausysteme erfüllen hohe Anforderungen an Brand-, Wärme- und Schallschutz. Gleichzeitig ist der Holzmodulbau aber kein Selbstläufer. Gerade weil Prozesse standardisiert und Systeme vorgegeben sind, sind Architekten und Architektinnen gefragt, die Raster und Schnittstellen früh in qualitativ hochwertige Entwürfe übersetzen. Nur so lassen sich die Rationalität industrieller Fertigung und die Anforderungen an die Baukultur verbinden.

Analysen, Kennwerte und Projektbeispiele bietet folgende Publikation:

Aufbauen, umbauen, nachverdichten: Neuer Holzbau in Bestand und Fläche. Wuppertal: Studiengemeinschaft Holzleimbau e.V., 2023:

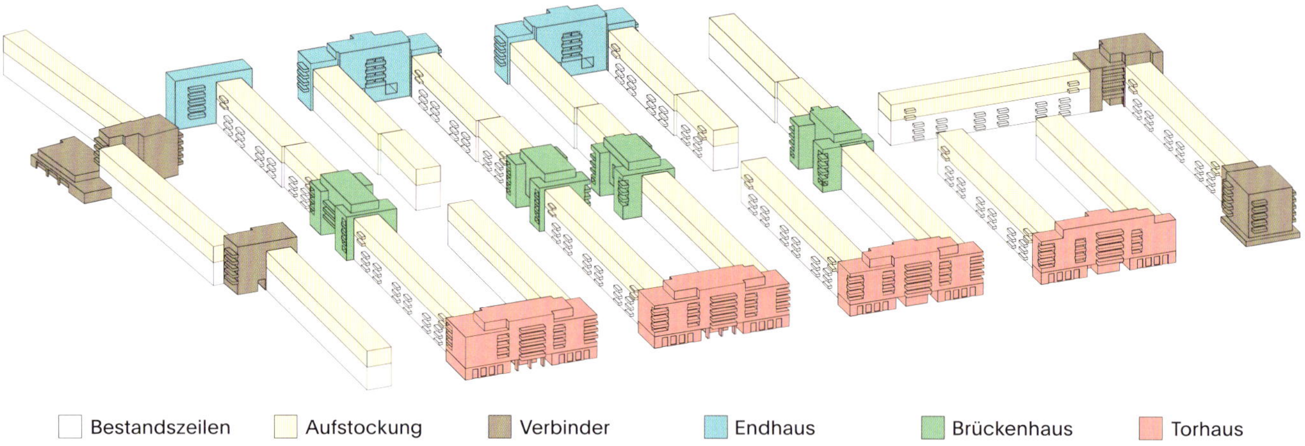

Abb. 3.35: Axonometrie der Siedlung mit Übersicht der verschiedenen baulichen Eingriffe (Quelle: Stefan Forster Architekten SFA)

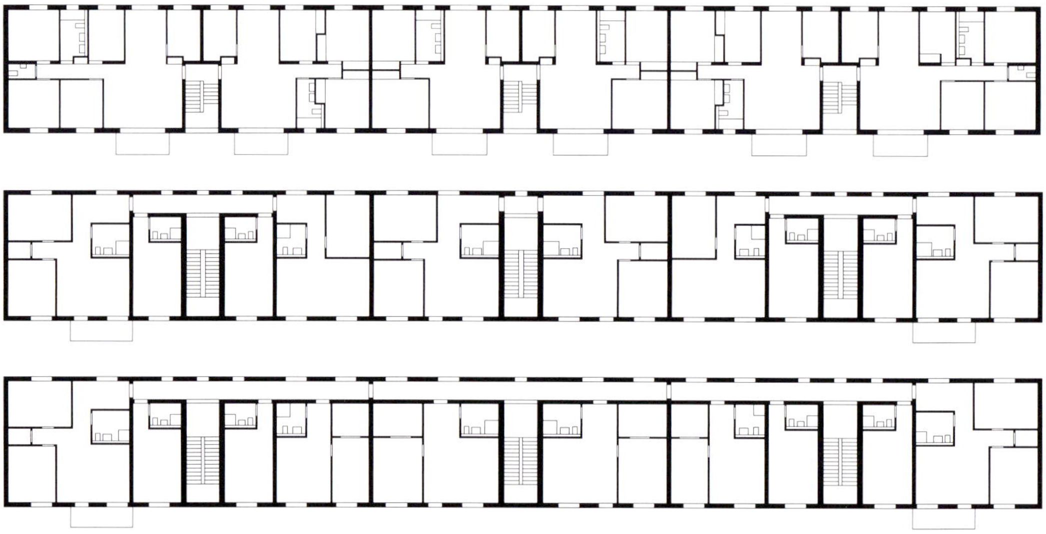

Abb. 3.36: Grundriss EG (oben), Regelgeschoss Aufstockung 1 (Mitte) und Regelgeschoss Aufstockung 2 (unten) (Quelle: Stefan Forster Architekten SFA)

Abb. 3.37: Kopfbauten (Quelle: Stefan Forster Architekten SFA / Foto: Lisa Farkas)

Abb. 3.38: Brückenbauten (Quelle: Stefan Forster Architekten SFA / Foto: Lisa Farkas)

Abb. 3.39: Höfe (Quelle: Stefan Forster Architekten SFA / Foto: Lisa Farkas)

stalterisch entstand durch differenzierte Fassaden, Vorzonen und Kopfbauten ein eigenständiges Erscheinungsbild, das die Modularität nicht nach außen trägt. Die aufgestockten Geschosse sind technisch autark. Ein Zwischengeschoss als Kriechgeschoss (ca. 1 m) dient der Leitungsführung. Die Versorgungsleitungen wurden als formal gestaltete Stützen an der Außenfassade geführt. Da die Bestandsfundamente für die zusätzlichen Lasten nicht ausgelegt waren, mussten sie großflächig verstärkt werden. Mit Bodeninjektionen im Hydrozementationsverfahren wurden die Fundamente mit sogenanntem Erdbeton unterspritzt.

Praxistipp: Modulare Bauweise sollte nicht als gestalterische Einschränkung, sondern als Chance verstanden werden: Sie eröffnet Spielräume, indem sie Ressourcen in Bauzeit und Kosten freisetzt, die in die Gestaltung von Stadträumen und Fassadenqualität investiert werden können.

Ganzheitlicher Ansatz: Freiraum und Erdgeschosszonen

Die zusätzlichen Geschosse veränderten die Maßstäblichkeit der Zeilen und machten zum Ausgleich die Aufwertung der Erdgeschosszone erforderlich. Den Wohnungen im Erdgeschoss wurde entlang der Straßenseiten ein Sockel aus Klinkermauerwerk vorgelagert. Dieser schafft geschützte Eingangsbereiche, fängt die Höhendifferenz zum Hochparterre ab und ermöglichte die Ausbildung privater Mietergärten. Damit wurde eine typische Schwachstelle von Nachkriegssiedlungen gezielt bearbeitet, deren Erdgeschosswohnungen lang als minderwertig galten. Durch die Privatisierung des Außenraums erhielten sie eigene Qualitäten, vergleichbar mit Reihenhäusern. Auf der Hofseite kamen zusätzliche Gärten hinzu, sodass die Wohnungen beidseitig mit Freiraumbezug ausgestattet sind. Gleichzeitig wurden die ehemals undefinierten Zwischenräume des Abstandsgrüns neu gefasst und bilden nun klar zonierte Höfe, die durch naturnahes Grün, Bäume und gemeinschaftliche Nutzungen geprägt sind. Unter den Höfen angeordnete Tiefgaragen sichern die geforderten Pkw-Stellplätze.

Praxistipp: Es lohnt sich, das Erdgeschoss gezielt aufzuwerten. Aufstockungen bieten die Chance, nicht nur Wohnraum „nach oben" zu erweitern, sondern auch die Qualität „nach unten" neu zu definieren.

Rechtliche Rahmenbedingungen und Sonderlösungen

Der gültige Bebauungsplan schrieb die offene Struktur der 1950er-Jahre fest und hätte die Aufstockung verhindert. Eine klassische B-Plan-Änderung wäre mit jahrelangen Verzögerungen verbunden gewesen. Stattdessen wurde das Projekt über einen städtebaulichen Vertrag (§ 11 BauGB) realisiert, ergänzt durch zahlreiche Befreiungen und Abweichungen. Die Abstandsflächen konnten eingehalten werden, da die Straßen und Höfe ausreichend dimensioniert waren. Dennoch war die Zahl der Geschosse politisch um ein halbes reduziert worden, um Akzeptanz zu sichern. Insgesamt wurden 19 separate Bauanträge für die Zeilenaufstockungen und weitere für die Neubauten gestellt. So konnte der komplexe Prozess in einzelne, genehmigungsfähige Schritte zerlegt werden.

Tabelle 3.5: Objektübersicht Platensiedlung

Projektdetails	Beschreibung
Standort	Frankfurt am Main
Bauherr	ABG FRANKFURT HOLDING Wohnungsbau- und Beteiligungsgesellschaft mbH (www.abg.de)
Planung	Stefan Forster Architekten (www.sfa.de)
Projekt-beteiligte	Holzmodule: LiWooD Generalübernehmer Neubauten: f.m.a Bau Tragwerksplanung: Bollinger + Grohmann
Typologie	vorher: offene Zeilensiedlung mit 342 WE nachher: urbanes Wohnquartier mit 1.023 WE (+ 681)
Fertigstellung	2025
Maßnahme	Aufstockung (Holzmodule), Neubauten (Kopf-, Brücken-, Torhäuser), Freiraumgestaltung
Verfahren	Gutachten durch SFA als Grundlage, Genehmigung über städtebaulichen Vertrag (§ 11 BauGB), Befreiungen vom Bebauungsplan (Geschossigkeit, Struktur), Einzelgenehmigungen für Aufstockungen und Neubauten
Finanzierung	ABG-Eigenmittel, Förderung durch Stadt Frankfurt und Land Hessen
Brutto-Grundfläche	vorher: 13.495 m^2 nachher: 59.100 m^2
Förderung	50 % geförderter Wohnungsbau (davon 20 % Sozialwohnungen, 30 % Mittelstandsprogramm), 177 Studierendenwohnungen
Statik	Verstärkung der Fundamente durch Injektionsverfahren (Unterspritzen)
Brandschutz	Umsetzung mit Sonderlösungen im Holzbau (Gebäudeklasse bis 7 Geschosse)
Abstands-flächen	eingehalten; großzügige Hof- und Straßenräume machten die Aufstockung bauordnungskonform
Stellplätze	4 Tiefgaragen unter den Höfen mit 370 Pkw-Stellplätzen, ca. 1.400 Fahrradstellplätze
Awards	polis Award 2022 („Soziale Quartiersentwicklung"), „Beste Wohnbauten Deutschlands" 2020
Besonderheit	Transformation im bewohnten Zustand, Fertigung von 1.102 Holzmodulen in einer temporären Feldfabrik, Kombination aus serieller Aufstockung und Neubauverdichtung

Platensiedlung @ ABG FRANKFURT HOLDING:

Platensiedlung @ Stefan Forster Architekten:

Praxistipp: Für großmaßstäbliche Transformationsprojekte im Bestand sind städtebauliche Verträge und Befreiungen oft das geeignetere Werkzeug als vollständige Planänderungen. Sie ermöglichen flexible Lösungen, ohne den Prozess um Jahre zu verzögern.

3.7 Freiraum

3.7.1 Gartenhaus – unkonventioneller Rooftop Garden, Nürnberg

Urbaner Dachgarten im Stahlgerüst, genehmigt als Restbild eines Satteldachs

- Aufstockung
- Biodiversität
- Building integrated Agriculture
- Dachgarten
- Kriegsschäden
- Restbild
- Stadtgrün
- Stadtklima
- Stahlleichtbau
- Urban Agriculture

Abb. 3.40: Die Stahl-Leichtbauelemente für die Aufstockung wurden millimetergenau vorproduziert und in wenigen Teilen auf der Baustelle zusammengesetzt. Der Dachgarten ist ein Gemeinschaftsprojekt der Bewohnerschaft des Hauses zur Erzeugung guter Lebensmittel (Quelle: Markus Vogt).

Mitten im verdichteten Stadtgefüge Nürnbergs zeigt das Gartenhaus, wie eine Dachnutzung mehr sein kann als eine reine Flächenerweiterung. Auf einem kriegsgeschädigten Gründerzeithaus wurde ein leichtes, vorgefertigtes Stahlgeschoss errichtet, über dem ein gemeinschaftlich genutzter Nutzgarten angelegt wurde. Die offene Dachstruktur interpretiert die verlorene historische Gebäudekubatur als abstrahiertes „Restbild" und erfüllt damit zugleich städtebauliche und genehmigungsrechtliche Anforderungen. Funktional steht vor allem die produktive Nutzung der Dachfläche im Fokus: Das Projekt ist ein Beispiel für Urban Agriculture, die Nutzung von innerstädtischen Flächen und Gebäuden für die Lebensmittelproduktion. Besonders bemerkenswert ist, dass die neue Nutzung auf einer Fläche realisiert wurde, die zuvor als technisch nicht aktivierbar galt: unter einem flachgeneigten Dach ohne Ausbaupotenzial.

Urbane Alternative: Gegenentwurf zum Einfamilienhaus

Das Gartenhaus versteht sich als urbane Antwort auf das anhaltende Idealbild des Familienlebens im Einfamilienhaus. Zwei Drittel der deutschen Wohnbauten sind Ein- oder Zweifamilienhäuser – mit enormem Flächenverbrauch, ökologischer Belastung und sozialen Nachteilen. Wer sich für das Einfamilienhaus entscheidet, handelt sich meist Pendelverkehr, schlechte Nahversorgung und ländliche Infrastrukturprobleme ein. Das Projekt zeigt eine innerstädtische Alternative auf: Wohnen mit Garten, Raum für Kinder, Selbstversorgung und soziale Nähe in der Innenstadt. Städte müssen Angebote machen, die alltäglichen Qualitäten des Lebens auf dem Land wie Ruhe, Grünbezug und private Außenflächen in urbaner Form gleichwertig zu kompensieren, um der Speckgürtelmigration mit all ihren negativen Auswirkungen wie Flächenverbrauch und Zersiedelung entgegenzuwirken.

> **Hinweis:** Gemeinschaft sollte als Planungsparameter betrachtet werden. Der Dachgarten ist nicht nur Klimaanlage, sondern auch Katalysator für soziale Prozesse. Bewirtschaftet wird gemeinschaftlich, unterschiedliche Wohnformen und Generationen begegnen sich in der Pflege der Beete. Die Nutzenden lernen Verantwortung, Versorgung und gegenseitige Hilfe – soziale Aspekte, die im urbanen Kontext immer mitgedacht werden sollten.

Funktionales Flachdach in Satteldachkubatur

Ausgangspunkt war der Wunsch der Bauherrschaft, die ungenutzte Dachfläche produktiv nutzbar zu machen. Die baurechtlichen Voraussetzungen dafür schuf § 34 BauGB. Das sogenannte Einfügegebot erlaubt Bauvorhaben, wenn sie sich in die Eigenart der näheren Umgebung einfügen. Entscheidend gegen die formale Ablehnung eines Flachdachs war daher das städtebauliche Argument eines Restbilds: Die neue Dachstruktur nimmt, per Definition als Dachloggia genehmigt, die verlorene Silhouette des ursprünglichen Satteldachs auf, abstrahiert als offenes Stahlgerüst. Dieses bildet nicht nur einen gestalterischen Abschluss der Blockkante, sondern erfüllt auch die formale Einfügung in das Ortsbild. Zugleich bleibt die offene Flachdachstruktur nutzungsflexibel.

Abb. 4.9: Die Fassade fügt sich als homogene Metallhülle aus gesteckten Aluminiumblechen mit ephemerer Wirkung in den Stadtraum ein (Quelle: Célia Uhalde).

Abb. 4.10: Lageplan: Das Grundstück liegt in der begehrten Südvorstadt von Leipzig, einem historisch gewachsenen Viertel mit Blockrandbebauung. Die Innenhöfe bieten Potenzial zur Nachverdichtung (Quelle: Aline Hielscher Architektur).

nehmigung unmöglich gemacht hätte (vgl. § 6 Sächsische Bauordnung [SächsBO] vom 11. Mai 2016, zuletzt geändert am 1. März 2024). Das Erdgeschoss ist daher ausschließlich für öffentliche und technische Nutzungen vorgesehen: Neben den Stellplätzen befinden sich dort Technikräume, ein Kinderwagen-Abstellraum und die Müllentsorgung.

Hinweis: Bei engen Grundstücksverhältnissen und konfliktträchtigen Situationen bezüglich der Abstandsflächen kann eine konsequente Anordnung von Nebenfunktionen im Erdgeschoss die Realisierung von Wohnen darüber ermöglichen. Entscheidend ist die frühzeitige Analyse der Belichtungssituation.

„Nachverdichtung im Blockinnenbereich ist für mich mehr als Lückenschluss – es ist die Chance, historische Strukturen weiterzuschreiben und zeitgemäß zu interpretieren. Auf dem engen Grundstück mussten wir alle Parameter – Baurecht, Statik, Erschließung – präzise aufeinander abstimmen. So entsteht Dichte, die nicht erdrückt, sondern Aufenthaltsqualität schafft und eine Lücke im Wohnungsangebot für Familien und WGs schließt."

Aline Hielscher (Aline Hielscher Architektur)

Exkurs: Kompakte Baustelleneinrichtung

Bei baulichen Eingriffen im dicht bebauten Innenstadtbereich, besonders in der sogenannten zweiten Reihe, ist eine detaillierte Planung der Baustelleneinrichtung unerlässlich. Bereits in frühen Planungsphasen (Leistungsbeschreibung und Ausschreibung) sollte ein Baustelleneinrichtungsplan (BEP) erarbeitet werden. Dieser sollte in einem geeigneten Maßstab erstellt werden (typisch: M 1:200 oder detaillierter für komplexe Innenstadtlagen) und u. a folgende Elemente darstellen: Bau-Container, Kräne und deren Schwenkbereiche, Zufahrten und Wendemöglichkeiten, Lagerflächen, Absperrungen sowie Ver- und Entsorgungspunkte.

Die Baustellenverordnung (BaustellV) kann abhängig vom Umfang der Maßnahme zur Erstellung eines Sicherheits- und Gesundheitsschutzplans (SiGe-Plan) verpflichten, der auch Anforderungen an die Baustelleneinrichtung definiert, insbesondere zu Verkehrswegen, Arbeitsplätzen, Schutzeinrichtungen und Notfallmaßnahmen. Die VOB/C ATV DIN 18299 „Allgemeine Regelungen für Bauarbeiten jeder Art" (2023), u. a. für Verkehrsführung, Schutz benachbarter Gebäude und räumliche Einschränkung, konkretisiert Anforderungen an die Baustelleneinrichtung sowie Maßnahmen zur Staub-, Lärm- und Erschütterungsminderung. Die RAB 32 „Regeln zum Arbeitsschutz auf Baustellen. Unterlage für spätere Arbeiten" (2003), herausgegeben vom Ausschuss für Arbeitsstätten, macht praxisnahe Vorgaben zu Flächenplanung, Erschließung, Absicherung, Lagerung sowie Verkehrs- und Fluchtwegen. Gerade im dicht bebauten städtischen Umfeld ist die Koordination von Flächen, Zufahrten und logistischen Abläufen besonders anspruchsvoll. Engstellen, eingeschränkte Lagerflächen und Nachbarschaftsverträglichkeit erfordern eine frühzeitige Abstimmung mit Behörden, Versorgern und Anwohnenden.

Praxisnahe Hinweise gibt folgender Leitfaden der BG BAU:

Leitfaden für die Erstellung einer Baustellenordnung. Karlsruhe: Offensive Gutes Bauen, 2020

Abb. 4.11: Gestaltgebendes Element ist neben der charakteristischen Fassade das ungewöhnliche Fluchttreppenhaus mit der außen liegenden Wohnungserschließung über die Balkone (Quelle: Célia Uhalde).

Abb. 4.12: Das Zentrum jeder Wohnung bildet ein 50 m² großer, von Nord nach Süd durchgesteckter Wohn-Ess-Raum mit großzügiger Belichtung. Der Raum wird auf beiden Seiten durch Balkone fortgesetzt (Quelle: Célia Uhalde).

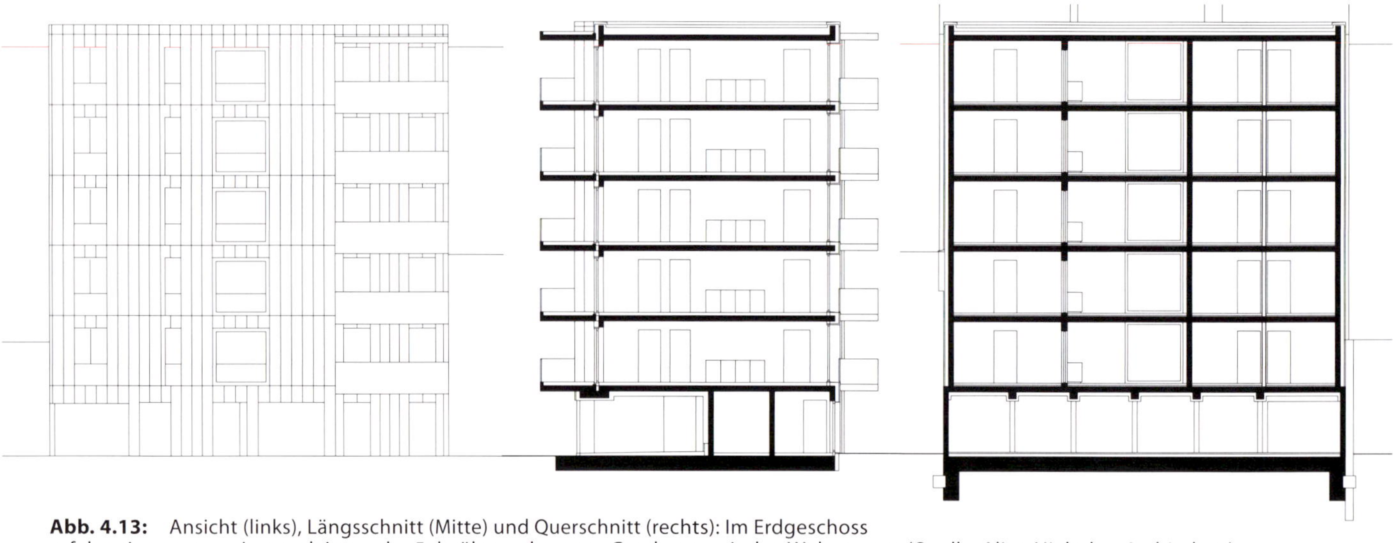

Abb. 4.13: Ansicht (links), Längsschnitt (Mitte) und Querschnitt (rechts): Im Erdgeschoss erfolgt eine extreme Lastumleitung der 5 darüber gelagerten Geschosse mit den Wohnungen (Quelle: Aline Hielscher Architektur).

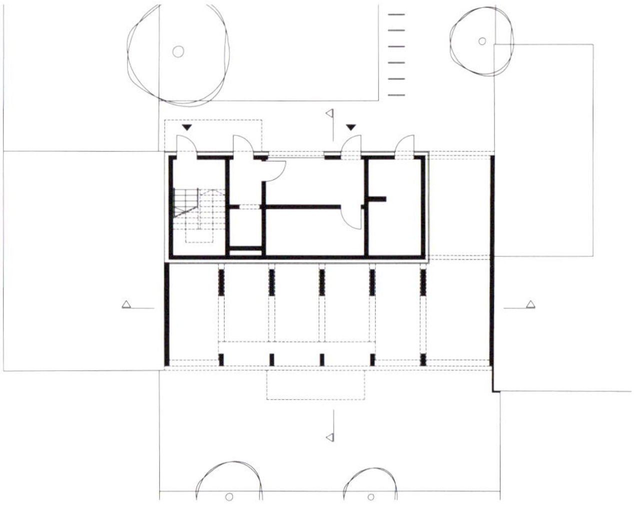

Abb. 4.14: Grundriss Funktionserdgeschoss: Stützen und Schotten zonieren die Parkplätze und leiten die Lasten aus den Obergeschossen in die Bodenplatte (Quelle: Aline Hielscher Architektur).

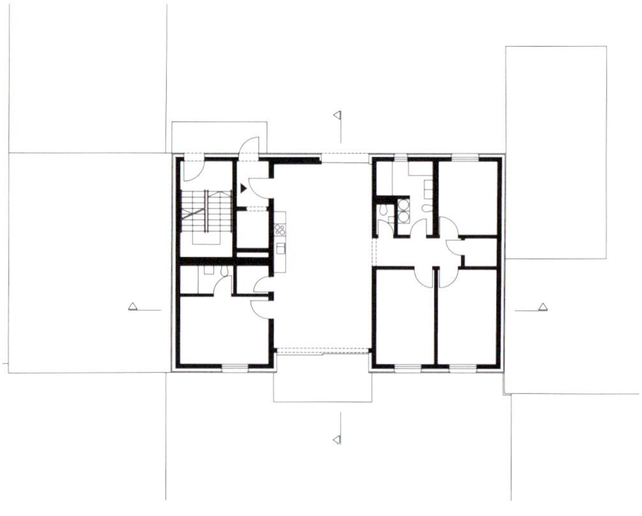

Abb. 4.15: Grundriss Regelgeschoss: Der Grundriss sieht eine minimale Verkehrsfläche vor. Der Wohnung ist ein kleiner Vorraum vorgelagert. Das Treppenhaus schließt über einen Rettungsbalkon direkt an (Quelle: Aline Hielscher Architektur).

Einfügung in den Bestand trotz Eigenständigkeit

Die einheitliche Metallverkleidung der Fassaden schafft eine homogene Hülle, die sich bei wechselnden Wetter- und Lichtstimmungen immer wieder anders präsentiert. Wenngleich dieses Material in der direkten Umgebung nicht anzutreffen ist, so fügt sich das Gebäude doch wie selbstverständlich ein – es ist „anders“, ohne mit den Bestandsbauten zu konkurrieren. Farblich abgestimmte Aluminiumfenster und Balkongeländer sowie eine nietenfreie Ausführung der Fassadenbleche vollenden die Einheitlichkeit der Gebäudehülle.

Praxistipp: Die Metallfassadenkonstruktion verzichtet mit einem Clip-System auf Nietverbindungen und ermöglicht so eine sortenreine Trennung im Sinne des Kreislaufgedankens.

Sicherheitstreppenhaus mit Fluchtbalkon

Die Zufahrt für den Hubrettungswagen in den Hof war nicht möglich, aufgrund der Gebäudehöhe (Gebäudeklasse 5) kam ein Anleitern nicht infrage, und die Ausbildung eines zweiten Rettungswegs in Form eines Treppenhauses hätte zu viel Grundrissfläche beansprucht. Die Lösung: Die Bewohner flüchten über einen außen liegenden Erschließungsgang als Rettungsbalkon in das Sicherheitstreppenhaus. Eine Rauchübertragung in das Treppenhaus ist somit nicht möglich, auf eine Rauchschutz-Druckanlage konnte deshalb verzichtet werden. Massiv ausgebildete Brüstungen und geschlossene Wände verhindern den Brandüberschlag. Der konstruktive Brandschutz wird durch die Ausbildung der Geschossdecken und der Wohnungsabschluss- und Treppenhauswände aus Stahlbeton erfüllt.

Praxistipp: Es empfiehlt sich, bei der örtlichen Feuerwehr nachzufragen, welche Anforderungen wie erfüllt werden können. Durch proaktive Kommunikation können pragmatische Lösungen gefunden werden, die funktional und genehmigungsrechtlich tragfähig sind.

Flexible Grundrisse: ein Konzept für viele Lebensmodelle

Die kompakte Grundrisstypologie schafft auf 126 m² Wohnraum Platz für bis zu 5 Bewohner mit einem Flächenverbrauch von nur 25,2 m² pro Person (bzw. 31,5 m² bei 4 Personen) – deutlich unter dem Bundesdurchschnitt von 49,0 m² zum Zeitpunkt der Projektfertigstellung 2023 (Fortschreibung Wohngebäude- und Wohnungsbestand, 2025). Ein 50 m² großer Wohn-Koch-Ess-Bereich bildet das Zentrum, flankiert von flexibel nutzbaren Zimmern. Ein separater Eingangsbereich schafft Rückzug und Aneignung als bewusste Alternative zu anonymen Erschließungen im Geschosswohnungsbau.

Hinweis: Große innere Flexibilität schafft maximale Wohnqualität auch bei hoher Dichte. Wichtig: Sanitärüberversorgung erlaubt unterschiedliche Nutzungen ohne Umbau.

Baustellensituation im Hinterhof

Die Baustelle im dichten Blockinnenbereich stellte hohe logistische Anforderungen. Der Zugang zum Grundstück war nur über eine schmale Durchfahrt möglich. Ein detaillierter Baustelleneinrichtungsplan inklusive Kranstandort, Lagerflächen und Sanitär-Containern erleichterte die Baustellenlogistik. Die enge Kommunikation mit der Anwohnerschaft sowie eine präzise Ablaufplanung waren entscheidend für den reibungslosen Bauverlauf und die Einhaltung der Bauzeit.

Tabelle 4.2: Objektübersicht Kurti 50A

Projektdetails	Beschreibung
Standort	Leipzig, Südvorstadt
Bauherr	privat
Planung	Aline Hielscher Architektur (www.alinehielscher.com)
Typologie	vorher: Wohnbau 1889, zerstört, Garagen bis 2020 nachher: Wohnungsbau
Fertigstellung	2023
Maßnahme	Neubau Hochbau, Nachverdichtung im Blockinnenbereich
Verfahren	Bauantrag gemäß § 34 BauGB in Verbindung mit § 59 SächsBO
Baukosten	KG 300 + 400: ca. 2,5 Millionen €
Brutto-Grundfläche	vorher: unbebaut (ehemals fünfgeschossiges Hinterhaus) nachher: 1.086 m²
Wohnfläche	5 Wohnungen à 126 m² = 630 m²
Energieeffizienz	EnEV, Luft-Wärme-Pumpe
Statik	Schotten-/Stützensystem mit Unterzügen, 90 cm Bodenplatte ohne Unterkellerung, Massivbauweise, Stahlbeton
Brandschutz	Sicherheitstreppenhaus mit außen liegendem Rettungsbalkon
Schallschutz	Massivbau, innen liegende Trennwände in Kalksandstein
Abstandsflächen	EG überlagert von Abstandsflächen des Vorderhauses, Aufenthaltsräume erst ab 1. OG
Stellplätze	5 oberirdisch im EG (gemäß Stellplatzsatzung Leipzig, 2019)
Besonderheit	aufgeständerte Bauweise, Fassadenhülle aus Aluminium im Clip-System, rekonstruiertes Baufeld des Vorkriegshinterhauses
Award	Architekturpreis Stadt Leipzig 2023 (lobende Erwähnung)

Kurti 50A @ Aline Hielscher Architektur:

4.5.2 Hinterhaus Prototyp 6×9 – Mikrowohnen im Gründerzeitblock, Berlin

Restflächen im Innenhof optimal nutzen: Wohnhochhaus auf minimaler Fläche

- Dachterrasse
- Flucht- / Rettungsweg
- Hinterhaus / Hinterhof
- Kleinstgrundstück
- Mikroparzellen
- Mikrowohnen
- Restflächen
- Wohnturm

Abb. 4.16: Das Dachgeschoss des Bestandsgebäudes wurde ausgebaut, mit einer Dachterrasse versehen und um einen Wohnturm auf 6 m × 9 m Fläche im Hinterhof erweitert (Quelle: Clemens Wronski).

Restflächen in Hinterhöfen von Gründerzeitblöcken gelten häufig als Baulücken ohne Potenzial: zu klein, zu schwer erschließbar, zu restriktiv im Baurecht oder durch alte Verträge blockiert. Mit dem Projekt 6×9 testeten Max Hacke und Leonhard Clemens, wie sich selbst winzigste Grundstücke aktivieren lassen. Auf einer „vergessenen" Parzelle mit nur 54 m² Grundfläche (also 6 m × 9 m) wurde ein Wohnturm errichtet, der 7 vollwertige Mikroapartments integriert. Die 38-m²-Einheiten sprechen Singles, Studierende und Minimalisten an. Ergänzt wird das Wohnangebot durch 4 neue Dachgeschosswohnungen im angrenzenden Bestand. So entsteht eine Mischung, die über die reine Mikrostruktur hinausgeht. Das Projekt zeigt, wie die vertikale Ausnutzung von Grundstücksresten neuen Wohnraum schafft und dabei baurechtliche Hürden innovativ interpretiert. Per Definition gilt das 6×9 als Erweiterung des Nachbarhauses, wodurch eine angegliederte Dachterrasse auf dem Bestand möglich wurde: Sie erfüllt die Funktion eines zweiten Rettungswegs und eröffnet zugleich eine gemeinschaftliche Freifläche mit Blick über die Dächer von Prenzlauer Berg. Entstanden ist ein radikales Beispiel für innerstädtische Verdichtung, das zeigt: Mit intelligenter Organisation, klaren Grundrissen und baurechtlicher Kreativität lassen sich auch kleinste Parzellen in funktionalen Wohnraum verwandeln.

Restflächen als urbane Ressource

Viele Blockstrukturen sind durch Kriegslücken, An- und Umbauten, Abrisse, Überformungen oder Besitzverhältnisse fragmentiert. Die dabei entstandenen Mikrogrundstücke sind oft untergenutzt und konnten bislang nur selten für den Wohnungsbau aktiviert werden. Steigende Bodenpreise und die Nachfrage nach innerstädtischem Wohnraum machen sie nun jedoch zu wertvollen Entwicklungsflächen. Das 6×9 entstand auf einer unzugänglichen Restfläche im Hof, 3 m über Straßenniveau und nur über den Hof erschließbar. Die Realisierung auf der aufgeschütteten Hinterhoffläche stellte besondere logistische Anforderungen: Das gesamte Gebäude musste per Kran von der Straße aus errichtet werden – ein Experiment, das zeigt, wie innerstädtische Nachverdichtung auch unter extremen Zugangsbedingungen möglich ist.

Praxistipp: Es lohnt sich, nach Restflächen mit Potenzial zu suchen. Kommunale Baulücken- und Brachflächenkataster oder Liegenschaftskataster erfassen teils Restgrundstücke.

Kompakte Figur, offene Nutzung und robuster Ausbau

Das Apartmentgebäude ist turmartig entwickelt und auf 7 Geschossen 22 m hoch, mit einer Grundfläche kaum größer als ein Einfamilienhaus. Das Treppenhaus wurde als skulpturale Fuge zwischen Neubau und Bestand gelegt – halbgeschossweise versetzt, halbrund und mit kanneliertem Wellblech verkleidet. Die Wohnungen folgen einem generischen, nutzungsneutralen Grundriss mit 38 m². Alle Nebenfunktionen (Bad, Küche und Stauraum) sind entlang der Rückwand organisiert, davor entsteht ein offener, individuell bespielbarer Raum. Trotz ihrer geringen Fläche bieten die Apartments eine funktionale Vollausstattung und räumliche Großzügigkeit. Die Küchen wurden als robuste Edelstahlelemente fest installiert – sie sind langlebig, hoch-

„Der anhaltende Wohnungsmangel in den Städten erfordert neue Ansätze bei der Entwicklung innerstädtischer Flächen, um trotz finanzieller wie auch regulatorischer enger Rahmenbedingungen qualitativ hochwertigen Wohnraum zu schaffen. Insbesondere in Berlin, welches sich von einem grünen Archipel zu einem dichten Flickenteppich aus urbanen Strategien, historischen Fragmenten und architektonischen Ambitionen entwickelt hat, sind alternative Lösungsansätze unerlässlich geworden."

Max Hacke (Büro Hacke)

Abb. 4.17: Der Turm wurde als Prototyp für kleine Restgrundstücke entwickelt; er könnte auch andernorts „andocken" (Quelle: Die Architekten [Max Hacke und Leonhard Clemens]).

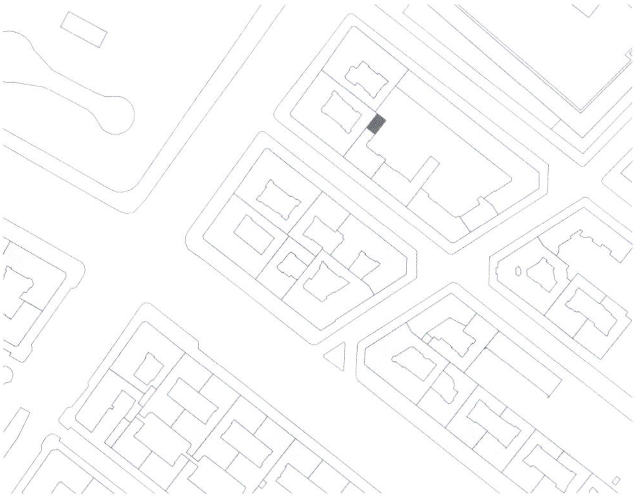

Abb. 4.18: Lageplan (Quelle: Die Architekten [Max Hacke und Leonhard Clemens])

„Das Projekt versteht sich nicht nur als gebauter Prototyp, sondern auch als lebendes Experiment: Durch die enge Begleitung im Betrieb werden Erfahrungen der Bewohner und Bewohnerinnen direkt zurückgespiegelt – ein wichtiger Schritt, um die Nachverdichtung praxisnah weiterzuentwickeln."

Leonhard Clemens (LNCL)

Exkurs: Mikrowohnen

Mikrowohnen, auch als Miniapartments, Mikroapartments oder Micro Living bezeichnet, umfasst kompakte Wohneinheiten mit typischerweise 20 bis 40 m^2 Wohnfläche. Sie beinhalten alle elementaren Funktionen des Wohnens (Schlafen, Kochen, Aufenthalt und Sanitärbereich) und sind primär für Einpersonenhaushalte konzipiert. Die Typologie reagiert auf die Zunahme kleiner Haushalte, temporärer Lebensphasen und die wachsende Mobilität in urbanen Arbeitsmärkten.

Die interdisziplinäre Studie der Hochschule Luzern „Kleinwohnformen – Wohn- und Lebensraum mit Potenzial?" (2025) liefert für die Planung konkrete Hinweise: Entscheidend ist eine konsequente Flächenökonomie durch präzise organisierte Grundrisse, die dennoch Raum für individuelle Aneignung lassen. Die geringe private Wohnfläche sollte durch gemeinschaftliche Räume wie Dachterrassen, Co-Living-Zonen oder Servicebereiche kompensiert werden. Ebenso wichtig ist eine hohe Flexibilität in der Ausstattung, die durch modulare und langlebige Einbauten erreicht werden kann. Schließlich betont die Studie die Bedeutung der sozialen Integration, die durch Mischnutzungen gestärkt wird und die Entstehung monostruktureller Mikroapartmentkomplexe verhindert. Die Schweizer Rechtsgrundlagen sind naturgemäß nicht eins zu eins auf Deutschland übertragbar. Die inhaltlichen Erkenntnisse der Studie bieten jedoch wertvolle Planungstipps für Architekturschaffende, die sich mit Nachverdichtung und Mikrowohnprojekten befassen.

Perspektivisch wird das derzeit laufende Forschungsvorhaben „Forschungsprojekt Innovative Wohnformen – Best Practices, Projektionen und Realisierungsbedingungen" (2025) des Bundesinstituts für Bau-, Stadt- und Raumforschung (Experimenteller Wohnungs- und Städtebau) diese Fragen für den deutschen Kontext systematisch aufbereiten und in einen Leitfaden überführen.

Literaturtipps:	Kleinwohnformen – Wohn- und Lebensraum mit Potenzial? Luzern: Hochschule Luzern, 2025:	Forschungsprojekt Innovative Wohnformen – Best Practices, Projektionen und Realisierungsbedingungen. Bonn: Bundesinstitut für Bau-, Stadt- und Raumforschung, 2025:

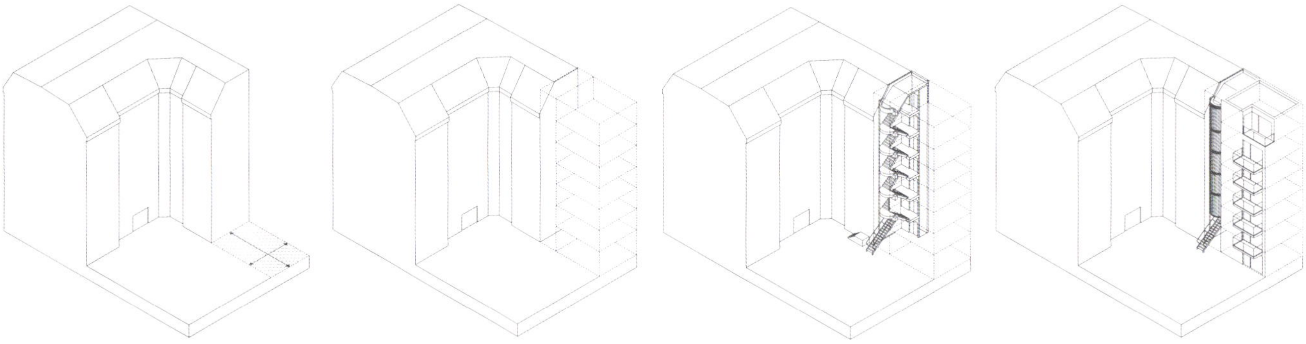

Abb. 4.19: Von links nach rechts: Grundstück 6 m × 9 m, siebengeschossige Bauweise, Erschließung und Hinterhofturm (Quelle: Die Architekten [Max Hacke und Leonhard Clemens])

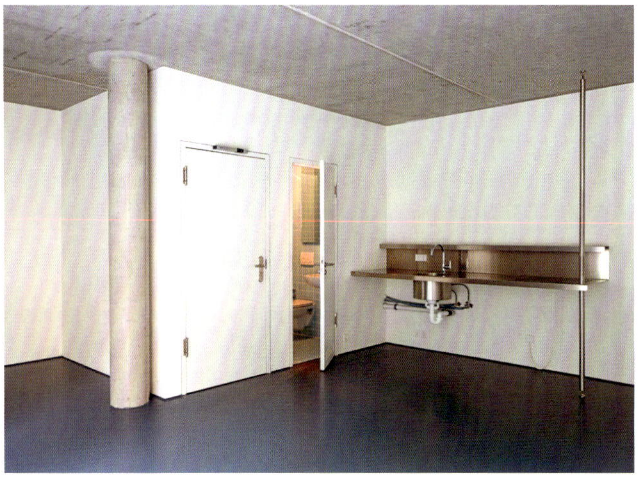

Abb. 4.20: Die wertige Edelstahl-Grundausstattung der Küche schafft eine Basis für die individuelle Einrichtung (Quelle: Die Architekten [Max Hacke und Leonhard Clemens]).

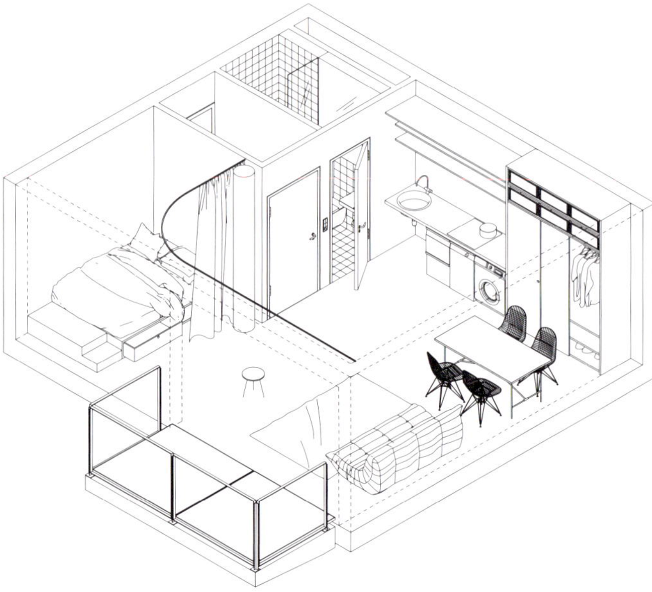

Abb. 4.21: Axonometrie Grundriss: eines der vielen Möblierungsbeispiele. Ein Vorhang trennt die Schlafnische vom Wohnraum ab (Quelle: Die Architekten [Max Hacke und Leonhard Clemens]).

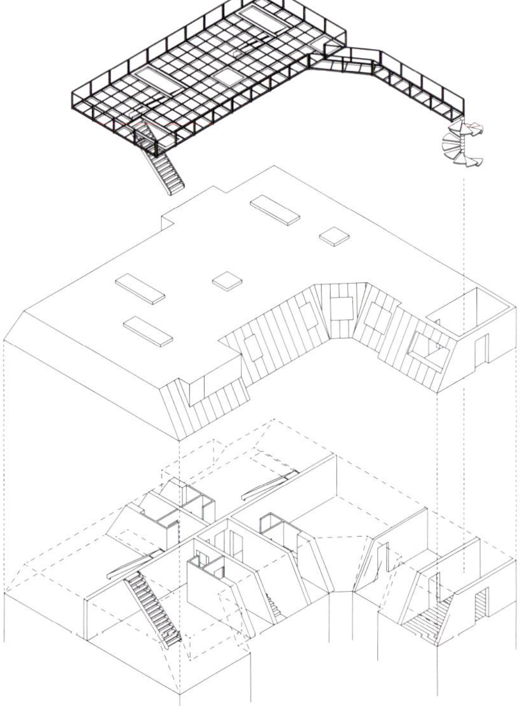

Abb. 4.22: Die neue Dachterrasse dient als gemeinschaftlich genutzter Freiraum für alle Bewohnende des Bestands und des Erweiterungsbaus und ist Bestandteil des Fluchtwegkonzepts (Quelle: Die Architekten [Max Hacke und Leonhard Clemens]).

Abb. 4.23: Ein großzügiger privater Balkon, angeschlossen an den Wohnraum über bodentiefe Schiebeelemente, wertet die kleinen Apartments auf (Quelle: Die Architekten [Max Hacke und Leonhard Clemens]).

wertig und individuell mit Ausbaugeräten ergänzbar. Die feste Ausstattung garantiert unabhängig von Nutzung und Art der Einrichtung immer ein hochwertiges Erscheinungsbild der Wohnungen. Alle Trockenbauwände sind in der Höhe reduziert, wodurch Stauraum über dem Badezimmer und dem Flur entsteht. Große Fensterflächen und Balkone sorgen für optische Weite.

Hinweis: Minimalwohnungen gewinnen durch robuste Details und multifunktionale Einbauten an Dauerhaftigkeit und Wohnqualität.

Baurechtliche Kniffe

Die Entwicklung des Projekts erforderte eine kreative Navigation im Baurecht. Als Annex zum angrenzenden Bestandsbau genehmigt, eröffnete sich die Möglichkeit, den Dachstuhl des Bestands zu entwickeln. Das Dach wurde ausgebaut und mit einer gemeinschaftlichen, als Stahlgerüst aufgesetzten Dachterrasse ausgestattet. Das zwischen den beiden Gebäuden angeordnete Treppenhaus bildet die Erschließung der Wohnungen im Turm und führt an oberster Stelle auf das Dachgeschoss des Bestandshauses. Für alle Bewohner zugänglich, bietet diese Terrasse nun hochwertige kollektive Außenräume. Dabei ist ihre Großzügigkeit, anders, als man vermuten könnte, kein verschwenderischer Luxus, sondern das geschickte Auslegen der Berliner Bauordnung, die einen zweiten baulichen Rettungsweg vorschreibt. Da ein Anleitern der Feuerwehr wegen der Hinterhofsituation nicht möglich ist, ebenso wenig die Integration eines zweiten Fluchttreppenhauses aufgrund der begrenzten Flächen, blieb nur die Möglichkeit, den Rettungsweg über die Dachterrasse zu führen. Mit seiner Höhe exakt unter der Hochhausgrenze umgeht der Wohnturm weitere erhöhte Brandschutzmaßnahmen. Normalerweise hätte zudem die Abstandsflächenregelung im engen Hofkontext einen Rücksprung des obersten Geschosses erfordert. Durch eine Sonderauslegung konnte das Gebäude jedoch ohne Staffelung bis zur Traufe geführt werden.
So entstand ein klarer, durchgängiger Turm mit 7 Vollgeschossen.

Praxistipp: Brandschutzanforderungen können bei Restflächenbebauungen oft nur durch Sonderlösungen erfüllt werden. Kreative Argumentation und enge Abstimmung mit den Behörden können jedoch zusätzliche Lösungsmöglichkeiten jenseits standardisierter Wege eröffnen.

Tabelle 4.3: Objektübersicht Hinterhaus 6×9

Projektdetails	Beschreibung
Standort	Berlin
Planung	Büro Hacke (Max Hacke), Berlin (www.burohacke.com) LNCL (Leonhard Clemens), Berlin (www.lncl.de)
Projektpartner	LPH 6-9: Rautenbach Gesellschaft von Architekten, Berlin (www.rautenbach-architekt.com)
Typologie	vorher: ungenutzte Hinterhof-Restfläche nachher: Wohnturm mit 7 Mikroapartments, ergänzende DG-Wohnungen im Bestand
Fertigstellung	2024
Maßnahme	Neubau eines Wohnturms auf einer Hinterhofparzelle, Dachausbau im angrenzenden Bestandsgebäude
Baukosten	KG 300 + 400: ca. 2 Millionen € netto
Grundflächenzahl	vorher: 0,00 nachher: 1,00 (Parzelle komplett überbaut)
Konstruktion	Mischkonstruktion aus Mauerwerk und Betonfertigteilen
Brandschutz	zweiter Rettungsweg über gemeinschaftliche Dachterrasse („Fluchtdachterrasse" mit Aufenthaltsqualität), Gebäudehöhe exakt 22 m, d. h. knapp unter Hochhausgrenze, dadurch keine erweiterten Auflagen
Abstandsflächen	Sonderlösung (Umgehung am Dach ermöglicht Realisierung von 7 Vollgeschossen)
Freiflächen	großzügige Balkone für jede Wohnung, gemeinschaftliche Dachterrasse mit Aufenthaltsqualität und Rettungsfunktion
Awards	DAM Preis 2026 (Shortlist), BDA Preis Berlin 2025 (Shortlist), Gestaltungspreis der Wüstenrot Stiftung (Belobigung)
Besonderheit	Mikroparzelle als Baugrundstück, regelmäßiges Monitoring durch Architekten im Betrieb: Untersuchung der Aneignung und Nutzung

6×9 @ LNCL:

6×9 @ Büro Hacke:

Zukunftsfähige Typologie

Mit dem 6×9 wird eine Typologie erprobt, die über Berlin hinaus Vorbildcharakter hat. Die Bebauung aktiviert eine ungenutzte Restfläche, ohne zusätzliche Flächen zu versiegeln. Sie setzt auf Nachverdichtung innerhalb bestehender Infrastrukturen und nutzt minimale Grundfläche maximal aus. Während die engen räumlichen und baurechtlichen Vorgaben klare Grenzen setzen, fordert das Projekt diese zugleich heraus: Die strikte Flächenbeschränkung führt zu einer komplexen, aber hochfunktionalen Anordnung der Wohnungen, die architektonische Qualität auf engem Raum ermöglicht. Zudem umfasst der Turm 7 Vollgeschosse und umgeht die üblichen baurechtlichen Abstandsflächen am Dach – ein Kunstgriff, durch den die Idee des kleinen Wohnhochhauses erst möglich wurde. Das Projekt wird als Prototyp gesehen und als Einladung, urbane Restflächen systematisch als Reservoir für innovative Verdichtung zu begreifen.

4.6 Städtebau

4.6.1 Regensburger Viertel – urbane Dichte statt lockerer Bebauung, Nürnberg

Anpassung des Bebauungsplans aus den 1970er-Jahren zugunsten hoher Dichte und Wohnnutzung

- Autofreies Quartier
- B-Plan-Änderung
- Blockstruktur
- Funktionale Dichte
- Integratives Planen
- Innenentwicklung
- Lärmschutz-Grundriss
- Massivbau
- Physische Dichte
- Soziale Dichte

Abb. 4.24: Die kompakte, urbane Bauform ist energetisch sinnvoll und begrenzt die Versiegelung. Trotz schwieriger Bodenverhältnisse wird das gesamte Niederschlagswasser auf dem Grundstück versickert. Alle Dächer und einige Fassaden sind begrünt (Quelle: Marcus Bredt).

Um Wohnraum zu schaffen, weichen Städte auch auf Flächen aus, die für andere Zwecke vorgesehen waren. Mit dem Regensburger Viertel entstand im Auftrag des Siedlungswerks Nürnberg auf einem 3,9 ha großen, untergenutzten Areal ein kleinteilig gegliedertes Stadtquartier mit 381 preisgünstigen Wohnungen, sozialen Einrichtungen, Gewerbe, Parkhaus und Blockheizkraftwerk. Der Entwurf von Behles & Jochimsen Architekten in Kooperation mit Topos Landschaftsarchitekten transformierte das Grundstück, das der Bebauungsplan aus den 1970er-Jahren für öffentliche Verwaltung in offener Bebauung vorsah, in ein lebendiges, dichtes Stück Stadt. Die besondere Wirkung des Blockes ergibt sich durch die hohe Dichte und die exponierte Lage des Grundstücks, das zwar infrastrukturell gut angeschlossen ist, aber städtebaulich isoliert zwischen Stadtrand, Gewerbegebiet und Bahntrasse liegt. Durch unterschiedliche Höhen und Farben, Knicke in den Fluchten, Gassen, Höfe und Tore entsteht der Eindruck einer gewachsenen Stadt. Bestehende denkmalgeschützte Bauten wurden integriert, wertvoller Baumbestand erhalten und/oder durch ökologische Ausgleichsmaßnahmen ergänzt.

B-Plan-Änderung als Werkzeug der Innenentwicklung

Die Grundlage bildete ein Bebauungsplan aus dem Jahr 1976, der für das Areal eine geringe Ausnutzung (Grundflächenzahl 0,4 und Geschossflächenzahl 1,0) und die Zweckbindung als Sondergebiet „Öffentliche Verwaltung“ festlegte. Vor dem Hintergrund des dringenden Wohnraumbedarfs beauftragte der Freistaat Bayern das landeseigene Siedlungswerk Nürnberg mit der Entwicklung eines neuen Quartiers. Um den Nutzungskatalog des Sondergebiets um Wohnen zu erweitern, war ein Änderungsbeschluss des Stadtrats für den bestehenden B-Plan notwendig – dies war auch die Grundlage für den Wettbewerb. Zur Beschleunigung des Verfahrens und der Sicherung einer geregelten Realisierung der mit der Bebauungsplanänderung (Nr. 3490) verfolgten Ziele wurde zwischen Stadt und Bauherr ein städtebaulicher Vertrag nach § 11 BauGB abgeschlossen. Die geplante Bebauung wurde schließlich in Bezug auf den bestehenden B-Plan und den Änderungsbeschluss genehmigt, über Ausnahmen gemäß § 31 Abs. 1 BauGB von den Festsetzungen des Bebauungsplans (u. a. für die Zulassung von Wohnungen, versorgenden Läden und sozialen Einrichtungen) und Befreiungen gemäß § 31 Abs. 2 BauGB.

> **Hinweis:** Auch wenn ein Änderungsverfahren für den Bebauungsplan noch nicht abgeschlossen ist, kann ein städtebaulicher Vertrag nach § 11 BauGB eine rechtssichere Grundlage schaffen, um zentrale Ziele wie Nutzung, Dichte oder soziale Infrastruktur verbindlich festzuschreiben. So lässt sich die Umsetzung sichern, während die planungsrechtlichen Verfahren im Hintergrund weiterlaufen.

Abb. 4.25: Das Regensburger Viertel gilt als beispielhafte städtebauliche Nachverdichtung und Innenentwicklung mit starker eigener Identität. Ein kontrolliertes Farbkonzept, wechselnde Fassadenraster, klare Sockel- und Dachabschlüsse sowie die Unterscheidung von Straßen- und Hoffassaden fördern Maßstäblichkeit und Adressbildung (Quelle: Marcus Bredt).

Abb. 4.26: Lageplan (Quelle: Behles & Jochimsen)

„Auch als Gegenentwurf zum Reichsparteitagsgelände und der uniformen Speer´schen Arbeitersiedlung auf der Parzelle war unser Ziel: so viel Stadt wie möglich! Wir bauen für eine bunte Gesellschaft. Deshalb haben wir trotz aller wirtschaftlichen Zwänge jeden Anlass zur Differenzierung umarmt. Die Gassen, die Höfe, die Häuser – alle sind verwandt, aber doch immer wieder anders."

Armin Behles (Behles & Jochimsen)

Städtebauliche Gefüge: Funktionszuordnung als Lärmpuffer

Das Areal ist in 4 Baufelder gegliedert, gefasst von einer Ringstraße und einer weitgehend geschlossenen Randbebauung als Lärmschutz. Innerhalb der Blöcke liegen Höfe, die über Passagen und sich kreuzende Gassen verbunden sind. Verdichtung entsteht durch minimierte Gebäudeabstände an den Gassen, während die Höfe großzügiger bemessen sind. Trotz erheblicher Lärmbelastung durch Bahn, Bundesstraße und Gewerbe gelang es, durch geschlossene Blockränder, klare Hofstrukturen und differenzierte Freiräume eine hohe Wohn- und Aufenthaltsqualität zu schaffen. An den lärmbelasteten Rändern positionierten die Planenden lärmunempfindliche Nutzungen: Bürohaus, Heizhaus, Parkhaus und Torbauten. Die hohen Immissionen erforderten auch eine klare Grundrisszonierung. Lärmschutz-Grundrisse ordnen Küchen, Bäder und Nebenräume zur lauten Seite hin an, während Wohn- und Schlafräume hofseitig liegen. Fenster an den belasteten Fassaden können nur eingeschränkt geöffnet werden und werden durch kontrollierte Wohnraumlüftung ergänzt.

Praxistipp: Lärmschutz sollte typologisch gedacht werden: Funktionale Zonierung ist wirtschaftlicher als nachträgliche technische Maßnahmen. Lärmzonen lassen sich im städtebaulichen Konzept idealerweise mit „Pufferbauten" belegen.

Exkurs: Lärm- und Schallschutz bei Nachverdichtung

Lärm ist eines der zentralen Konfliktfelder der Innenentwicklung. Nachverdichtungen an Bahntrassen, Bundesstraßen oder Gewerbegebieten sind dauerhaft hohen Immissionen ausgesetzt. Im Rahmen von Bebauungsplänen wie auch bei Genehmigungen nach § 34 BauGB zeigt sich regelmäßig, dass Wohnungsbau neben bestehendem Gewerbe nur mit erheblichem baulichem Mehraufwand möglich ist. Urbanes Wohnen wie in gewachsenen Stadtvierteln ist unter den aktuellen Vorgaben der „Technischen Anleitung zum Schutz gegen Lärm" (TA Lärm, 2017), im Rahmen des Bundes-Immissionsschutzgesetzes (BImSchG) bei Neuplanungen nur schwer realisierbar. Für Gewerbelärm gelten in Mischgebieten Richtwerte von 60 dB(A) am Tag und 45 dB(A) in der Nacht, in allgemeinen Wohngebieten 55/40 dB(A), für urbane Gebiete 63/45 dB(A) (§ 6a BauNVO). Innenraum-Richtwerte für Aufenthaltsräume liegen bei 35 dB(A) tagsüber und 25 dB(A) nachts. Die Rechtslage unterscheidet strikt zwischen Verkehrslärm und Gewerbelärm: Bei Verkehrslärm reicht passiver Schallschutz (z. B. mit Schallschutzfenstern) aus, um die Innenpegel-Richtwerte in Aufenthaltsräumen einzuhalten. Bei Gewerbelärm (gemessen außen, 0,5 m vor dem Fenster) gelten die deutlich strengeren Richtwerte der TA Lärm. Das führt dazu, dass Aufenthaltsräume an gewerbelärmbelasteten Fassaden oft unzulässig oder nur mit Festverglasung zulässig sind, die ausschließlich zu Reinigungszwecken geöffnet werden darf. Mögliche Lösungen sind Lärmschutz-Grundrisse, die laute und leise Zonen klar trennen (Vermeidung von Immissionsorten), sowie spezielle Box- oder Kastenfenstersysteme mit zweifacher Fensterebene. Diese sogenannten Hafencity-Fenster ermöglichen über horizontal und/oder vertikal versetzte Öffnungsflügel eine gekippte Stellung nach dem Prinzip eines Umlenk-Schalldämpfers. So kann trotz hoher Außenpegel eine natürliche Belüftung gewährleistet werden.

Modularität im konventionellen Massivbau

Neben den Haustypen „Regensburger Straße" (Dreispänner mit vorgelagerten Balkonen) und „Hans-Kalb-Straße" (Lärmschutz-Grundrisse) sorgen Eckhäuser mit halbrunden Balkonen, markante Torhäuser und ein Lowtech-Hochhaus für stadträumliche Akzente. Die Höhenstaffe-

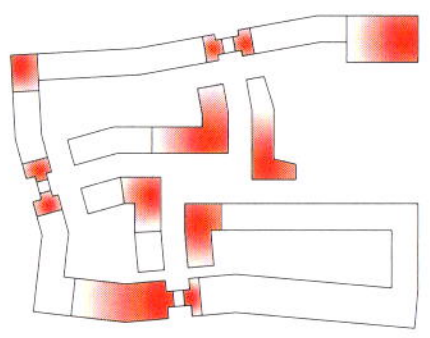

1. Urbane Nutzungsmischung
Zur Belebung des Quartiers werden an städtebaulich exponierten Stellen im EG öffentliche und gewerbliche Nutzungen angeordnet. Der Charakter einer reinen Wohnsiedlung wird auch durch die zusätzlichen Gewerberäume längs der Bahntrasse vermieden.

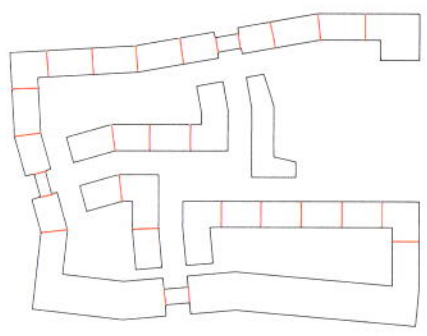

2. Parzellierung
Es werden überschaubare, ablesbare Hauseinheiten ausgebildet, die in der Regel über ein – und nur ein – Treppenhaus verfügen.

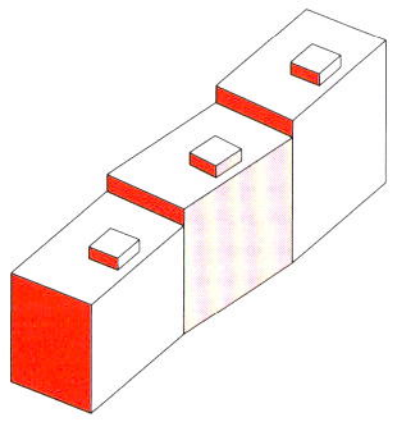

3. Geometrische Differenzierung
Die hausweise Höhenstaffelung und die Knicke in den Baufluchten unterstreichen die Individualität der Hauseinheiten.

4. Typus ja, Serie nein
Die Häuser basieren auf einem gemeinsamen Grundmodul. Dennoch vermeidet der städtebauliche Rahmenplan Wiederholungen und provoziert vielfältige Variationen.

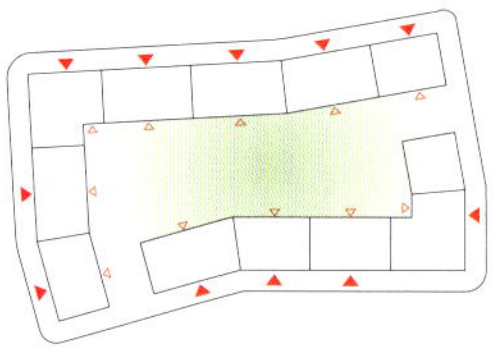

5. Adressierung
Die Eingänge liegen an der Straße, Nebeneingänge an den Gartenhöfen.

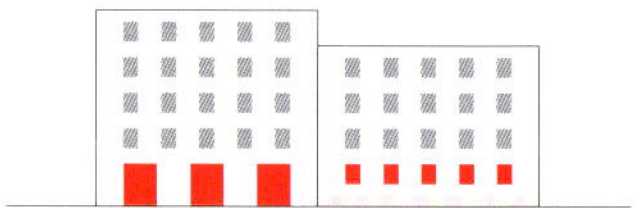

6. Hochparterre
Aus Gründen der Privatheit werden die Erdgeschosse der Wohnungen 90 cm angehoben, Gewerbeflächen verbleiben ebenerdig.

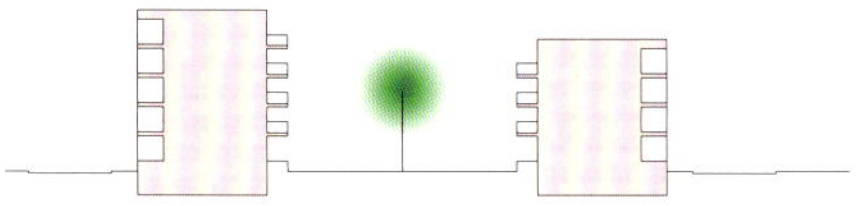

7. Straßen und Höfe
An den öffentlichen Räumen sind Wintergärten und Loggien vorgesehen, an den halböffentlichen Räumen Balkone und erhöhte Terrassen.

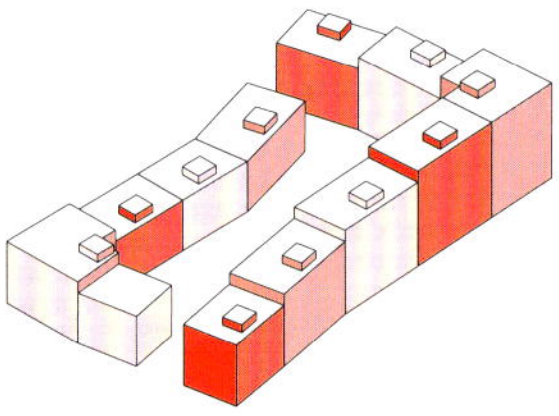

8. Farbigkeit
Ein Farbkonzept betont die Individualität der Häuser und unterstreicht gleichzeitig die Wahrnehmung des Quartiers als ein Ensemble.

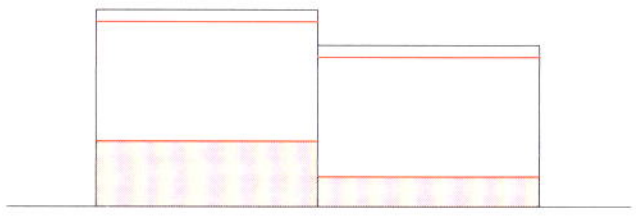

9. Fassadengliederung
Bei allen Häusern werden eine Sockelzone und ein Dachabschluss artikuliert.

Abb. 4.27: Gestaltungsprinzipien für das Regensburger Viertel (Quelle: Behles & Jochimsen)

Abb. 4.28: Grundriss EG: Die einfachen Baukörper ermöglichten trotz Knicken und Höhenstaffelung einen günstigen Rohbau. Das Hochparterre reduzierte teuren Erdbau und erhöhte die Qualität der untersten Wohnungen. In den Grundrissen wurden wenige Module vielfach wiederholt und immer wieder anders kombiniert. Durch reduzierte Details blieb mehr finanzieller Spielraum bei der Materialität (Quelle: Behles & Jochimsen).

lung betont Ecken und Übergänge. Die Herausforderung war es, bei steigenden Baupreisen qualitätsvolles und bezahlbares Wohnen zur Miete zu realisieren. Einfache Baukörper und Baukonstruktionen, die Modularisierung der Grundrisse und die Standardisierung vieler Bauteile wie z. B. der Treppenhäuser halfen dabei, Kosten zu reduzieren. Der Rohbau wurde bewusst konventionell in Kalksandstein-Mauerwerk und Teil-Fertigteildecken geplant, um einen breiten Bieterkreis für die Rohbauleistungen anzusprechen. Im Gegenzug war ein im Rahmen des sozialen Wohnungsbaus hoher Standard bei Fassaden und Ausbau möglich.

Praxistipp: Modulbau sollte kritisch hinterfragt werden. Vorgefertigte Module hätten beim Regensburger Viertel trotz der hohen Anzahl der Wohnungen keinen Kostenvorteil erwirkt. Der entscheidende Hebel lag in der Wiederholung einfacher Bauteile innerhalb einer konventionellen Bauweise – oft flexibler, anpassungsfähiger und günstiger als komplette Systemlösungen.

Robuste Stadträume: Transformationsfähigkeit einplanen

Die Grundstruktur des Viertels ist bewusst robust angelegt: 4 Baufelder mit klaren Blockrändern, Gassen, Höfen und einem zentralen Platz. Dies ermöglicht es, einzelne Bausteine auszutauschen oder neu zu programmieren, ohne den Gesamtcharakter des Quartiers infrage zu stellen. Die Riegel bestehen aus 35 Einzelhäusern. Das unterstützt nicht nur Adressbildung und Vielfalt, sondern erleichtert auch die spätere Ersetzbarkeit einzelner Einheiten. Auch die einfachen Gebäudestrukturen mit wenigen tragenden Wänden und modular entwickelten Grundrissen lassen Anpassungen im Inneren zu. Das Parkhaus soll mittelfristig durch Wohn- oder Gewerbenutzungen ersetzt werden, sobald sich der Stellplatzbedarf verringert.

Praxistipp: Städtebauliche Interventionen sollten auf sich verändernde Anforderungen reagieren können. Klare Raumtypologien bilden eine dauerhafte Struktur, innerhalb derer einzelne Bausteine transformiert werden können. Übliche Hausbreiten, klare Parzellierung und gute Erschließung sind die Grundlagen für Anpassungen über Jahrzehnte.

Seitenwechsel: Werkplanung im Auftrag des Generalunternehmers

Behles & Jochimsen übernahmen nach Leistungsphase 4 zunächst die Entwicklung der Leitdetails für die Generalunternehmer-Ausschreibung im Auftrag des Bauherrn. Nach der Vergabe wechselten sie auf dessen Wunsch die Seite und führten die Ausführungsplanung im Auftrag des Generalunternehmers fort. Diese Konstellation ermöglichte eine deutlich engere Abstimmung in der Bauphase. Gerade bei komplexen Detailfragen wie etwa der schwellenlosen Ausführung der Balkone ließ sich so gemeinsam eine regelabweichende, kostengünstige Lösung entwickeln, die in einer klassischen Rollenverteilung und Einzelvergabe nach Gewerken kaum durchsetzbar gewesen wäre.

Tabelle 4.4: Objektübersicht Regensburger Viertel

Projektdetails	Beschreibung
Standort	Nürnberg
Bauherr	Siedlungswerk Nürnberg GmbH
Planung	Behles & Jochimsen Gesellschaft von Architekten mbH BDA (www.behlesjochimsen.de)
Projektbeteiligte	Landschaftsarchitektur: TOPOS, Berlin Generalunternehmer: Max Bögl, NL Nürnberg Oberbauleitung: GAPP, München
Typologie	vorher: aufgeforstete Fläche, vorgesehen für Verwaltungsbau nachher: urbanes Wohnquartier
Fertigstellung	2024
Maßnahme	Neubau, Innenverdichtung, Städtebau
Verfahren	Wettbewerb 2016, B-Plan-Änderung
Finanzierung	45 % EOF-gefördert, 55 % frei finanziert
Baukosten	KG 300 + 400: 2.350 €/m^2 Wohnfläche
Brutto-Grundfläche	vorher: 1.060 m^2 nachher: 65.700 m^2
Grundflächenzahl	vorher: 0,20 nachher: 0,38
Geschossflächenzahl	vorher: 0,04 nachher: 1,73
Energieeffizienz	KfW 55
Städtebau	4 Baufelder, Ringstraße, geschlossene Randbebauung, zentrale Platzfolge
Schallschutz	Randbebauung als Puffer, Lärmschutz-Grundrisse
Abstandsflächen	0,4 H in Gassen und Außenrändern ausgereizt
Stellplätze	Parkhaus: 365 Plätze, Quartier innen autofrei, kleine Tiefgarage unter dem Hochhaus
Besonderheit	Integration denkmalgeschützter Bauten (Albert Speer, 1939), Anschlussoption an Nachbarsiedlung

Regensburger Viertel @ Behles & Jochimsen:

Praxistipp: Die Rollenverteilung integrativ neu zu denken, kann eine hilfreiche Strategie sein. Auch wenn unüblich, kann der Seitenwechsel der Planenden von der Bauherren- auf die Generalunternehmerseite (Leistungsphase 5) die Umsetzung architektonischer Qualitäten sichern. Vorausgesetzt, Bauherr, Generalunternehmer und Architekten arbeiten eng zusammen, lässt sich so auch in der Bauphase Einfluss auf Detailentscheidungen nehmen.

4.7 Freiraum

4.7.1 Bürogebäude an der Darwinstraße – öffentlicher Dachgarten, Berlin

Funktionale Verdichtung: Öffentlich zugänglicher Dachgarten kompensiert versiegelte Fläche

- Biodiversität
- Brownfield
- Dachbegrünung
- Ersatzneubau mit erhöhter Ausnutzung
- Hortitecture
- Monitoring
- Schwammstadt
- Stadtklima
- Vitalität der Stadt

Abb. 4.29: Der Entwurf maximiert die Integration von Grünflächen und verbindet die Nachverdichtung mit einem Mehrwert für das städtische Ökosystem sowie einem sozialen Nutzen für das Quartier (Quelle: Hanns Joosten).

In Berlin-Charlottenburg haben Grüntuch Ernst Architekten mit dem Neubau eines Bürogebäudes an der Darwinstraße einen städtebaulichen Impuls gesetzt. Als erstes realisiertes Projekt auf dem Gelände eines ehemaligen Kraftwerks auf der Mierendorff-Insel leitet es die Transformation eines Brownfields ein, das zu einem urbanen Quartier mit über 100.000 m^2 Wohn- und Gewerbeflächen umgewandelt wird. Herzstück des achtgeschossigen Neubaus ist ein 2.200 m^2 großer, öffentlich zugänglicher Dachgarten, der sich kaskadenartig über mehrere Ebenen erstreckt. Auch die Arbeitsbereiche in allen Bürogeschossen können über Schiebetüren zum Freibereich geöffnet werden. Der Bürobau verknüpft moderne Arbeitswelten mit einem Park hoch über der Stadt – als funktionale Verdichtung, als soziale Erweiterung und als Beitrag zur städtischen Resilienz. Der Entwurf zeigt: Verdichtung kann auch Freiraum schaffen, wenn versiegelte Flächen wieder „befreit“ werden.

> **Hinweis:** Die gebaute Stadt ist voller ungenutzter Ressourcen, insbesondere auf den Dächern. Wer Stadtklima, Biodiversität und Lebensqualität ernst nimmt, sollte Dachflächen als produktive urbane Oberfläche denken. Das erfordert eine neue Wertschätzung des Bestands und ein integriertes, interdisziplinäres Planen. Verdichtung bedeutet nicht nur mehr Volumen, sondern immer auch mehr Qualität.

Dachflächen aktivieren: vom Technikraum zum Stadtpark

Statt der üblichen Haustechnikaufbauten krönt das Bürogebäude ein intensiv begrünter Dachgarten. Die Begrünung ist funktionales Element eines städtebaulichen, ökologischen und sozialen Konzepts. Die Detailplanung der Außenanlagen und das Pflanzkonzept von capattistaubach urbane landschaften reicht von extensiven Wildstaudenflächen auf unteren Terrassen bis hin zur intensiv begrünten oberen Dachlandschaft. Gräser, Stauden und Böschungsbegrünungen begleiten die Wege, schirmen Technikzonen ab und schaffen vielfältige Aufenthaltsqualitäten. Rund 850 m^2 Staudenflächen, eine zentrale Rasenfläche sowie hohe Bäume machen das Dach zu einem echten Park. Breite Pflanzbänder und geschützte Nischen schaffen Rückzugsorte mit Aufenthaltsqualität. Insgesamt wurden über 25 Pflanzenarten eingesetzt, die nicht nur zur CO_2-Bindung und Kühlung beitragen, sondern auch Lebensraum für Vögel, Insekten und Kleintiere bieten.

> **Praxistipp:** Dachflächen können als Ressource begriffen werden und sind frühzeitig als Freiraum mitzudenken. Nur so lassen sich Tragstruktur, Erschließung, Entwässerung, Brandschutz und Vegetation integrativ planen. Vegetation auf Dächern erfordert eigene technische Standards – von Windlast bis Blitzschutz.

Funktionsüberlagerung statt Flächenkonkurrenz

Der Dachgarten dient nicht nur der ökologischen Kompensation, sondern bietet auch Aufenthaltsqualitäten, die sowohl Büronutzenden als auch der Öffentlichkeit zugutekommen. Als Arbeits-, Begegnungs- und Erholungsort erfüllt er Anforderungen moderner Arbeitswelten. Verschiedene Nutzungszonen wie Rasenflächen, Holzdecks, Sitznischen, Yoga-Plattformen und ein Aussichtspunkt ermöglichen parallele Aktivitäten.

„Wenn man auf das Dach steigt und rundum nur Bitumendächer sieht, fragt man sich: Wie kann das sein? Diese Flächen sind viel zu wertvoll, um ungenutzt zu bleiben. Für uns war klar: Wir müssen sie aktivieren. Nicht als grüne Deko, sondern als echten urbanen Lebensraum. Das Projekt zeigt, dass Nachverdichtung nicht nur enger, sondern auch offener bedeuten kann."

Almut Grüntuch-Ernst (Grüntuch Ernst Architekten)

„Gab es Stolpersteine? Natürlich. Vor allem die Frage, wie öffentlich ein solcher Ort wirklich sein kann. Wir haben alles darauf ausgelegt – barrierefrei, sicher, einladend. Aber wie der Garten letztlich genutzt wird, wie der Alltag aussieht, das wird sich erst zeigen. Architektur ist immer ein Experiment."

Almut Grüntuch-Ernst (Grüntuch Ernst Architekten)

Praxistipp: Multifunktionale Außenräume erfordern robuste Materialien, einfache Zugänglichkeit und ein detailliertes Zonierungskonzept, um unterschiedliche Nutzergruppen und Nutzungszeiten ohne gegenseitige Störung zu ermöglichen. Die Ausstattung mit Stromanschlüssen und WLAN erlaubt temporäres Arbeiten im Freien im Sinne von New Work.

Abb. 4.30: Dachaufsicht mit durchgehender Wegeführung, 52 Sitzplätzen auf insgesamt 40 m Sitzbänken, 13 m Tischlänge für gemeinschaftliche Nutzung und einer Holztribüne für 85 Personen (Quelle: Grüntuch Ernst Architekten)

Exkurs: Gebäudebegrünung im Bestand

Die Begrünung bestehender Gebäude bietet ein bislang häufig unterschätztes Potenzial für eine klimaresiliente und sozial verträgliche Stadtentwicklung. Im Gegensatz zum Neubau, bei dem Dach- oder Fassadenbegrünungen integraler Bestandteil der Entwurfsplanung sein können, stellt die Umsetzung im Bestand höhere Anforderungen an Konstruktion, Genehmigung und Pflege. Dennoch lassen sich auch bei Bestandsbauten funktionale Begrünungen mit großer stadtklimatischer Wirkung realisieren. Neben extensiven Dachbegrünungen mit geringen Aufbauten und niedriger Lastaufnahme sind insbesondere auch kombinierte Lösungen denkbar: Retentionsdächer mit technischer Wasserbewirtschaftung, temporäre Begrünungselemente oder modulare Pflanzsysteme mit geringem Eigengewicht. Fassadenbegrünungen können zur Verschattung, Dämmung und städtebaulichen Integration beitragen. Auch kleinere Maßnahmen wie bepflanzte Pergolen, Rankhilfen oder begrünte Gebäudesockel leisten einen Beitrag zur biologischen Vielfalt und gestalterischen Aufwertung.

Literaturtipps:	Mann et al.: Handbuch Bauwerksbegrünung, 2. Aufl. Köln: RM Rudolf Müller Medien GmbH & Co. KG, 2022:	Pfoser: Handbuch Bauwerksbegrünung im Bestand. Köln: RM Rudolf Müller Medien GmbH & Co. KG, 2025:

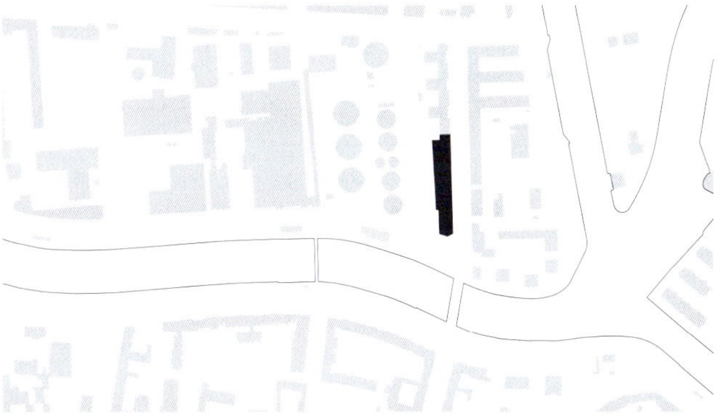

Abb. 4.31: Lageplan (Quelle: Grüntuch Ernst Architekten)

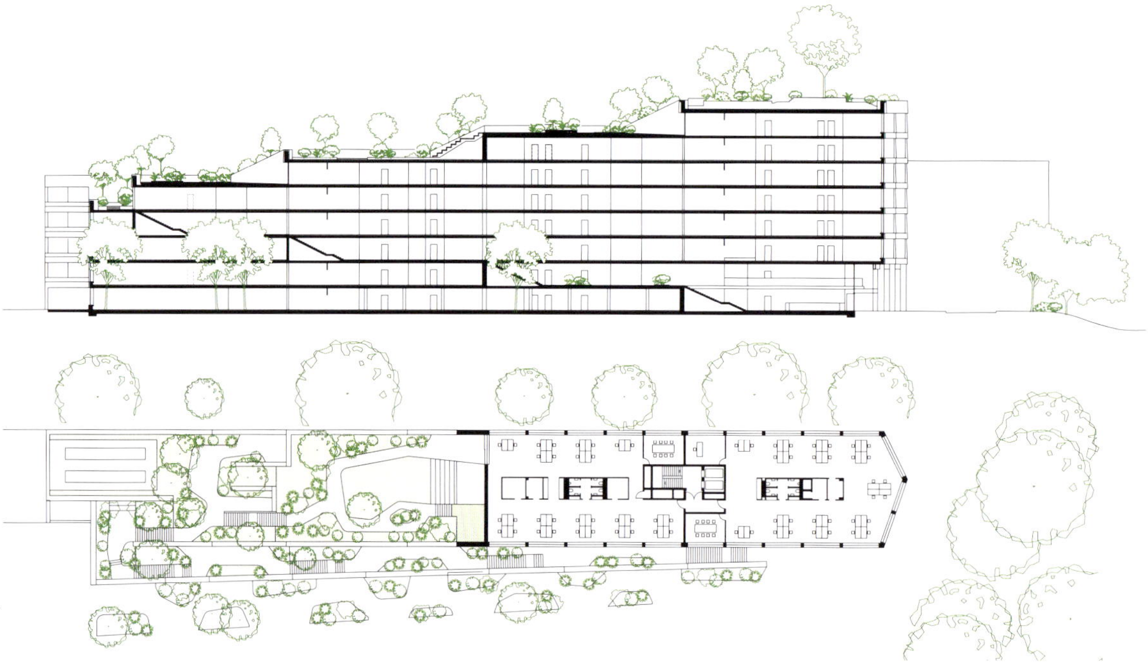

Abb. 4.32: Längsschnitt (oben) und Grundriss 6. OG (unten): Der Höhenunterschied beträgt 29,55 m über 8 Geschosse mit 177 Stufen. Wasserdurchlässige Parkwege sorgen für natürliche Versickerung (Quelle: Grüntuch Ernst Architekten).

Abb. 4.33: *„Ein Morgen im Winter, frischer Schnee, völlige Ruhe. Und überall auf dem Dach: Tierspuren. Das war der Moment, in dem ich dachte: Der Garten wird angenommen. Nicht nur von den Menschen."* Almut Grüntuch-Ernst (Quelle: Grüntuch Ernst Architekten)

Abb. 4.34: Platzierung der großen Bäume (Quelle: Bauwens)

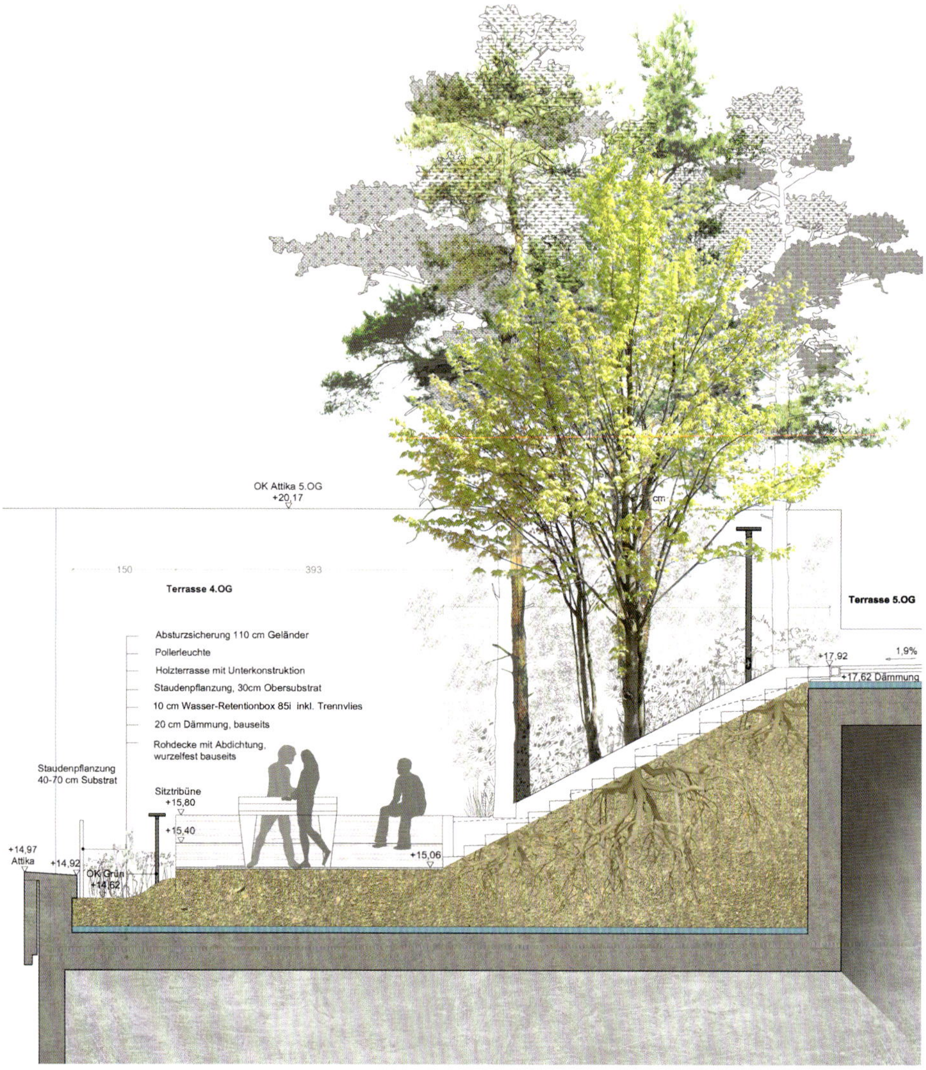

OK Oberkante

Abb. 4.35: Schnitt durch den Dachaufbau (Quelle: capattistaubach)

Konstruktion für lebende Lasten

Das Stahlbetonskelett-System des Neubaus erlaubt flexible Raumzuschnitte und wurde mit Nutzlastreserven für spätere Umnutzungen bemessen. Das Achsraster und variable Anschlusspunkte für Raumtrennungen und Gebäudetechnik ermöglichen vielfältige Nutzungsvarianten über den Lebenszyklus hinweg. Die größte Herausforderung der Traglastplanung war die intensive Dachbegrünung mit 22 hochstämmigen Bäumen. Diese lebenden Lasten erfordern spezialisierte technische Lösungen: Die Bäume wurden über eigens entwickelte Stahlkörbe zur Ballenfixierung dauerhaft in der Stahlbetondecke verankert. Die statische Integration wurde vom Prüfstatiker freigegeben. Die Substratschicht liegt in Teilbereichen bis zu 1,5 m tief; die Deckentraglast wurde entsprechend verstärkt. Für die Speicherung und kontrollierte Rückführung von Niederschlagswasser wurde ein mehrschichtiger Retentionsaufbau mit Kapillarmatten implementiert. Blitzschutz, Pflegewege und Bewässerungssysteme wurden von Beginn an in der Planung berücksichtigt. Das Projekt definieren die Planenden als Hortitecture – die synergetische Verbindung von Bau und Vegetation. Der Begriff bezeichnet die interdisziplinäre Forschungsfrage am Institut von Almut Grüntuch-Ernst an der TU Braunschweig und setzt sich aus „hortus" (lat.: Garten) und dem englischen „architecture" zusammen.

Praxistipp: Hortitecture-Tragwerke sollten als dynamische Systeme verstanden werden. Lastannahmen müssen nicht nur den Planungszustand, sondern auch die langfristige Entwicklung von Vegetation, Windlasten und Wasserretention berücksichtigen. Eine vorausschauende Lastenplanung mit Reserven schafft Spielräume für zukünftige Entwicklungen.

Klimaresilienz und Biodiversität

Der Dachgarten kompensiert den Großteil der versiegelten Bodenfläche. Er ist Bestandteil der städtischen Klimaanpassung und leistet über Verdunstungskühlung einen Beitrag zur urbanen Resilienz des gesamten Viertels. Er bindet mit seiner Biomasse bis zu 5 t CO_2 pro Jahr, verbessert das Mikroklima und reduziert Hitzestress. Gleichzeitig entstehen mit Nistkästen, Wildbienenhabitaten und über 13.800 Pflanzen auf rund 720 m^2 Pflanzfläche neue Biotope. Zudem wirkt die Begrünung als natürliche Dämmung, senkt den Energieverbrauch des Gebäudes und trägt zur Lärmminderung bei.

Hinweis: Begrünung auf Dächern wirkt nur langfristig, wenn sie als eigenständiger Lebensraum betrachtet wird. Bepflanzungskonzepte müssen biodiversitätsfördernde Strukturen integrieren, und zwar durch Höhenstaffelung, Blühabfolgen, Nistangebote und Rückzugsräume. Eine möglichst große strukturelle und ökologische Varianz erhöht die Resilienz.

Tabelle 4.5: Objektübersicht Bürogebäude Darwinstraße

Projektdetails	Beschreibung
Standort	Berlin
Bauherr	Bauwens Development GmbH (www.bauwens.de)
Planung	Grüntuch Ernst Architekten (www.gruentuchernst.de)
Projekt-partner	Freiraumplanung: capattistaubach urbane landschaften (www.capattistaubach.de)
Typologie	vorher: Kraftwerksgelände (Lagerschuppen) nachher: Bürogebäude mit öffentlich zugänglichem Dachgarten
Fertigstellung	2024
Maßnahme	Neubau mit intensiv begrüntem Dachpark, Erschließung, Freiraumgestaltung
Brutto-Grundfläche	ca. 15.000 m^2, ca. 2.200 m^2 (Dachgarten)
Brutto-Rauminhalt	48.349 m^3
Zertifikate	DGNB-Vorzertifikat in Platin
Statik	Stahlbetonskelett-Bau mit Nutzlastreserven
Vegetation	27 Bäume bis 12 m Höhe, ca. 13.800 Pflanzen, Staudenflächen, Rasen, Nistplätze
Wasser-management	Retentionsdach mit Kapillarmatten und Substrataufbau bis 1,5 m
Awards	DAM Preis 2026 (Nominierung)
Besonderheit	öffentlicher Zugang über Außentreppe, wissenschaftliches Monitoring (TU Berlin)

Bürogebäude an der Darwinstraße @ Grüntuch Ernst Architekten:

Genehmigungsprozesse gestalten: Kooperation vor Standard

Da öffentlich zugängliche Dachgärten mit intensivem Bewuchs bislang außerhalb der baurechtlichen Normierung liegen, war eine enge Abstimmung mit den zuständigen Behörden notwendig. Sicherheitskonzepte, Fluchtwege, Nutzungsregeln und Pflegeverantwortung wurden projektindividuell definiert. Das Projekt zeigt, dass rechtliche Spielräume durch frühzeitige, lösungsorientierte Kommunikation erweitert werden können.

Praxistipp: Frühe Koordination ersetzt fehlende Normen. Bei nicht standardisierten Vorhaben empfiehlt sich ein proaktives, transparentes Vorgehen in Kooperation mit den Genehmigungsbehörden. Die frühe Einbindung der Partner – insbesondere von Brandschutz, Tragwerksplanung und Bauaufsicht – erleichtert die Klärung genehmigungsrelevanter Sonderlösungen.

Monitoring, Pflege und Verstetigung

Die Entwicklung des Dachgartens soll zukünftig wissenschaftlich begleitet werden. In einem Monitoring werden Mikroklima, Biodiversität, Pflanzenwachstum und CO_2-Bindung über längere Zeiträume dokumentiert. Die evidenzbasierten Erfahrungswerte sollen zukünftige Projekte erleichtern. Neben der Planung der Bewässerung wurde ein Pflegekonzept für Vegetation und Ausstattung erarbeitet. Um die Bäume im Vorfeld an das Leben auf dem Dach anzupassen, wurden sie bereits in der Baumschule mehrfach umgepflanzt, um möglichst resilient zu werden.

Hinweis: Nachhaltigkeit braucht Verstetigung. Pflegekonzepte, Monitoring und Anpassungsfähigkeit sind essenziell. Vegetation ist kein statisches Bauteil, sondern ein sich änderndes System. Bäume leben, wachsen und brauchen Raum. Sie wirken auf Windlast, Statik und Wartung. Alles muss als integrales System gedacht werden.

5 Transformation

Statement von Pascal Maas und Andreas Krys, MAAS & PARTNER Architekten

5.1 Position

Transformation verschiebt den Entwurfsfokus vom Neuschaffen zum Weiterarbeiten. Wie diese Haltung den Umgang mit Bestand prägt, erläutern Pascal Maas und Andreas Krys (MAAS & PARTNER Architekten):

„Entwurfsprozess unter Widerstand

Transformation heißt in erster Linie Umprogrammierung: Gebäude werden nicht mehr in ihrer ursprünglichen Logik genutzt, sondern mit neuen Funktionen aufgeladen. In dicht gewordenen Städten sind es genau diese Umnutzungen, die den Unterschied machen – weil sie Fläche freispielen, neue Sinnzusammenhänge und Nachbarschaften schaffen. Was einst Produktionshalle war, kann heute Büro, Werkstatt, Kulturort oder Wohnraum werden. Urbane Transformation ist deshalb auch nicht Reparatur, sondern Entwurfsaufgabe. Sie ist ein Entwurfsprozess unter Widerstand: Wir arbeiten mit Tragwerken, die uns Grenzen setzen, mit Räumen, die sich nicht nach Norm erschließen lassen, und mit Substanzen, die nicht glatt und perfekt sind. Genau darin liegt aber der Mehrwert: Alte Strukturen zwingen dazu, anders zu denken, Programme zu überlagern und neue Schnittstellen zu entwickeln. Die Transformation ist damit auch kein nachträglicher Kompromiss, sondern ein strategisches Werkzeug. Sie macht es möglich, neue soziale, kulturelle und wirtschaftliche Funktionen in bestehende Stadtstrukturen hineinzuschreiben. Urbane Transformation bedeutet, das schon Gebaute als räumliche, konstruktive und atmosphärische Ressource zu begreifen.

Transformation gestalten – 10 Planungsansätze

Transformation zu planen heißt, den Mut zu haben, bestehende Gebäude nicht zu glätten oder zu tilgen, sondern sie weiterzuschreiben:

1. **Sehen – Potenziale erkennen:** Transformation beginnt mit der Bereitschaft, Orte trotz schlechter Substanz ernst zu nehmen. Wer nur den Mangel sieht, übersieht den Zauber.
2. **Aufdecken – den Bestand verstehen:** Freilegen, Sandstrahlen, Dokumentieren: Erst durch das Sichtbarmachen wird klar, womit man arbeitet – seien es Rohbeton, alte Träger oder historische Schadstellen.
3. **Verstehen – Materialpräsenz akzeptieren:** Verständnis für den Ursprung hilft beim Konzept des Weiterbauens, Altes authentisch alt zu lassen und Neues authentisch neu zu gestalten.
4. **Ordnen – Programme neu schreiben:** Nutzung und Programm werden neu gedacht: Balance von Raum und Zwischenraum, Öffentlichkeit und Privatheit, Kommunikation und Konzentration.
5. **Komponieren – Haltung zeigen:** Dem Bestand wird nicht mit Verkleidung begegnet, sondern mit Materialien, die seine Eigenschaften aufnehmen: Beton, Ziegel, Glas, Holz – sachlich, roh, unverkleidet, je nachdem.
6. **Labor – Handwerk wertschätzen:** Transformation ist Detailarbeit.
7. **Resilienz – vom Bestand lernen:** Den Bestand als Entwurfsführer akzeptieren, um Konsistenz im Prozess zu bewahren: Das „Was" kann vordefiniert werden, das „Wie" beschreibt der Bestand. Resilienz bedeutet, das Gebäude als Mitautor zu akzeptieren.
8. **Mutig sein – Entscheidungen treffen:** Transformation braucht Haltung, auch wenn es gegen den Mainstream geht. Es ist die Suche nach Bedeutung, Lesbarkeit und Entschlossenheit.
9. **Raum im Raum – Möbel als Architektur:** Transformation endet nicht bei Wänden. Großformatige Einbauten, mobile Wände und eine kuratierte Auswahl von Möbeln machen Räume wandelbar und erhalten ihren Wert.
10. **Spielen – Architektur leben:** Transformation wird erst im Alltag wirksam. Die Nutzung zeigt, ob Räume Offenheit und Resonanz entfalten. Nur gelebte Räume sind wirklich nachhaltig.

Transformation zu planen heißt auch, alte Gewissheiten loszulassen. Es bedeutet, Materialehrlichkeit vor Verkleidung zu setzen, die Unwägbarkeiten des Bestands als Ressource zu begreifen und Räume so offen zu gestalten, dass sie mit zukünftigen Anforderungen wachsen können."

5.2 Definition

5.2.1 Wandel durch Neuinterpretation des Bestands

› Urbane Transformation
Urbane Transformation beschreibt den Wandel bestehender Stadt- und Gebäudestrukturen. Sie entsteht dort, wo gesellschaftliche Veränderungen (Demografie, Digitalisierung oder neue Arbeits- und Lebensmodelle), ökologische Herausforderungen (Klimawandel und Ressourcenschonung) und ökonomische Verschiebungen (Leerstände sowie Strukturwandel) auf den Gebäudebestand treffen. Transformation umfasst die Anpassung und Weiterentwicklung von baulicher Substanz, Infrastrukturen und Freiräumen. Sie ist ein übergeordneter Prozess, der über die reine Sanierung hinausgeht und auch funktionale, kulturelle und soziale Neubewertungen einschließt.

› Umnutzung
Umnutzung ist ein Teilbereich der Transformation und ihre wichtigste operative Form. Sie bedeutet die Überführung eines Bauwerks in eine neue, von der ursprünglichen abweichende Funktion, ohne dessen Substanz vollständig zu ersetzen. Im Unterschied zur Sanierung oder Modernisierung, die die bestehende Nutzung optimieren, verleiht die Umnutzung dem Gebäude einen neuen Zweck. Damit geht eine Neucodierung einher:

- **Materiell:** Tragwerk, Kubatur, Hülle und Infrastruktur werden so weit wie möglich verwendet.
- **Funktional:** Die Nutzung wechselt, z. B. von Lager zu Büro oder von Fabrik zu Kultur.
- **Symbolisch:** Gebäude, die ihre alte Funktion verloren haben, erhalten eine neue Bedeutung für das Quartier oder die Stadtgesellschaft.

Transformation und Umnutzung verbinden Bestandserhalt mit Innovation und machen brachliegende oder obsolet gewordene Immobilien zu Trägern neuer sozialer, wirtschaftlicher und kultureller Dynamiken.

› Adaptive Reuse
Adaptive Reuse bezeichnet die gezielte Umnutzung bestehender Gebäude. Dabei bleibt deren bauliche Struktur weitgehend erhalten und wird durch minimale, funktional ausgerichtete Eingriffe für eine neue Nutzung aktiviert. Der Fokus liegt auf Ressourcenschonung und kreativer Neuinterpretation im Bestand. Im Unterschied zur umfassenderen Transformation, die tiefgreifende räumliche, technische und programmatische Umbauten bis hin zur kompletten Neustrukturierung umfassen kann, zielt Adaptive Reuse primär darauf, mit dem Vorhandenen zu arbeiten und dessen Qualitäten in einen neuen Kontext zu überführen.

5.2.2 Transformations- und Umnutzungstypologien

Transformation verlangt ein tiefes Verständnis des ursprünglichen Gebäudetypus, seiner Raumstruktur, Tektonik und kulturellen Bedeutung. Nur so werden angemessene Strategien entwickelt, die bestehende Qualitäten respektieren und neue Funktionen integrieren. Tabelle 5.1 fasst die wichtigsten Kriterien dafür zusammen.

› Industrie- und Gewerbebauten
Dieser Gebäudetypus umfasst Fabriken, Werkstätten und Lagerhallen (19. Jahrhundert bis 1970er-Jahre). Viele dieser Standorte verlieren ihre Funktion durch Deindustrialisierung, Automatisierung oder die Verlagerung von Produktion an die Peripherie. Wichtige Parameter:

- **Potenzial:** robuste Strukturen, große Spannweiten und zentrale Lage
- **Herausforderungen:** Schadstoffbelastung und Denkmalschutz
- **neue Nutzung:** Lofts, Ateliers, Büros, Kultur oder Maker Spaces

› Büro- und Verwaltungsgebäude
Zu diesem Transformationstypus zählen Büro(hoch)häuser und Verwaltungsbauten (1960er- bis 1990er-Jahre). Home-

Tabelle 5.1: Kriterienkatalog zur Bewertung der ursprünglichen Gebäudetypen für eine Transformation (eigene Auflistung nach Müller, 2022)

Kriterien	Relevanz für die Transformation	Hinweise für die Praxis
architektonische Qualität	Maßstab für räumliche, atmosphärische und gestalterische Integrität	Qualität sichern durch kritische Bestandsanalyse
Typuskompetenz	Respekt vor Eigenlogik und kultureller Bedeutung des Gebäudetyps	Transformation orientiert am Typus entwickeln
Prozessqualität	Qualität der Zusammenarbeit, Moderation und Entscheidungsfindung	Stakeholder frühzeitig und kontinuierlich einbinden
Akzeptanz	Anerkennung und Unterstützung durch Nutzende und Umfeld	Partizipation und Kommunikationsstrategien nutzen
funktionale Angemessenheit	Übereinstimmung von neuer Nutzung und baulicher Struktur	Verträglichkeit prüfen
Lesbarkeit der Schichten	historische und neue Layer sichtbar machen	gestalterisch klar unterscheidbare Eingriffe vornehmen

office und flexible Arbeitsmodelle reduzieren den Flächenbedarf. Viele Altbauten entsprechen nicht mehr heutigen technischen oder energetischen Standards. Wichtige Parameter:

- **Potenzial:** zentrale Lage, gute Erschließung und modulare Grundrisse
- **Herausforderungen:** tiefe Grundrisse, Belichtung und Brandschutz
- **neue Nutzung:** Wohnen, Co-Working, Hotels, Bildung oder Soziales

› **Handelsimmobilien**
Kaufhäuser, Supermärkte und Shopping-Center (1950er- bis 2000er-Jahre) fallen zunehmend aus der Nutzung. Online-Handel und veränderte Konsumgewohnheiten lassen Verkaufsflächen überflüssig werden, ganze Innenstadtlagen verlieren ihre Frequenz. Wichtige Parameter:

- **Potenzial:** große Flächen, optimale Erreichbarkeit und städtebauliche Schlüssellagen
- **Herausforderungen:** Monostrukturen, große Tiefe und fehlende Belichtung
- **neue Nutzung:** Wohnen, Kindertagesstätten, Pflege, Logistik, Kultur oder Freizeit

› **Sakralbauten**
Kirchen, Klöster und Kapellen (Mittelalter bis 20. Jahrhundert) gehören zu den prägendsten, zugleich aber sensibelsten Transformationstypologien. Sinkende Mitgliederzahlen und hohe Unterhaltskosten machen es Gemeinden zunehmend unmöglich, diese Gebäude weiterhin zu nutzen oder zu finanzieren. Wichtige Parameter:

- **Potenzial:** prägnante Architektur, Identität und Symbolkraft
- **Herausforderungen:** Denkmalschutz, Akustik, schwer anpassbare Grundrisse und starke Bindung der Anwohnerschaft und ehemaliger Nutzer
- **neue Nutzung:** Kulturorte, Bibliotheken, Gemeinschaft oder Wohnen

› **Bildungs- und Sozialbauten**
Schulen, Internate, Krankenhäuser und Pflegeheime (1900er- bis 1980er-Jahre) stellen eine Bestandstypologie mit hohem Transformationspotenzial dar. Demografische Veränderungen und Strukturreformen führen zur Schließung von Standorten; kleine Schulen oder Krankenhäuser werden aufgegeben. Wichtige Parameter:

- **Potenzial:** Raumreserven, flexible Nachnutzung und Quartiersnähe
- **Herausforderungen:** hohe Anforderungen an Belichtung, Barrierefreiheit und Brandschutz
- **neue Nutzung:** Wohnen, Kulturzentren, Bildung oder soziale Infrastruktur

› **Militärische Bauten** › **Konversionsareale**
Militärische Bauten wurden ursprünglich als Kasernen, Depots oder Bunker genutzt (19. Jahrhundert bis 1980er-Jahre). Nach Ende des Kalten Krieges wurden viele militärische Standorte abgebaut. Solche Konversionsflächen entstehen in vielen Städten. Wichtige Parameter:

- **Potenzial:** großmaßstäbliche Areale und solide Substanz, oft stadtnah gelegen
- **Herausforderungen:** Altlasten, Sicherheitsinfrastruktur und komplexe Eigentumsverhältnisse
- **neue Nutzung:** Wohnen, Mischnutzungen, Kultur, Bildung oder Arbeitswelten

› **Infrastrukturbauten**
Bahnhöfe, Depots, Flughäfen und Verkehrsbauten (19. bis 20. Jahrhundert) stehen infolge von Rationalisierung, Automatisierung und Verlagerung von Verkehrsknotenpunkten vor einem tiefgreifenden Funktionswandel. Wichtige Parameter:

- **Potenzial:** hohe Symbolkraft und vernetzte Lage, baulich vielseitig nutzbar
- **Herausforderungen:** große Dimensionen, Denkmalschutz und hohe Umrüstungskosten
- **neue Nutzung:** Kultur- und Mobilitäts-Hubs, Ateliers, Gastronomie oder Büros

› **Parkbauten**
Viele Parkhäuser, Tiefgaragen und Großparkplätze (1960er- bis 2000er-Jahre) sind überdimensioniert. Die Mobilitätswende, der Rückgang des motorisierten Individualverkehrs und eine geringere Stellplatznachfrage in Innenstädten stellen die bisherige Nutzung dieser Parkbauten zunehmend infrage. Wichtige Parameter:

- **Potenzial:** zentrale Lage, massive Bausubstanz und direkte Anbindung an Stadträume
- **Herausforderungen:** geringe Raumhöhe, Belichtung, Belüftung und Traglasten
- **neue Nutzung:** Wohnen (Aufstockung), Sport- und Kulturorte, urbane Logistik, Radstationen oder Grünflächen

› **Wohnungsbau**
Veraltete Grundrisse, Sanierungsstau und mangelnde Barrierefreiheit machen viele Gebäude aus der Gründerzeit (1880 bis 1910), dem Nachkriegsbau (1950er- bis 1970er-Jahre) und dem Plattenbau (1970er- bis 1990er-Jahre) für heutige Wohnansprüche unattraktiv. Wichtige Parameter:

- **Potenzial:** Quartiersstärkung, Identität und Ressourcenschonung
- **Herausforderungen:** energetische Sanierung, Denkmalschutz und soziale Akzeptanz
- **neue Nutzung:** Cluster-Wohnungen, Co-Living, altersgerechtes Wohnen oder Mischnutzung

5.3 Planungskriterien

5.3.1 Rechtssicherheit, Zulässigkeit und Bestandsschutz

Transformation verlangt einen flexiblen Umgang mit dem Recht. Genehmigungsverfahren werden zum Instrument, um neue Nutzungen im Spannungsfeld zwischen Bestandsschutz und Erneuerung zu ermöglichen.

› **Nutzungsänderung**
Jede Änderung der Zweckbestimmung eines Gebäudes gilt baurechtlich als Nutzungsänderung – auch ohne bauliche Eingriffe. Sie erfordert in der Regel eine Genehmigung, da dadurch neue Anforderungen an Brandschutz, Schallschutz, Belichtung, Stellplätze oder Barrierefreiheit entstehen können. Auch eine Intensivierung der Nutzung (z. B. durch Erhöhung der Personenzahl in einer Versammlungsstätte oder der Anzahl der Wohneinheiten in einem

Mehrfamilienhaus) kann eine genehmigungspflichtige Nutzungsänderung darstellen.

› § 12 BauGB › § 13a BauGB › § 34 BauGB › § 35 BauGB
Die Transformation und Umnutzung von Gebäuden und Flächen unterliegt vielschichtigen rechtlichen Rahmenbedingungen. Bei vorhandenem Bebauungsplan muss die Nutzungsänderung dessen Festsetzungen und der BauNVO entsprechen, die die Art der baulichen Nutzung definiert. Im unbeplanten Innenbereich (ohne Bebauungsplan) gilt nach § 34 BauGB das Einfügungsgebot. Umnutzungen außerhalb des Siedlungszusammenhangs sind nach § 35 BauGB nur ausnahmsweise zulässig, z. B. bei erhaltenswerten Gebäuden. Die LBO regeln die Genehmigungspflicht von Änderungen in den §§ 60 ff. (insbesondere §§ 63 und 69), die sowohl die Anlage als auch die Änderung von baulichen Anlagen umfassen. Für größere Transformationen bietet § 12 BauGB ein flexibles Instrument für vorhabenbezogene Bebauungspläne. Eine Beschleunigung von Umnutzungsprojekten im Innenbereich ermöglicht § 13a BauGB.

Siehe dazu auch Kapitel 2.1.1 bis 2.1.3 sowie Kapitel 2.3.2 und 2.3.3.

› Bestandsschutz und sein Ende
Mit einer Nutzungsänderung erlöschen Teile des Bestandsschutzes, und es greifen die aktuellen Anforderungen z. B. an Fluchtwege, Stellplatznachweis oder Energieeffizienz. Es ist wichtig, zwischen dem formellen Bestandsschutz (die ursprüngliche Nutzung war genehmigt) und dem materiellen Bestandsschutz (die ursprüngliche Nutzung entsprach geltendem Recht, aber ohne Genehmigung) zu unterscheiden. Eine Nutzungsänderung kann den materiellen Bestandsschutz beenden, der formelle Bestandsschutz bleibt jedoch bestehen. Der Umfang des Erlöschens des Bestandsschutzes hängt von der Intensität der Nutzungsänderung und den neuen Anforderungen ab. Nicht alle Teile des Bestandsschutzes erlöschen automatisch vollständig, sondern nur jene, die durch die neue Nutzung neu bewertet werden müssen.

Siehe dazu auch Kapitel 2.4.4.

› Umnutzungen nach LBO
Für Umnutzungen gelten die einschlägigen Anforderungen der Landesbauordnungen zu Abstandsflächen, Standsicherheit, Brandschutz, Barrierefreiheit, Mindestanforderungen an Aufenthaltsräume und Stellplatznachweis.

Siehe dazu auch Kapitel 2.4.

› Gebäudeenergiegesetz (GEG)
Das GEG wird relevant, wenn wesentliche Änderungen an Bauteilen vorgenommen werden oder wenn eine Nutzungsänderung zu einer Anpassung der Gebäudekategorie führt (z. B. von unbeheizt zu beheizt). Maßgeblich sind insbesondere die Regelungen des Teil 3 „Anforderungen an bestehende Gebäude", Abschnitt 1, §§ 46–51 GEG 2024.

› Denkmalschutzgesetze der Länder
Für alle Maßnahmen, die das Erscheinungsbild, die Substanz oder die Nutzung eines Denkmals beeinflussen, ist eine Erlaubnis nach den Denkmalschutzgesetzen der Länder erforderlich.

Siehe dazu auch Kapitel 2.4.4.

› Immissionsschutz › Lärmkonflikte
Das Bundes-Immissionsschutzgesetz (BImSchG) und die zugehörigen Verordnungen (z. B. TA Lärm, 2017) bilden den rechtlichen Rahmen. Lärmkonflikte sind oft kritisch bei Umnutzung in Mischnutzungen, z. B. bei Wohnen in Gewerbegebäuden. Auch die TA Luft kann bei Umnutzungen von Industrie- oder Gewerbeflächen relevant sein (TA Luft, 2021).

Siehe dazu auch Kapitel 2.6.4.

› Kommunale Gestaltungssatzungen
Kommunale Gestaltungssatzungen legen Regeln zum äußeren Erscheinungsbild fest, etwa für Fassaden, Materialien, Dachformen oder Werbeanlagen. Sie kommen insbesondere in historischen Innenstädten oder homogenen Quartieren zur Anwendung. Für Umnutzungs- und Transformationsprojekte bedeutet dies, dass jede bauliche Veränderung an der Gebäudehülle mit den Vorgaben der Gestaltungssatzung in Einklang gebracht werden muss. In der Planungspraxis entstehen dadurch häufig Spannungen zwischen den funktionalen Anforderungen der neuen Nutzung und restriktiven Gestaltungsvorgaben.

› Erhaltungssatzungen › § 172 BauGB
Erhaltungssatzungen nach § 172 BauGB dienen dem Schutz der städtebaulichen Eigenart oder der sozialen Zusammensetzung bestimmter Quartiere. Im Kontext der Umnutzung sind vor allem 2 Typen relevant: Satzungen zum städtebaulichen Erhalt (etwa bei gründerzeitlichen Blockrandquartieren) und Satzungen zum sozialen Erhalt, auch als Milieuschutz bekannt. Während erstere Satzungen Umbauten untersagen können, die das Ortsbild beeinträchtigen, zielen Milieuschutzsatzungen darauf ab, Verdrängungsprozesse durch aufwertende Maßnahmen zu verhindern. Nutzungsänderungen, die z. B. zu einer Umwandlung von Wohn- in Gewerbeflächen oder zu erheblichen Mietsteigerungen führen könnten, sind genehmigungspflichtig und können untersagt werden. Auch Maßnahmen der energetischen Sanierung oder des Komfortausbaus können einer Genehmigungspflicht unterliegen, wenn sie als strukturell verändernd eingestuft werden. Erhaltungssatzungen können auch eine Genehmigungspflicht für Nutzungsänderungen begründen, die ansonsten genehmigungsfrei wären.

5.3.2 Erfassung, Tragfähigkeit und Substanzbewertung

Das Verständnis des Vorhandenen ist Ausgangspunkt jeder Umnutzung. Der Bestand wird zur Ressource, die strukturell und/oder materiell lesbar bleibt.

› Bestandserfassung
Grundlage jedes Projekts ist die systematische Dokumentation von Baualter, Tragwerk, Materialität, Bauphysik, Haustechnik und Schadstoffen. Dabei werden auch rechtliche Restriktionen erfasst (Denkmalschutz und Satzungen). Oft kommen Methoden der Bauwerksdiagnostik und 3D-Bestandsaufnahme wie z. B. Laser-Scanning zum Einsatz. Eine vollständige und präzise Bestandsaufnahme ist essenziell für die Planung und Kostenkalkulation und ist Teil der HOAI-Leistungsphase 1 (Grundlagenermittlung). Dazu gehört auch die Archivforschung (Bauakten, alte Pläne).

› **KI zur Bestandsanalyse**
Der Einsatz Künstlicher Intelligenz sowie verschiedener Tools und Plattformen eröffnet neue Möglichkeiten für die Analyse von Grundstücken und Bestandsgebäuden, um mögliche Transformations- und/oder Verdichtungspotenziale zu definieren. Sie liefern erste Grundlagen für Machbarkeitsstudien, Potenzialanalysen und nachhaltige Entwicklungsstrategien im Bestand.

Siehe dazu auch Kapitel 5.4.2, Exkurs „KI-Tool für Grundstücks- und Bestandsanalysen".

› **Tragstruktur**
Die Standsicherheit und Tragfähigkeit des Gebäudes bestimmt die Umnutzbarkeit. Umbauten können neue Lastannahmen auslösen (z. B. Wohnen mit höheren Nutzlasten als Büros). Maßgeblich sind die DIN EN 1990 und die DIN EN 1991 mit den jeweiligen nationalen Anhängen. Ein Standsicherheitsnachweis durch einen qualifizierten Tragwerksplaner ist zwingend erforderlich. Potenzielle Probleme wie Materialermüdung, Korrosion oder Risse in Bestandsstrukturen müssen berücksichtigt werden. Materialprüfungen an der vorhandenen Bausubstanz sind oft notwendig, um die tatsächlichen Materialkennwerte zu ermitteln.

Siehe dazu auch Kapitel 2.4.5.

› **Raumtiefe** › **Belichtung**
Tiefe Grundrisse sind oft der limitierende Faktor bei Umnutzungen insbesondere bei Wohnnutzungen. Landesbauordnungen fordern für Aufenthaltsräume ausreichend Tageslicht, häufig mindestens eine Fensterfläche von 1/8 der Raumgrundfläche (z. B. § 47 MBO). Belichtungsstudien sind daher von besonderer Bedeutung bei Büro- oder Handelsumnutzungen. Für Büronutzungen sind auch der Tageslichtquotient (TLQ) und die UGR-Werte (Unified Glare Rating) relevant. Die Norm DIN EN 17037:2022-05 „Tageslicht in Gebäuden" gibt Empfehlungen zur Tageslichtversorgung. Künstliche Belichtung kann Tageslicht in Aufenthaltsräumen ergänzen, aber nicht ersetzen.

› **Raumhöhe**
Mindesthöhen für Aufenthaltsräume sind bauordnungsrechtlich festgelegt (in vielen LBO: ≥ 2,40 m, z. B. § 47 MBO). Für Sondernutzungen wie Schulen oder Versammlungsstätten gelten oft höhere Anforderungen. Problematisch in der Umnutzung sind u. a. Parkhäuser oder Altbüros mit niedrigen Decken. Technische Installationen (Lüftungskanäle oder abgehängte Decken) können die nutzbare Raumhöhe weiter reduzieren. Mindestmaße für barrierefreie Raumhöhen für Durchgänge und Bewegungsflächen sind ebenfalls zu beachten.

› **Altlasten** › **Schadstoffe**
Industrie- und Nachkriegsbauten enthalten häufig Asbest, PCB oder PAK. Die Sanierung nach Gefahrstoffverordnung (GefStoffV) ist Pflicht. Bodenkontaminationen werden nach Bundes-Bodenschutzgesetz (BBodSchG) bewertet. Spezifische technische Regeln für Gefahrstoffe wie TRGS 519 (Asbest) und TRGS 521 (künstliche Mineralfasern) sind zu beachten. Altlasten sind kosten- und risikoreich und deshalb oft „Projektkiller".

5.3.3 Zugang, Technik und Anpassung

Neue Technik trifft alte Substanz. Bestehende Strukturen werden zur Grundlage für flexible Infrastrukturen, die Wandel ermöglichen, ohne Substanz zu zerstören.

› **Erschließung**
Zugang, Aufzüge, Fluchtwege und Treppenhäuser müssen heutigen Anforderungen genügen. Maßgeblich sind die Normenreihe DIN 18040 (barrierefreies Bauen) sowie die §§ 33 bis 36 MBO zu Rettungswegen, Treppen und Fluren. Nachrüstungen führen oft zu Eingriffen in die Gebäudestruktur und zu Flächenverlust.

› **Barrierefreiheit**
Umnutzungen zu Wohn- oder öffentlichen Nutzungen bringen Anforderungen an die Barrierefreiheit mit sich. Maßgeblich sind DIN 18040-1 (öffentliche Gebäude) und DIN 18040-2 (Wohngebäude). Aufzüge, schwellenfreie Zugänge und Bewegungsflächen sind Pflicht, aber im Bestand oft schwer herstellbar. Barrierefreiheit ist über die Landesbauordnungen geregelt. Deshalb gelten je nach Bundesland unterschiedliche Vorgaben und Auslegungen für ihre Berücksichtigung bei Maßnahmen im Bestand.

Siehe dazu auch Kapitel 2.6.3 sowie Kapitel 5.5.1, Exkurs „Barrierefreiheit im Bestand – Ländervergleich".

› **Brandschutz**
Umnutzungen lösen oft die Einordnung in eine neue Gebäudeklasse aus (nach § 2 MBO) und führen zu verschärften Anforderungen wie Brandabschnitten, Feuerwiderstandsklassen oder Entrauchung. Regelwerke sind die Landesbauordnungen, und – je nach Bauaufgabe – die Muster-Leitungsanlagen-Richtlinie (MLAR), die Muster-Industriebau-Richtlinie (MIndBauRL), die Muster-Versammlungsstättenverordnung (MVStättVO), die Muster-Beherbergungsstättenverordnung (MBeVO) oder die Muster-Garagenverordnung (M-GarVO). Für die Klassifizierung des Brandverhaltens von Baustoffen und Bauteilen ist die Normenreihe DIN 4102 maßgeblich, ergänzt durch die europäische Klassifizierungen nach DIN EN 13501.

Siehe dazu auch Kapitel 2.4.3.

› **Haustechnik** › **Gebäudetechnik**
Nachrüstung von Heizung, Lüftung, Sanitär und Elektrotechnik ist bei fast allen Umnutzungen erforderlich. Relevante Normen sind die Normenreihe DIN 1946 „Raumlufttechnik" sowie die Richtlinienreihe VDI 6022 „Raumlufttechnik, Raumluftqualität". Für die energetischen Anforderungen an Heizungs-, Kühl- und Warmwassersysteme ist das GEG maßgeblich, ergänzt durch die Normenreihen DIN EN 12831 „Energetische Bewertung von Gebäuden – Verfahren zur Berechnung der Norm-Heizlast" und DIN EN 16798 „Energetische Bewertung von Gebäuden – Lüftung von Gebäuden". Normen wie DIN 18012 „Anschlusseinrichtungen für Gebäude – Allgemeine Planungsgrundlagen" (2018) und DIN 18013 „Nischen für Zählerschränke für Elektrizitätszähler" (2020) werden relevant, wenn bestehende Anschluss- und Zähleranlagen angepasst oder erweitert werden müssen. Schwierigkeiten bereiten die Leitungsführung in Bestandsstrukturen sowie der Platzbedarf für Technikräume.

› **Aufputzinstallation**
Aufputzinstallationen bieten im Bestand eine flexible, kostengünstige und ressourcenschonende Möglichkeit, technische Nachrüstungen ohne Eingriff in die Bausubstanz umzusetzen.

Siehe dazu auch Kapitel 5.4.1, Exkurs „Aufputzinstallation".

› **Schallschutz**
Altbauten erfüllen meist nicht die heutigen Schallschutzanforderungen nach DIN 4109. Besonders kritisch ist dies bei Mischnutzungen von Wohnen und Gewerbe oder bei Kultur- und Musiknutzungen. Oft sind bauliche Maßnahmen notwendig (zweischalige Konstruktionen oder entkoppelte Decken). Für erhöhten Schallschutz kann die VDI 4100 herangezogen werden.

› **Energieeffizienz**
Nach GEG sind bei wesentlichen Umbauten Nachrüstungen vorgeschrieben, z. B. die Dämmung oberster Geschossdecken (§ 47 GEG) oder Mindestanforderungen an Bauteile (§ 48 ff. GEG), darunter auch an die Fassadendämmung, wenn mehr als 10 % der Bauteilfläche erneuert werden. Konflikte entstehen beim Erhalt von Fassaden bei Denkmalschutz (§ 105 GEG). Bei einer Nutzungsänderung kann zudem die Pflicht zur Ausstellung eines Energieausweises entstehen (§ 80 GEG).

› **Flexibilität**
Transformation ist nur nachhaltig, wenn sie zukünftige Anpassungen ermöglicht. Kriterien sind z. B. modulare Grundrisse, reversible Trennwände und ausreichend Steigzonen. Einen Orientierungsrahmen bieten die DGNB-Kriterien „Flexibilität und Umnutzungsfähigkeit" (2021).

5.3.4 Lebensraum, Umwelt und Akzeptanz

Transformation wirkt über das Objekt hinaus. Sie verändert den Stadtraum und erfordert gesellschaftliche Zustimmung durch Qualität und Dialog.

› **Freiraumbezug**
Umnutzungen müssen häufig fehlende Grün- und Aufenthaltsflächen kompensieren. Dachnutzungen, Innenhöfe oder Pocketparks gewinnen an Bedeutung. Zahlreiche Leitfäden bieten der Bundesverband GebäudeGrün (BuGG; www.gebaeudegruen.info) sowie BBSR-Studien zu Freiraumqualität, u. a. „Urbane Freiräume – Qualifizierung, Rückgewinnung und Sicherung urbaner Frei- und Grünräume" (2019).

› **Ökologische Vorrangflächen**
Ökologische Vorrangflächen (ÖVF) sind Flächen, die vorrangig dem Schutz von Biodiversität, Boden, Wasser und Klima dienen. Ursprünglich aus der Agrarpolitik stammend, werden sie zunehmend auch in der Stadtplanung als Instrument zur Förderung ökologischer Ausgleichs- und Vernetzungsfunktionen eingesetzt.

Siehe dazu auch Kapitel 5.7.1, Exkurs „Ökologische Vorrangflächen – vom Agrarraum in die Stadtplanung".

› **Partizipation** › **Bürgerbeteiligung** › **Soziale Akzeptanz**
Die erfolgreiche Gestaltung urbaner Transformationsprojekte erfordert oft die Einbeziehung der Öffentlichkeit in Planungs- und Entwicklungsprozesse. Dies zielt darauf ab, durch den Dialog und die Berücksichtigung unterschiedlicher Interessen die soziale Akzeptanz der betroffenen Anwohnerschaft und der Nutzenden zu erreichen, um Widerstände zu vermeiden. Dies geschieht durch Partizipation, die als Oberbegriff die aktive Einbeziehung von Stakeholdern beschreibt, über reine Information hinausgeht und Einflussnahme ermöglicht. Eine spezifische Form davon ist die Bürgerbeteiligung, die oft gesetzlich vorgeschrieben ist (z. B. nach §§ 3, 4 und 13 BauGB) und sowohl formelle Verfahren wie Planungseinsicht als auch informelle Formate wie Workshops umfasst. Für Transformationsprojekte sind diese Prozesse oft von immenser Bedeutung. Projektentwickler nutzen Partizipation zunehmend strategisch, um Risiken zu minimieren und den Projekterfolg zu sichern. Zur praktischen Umsetzung existieren zahlreiche Leitfäden und Richtlinien auf Bundes-, Landes- sowie kommunaler Ebene. Auch Fachverbände und zivilgesellschaftliche Organisationen bieten Best-Practice-Beispiele an, die Transparenz, Qualität und einen fairen Umgang mit verschiedenen Interessen gewährleisten. Einen ersten Überblick über verschiedene Beteiligungsformate gibt das „Handbuch Beteiligung" der Bundeszentrale für politische Bildung (Nanz/Fritsche, 2024).

Siehe dazu auch Kapitel 2.1.5.

5.3.5 Wirtschaftlichkeit, Entwicklung und Nutzung

Umbauprozesse verbinden ökonomische Vernunft mit kulturellem Mehrwert. Transformation wird zum Modell nachhaltiger Stadtentwicklung.

› **Wirtschaftlichkeit**
Die Höhe der Umbaukosten im Vergleich zu Neubaukosten ist entscheidend. Förderprogramme (z. B. KfW-Programme für Sanierung oder Städtebauförderung nach §§ 164 ff. BauGB) können Projekte tragfähig machen. Steuerliche Aspekte wie Abschreibungsmöglichkeiten nach § 7i EStG (bei Denkmalschutz) sollten geprüft werden.

› **Private Entwickler**
Private Projektentwickler und Bestandshalter übernehmen in der städtebaulichen Transformation zunehmend eine aktive Rolle. Durch Investitionen, langfristige Bewirtschaftung und kooperative Entwicklungsmodelle können sie entscheidende Impulse für die Revitalisierung und qualitative Weiterentwicklung urbaner Bestandsareale setzen, die die Städte allein oft nicht stemmen können.

Siehe dazu auch Kapitel 5.6.1, Exkurs „Private Entwickler als Motor städtebaulicher Transformation".

› **Pioniernutzung**
Pioniernutzungen können als aktive Steuerungselemente für Projektentwickelnde dazu dienen, ein Areal bereits vor der finalen Fertigstellung zu aktivieren, ein positives Image zu schaffen und wertvolle Erkenntnisse für die weitere Planung zu gewinnen. Während ihrer Übergangsphase sind Transformationsareale durch Investitionsbedarfe, Unsicherheiten und fehlende Infrastruktur für rein kommerzielle Akteure oft noch uninteressant und unrentabel. Gleichzeitig entstehen für den Eigentümer durch einen Leerstand erhebliche Kosten, etwa für Sicherung, Instandhaltung, Grundsteuern und entgangenen Ertrag. An dieser Stelle

setzt die Pioniernutzung an: Sie überbrückt diese Phase der Unattraktivität und ist eine strategische Investition in die zukünftige Projektentwicklung. Durch die initiale Bespielung wird die Fläche belebt, ein positives Image geschaffen und Aufmerksamkeit generiert. Eine aktiv genutzte Fläche ist zudem weniger anfällig für Vandalismus. Ein bereits belebtes und erprobtes Areal mit etablierter Community und nachgewiesener Nachfrage ist für potenzielle Investoren und langfristige Mieter deutlich attraktiver. Schließlich ermöglichen Pioniernutzungen eine agile Projektentwicklung, da Feedback aus den temporären Nutzungen direkt in die Gestaltung der finalen Bebauung einfließen kann.

Siehe dazu auch Kapitel 5.6.1, Exkurs „Pioniernutzung zur Aktivierung von Quartieren".

› Stakeholder-Management
Stakeholder-Management umfasst die frühzeitige Identifikation, Einbindung und Koordination aller am Planungsprozess beteiligten Akteure – von Investoren bis zur Öffentlichkeit. Je komplexer ein Transformationsprojekt ist, desto wichtiger ist es, die verschiedenen Interessen transparent auszubalancieren und in einen gemeinsamen Entwicklungsprozess zu überführen.

Siehe dazu auch Kapitel 5.5.2, Exkurs „Stakeholder-Management".

› Aufwertung › Ästhetische Nachhaltigkeit
› DGBN-System für Sanierung
Transformation ist auch eine Chance für Re-Branding und Adressbildung. Die Gestaltung von Fassaden, Eingängen und Übergängen ist dabei ein zentrales Mittel, um dem Gebäude eine neue Identität zu verleihen und seine Attraktivität zu steigern. Aspekte der gestalterischen Qualität werden beispielsweise auch im Rahmen des DGNB-Systems für Sanierung als Bewertungskriterium berücksichtigt, um eine hochästhetische und -funktionale Gestaltung sicherzustellen. Eines der Prozesskriterien ist das „Verfahren zur städtebaulichen und gestalterischen Konzeption (PRO1.6)" (2023), das verlangt, dass gestalterische Überlegungen formal in den Planungsprozess eingebunden sind. Im denkmalgeschützten Bestand wird bei Nachweis ggf. insoweit eine Anpassung der Bewertung vorgenommen, dass der Erhalt der Bausubstanz berücksichtigt wird (vgl. Denkmalschutz, 2025).

5.4 Ausbau

5.4.1 Studio 49 – vom Lager zum Loftbüro, Stuttgart

Möbelimplantate aus Holz für minimalinvasive Eingriffe in den Bestand

› **Aufputzinstallation**
› **Bestandsspuren**
› **Holzbau**
› **Materialauthentizität**
› **Minimalinvasiver Eingriff**
› **Möbelarchitektur**
› **Möbelimplantate**
› **Reversible Konstruktion**
› **Zeitschichten**

Abb. 5.1: In den neuen Büroräumen von andOFFICE in Stuttgart hat das Architekturbüro eine flexible und individuelle Arbeitsumgebung geschaffen, die ideal auf die eigenen Bedürfnisse zugeschnitten ist und gleichzeitig ein Showcase unterschiedlichster Holzwerkstoffe darstellt (Quelle: andOFFICE / Foto: Philip Kottlorz).

Mit dem Umbau einer ehemaligen Lager- und Werkstattfläche im Stuttgarter Westen hat das Architekturbüro andOFFICE eine unverwechselbare Arbeitsumgebung für das eigene Büro geschaffen. Anstatt die Räumlichkeiten zu einer klassischen Bürofläche auszubauen, nutzte das Team den industriellen Rohzustand des Bestands bewusst und entwickelte daraus eine offene, zonierte Arbeitswelt. Dazu wurde die Lagerfläche vollständig entkernt und mit Möbel- und Zimmermannseinbauten zu einer offenen Arbeitswelt mit Zonen für unterschiedliche Tätigkeiten umgestaltet. Das in einem hellen Grauton gehaltene Großraumbüro ist weiterhin von dem ehemaligen Charakter der Lagerhalle geprägt. Herzstück sind die maßgefertigten Möbelimplantate aus Holz. Sie organisieren Arbeitsplätze, nehmen Technik auf und erzeugen eine Atmosphäre zwischen Werkstatt und Studio. Die Transformation folgt dabei einem sensiblen Ansatz des Weiterbauens: Sie ist einfach, kostengünstig und nahezu spurlos im Bestand realisiert. Zeitschichten bleiben ablesbar, statt Perfektion steht die Authentizität des Gebäudebestands im Fokus. Sichtbare Installationen, ehrliche Materialien und reversible Konstruktionen stehen für eine Haltung, die Umnutzung als nachhaltiges Weiterbauen versteht.

Möbelarchitektur statt Trockenbau

Die Transformation des Bestands basiert auf dem Prinzip der sogenannten Möbelarchitektur. Anstelle raumteilender Wände prägen maßgeschneiderte Einbauten aus Holz die Zonierung. Podeste, Regale, Boxen und Deckenstrukturen übernehmen die Rolle klassischer Ausbaugewerke. Sie sind reversibel, verschraubt und zirkulär nutzbar. Diese Strategie ermöglicht maximale Flexibilität bei gleichzeitig klarer architektonischer Haltung.

Praxistipp: Möbelimplantate sind ein wirksames Instrument im Ausbau von Bestandsgebäuden, da sie sich anpassen, verändern und einfach rückbauen lassen. Sie sind eine Antwort auf kürzere Nutzungszyklen im Interior Design, denn Möbelarchitektur lässt sich nach wenigen Jahren gestalterisch anpassen, ohne dass dabei Eingriffe in die Bausubstanz nötig werden. So lassen sich Arbeitswelten gestalten, die wandelbar bleiben und zugleich nachhaltig im Umgang mit Ressourcen sind.

Zonierung durch Einbauten

Die offene Lagerhalle wurde durch die Möbelstrukturen funktional gegliedert. Zwei Podeste mit Arbeitstischen bieten 24 Arbeitsplätze, ergänzt durch abgeschottete Akustikboxen für konzentriertes Arbeiten. Eine Mittelzone aus Fichtenbalken bildet einen flexiblen Raum für Meetings, Modellbau oder Veranstaltungen. Ein wohnlicher Nebentrakt mit Besprechungsraum, Küche und Sanitärbereich komplettiert die Arbeitswelt. Farblich unterscheiden sich Arbeits- und Sozialbereiche: Der Arbeitsraum ist grau, der Nebentrakt ist in warmen Siena- und Terracotta-Tönen gehalten. Verbindendes Gestaltungselement sind die warmen Holztöne.

Hinweis: Farb- und Materialkontraste helfen dabei, Funktionsbereiche klar zu markieren – eine einfache, aber wirkungsvolle Methode zur Raumorganisation.

Die Einbauten sind mehr als Möbel – sie sind Boden, Dachstruktur, Raumteiler und Technikträger zugleich. Deshalb sprechen wir von Möbelimplantaten: eine Zwischenform von Möbel und Architektur, die Funktion und Atmosphäre gleichermaßen prägt. Wir wollten den industriellen Charakter der Halle nicht verstecken, sondern bewusst sichtbar lassen. Historische Spuren nicht zu beseitigen, sondern zu integrieren, ist für uns ein zeitgemäßer Ansatz des Weiterbauens. Warum Ressourcen verschwenden, nur um Technik zu verkleiden? Leitungen und Installationen bleiben sichtbar – das ist ehrlich, spart Material und macht den Charakter des Bestands erfahrbar. Unser Büro ist so zu einer gebauten Visitenkarte geworden: keine Standardlösung, sondern ein Projekt, das Haltung zeigt. Bestand zu bewahren, die Eigenheiten und die Historie zu zeigen, emotionalisiert Räume – eine Qualität, die keine neu gebaute Oberfläche erzeugen kann."

Michael Ertel, Büropartner (andOFFICE)

Abb. 5.2: In einem multifunktionalen Nebentrakt, in der Farbgestaltung gemütlicher und wohnlicher gehalten, sind ein Besprechungsraum (oben), eine Wohnküche mit Kaffeelounge (unten) sowie ein Sanitärbereich mit Dusche untergebracht. Die Wände und Decken wurden in einem warmen Siena-Farbton getüncht (Quelle: andOFFICE / Foto: Philip Kottlorz).

Abb. 5.3: Die raumtrennenden Elemente dienen gleichzeitig als Stauraum (Quelle: andOFFICE / Foto: Philip Kottlorz).

Exkurs: Aufputzinstallation

Aufputzinstallationen sind eine ressourcenschonende Lösung im Ausbau von Bestandsgebäuden. Sie vermeiden Verkleidungen, reduzieren Materialeinsatz und halten Technik zugänglich. Zugleich sind sie ein Gestaltungsmittel, das Robustheit und Authentizität unterstreicht.

Anpassungen der Elektroinstallation sind bei Aufputzinstallation schnell und kostengünstig möglich. Die Normenreihen DIN VDE 0100 „Errichten von Niederspannungsanlagen" und DIN 18015 „Elektrische Anlagen in Wohngebäuden" geben die Grundlagen für sichere Leitungsführung und Schalter- bzw. Steckdosenanordnung vor. Sichtbare Kabeltrassen, Kanäle oder Rohre sind zulässig, solange Schutzabstände und Brandschutzauflagen eingehalten werden.

Bei Aufputz-SHK-Installationen bleibt die Leitungsführung nachvollziehbar. Spätere Anpassungen sind ohne Schlitzen oder Stemmen realisierbar. Aufputzführung spart Eingriffe in Wände und Böden, ideal für reversible Umbauten. Für die Trinkwasserinstallation gelten die Vorgaben der Normenreihe DIN EN 806 „Technische Regeln für Trinkwasser-Installationen". Dabei sind insbesondere die Hygieneanforderungen zu beachten. Bezüglich der Heizung bzw. der Heizkörperleitungen erlaubt Aufputzinstallation die einfache Nachrüstung von Wärmeerzeugern, Heizflächen oder Kühldecken.

Akustisch wirksame Aufputzlösungen (z. B. Kabelkanäle mit Absorber-Verkleidung oder Deckenfelder) verbinden Technikführung und Raumkomfort. Glatte, verkleidete Oberflächen können durch starke Schallreflexion zu ungünstiger Nachhallzeit führen. Sichtbare Installationen können durch Lochblechkanäle, gelochte Holzfaserplatten oder Absorber-Deckenspiegel ergänzt werden. DIN 18041 „Hörsamkeit in Räumen – Anforderungen, Empfehlungen und Hinweise für die Planung" (2016) bietet Grundlagen für Nachhallzeiten und Sprachverständlichkeit.

Leitungsbündel, die durch Brandabschnitte geführt werden, müssen nach LBO brandschutztechnisch abgeschottet sein. Die sichtbare Installation ist erlaubt, muss aber klar gekennzeichnet und dokumentiert sein. Für die Baustoffklassifizierung sind die Normenreihen DIN 4102 und DIN EN 13501 zu beachten.

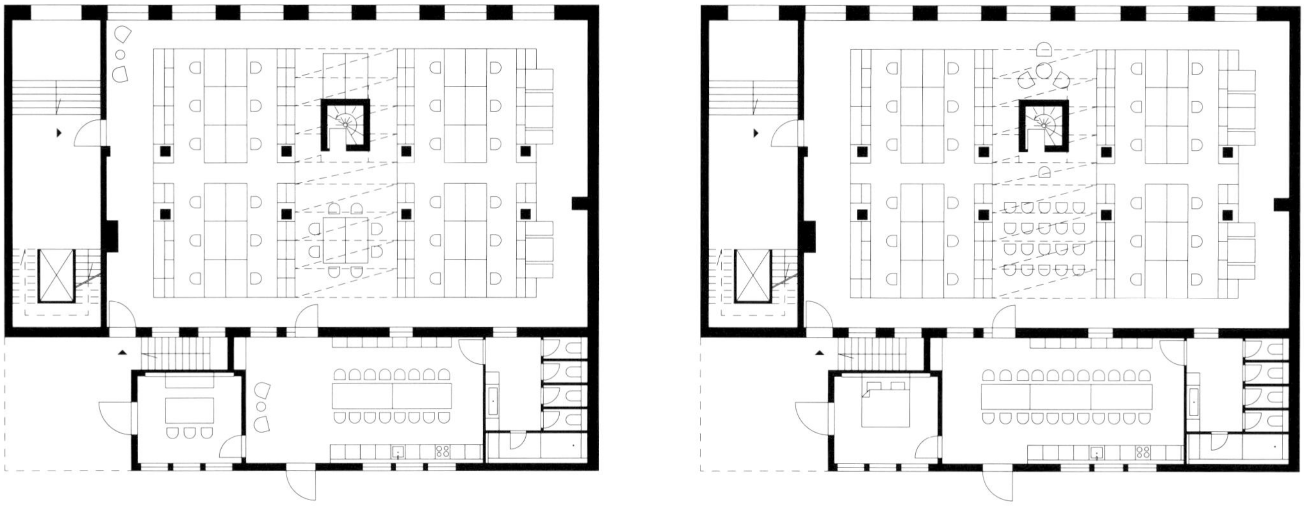

Abb. 5.4: Grundrissvarianten: Die Möbelstruktur lässt unterschiedliche Nutzungsszenarien zu (Quelle: andOFFICE).

Abb. 5.5: Längs- (oben) und Querschnitt (unten) durch den Büroraum (Quelle: andOFFICE)

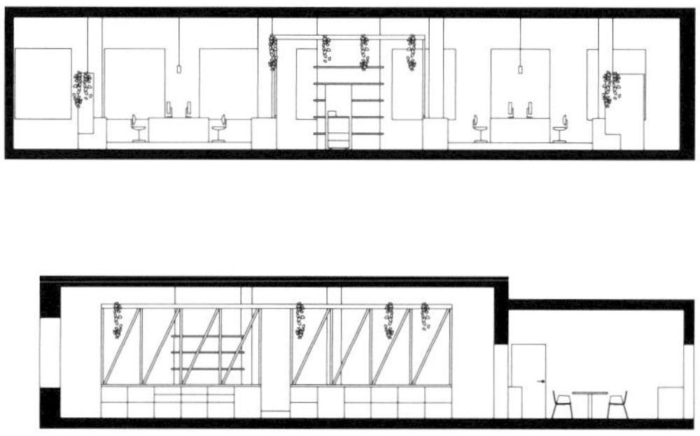

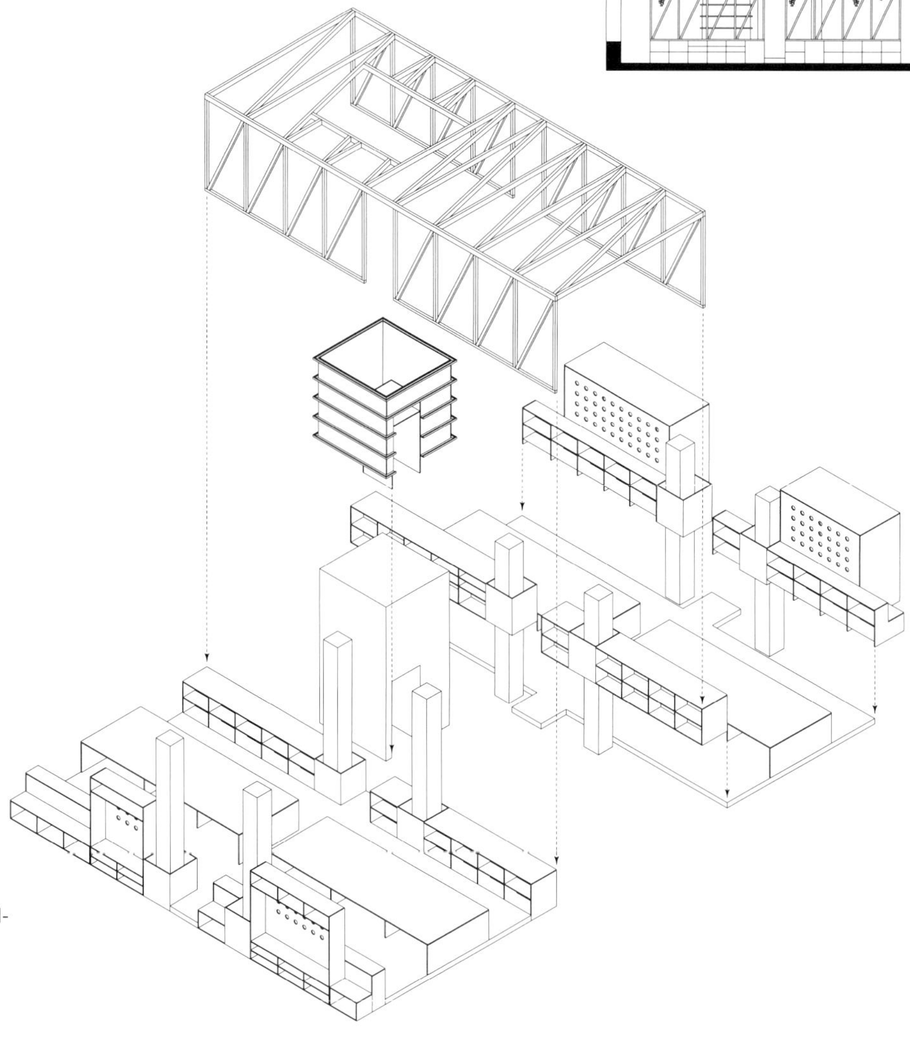

Abb. 5.6: Bausatz aus insgesamt 5 unterschiedlichen Holzmöbelelementen, die modular angeordnet wurden (Quelle: andOFFICE).

Abb. 5.7: An großen Tischen aus Birke Multiplex auf 2 OSB-Hohlraumpodesten finden 24 Arbeitsplätze Platz (Quelle: andOFFICE / Foto: Philip Kottlorz).

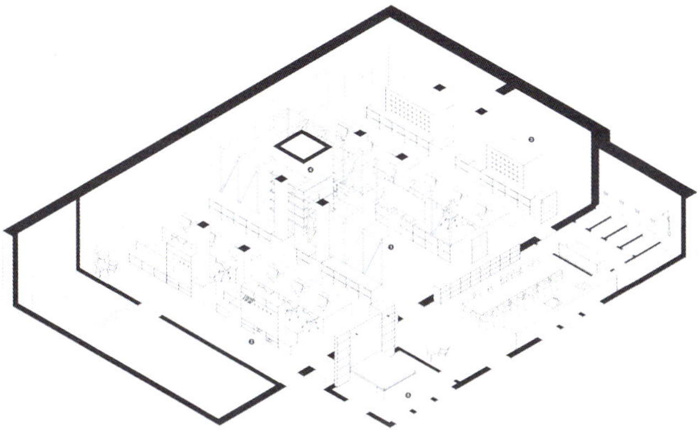

Abb. 5.8: Axonometrie des Großraumbüros und der Nebenräume inklusive Möblierung (Quelle: andOFFICE)

Tabelle 5.2: Objektübersicht Studio 49

Projektdetails	**Beschreibung**
Standort	Stuttgart
Bauherr	andOFFICE
Planung	andOFFICE Blatter Ertel Probst Freie Architekten, Stuttgart (www.andoffice.com)
Typologie	vorher: Gewerbe / Lager mit Werkstatt nachher: Büro
Fertigstellung	2022
Maßnahme	Transformation, Innenausbau, Möbelarchitektur als raumbildende Struktur, Showcase unterschiedlicher Holzwerkstoffe (OSB, MDF, Mehrschichtplatten, Weißtanne, Seekiefer)
Statik	keine Eingriffe in die Tragstruktur
Brandschutz	keine besonderen Auflagen
Schallschutz	Verbesserung durch Holz-Weichfaser-Absorber, akustische Boxen
Stellplätze	keine individuellen Stellplätze, stattdessen großzügige Fahrrad-Abstellplätze und Pool-Fahrzeuge
Awards	Creative Spaces Region Stuttgart 2024 (3. Preis), Best Workspace 2023 (1. Preis), Beispielhaftes Bauen Stuttgart 2019–2023 (Auszeichnung)
Besonderheit	minimalinvasiv, reversibel

Studio 49 @ andOFFICE:

Materialien funktional differenziert einsetzen

Das Büro wurde als Showcase unterschiedlicher Holzwerkstoffe konzipiert. OSB-Platten dienen als robuster Bodenbelag, Mehrschichtplatten als Tische und Regale sowie MDF-Elemente als Garderobenboxen. Akustisch wirksame Holz-Weichfaserplatten mit Lochfräsungen verbessern die Raumakustik, während Weißtanne und Seekiefer für warme Oberflächen sorgen. Die sichtbaren Fügungen unterstreichen die Ehrlichkeit des unbehandelten Materials.

> **Praxistipp:** Eine differenzierte Materialwahl nach Beanspruchung und Haptik erlaubt nicht nur eine präzise Gestaltung, sondern erleichtert auch Zirkularität und Wiederverwendung.

Technik sichtbar und zugänglich halten

Alle technischen Installationen wurden bewusst sichtbar integriert. Elektro- und Sanitärleitungen verlaufen offen an der Decke, und der Doppelboden dient als Installationsraum für Strom- und Datenleitungen. Auch Möbel nehmen Kabel und Beleuchtung auf. Die sichtbare Technik wird so Teil des architektonischen Ausdrucks.

> **Hinweis:** Durch die sichtbare Installation wird eine Verkleidung überflüssig, der Materialeinsatz wird reduziert und doppelte Schichten werden vermieden – ein Ansatz, der ökologisch wie gestalterisch überzeugt.

Nachhaltigkeit durch Bestand und Reversibilität

Die Umnutzung bewahrt Spuren des Bestands, von Installationen an der Decke bis zu Wandfragmenten. Statt sie zu glätten, wurden historische Oberflächen lediglich überstrichen. Alle Möbel sind verschraubt statt verklebt und somit rückbaubar. Diese Haltung entspricht einer zeitgemäßen Strategie im Umgang mit Ressourcen: Weiterbauen statt Ersetzen.

> **Praxistipp:** Bestandsspuren müssen nicht getilgt, sondern können sichtbar belassen werden. Sie emotionalisieren Räume, sparen Ressourcen und stärken die Identität des Ortes. Die Mitarbeiterschaft hält sich gern in diesen Räumen auf und nutzt den gemütlichen Nebentrakt auch außerhalb der Arbeitszeiten für private Veranstaltungen.

5.4.2 Bremer Straße 42 – Transformation eines Industriebaus, Münster

Historischer Beton trifft auf zeitgemäße Architektursprache – ein Möglichkeitsraum entsteht

- Ästhetische Nachhaltigkeit
- Bestandsspuren
- Holzeinbauten
- Innenausbau
- Materialehrlichkeit
- Raum-in-Raum-System
- Second-Life-Möbel
- Spritzbeton
- Transformation

Abb. 5.9: Ein neues Programm als modernes Büro für die Umnutzung des Standorts, der ursprünglich eine Produktions- und Lagerstätte für Bahnschienen, zwischenzeitlich ein Autohaus und schließlich Verkaufsraum für gebrauchte Möbel war (Quelle: Hanna Neander).

In der Bremer Straße 42, unmittelbar hinter dem Münsteraner Hauptbahnhof, transformierten MAAS & PARTNER die Innenräume eines Industriebaus aus den 1920er-Jahren in eine zukunftsfähige Arbeitswelt mit 1.300 m² Fläche für die eigene Nutzung. Die allgemeine Instandsetzung und Sanierung des baufälligen fünfgeschossigen Riegels mit Nebengebäuden wurde von Schoeps & Schlüter Architekten durchgeführt. Während in dem ehemaligen Gebäude der Deutschen Reichsbahn früher Schienen gelagert wurden, beherbergt es nun eine zeitgemäße Mischung aus Büroflächen, Gewerbe und Gastronomie. Der Büroausbau von MAAS & PARTNER steht für einen sensiblen Ansatz im Umgang mit dem Bestand: Substanz bewahren, Materialien roh belassen und Eingriffe minimal halten. Drei übereinander liegende Hallen, raue Betonkonstruktionen und Spuren der Geschichte bilden die Ausgangslage. Der Ausbau verzichtet konsequent auf Gipskarton und Ausbaupakete; Ziegel, Holz, Glasbausteine und Spritzbeton prägen das Bild. Das Interior Design setzt auf Holzeinbauten und -möblierung sowie Second-Hand-Designermöbel.

Tragwerk ertüchtigen, Charakter erhalten

Beim Freilegen der Betonstruktur zeigte sich die Fragilität des Bestands: abplatzender Beton bis auf die Armierung, historische Schadstellen und deformierte Stahlbauteile. Die Ertüchtigung erfolgte über Spritzbeton, insbesondere im oberen Hallenbereich, und sicherte die Standsicherheit, ohne die Geschichte des Gebäudes zu tilgen. Der grobporige Spritzbeton fungiert zugleich als akustisch wirksame Oberfläche. Die sichtbaren „Evolutionsspuren" (verbogene Stahlträger, Bombenschäden usw.) blieben ablesbar und wurden zur Haltung des Projekts. In der Sanierungsfolge wurden frühere Beschichtungen, u. a. Lack, durch Strahlen abgetragen, um eine konsistente Materialwirkung zu erreichen.

Praxistipp: Additive Ertüchtigung (z. B. mit Spritzbeton) kann doppelt wirken: Sie kann statisch konsolidieren und zugleich ohne zusätzliche Ausbauschichten die Raumakustik verbessern. Die Dokumentation der Bestandsnarben schafft Akzeptanz für „Unregelmäßigkeiten" im Ausbau.

Materialehrlichkeit statt Verkleidung

Der Innenausbau kommt ohne Gipskarton aus. Stattdessen wurden unverkleidete Betonflächen, rohe Ziegel und Glasbausteine mit Holzoberflächen kombiniert; Teilflächen in Seekiefer-Sperrholz sind geölt eingefasst. Die Ziegelwände bleiben teils unverputzt; der Farbklang der Ziegel setzt einen warmen Kontrast zum grauen Beton. Materialschichten werden bewusst minimiert, Verkleidungen vermieden. Das reduziert graue Energie, hält Rückbaupfade offen und erleichtert spätere Anpassungen.

Hinweis: Materialehrliche Systeme (Ziegel, Holz, Glasbausteine und Sichtbeton) lassen sich ideal als ästhetische Sichtoberflächen verwenden. Eine Verkleidung ist nicht notwendig. Durch den Verzicht auf zusätzliche Schichten wie z. B. Gipskartonbekleidungen, Vorsatzschalen, Unterdecken usw. werden Kosten reduziert, die Instandhaltung wird vereinfacht und es entsteht weniger Abfall beim Rückbau.

Abb. 5.10: Der lange, fünfgeschossige und über 100 Jahre alte Industriebau hat sein Erscheinungsbild auch nach der Transformation bewahrt (Quelle: Hanna Neander).

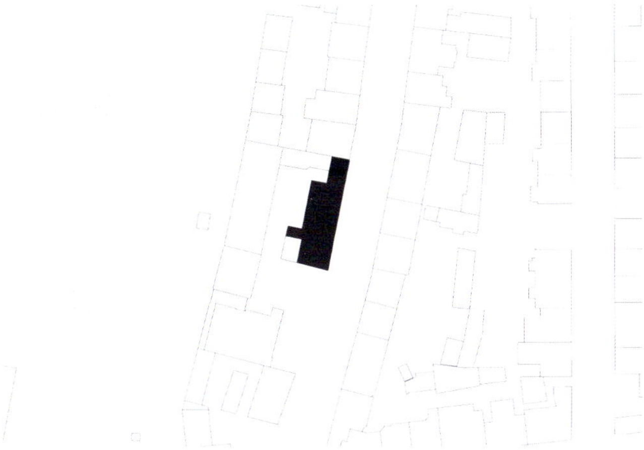

Abb. 5.11: Lageplan (Quelle: MAAS & PARTNER Architekten)

Abb. 5.12: Das Dachgeschoss vor dem Umbau (Quelle: Roland Borgmann)

Raum-in-Raum-System: Zonierung und Möblierung

Die räumliche Gliederung entsteht hauptsächlich durch die Platzierung der Möblierung: Kiosk, Garderoben, Regalsysteme, Podeste und mobile Trennwände sind aus geölter Seekiefer. Die Einbauten sind verschraubt statt verleimt, gezielt „transportkistenartig" gedacht und auf Rollen bzw. mit lösbaren Verbindern ausgeführt. Sie sind präzise, aber bewusst grob in der Anmutung. Ergänzt wird dies durch

„Uns stört es nicht, dass das Gebäude von außen unscheinbar wirkt. Im Gegenteil: Wir mögen, dass man fünfmal gefragt wird, wo wir eigentlich sitzen. Für uns zählt, was innen passiert – das Büro als Möglichkeitsraum. In einem angespannten Büromarkt wie Münster war es genau der richtige Ort: kein Prestigeobjekt, sondern ein Ort mit Geschichte und Zukunft."

Pascal Maas, geschäftsführender Partner (MAAS & PARTNER Architekten)

„Transformation ist ökologisch und ökonomisch sinnvoll. Aber uns geht es nicht nur um Energiekennwerte. Wichtig ist die ästhetische Nachhaltigkeit: Räume, die Menschen berühren, werden länger geschätzt. Architektur muss Atmosphäre haben, sonst wird sie schnell wieder infrage gestellt."

Prof. Andreas Krys, geschäftsführender Partner (MAAS & PARTNER Architekten)

Exkurs: KI-Tool für Grundstücks- und Bestandsanalysen

syte ist eine Ausgründung von MAAS & PARTNER. Das Start-up entwickelt eine Browser-basierte Plattform, die mithilfe von Künstlicher Intelligenz das Potenzial von Grundstücken und Bestandsgebäuden sichtbar macht. Nutzende aus den Bereichen Kommune, Planung, Projektentwicklung, Immobilienwirtschaft usw. können damit Bebauungspotenziale, Nachverdichtungsmöglichkeiten, Energie-, Photovoltaik- und Sanierungspotenziale sowie Wirtschaftlichkeitsberechnungen abrufen. Statt langwieriger Machbarkeitsstudien liefert syte früh Szenarien, beispielsweise wie viele Geschosse aufstockbar sind, welche Flächen nutzbar sind oder wo Chancen für die Transformation liegen. So kann schneller eingeschätzt werden, welche Maßnahmen und Eingriffe realistisch sind.

syte kann als erste Konzeptionsphase verstanden werden – vor Skizze und Entwurf. Bauherrenschaft und Planende können damit prüfen, ob eine Idee tragfähig ist, welche Nutzungsszenarien sinnvoll sind und wie sich Fördermöglichkeiten oder Nachhaltigkeitsziele einbeziehen lassen. Im Zusammenspiel mit klassischen Instrumenten kann das KI-Tool zur schnellen Standortanalyse und Potenzialabschätzung zum strategischen Werkzeug für den Start urbaner Transformationsprojekte werden.

Literaturtipp: Zur syte-Plattform:

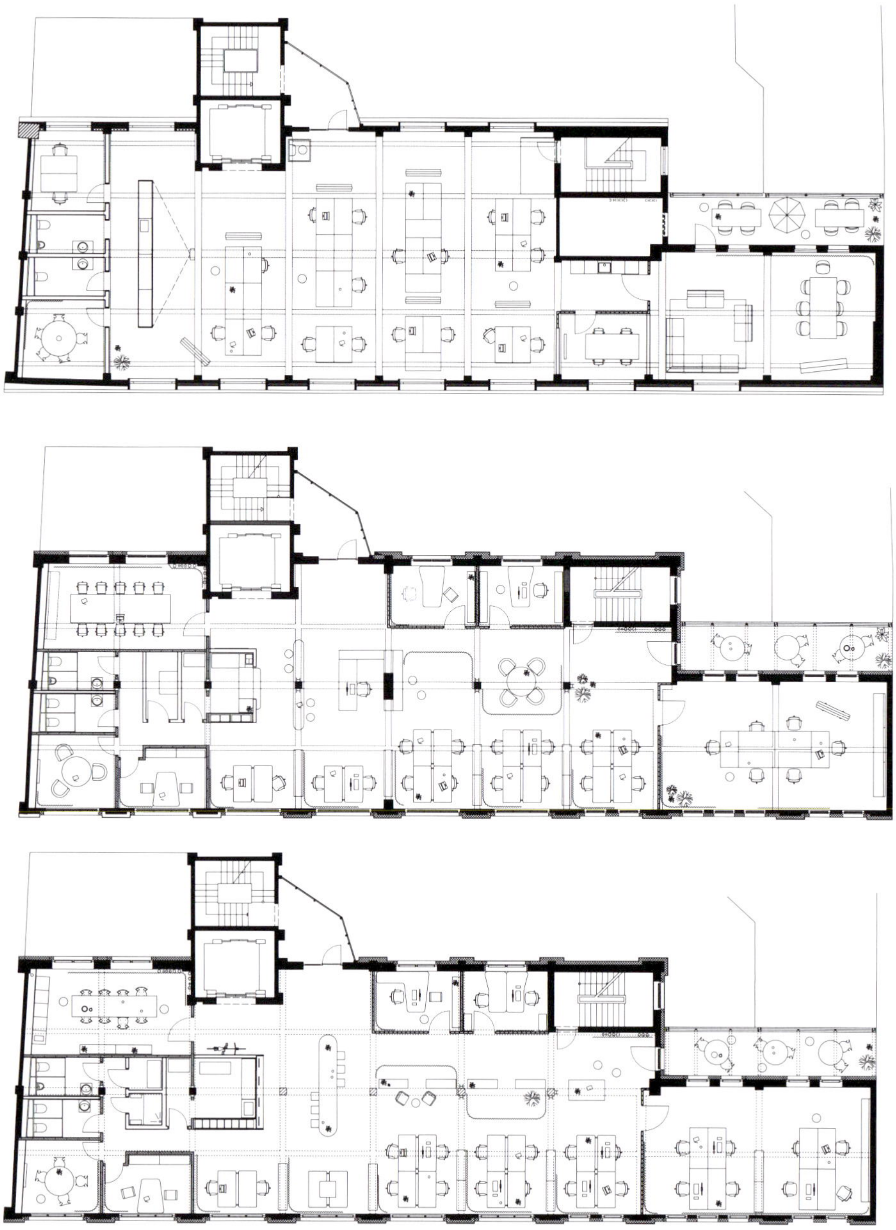

Abb. 5.13: Grundrisse von Dachgeschoss (oben), 3. OG (Mitte) und 2. OG (unten) (Quelle: MAAS & PARTNER Architekten)

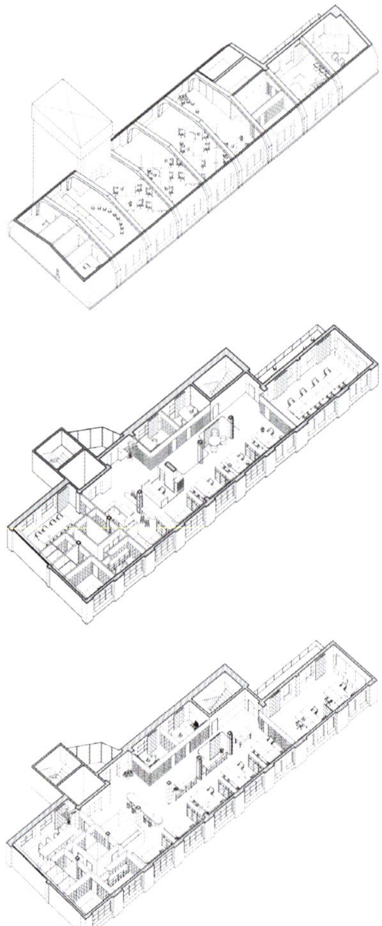

Abb. 5.14: Axonometrien von Dachgeschoss (oben), 3. OG (Mitte) und 2. OG (unten) (Quelle: MAAS & PARTNER Architekten)

Abb. 5.15: Die Möblierung schafft Orte der Kommunikation und der Gemeinschaft sowie für kontemplatives Arbeiten (Quelle: Hanna Neander).

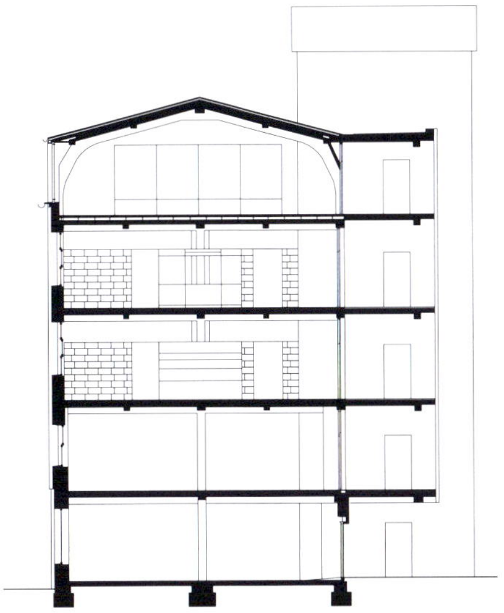

Abb. 5.16: Querschnitt (Quelle: MAAS & PARTNER Architekten)

Second-Life-Möblierung: Vintage-Stühle und -Garderoben, modulare Designklassiker sowie Vitra-Rückläufer im Besprechungsbereich. Nur dort, wo Ergonomie zwingend ist, kamen neue höhenverstellbare Arbeitsplätze hinzu. Wenige USM-Elemente stammen ebenfalls aus dem Gebrauchtkreislauf. Ziel war der maximale Einsatz bereits genutzter Möblierung bei gleichzeitiger Wertigkeit im täglichen Betrieb.

Praxistipp: Second-Life-Möbel lassen sich nicht wie Neumöbel exakt disponieren. Planende sollten deshalb eine kuratierte Auswahl frühzeitig im Prozess vorsehen. Dabei sollte ausreichend Zeit für Recherche, Flexibilität im Design und Offenheit für spontane Funde eingeplant werden. So entstehen authentische Ensembles mit starker gestalterischer Wirkung und wunderbarer Patina.

Tabelle 5.3: Objektübersicht Bremer Straße 42

Projektdetails	Beschreibung
Standort	Münster
Bauherr	Eigentümer: WSN Grundbesitz GmbH Innenausbau 2.–4. OG: MAAS & PARTNER Architekten mbB
Planung Innenausbau	MAAS & PARTNER Architekten mbB (www.maasundpartner.com)
Projektpartner	Gebäudesanierung: Schoeps & Schlüter Architekten GmbH (www.sus-architekten-muenster.de)
Typologie	vorher: Handelsimmobilie, Industriebau nachher: Büro
Fertigstellung	2023
Maßnahme	Innenausbau, Umbau/Sanierung im Bestand
Brutto-Grundfläche	Vorderhaus gesamt: 2.055 m^2 (davon 2.–4. OG: 1.300 m^2) Hinterhaus: 620 m^2
Statik	Tragwerkssanierung mit Spritzbeton
Brandschutz	ergänzendes zweites Treppenhaus (Schoeps & Schlüter)
Schallschutz	Vorhangsysteme, akustisch wirksamer Spritzbeton
Awards	Best Workspace 2025, German Design Award 2024 (Winner)
Besonderheit	Ungewöhnliche Schnittstelle: MAAS & PARTNER übernahmen in ihren Geschossen nicht nur das Interior Design, sondern auch die statische Ertüchtigung, während die übrige Sanierung bei Schoeps & Schlüter lag.

Bremer Straße 42 @ MAAS & PARTNER:

Flexible Arbeitswelten, Akustik und Betrieb

Die Hallen werden als wandelbare Zonen bespielt: In der oberen Ebene sind Veranstaltungen, Vorträge und interne Formate möglich. Mobile Wände, rollbares Mobiliar und stapelbare Stühle erlauben dichte Bestuhlungen und schnelle Umrüstungen. In den darunterliegenden Ebenen schaffen deckengeführte Vorhangsysteme – teils aus schwerem Theaterstoff – temporäre Abtrennungen für Vierergruppen. Der Spritzbeton unterstützt die Schallstreuung. Vorhänge und bewegliche Elemente fungieren als flexible Absorber. Programmatische Knotenpunkte wie der „Kiosk" funktionieren als sozialer Kondensator zwischen Empfang und Team. Die technisch-energetische Seite bleibt bewusst einfach gehalten; eine Photovoltaikanlage auf den Hallendächern unterstützt den Eigenbedarf und die E-Flotte des Büros.

Hinweis: Offene Grundrisse entfalten ihr Potenzial erst durch Mehrfachnutzung. Wer Zonierung und Möblierung von Beginn an auf Veränderung anlegt, schafft Flächen, die Büro, Workshop-Raum, Veranstaltungsort und Treffpunkt zugleich sein können. Entscheidend ist, diese Flexibilität bereits im Entwurf zu berücksichtigen, etwa durch Lagerflächen und Erschließung sowie wirksame Werkzeuge für Schallschutz und Privatsphäre.

Abb. 5.17: Additiver Spritzbeton verstärkt das Tragwerk und wird zum gestaltgebenden Element des Ausbaus (Quelle: Roland Borgmann).

5.5 Hochbau

5.5.1 Wilhelmsruher Damm 142 – Umbau GESOBAU-Verwaltungssitz zu Seniorenwohnen, Berlin

Transformation eines ikonischen Bürogebäudes aus den 1970er-Jahren in altersgerechten Wohnraum

- Barrierefreiheit
- Büro- und Verwaltungsgebäude
- Generalplaner-Team
- Seniorenwohnen
- Stahlbetonskelett-Bau
- Umnutzung
- VgV-Verfahren

Abb. 5.18: Um das ikonische Gesamterscheinungsbild des ehemaligen Verwaltungsbaus zu bewahren, wurden private Freiräume in Form von Loggien statt Balkonen ausgeführt (Quelle: Anne Lampen Architekten GmbH / Foto: Stefan Müller).

Während Büroflächen leer stehen, wächst der Bedarf an Wohnraum, besonders an barrierefreien Angeboten. Am Wilhelmsruher Damm entschied sich die GESOBAU AG für den Erhalt eines markanten Verwaltungsbaus, errichtet von Architekt Waldemar Poreike im Jahr 1970. Anne Lampen Architekten und SPP Schüttauf und Persike schufen dort 72 Wohnungen (66 neue Einheiten, 6 Bestandswohnungen), davon 53 barrierefrei, für Senioren, ergänzt durch Gewerbe im Erdgeschoss. Die hohen Geschosshöhen ermöglichten barrierefreie Austritte zu den Loggien durch Aufdoppelung des Bodens. Die Fassadenstruktur mit Brüstungs- und Fensterbändern wurde erhalten. Farbige Elemente in Rottönen wurden als Referenz zum ursprünglichen Gebäude übernommen, etwa bei Sonnenschutz und Geländern. Ziel war es, die ursprüngliche Gestaltqualität weitgehend zu bewahren und zeitgemäß zu ergänzen.

Startpunkt: Ausgangslage, Verfahren und Generalplanung

Der Auftrag entstand über ein VgV-Verfahren im Rahmen eines Generalplanungsauftrags. Anne Lampen Architekten waren für den Entwurf und die Hochbauplanung zuständig, während SPP Schüttauf und Persike als Generalplaner die Ingenieurleistungen wie Brandschutz und Haustechnik sowie die Bauüberwachung übernahm. Anstatt einen Abriss und Neubau durchzuführen, wurde die vorhandene Substanz genutzt, graue Energie bewahrt und ein Beitrag zur sozialen Durchmischung im Märkischen Viertel geleistet. Ziel war es, das Verwaltungsgebäude nach dem Auszug der GESOBAU einer neuen Nutzung zuzuführen. Der Standort im Märkischen Viertel, einem Kerngebiet mit hoher Nachfrage nach altersgerechtem Wohnraum, machte Seniorenwohnen naheliegend. Die Umnutzung trägt zur sozialen Stabilisierung des Quartiers bei, indem sie älteren Bewohnern den Verbleib in ihrer vertrauten Umgebung ermöglicht.

Praxistipp: VgV-Verfahren mit Generalplaner-Teams aus Architekten und Bauingenieuren bieten bei komplexen Bauaufgaben entscheidende Vorteile. Architektur und Technik werden von Beginn an gemeinsam entwickelt. Schnittstellen zwischen Hochbau, Tragwerk, Brandschutz oder TGA werden reduziert, Abstimmungsprozesse werden verkürzt und das Risiko von Planungsfehlern wird minimiert. Für die Bauherrschaft entsteht eine zentrale Ansprechstelle, die Koordination und Verantwortung für alle Planungsdisziplinen bündelt. Für die Planenden ergibt sich die Chance, entwurfliche und technische Qualität frühzeitig zu verzahnen. Diese Aufstellung ist besonders sinnvoll für Bestands- und Umnutzungsprojekte, da die Genehmigungslage und technische Ertüchtigungen viele Fachdisziplinen gleichzeitig betreffen.

Baurecht: Rahmenbedingungen der Umnutzung

Die Stadtplanung stimmte der Umnutzung nach § 63 BauO Bln in Verbindung mit §§ 30 und 34 BauGB zu. Zu klären waren vor allem alte Genehmigungsstände, offene Grundstücksfragen und Abstandsflächen. Bauordnungsrechtlich bedeutete die Nutzungsänderung vor allem das Erfordernis von Nachweisen zu Fahrradstellplätzen und Spielplätzen sowie Anpassungen bei Brandschutz, Lärm- und Schallschutz sowie Barrierefreiheit.

„Wir haben früh geprüft, was der Kern des Gebäudes ist – das Potenzial der Höhe, die Struktur, die Tragfähigkeit – und ob er für Seniorenwohnen taugt. Daraus ergab sich das Konzept mit schwellenlosen Loggien und funktionierenden Treppenläufen. Entscheidend ist, den Aufgabenkern schnell herauszuarbeiten und auf Machbarkeit zu prüfen. Dieses Prinzip lässt sich auch auf andere Bestände übertragen. Gestalterisch war uns wichtig, altersgerechtes Wohnen nicht zu stigmatisieren, sondern es selbstverständlich in eine zeitgemäße Architektur einzubetten."

Susann Belitz, Geschäftsführerin
(Anne Lampen Architekten)

Abb. 5.19: Die Flure wurden an den Wohnungseingängen aufgeweitet und farblich unterschieden (Quelle: Anne Lampen Architekten GmbH / Foto: Stefan Müller).

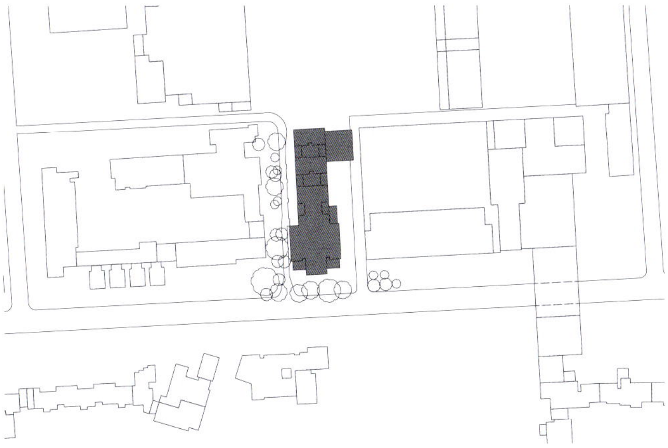

Abb. 5.20: Lageplan (Quelle: Anne Lampen Architekten GmbH)

Hinweis: Bei Umnutzungen müssen alle aktuellen Regelwerke zu Abstandsflächen bis Schallschutz eingehalten werden. Es gelten die gleichen Anforderungen wie an Neubauten. Zudem wird bei Wohnnutzung kein Unterschied zwischen den Nutzergruppen gemacht. Auch bei Seniorenwohnen war der Nachweis von Fahrradstellplätzen (148 Stück, davon 72 barrierefrei im Keller mit Rampe) und ein barrierefreier Pkw-Stellplatz nach AV Stellplätze (2021) der BauO Bln sowie Spielplatzflächen (284 m^2 Erholungsfläche) obligatorisch.

Exkurs: Barrierefreiheit im Bestand – Ländervergleich

Die Anforderungen an Barrierefreiheit unterscheiden sich in den Landesbauordnungen deutlich. Während Neubauten in allen Ländern (außer Berlin) verbindlich nach der DIN 18040-2 auszuführen sind, gelten im Bestand meist Erleichterungen, wenn eine Umsetzung technisch oder wirtschaftlich unzumutbar wäre. Die DIN 18040-2 ist in allen Ländern über die Technischen Baubestimmungen (VV TB) eingeführt oder wird durch landesrechtliche Regelungen konkretisiert:

- **Berlin:** Berlin nimmt bundesweit eine Sonderstellung ein. Die Verordnung über barrierefreies Wohnen (BWoV BE) vom 29. Januar 2019 konkretisiert § 50 BauO Bln und gilt insbesondere für Gebäude mit Aufzugspflicht. In diesen müssen mindestens 50 % der Wohnungen barrierefrei nutzbar sein, für Bauvorhaben ab 2025 zusätzlich zu 75 % barrierefrei erreichbar. In Gebäuden mit über 100 Wohnungen ist je 100 Wohnungen eine rollstuhlgerechte Einheit herzustellen. Erleichterungen sind nur zulässig, wenn die Umsetzung unverhältnismäßig oder technisch unzumutbar wäre.
- **Nordrhein-Westfalen:** Nach § 49 BauO NRW müssen Wohnungen in Gebäuden der Gebäudeklassen 3 bis 5 im erforderlichen Umfang barrierefrei sein. Der genaue Umfang ergibt sich aus der Verwaltungsvorschrift Technische Baubestimmungen NRW (VV TB NRW, 2021) mit Verweis auf die DIN 18040-2.
- **Hamburg:** Gemäß § 52 HBauO müssen in Gebäuden mit mehr als 4 Wohnungen die Wohnungen eines Geschosses barrierefrei erreichbar sein; bei Umbauten gilt dies nur, soweit ohne unverhältnismäßigen Aufwand realisierbar.
- **Baden-Württemberg:** Nach § 35 LBO BW müssen bei Gebäuden mit mehr als 2 Wohnungen die Wohnungen eines Geschosses oder eine entsprechende Fläche barrierefrei erreichbar und nutzbar sein. Für Umbauten gilt die Pflicht nur, soweit sie ohne unverhältnismäßigen Mehraufwand erfüllbar ist.
- **Weitere Länder:** Die übrigen Bundesländer verweisen ebenfalls auf die DIN 18040-2. Neubauten sind flächendeckend verbindlich geregelt, im Bestand gelten Erleichterungen nach dem Grundsatz der Verhältnismäßigkeit.

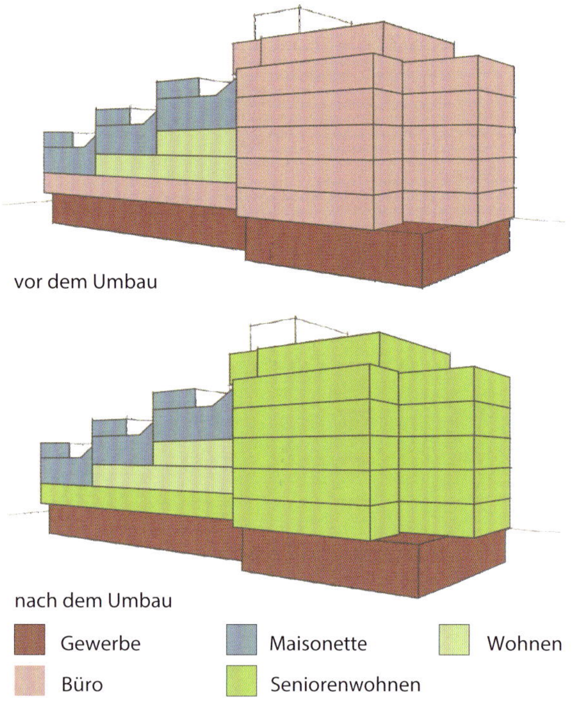

Abb. 5.21: Funktionszuordnung vor dem Umbau (oben) und nach der Transformation (unten) (Quelle: Anne Lampen Architekten GmbH)

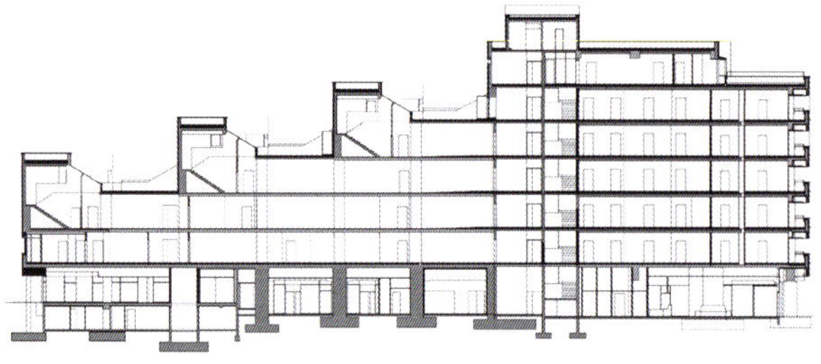

Abb. 5.22: Längsschnitt durch das Gebäude mit einer auffälligen Kubatur (Quelle: Anne Lampen Architekten GmbH)

Seniorenwohnen im Bestand

Das Gebäude umfasst 72 Wohnungen, davon 53 seniorengerecht, inklusive 6 Bestandswohnungen und ergänzt durch Gewerbeeinheiten im Erdgeschoss. Die neuen Ein- bis Vierzimmerwohnungen reichen von ca. 40 bis 75 m^2. Der Schwerpunkt liegt auf barrierearmen Kleinwohnungen, die sich für eine ältere Bewohnerschaft eignen und dennoch Teil eines gemischten Wohnangebots bleiben. Die Grundrisse orientieren sich an der Tragstruktur des Stahlbetonskelett-Baus: Die Wohnräume wurden entlang des Rasters an der Fassade angeordnet. Aufgrund der großen Gebäudetiefe im Vorderhaus konnten breite Flure mit Abstellräumen die früheren Nebenräume (WC-Räume und Teeküchen sowie Kopierräume) und Büroflure ersetzen. Die hohen Bürogeschosse erlaubten die Ausführung schwellenloser Austritte zu den Loggien durch Aufdoppelung der Bodenaufbauten. So konnten Niveauunterschiede von bis zu 17 cm ausgeglichen werden. Breite Flure und vorhandene Aufzüge erleichterten die barrierefreie Erschließung. Die Vorgaben aus § 50 BauO Bln und DIN 18040-2 wurden erfüllt. Im nördlichen Gebäudeteil blieben vorhandene Maisonette-Grundrisse erhalten.

Praxistipp: Bei Seniorenwohnen sind klare Wegeführungen, kurze Distanzen und ausreichend dimensionierte Bewegungsflächen wichtiger als maximale Flächeneffizienz. Durch Kommunikationsflure lassen sich Erschließungsflächen aufwerten – ein Mehrwert für Nachbarschaftskontakte.

Ertüchtigung für Wohnnutzung

Die Neueinstufung des Bestands bezüglich der Gebäudeklasse stellte besondere Anforderungen. Brandschutz und Schallschutz mussten wie bei einem Neubau nachgewiesen

Abb. 5.23: Grundrisse EG (links), 1. OG (Mitte) und 5. OG (rechts): Die Stahlbetonskelett-Struktur des Verwaltungsbau eignete sich gut zur Anordnung von Wohnungsgrundrissen (Quelle: Anne Lampen Architekten GmbH).

werden. Problematisch waren die Kassettendecken im hinteren Gebäudeteil, da sie mit einer Stärke von 10 cm den F90-Nachweis (12 cm) nicht erfüllten. Dies wurde durch zusätzliche Trockenbauverkleidungen gelöst, die eine brandschutztechnische Aufwertung ermöglichten. Auch der Schallschutz gegen Außenlärm stellte eine zentrale Herausforderung dar. Aufgrund der Lage an einer stark befahrenen Straße waren Schallschutzfenster mit hohen Schallschutzklassen erforderlich. Ergänzend kamen Schallschutz-Lüftungselemente zum Einsatz. Auch im Inneren entsprach der Schallschutz des ehemaligen Verwaltungsbaus nicht den heutigen Mindestanforderungen. Verbesserungen wurden durch verstärkte Estrichaufbauten, sorgfältige Wand-Boden-Anschlüsse und eine Verlagerung der Leitungsführung erzielt. Grundlage für die Planung war die Normenreihe DIN 4109. Schadstoffe wie Asbest aus Fassadenplatten und Bodenbelägen wurden fachgerecht ausgebaut und entsorgt.

Flexibilität durch Skelettbauweise

Die Tragstruktur des Stahlbetonskelett-Baus erwies sich bei der Transformation als vorteilhaft. Mit nur wenigen tragenden Wänden konnten die Grundrisse flexibel organisiert werden. Neue Innenwände wurden im Trockenbau erstellt. Aufgrund der enormen Gebäudetiefe von bis zu 21 m mussten die Mittelzonen für Nebenfunktionen genutzt werden. Eine besondere Herausforderung stellte die Leitungsführung durch die vorhandenen Kassettendecken dar. Erst nach der Entkernung wurde das Deckenraster sichtbar. Die Lage der Sanitärräume und Schächte musste daher flexibel geplant werden. Einzelne Grundrisse wurden gespiegelt oder baubegleitend angepasst.

> **Hinweis:** Bei Bestandsgebäuden mit Kassetten- oder Spannbetondecken ist die fixe Leitungsführung oft nur eingeschränkt möglich. Um auf unvorhersehbare Konflikte reagieren zu können, wurden bei dem Projekt am Wilhelmsruher Damm 142 in den Nassräumen Deckenabhängungen für Leitungsführungen vorgesehen. Diese baulich eingeplanten Reserven ermöglichten es, die Haustechnik trotz der starren Kassettendecken wirtschaftlich zu integrieren.

Fassade, Dämmung, Fernwärme: energetische Sanierung

Die energetische Sanierung orientierte sich an den zum Zeitpunkt des Planungsbeginns (2017) geltenden Standards. Mit dem moderat wirkenden KfW-100-Standard werden die heutigen Neubauanforderungen zwar nicht erreicht, für eine Umnutzung im Bestand stellt er jedoch ein realistisches Ziel dar. Die Gebäudehülle wurde ertüchtigt: Die Fassade erhielt eine mineralische Wärmedämmung, sämtliche Fenster wurden erneuert. Die Herausforderung bestand darin, die Dämmmaßnahmen in die markante Fassadengliederung zu integrieren, ohne deren ikonische Erscheinung zu verfälschen. Die Wärmeversorgung erfolgt über CO_2-neutrale Fernwärme. Zum Zeitpunkt der Planung war eine Integration von Photovoltaik oder Solarthermie nicht vorgesehen; heute würde das Berliner Solargesetz zusätzliche Anforderungen stellen. Weitere Nachhaltigkeitsaspekte spielten eine Rolle: Der Erhalt des Stahlbetonskelett-Baus bewahrte erhebliche Mengen grauer Energie.

> **Praxistipp:** Bei Bestandsumbauten ist es oft sinnvoll, energetische Standards pragmatisch zu wählen. Während KfW 40 oder KfW 55 im Neubau dem Stand der Technik entsprechen, lassen sich im Bestand wirtschaftlich tragfähige Ziele meist nur im Bereich KfW 100 erreichen. Förderprogramme können genutzt werden, um Maßnahmen wie Fassadendämmung, Fensteraustausch oder barrierefreie Umbauten zu finanzieren.

Tabelle 5.4: Objektübersicht Wilhelmsruher Damm 142

Projektdetails	Beschreibung
Standort	Berlin
Bauherr	GESOBAU AG (www.gesobau.de)
Planung	Anne Lampen Architekten GmbH (www.anne-lampen.de)
Projektpartner	SPP Schüttauf und Persike Planungsgesellschaft mbH (www.spp.de)
Typologie	vorher: Verwaltungsbau nachher: Seniorenwohnungen, Gewerbe im EG
Fertigstellung	2023
Maßnahme	Transformation, Nutzungsänderung, Fassaden- und Dachsanierung, Grundrissumbau
Verfahren	VgV-Verfahren (Generalplaner-Team)
Brutto-Grundfläche	vorher: 8.646 m^2 nachher: 8.283 m^2
Grundflächenzahl	vorher: 2,28 nachher: 2,19
Geschossflächenzahl	0,49 (unverändert)
Energieeffizienz	KfW-100-Standard
Statik	Stahlbetonskelett-Bau
Brandschutz	bauliche Nachrüstung für F90 erforderlich
Schallschutz	Schallschutzfenster, Schallschutzlüftung, zusätzliche Bodenaufbauten und optimierte Wandanschlüsse (DIN 4109)
Stellplätze	1 barrierefreier Pkw-Stellplatz 148 Fahrradstellplätze
Awards	DAM Preis 2026 (Nominierung), Deutscher Bauherrenpreis 2024 (Preisträger), Heinze Architektur Award 2024 (Kategorie „Wohnen + Beherbergung)
Besonderheit	Integration von 53 barrierefreien Seniorenwohnungen

Wilhelmsruher Damm 142 @ Anne Lampen Architekten:

5.5.2 Innovationszentrum – neue Struktur in denkmalgeschützter Hülle, Osnabrück

Industriebau wird Forschungszentrum: Umnutzung eines denkmalgeschützten ehemaligen Ringlokschuppens

- BIM
- Denkmalschutz
- Haus-im-Haus-Prinzip
- Infrastrukturbau
- Lowtech
- Massivholzkuben
- Punktwolke
- Reversible Konstruktion
- Stakeholder-Management
- Transformation

Abb. 5.24: Der umgenutzte Lokschuppen ist heute ein Symbol für die industrielle Vergangenheit der Region (Quelle: Nils Koenning).

Der denkmalgeschützte Ringlokschuppen in Osnabrück wurde 1913 als Teil des Güterbahnhofs errichtet und stand jahrzehntelang leer. Mit der Transformation zum Coppenrath Innovation Centre (CIC) durch KRESINGS gelang eine beispielhafte Verbindung von Bauen im Bestand, Denkmalschutz und innovativer Innenarchitektur. Forschung, Lehre, Handwerk und Öffentlichkeit finden dort nun unter einem Dach zusammen. Die Transformation bewahrt die Großzügigkeit des Bestands und ergänzt ihn funktional durch modular eingeschobene Raumkuben. Bauphysikalisch setzt das Projekt auf Lowtech-Strategien wie Querlüftung, Fußbodenaktivierung und passive Kühlung. Städtebaulich fungiert es als Initialzündung für das angrenzende Lokviertel. Das Ensemble ist in 3 ebenerdige Baukörper gegliedert, die als großräumige Hallen kreissegmentartig angeordnet sind. In einem kathedralenartig ausgebildeten Mittelbau befindet sich nun eine moderne Veranstaltungs-Location. In die anschließenden Hallen wurden Holzkuben mit Büro- und Forschungsfunktionen eingeschoben. Die Außenhülle des Lokschuppens blieb erhalten und wurde restauriert, um seine historische Bedeutung zu bewahren.

> **Hinweis:** Die Sanierung und Umnutzung erforderten bei diesem Projekt intensive Abstimmungen mit den Behörden. Die denkmalgerechte Strategie: klare Trennung zwischen historischer Hülle und neuen, eigenständigen Einbauten, sodass die Authentizität des Ortes erhalten bleibt.

Tragstruktur und Hülle – Instandsetzen statt Erneuern

Der Ringlokschuppen gehört zu den ersten Stahlbetonskelett-Bauten Deutschlands. Die Sanierung begann mit einer umfassenden Bestandsaufnahme: Fundamente wurden freigelegt, Bodenschichten erneuert und die schadhaften Betondecken ertüchtigt. Die noch original erhaltenen Betondecken der Dachkonstruktion im östlichen Teil wurden saniert, indem eine neue Ortbetonlage vernadelt wurde. Sichtbare Betonoberflächen wurden schonend mit Glaspudermehl gereinigt, Schadstellen punktuell mit PCC-Spachtel ergänzt. Abschließend wurde ein mineralischer Spritzputz appliziert, der Brandschutz und Akustik zugleich verbessert. Kapillar aufsteigende Feuchtigkeit in Fassaden und Sockel wurde durch Silaninjektionen unterbunden. Frostgeschädigte Ziegel wurden ausgetauscht, Verfugungen erneuert. Fenster wurden denkmalgerecht im Kastenfensterprinzip erneuert: außen verglaste Stahlsprossenfenster nach historischem Vorbild, innen zweifach verglaste Holzfenster mit integriertem Sonnenschutz.

> **Praxistipp:** Bestandsgebäude bergen oft Risiken – von fehlenden Fundamenten (wie bei diesem Projekt zufällig entdeckt) über unklare Gründungen bis hin zu versteckten Bauschäden. Da historische Pläne selten verlässlich sind, sollten im frühen Projektstadium statische Sondierungen, Bodenöffnungen und Materialprüfungen einkalkuliert werden. Überraschungen lassen sich dadurch zwar nicht ausschließen, aber sie lassen sich planbar machen. Wichtig ist ein positives Mindset: Wer im Bestand arbeitet, muss Freude an alten Strukturen und ihren Eigenheiten haben. Dann werden auch unerwartete Befunde Teil einer spannenden architektonischen Herausforderung.

Haus im Haus – eingestellte Massivholzkuben

Die neue Raumstruktur basiert auf 40 vorgefertigten Kuben aus Fichte, die als Büro- und Forschungsräume dienen. In beide Hallen wurden – ähnlich wie einst die Dampflokomotiven – pro Segment freistehende Holz-Raummodule

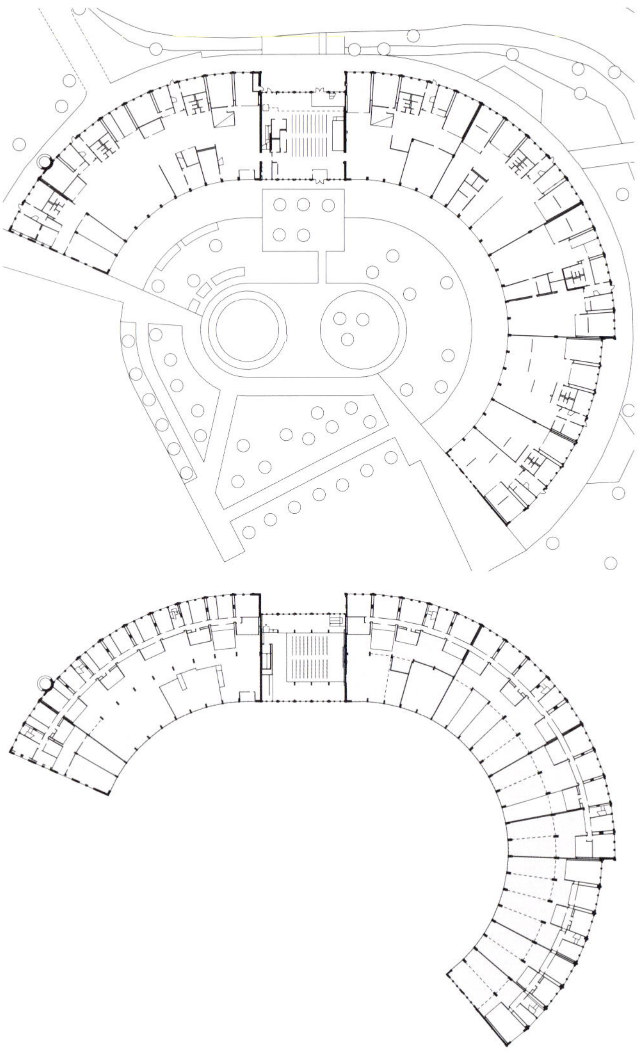

Abb. 5.25: Lageplan mit Grundriss EG (oben) und Grundriss 1. OG (unten) (Quelle: KRESINGS)

„Wir dürfen nicht mehr so tun, als ob eine Nutzung für die Ewigkeit gedacht wäre. Räume müssen heute robust und anpassungsfähig sein – vielleicht 20 oder 30 Jahre für eine Funktion, dann etwas Neues. Die Holzkuben sind reversibel, man könnte sie theoretisch wieder herausziehen. Das ist die Haltung, die wir künftig stärker brauchen."

Kilian Kresing (KRESINGS)

Abb. 5.26: „Häuser" im Haus (Quelle: HGEsch Photography)

Abb. 5.27: Bestandssituation vor (oben) und während der Transformation (unten) (Quelle: Angela von Brill)

Exkurs: Stakeholder-Management

Bei komplexen Transformationsprojekten gewinnt das Stakeholder-Management zunehmend an Bedeutung. Die Vielzahl unterschiedlicher Gruppen von Akteuren, von Eigentümern, Nutzenden und Fördermittelgebern über kommunale Entscheidungsträger bis hin zur Öffentlichkeit, erfordert eine strukturierte und transparente Vorgehensweise. Der „Handlungsleitfaden Initiierung" bietet dafür praxisorientierte Ansätze: Er beschreibt die frühen Projektphasen und betont, wie wichtig die frühzeitige Einbindung von Stakeholdern zur Minimierung von Reibungsverlusten, Fehlentscheidungen und Akzeptanzproblemen ist.

Literaturtipp: Schwerdtner et al.: Handlungsleitfaden Initiierung. Band 49. Stuttgart: Franhofer IRB Verlag; 2020:

Abb. 5.28: Das Innovatorium bietet Platz für bis zu 400 Personen (oben), die Büros in den Holzkuben erscheinen wie kleine Häuser, Straßen und Plätze (unten) (Quelle: HGEsch Photography).

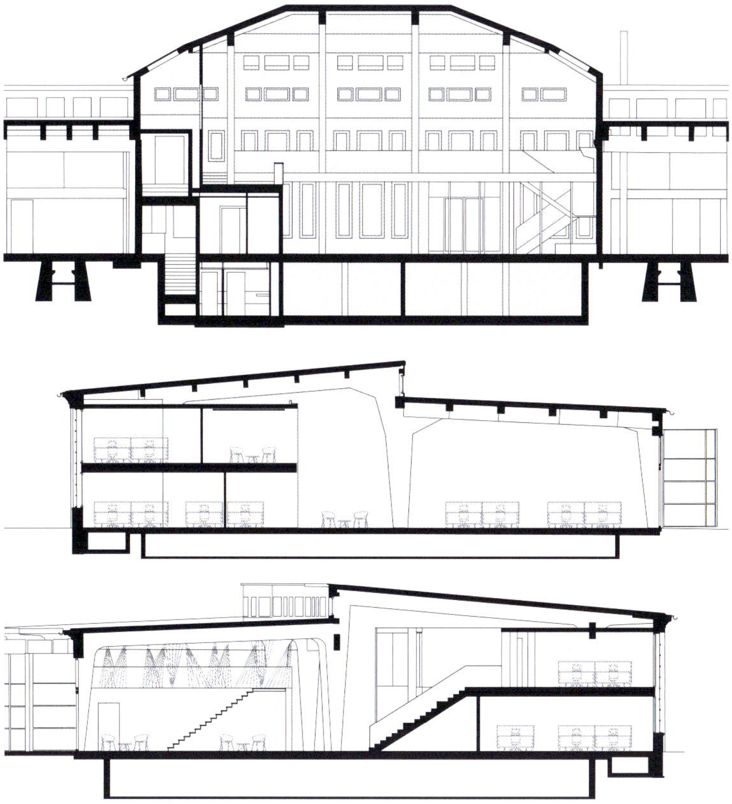

Abb. 5.29: Längsschnitt durch die Veranstaltungshalle (oben), Querschnitte durch die Ringflügel (Mitte und unten) (Quelle: KRESINGS)

eingeschoben. Der niedrigere Hallenteil erhält vereinzelt eingeschossige Module und behält damit seinen hallenartigen Charakter. Im hohen Hallenteil mit Deckenhöhe bis 8 m wurden teils zweigeschossige Holzkuben eingeschoben. Davor befinden sich großzügige Open-Space-Bereiche. Die Multifunktions- und Gemeinschaftsflächen fungieren als Orte für Inspiration, Begegnung und Austausch. Die Kuben erhöhen die Ausnutzung der Bestandsfläche und ermöglichen Raumprogramme, ohne in den Bestand einzugreifen. Jeder Kubus ist ein Unikat, millimetergenau an die Geometrie des Bestands angepasst – teilweise mit konisch zulaufenden Wänden, um sich den schrägen Betonstützen anzuschmiegen. Die Fichten-Sperrholzmodule sind bewusst roh belassen, um den Werkstattcharakter zu verstärken. Der modulare Aufbau erlaubt reversible Eingriffe: Die Kuben könnten bei künftigen Nutzungsänderungen verschoben oder entfernt werden. Ergänzende Freitreppen aus Stahl und Holz verbinden die Module mit den offenen Hallenbereichen, während 8 brandschutztechnisch erforderliche Treppenhäuser die vertikale Erschließung sichern.

Hinweis: Eine Punktwolke des Bestands diente bei der BIM-gestützten Planung des Innovationszentrums als Grundlage für die passgenaue CNC-Fertigung der Holzbauteile. Erst die datengestützte Vorfertigung anhand der BIM-Raummodelle ermöglichte es, die modularen Holzelemente präzise in die komplexe Bestandsgeometrie einzufügen.

Lowtech-Energiekonzept – Eingriffe und Kosten reduzieren

Anstelle komplexe Gebäudetechnik zu verwenden, setzt das CIC auf passive Strategien. Die massive Bausubstanz wirkt als Speichermasse. In Kombination mit Querlüftung und Nachtluftspülung werden sommerliche Überhitzungen vermieden, ergänzt durch außen liegenden Sonnenschutz. Ein aktivierter Fußbodenaufbau übernimmt die Verteilung. Über Wärmepumpentechnik wird die Fläche im Winter beheizt und kann im Sommer zur Kühlung genutzt werden. Eine zentrale Rolle bei der Gebäudetechnik der Holzkuben spielen die alten Wartungsgräben, die heute als Medien- und Versorgungskanäle dienen. Darin verlaufen Leitungen für Zuluft, Heizung, Kühlung und Strom, die von einem neuen Technikring an der Außenwand eingespeist werden. Von den Gräben aus werden die Kuben über den Boden angeschlossen. Dabei dient der neu aufgebaute Estrich mit integrierten Heiz- und Kühlleitungen ebenfalls als Verteilerebene. Auch Strom- und Datenleitungen können so verdeckt geführt und bei Bedarf ergänzt werden. Die Lüftung erfolgt primär über die hallenweite Quellluftversorgung, ergänzt durch manuelle Fensterlüftung und dezentrale Lüftungsgeräte in den Nasszellen. Entscheidend ist: Die Kuben sind nicht starr mit der Hülle verbunden, sondern bleiben reversibel. Technikzuführungen können gelöst oder neu geführt werden – ein Prinzip, das Nachrüstungen erleichtert und die langfristige Flexibilität der Nutzung sicherstellt.

Hinweis: Der Verzicht auf zentrale Anlagen bedeutet, dass Nutzende den Betrieb selbst steuern können: Fensterlüftung, Sonnenschutz und Temperatur. Das Gebäude ist dadurch weniger anfällig für Störungen und reagiert flexibel auf wechselnde Belegungen.

energetisch ertüchtigt und für neue Nutzungen geöffnet. Besonders prägnant ist der Gebäudekomplex „Die Fabrik“ (erbaut 1937), der behutsam saniert wurde. Der historische Backsteinbau erhielt eine neue Nutzung mit Gewerbelofts für Start-ups und etablierte Unternehmen aus verschiedensten Branchen mit Gastronomie und Veranstaltungsflächen. Die robusten Stahlkonstruktionen und die hohen Decken blieben erhalten und prägen den industriellen Charakter. Die 3 rund 150 m langen Gebäude Tabakspeicher I, II und III (Stahlbetonskelett-Bauten aus den 1970er-Jahren) wurden vollständig entkernt, mit vorgestellten Stahlbetonbalkonen versehen und räumlich neu organisiert. Im Tabakspeicher I entstanden 161 moderne Bürolofts, während der Tabakspeicher II für eine öffentliche Aus- und Weiterbildungseinrichtung sowie ein IT-Unternehmen umgebaut wurde. Im Tabakspeicher III „Speicherlofts“ wurden 222 Wohnlofts geschaffen. In den ehemaligen Tabakhallen IV und V entstanden die „TQ Studios“, 192 moderne Wohnungen, die den industriellen Charakter mit zeitgemäßem Wohnkomfort und nachhaltiger Energieversorgung verbinden. Ergänzt werden diese Projekte durch die Atelier-Häuser, die 30 Bürolofthäuser mit jeweils etwa 230 m^2 und offenen Galerien bieten. Sie wurden in einem Tabaklager realisiert und sind ein weiteres Beispiel dafür, wie Bestandsarchitektur durch Umbau und Teilung flexibel nutzbar gemacht wird.

Praxistipp: Industrievergangenheit sollte nicht ausgelöscht werden. Schlüssel des Erfolgs des Quartiers ist die sensible Umnutzung der Industriearchitektur. Die ehemaligen Speicher und Hallen prägen bis heute den Charakter des Quartiers. Die sichtbare Geschichte der Gebäude (belassene Kessel, industrielle Lüftungsanlagen und bis zu 6 m Raumhöhen) erzeugt ein Alleinstellungsmerkmal, das im Neubau weder technisch noch wirtschaftlich wiederholbar wäre. Für die Entwicklung war der Denkmalschutz Fluch und Segen zugleich: Er verlangsamte Prozesse, machte das Quartier aber unverwechselbar.

Nachhaltigkeit und Energie: Quartierslösungen

Das Tabakquartier verfolgt ein ganzheitliches Energiekonzept, das fossilfreie Wärmeversorgung über Wärmepumpen und Nahwärmenetze, Photovoltaikanlagen auf Neubauten und geeigneten Bestandsdächern, Gründächer und eine selbstlernende Gebäudeleittechnik kombiniert. Ergänzend sichern Blockheizkraftwerke und Mieterstrommodelle die Eigenversorgung. Das nachhaltige Gesamtkonzept wurde von der Deutschen Gesellschaft für Nachhaltiges Bauen (DGNB) mit dem Vorzertifikat in Gold ausgezeichnet. Die Kriterien der Auszeichnung sind breit gefächert: Maßgeblich gewürdigt wurde die Umsetzung des Leitbilds der „produktiven Stadt“ mit Wohnungen, Gewerbe, Kultur- und Freizeiteinrichtungen. Ebenso in die Bewertung eingeflossen ist der sensible Umgang mit dem Bestand – insbesondere die Revitalisierung der „Fabrik“ und der Tabakspeicher, die ihren industriellen Charakter behalten und gleichzeitig technisch und energetisch ertüchtigt wurden. Auch das Energiekonzept und der Einsatz nachhaltiger Baustoffe wie wiederverwendeten Klinkers waren ausschlaggebend. Weitere Kriterien betrafen

Abb. 5.38: TQ Studios und AtelierHäuser im Vordergrund, dahinter die Tabakspeicher (Quelle: Justus Grosse Immobilienunternehmen)

Exkurs: Private Entwickler als Motor städtebaulicher Transformation

Die Transformation von innerstädtischen Brachen wird vielerorts nicht mehr allein durch öffentliche Hand oder kommunale Gesellschaften getragen. Immer häufiger übernehmen private Entwickler eine tragende Rolle. Sie agieren als Motoren der Stadterneuerung.

Dieses Modell bietet folgende Chancen:

- **Kapital und Geschwindigkeit:** Private Entwickler können Investitionsvolumen schnell bündeln und Verfahren deutlich beschleunigen, wenn Baurecht und Rahmenbedingungen gesichert sind.
- **Flexibilität:** Marktnahe Entscheidungen und kurze Wege werden möglich. Auf veränderte Bedarfe (z. B. Wohnen versus Gewerbe oder Kultur versus Büro) kann man rasch reagieren.
- **Placemaking:** Durch frühe Pioniernutzungen, etwa Gastronomie, Kultur oder Sport, können private Entwickler Quartiere schnell attraktiv machen und Frequenz erzeugen.
- **Langfristigkeit:** Viele Entwickler halten Teile im Bestand und haben ein großes Eigeninteresse an baulicher Qualität.

Folgende Herausforderungen sind zu bewältigen:

- **Risikoallokation:** Private Unternehmen tragen ein hohes ökonomisches Risiko. Ohne klare politische Flankierung kann dies zu Projektabbrüchen führen.
- **Verlässliche Förderung:** Viele Förderprogramme sind zeitlich begrenzt oder werden kurzfristig geschlossen. Für private Investoren fehlt damit die Planungssicherheit.
- **Gemeinwohlorientierung:** Renditeinteressen und städtebauliche Ziele auszubalancieren, ist oft herausfordernd.
- **Governance:** Fehlende Verfahrenssicherheit und lang dauernde Abstimmungen auf Detailebene können Projekte massiv verzögern.
- **Abhängigkeiten:** Private Akteure sind auf enge Zusammenarbeit mit Politik, Verwaltung und Banken angewiesen – ohne diese gelingt Stadtentwicklung nicht.

Städte können private Entwickler durch klare Governance-Strukturen, beschleunigte Verfahren und stabile Förderinstrumente unterstützen. So wird unternehmerisches Risiko kanalisiert und in langfristigen Mehrwert für die Stadtgesellschaft übersetzt.

Abb. 5.39: Neubauten, vorn das Lighthouse, ergänzen den umgenutzten Bestand (Quelle: Justus Grosse Immobilienunternehmen).

Abb. 5.40: Das Quartier ist klimafreundlich, u. a. durch viel Vegetation, Gründächer und Solaranlagen (Quelle: Justus Grosse Immobilienunternehmen).

Abb. 5.41: Rund 2.500 m^2 große Boulder-Halle in der ehemaligen Tabakhalle (Quelle: Justus Grosse Immobilienunternehmen)

die Mobilität mit Mobilitätshäusern, Car- und Bikesharing, E-Ladepunkten und einer autoarmen Quartiersstruktur sowie die soziale Infrastruktur, die durch den öffentlichen Quartierspark „Grüne Mitte", den Highline-Garten, das Zentrum für Kunst und eine barrierefreie Kindertagesstätte ergänzt wird.

Hinweis: Kommunen können DGNB-Quartierszertifikate oder vergleichbare Standards als steuerndes Instrument in Bebauungsplänen und städtebaulichen Verträgen nutzen. So wird Nachhaltigkeit messbar und für Investoren wie Verwaltung verbindlich überprüfbar. Die DGNB-Vorzertifizierung zwingt dazu, alle Dimensionen – ökologisch, ökonomisch und soziokulturell – integrativ zu betrachten. Für das Tabakquartier bedeutete dies eine über den Einzelbau hinausgehende Qualitätssicherung auf Quartiersebene. Kommunen profitieren von einer nachvollziehbaren Bewertungsgrundlage, die nicht nur technische Nachhaltigkeitskriterien prüft, sondern auch Fragen der Mischnutzung, der sozialen Infrastruktur und der Mobilität. Für den Entwickler stärkt das Zertifikat die Markenbildung und die Akzeptanz nach außen, intern schafft es eine strukturierte Projektsteuerung.

Abb. 5.42: Die Bremer Philharmoniker belebten das Quartier von Beginn an (Quellen: oben: Justus Grosse Immobilienunternehmen, unten: Bremer Philharmoniker / Rudolf Lörinc).

Abb. 5.43: Mit der „Grünen Mitte" wird ein natürlicher Grünraum geschaffen, der zur urbanen Atmosphäre des Areals passt. Besonderheiten sind dabei ein innovatives Wassermanagement, insektenfreundliche Baumarten sowie offene Spiel- und Bewegungsräume (Quelle: Justus Grosse Immobilienunternehmen).

Mobilität und öffentliche Räume: autoarm planen, Aufenthaltsqualität sichern

Die Mobilitätsstrategie des Tabakquartiers von plan-werk-Stadt basiert auf einer konsequenten Verlagerung des motorisierten Verkehrs an die Quartiersränder. In 3 Mobilitätshäusern werden insgesamt rund 1.000 Stellplätze gebündelt, ergänzt durch Car- und Bikesharing, E-Scooter-Angebote und Ladeinfrastruktur. So wird der innere Bereich weitgehend autoarm gehalten. Ergänzend sorgen gute ÖPNV-Anbindungen für eine leistungsfähige Alternative zum Individualverkehr. Zentraler Bestandteil des Freiraumkonzepts ist der Quartierspark „Grüne Mitte", geplant von schramm+partner. Auf etwa 20.000 m^2 entstehen klimaresiliente Grünflächen mit Bestandsbaumerhalt, 50 Neupflanzungen, Wassermanagement und offenen Bewegungsräumen. Damit wird der Park zum Herzstück des autoarmen Quartiers und fördert die soziale Durchmischung durch vielfältige Nutzungen.

Governance und Umsetzung: kooperative Steuerung

Die Entwicklung wurde privat von dem Projektentwickler Justus Grosse angestoßen und finanziell getragen, eng flankiert von Politik und Verwaltung. Frühzeitige Klärungen mit dem Denkmalschutz, intensive Gespräche mit Politik und Ortsbeirat sowie ein Quartiersmanagement vor Ort waren notwendig. Aus Entwicklersicht zeigte sich: Einzelvergaben bei komplexen Bestandsumbauten führten zu hoher Komplexität. Deshalb würde man künftig stärker auf Generalunternehmer setzen. Wirtschaftlich entscheidend war zudem die eigene Vermarktung. In der Anfangsphase fehlte es an Frequenz im neu entstehenden Quartier, um private Betreiber für Gastronomie oder Freizeitangebote zu gewinnen. Der Entwickler gründete daher eigene Gesellschaften, übernahm Gastronomiebetriebe und etablierte ein Quartiersmanagement. Diese Pioniernutzungen – 2 Restaurants, Fitnessstudio und Boulder-Halle – sorgten dafür, dass das Areal von Beginn an belebt war und als attraktiver Standort wahrgenommen wurde.

> **Hinweis:** Kommunen sollten wichtige Pioniernutzungen aktiv unterstützen, auch wenn sie zunächst nicht wirtschaftlich tragfähig sind. Eigenbetrieb durch Entwickler oder temporäre Zwischennutzung schafft früh soziale Infrastruktur und beschleunigt die Identitätsbildung des Quartiers. Städte können dabei durch Förderprogramme, Zwischennutzungsvereinbarungen oder Betreiberkooperationen helfen, die Anlaufphase zu stabilisieren.

Tabelle 5.6: Objektübersicht Tabakquartier

Projektdetails	Beschreibung
Standort	Bremen
Projektentwickler	Justus Grosse Real Estate GmbH (www.justus-grosse.de)
Planung	städtebauliche Rahmenplanung: ELBBERG – Stadt/Landschaft, ARGUS Stadt & Verkehr, Bruun & Möllers Landschaften Machbarkeitsstudie: BPW Stadtplanung Hochbauprojekte: Hilmes Lamprecht Architekten (u. a. Fabrik, Speicher I und II, Forum, TQ Studios, Mobi 1) Freiraumplanung: schramm+partner Mobilitätskonzept: plan-werkStadt
Typologie	vorher: Industrieareal (Tabakfabrik, Speicher und Produktionshallen) nachher: gemischt genutztes Stadtquartier (Wohnen, Arbeiten, Kultur, Freizeit und Gewerbe)
Fertigstellung	schrittweise seit 2019, geplante Gesamtfertigstellung bis 2027
Maßnahme	Revitalisierung und Umnutzung denkmalgeschützter Industriegebäude, Neubau von Wohn- und Bürogebäuden, Entwicklung von Mobilitäts- und Energieinfrastruktur, Anlage neuer Freiräume
Verfahren	städtebaulicher Rahmenplan, mehrere Bebauungspläne (Bremen)
Finanzierung	privates Investment durch Justus Grosse, einzelne Förderungen (KfW/BAFA) in frühen Projektphasen
Baukosten	KG 300 + 400: Gesamtinvestitionsvolumen ca. 700 Millionen €
Zertifikate	DGNB-Vorzertifikat in Gold für das gesamte Quartier (2023)
Statik	Bestand: Entkernung und statische Ertüchtigung (Speicher, Fabrik und Tabakhallen) Neubauten: Stahlbetonskelett-Bau, Holzbau (Leuchtturmprojekt Lighthouse)
Brandschutz	Anpassung an aktuelle Brandschutzauflagen in allen Bestandsgebäuden (u. a. Fluchtwege und Brandmeldeanlagen)
Stellplätze	ca. 1.000 Stellplätze in 3 Mobilitätshäusern und ergänzenden Tiefgaragen, umfangreiche Fahrrad-Abstellanlagen, Sharing-Systeme
Awards	Bremer Denkmalpflegepreis 2022
Besonderheit	Transformation der ehemals größten Tabakfabrik Europas (ehemals 6.000 Beschäftigte) zu einem offenen Stadtquartier; Kombination aus Industriearchitektur, Neubau und Freiraum; Eigenbetrieb von Gastronomie und Quartiersmanagement in der Anfangsphase als Pioniernutzung; Quartiersenergie- und Mobilitätskonzept als integrierte Systeme

Tabakquartier @ Justus Grosse:

5.7 Freiraum

5.7.1 Ökologischer Vorrangsraum Baumkirchen Mitte, München

Freiraumstrategie als Modell für Biodiversität, Klimaanpassung und urbane Resilienz

- 30-Hektar-Ziel
- Bahnkonversion
- Biodiversität
- Grünordnung
- Kataster der Potenziale
- Klimaanpassung
- Landschaftsarchitektur
- Monitoring
- Ökologische Vorrangflächen
- Transformation

Abb. 5.44: Die Aktivierung urbaner Räume beginnt mit dem Anerkennen ihres Eigenwerts – auch (oder gerade) dann, wenn sie vermeintlich brach oder chaotisch wirken. Die große Chance liegt darin, vorhandene Spuren weiterzuschreiben: ökologisch, sozial und kulturell (Quelle: Markus Hassler).

Mit der Entwicklung des Quartiers Baumkirchen Mitte auf dem 15 ha großen Gelände des ehemaligen Bahnbetriebswerks München 4 in Berg am Laim, München, entstand ein naturnaher Landschaftsraum, der Biodiversität, Klimaanpassung und urbane Lebensqualität gleichermaßen adressiert. Fast 70 Jahre lang wurden dort Lokomotiven und Güterwaggons repariert – heute leben und arbeiten auf dem Gelände rund 1.300 Menschen. Realisiert wurden u. a. das Baumkirchen-Mitte-Hochhaus von UNStudio sowie weitere Wohn- und Bürogebäude von Delugan Meissl Associated Architects, AllesWirdGut und Meili Peter, die hohe urbane Dichte mit architektonischer Vielfalt verbinden. Kern des städtebaulich-landschaftsplanerischen Wettbewerbs, aus dem Peter Ebner & Friends mit mahl gebhard konzepte als Sieger hervorging, war die Entscheidung, fast die Hälfte der Konversionsfläche als ökologischen Vorrangsraum zu sichern. Diese Fläche wurde im Bebauungsplan mit Grünordnung als Ausgleichsfläche festgeschrieben und bildet heute einen dynamischen Landschaftspark, der 48 Rote-Liste-Arten Raum gibt. Anstelle klassischer Freiraumgestaltung setzte das Büro mahl gebhard konzepte auf reduzierte Eingriffe: Stege aus Betonfertigelementen, punktuelle Aufenthaltsorte und gezielte Rohbodenschaffung ermöglichen Erlebbarkeit, ohne den ökologischen Lebensraum zu behindern. Industriegeschichte und Natur werden nicht geglättet, sondern als Teil einer neuen städtischen Erzählung integriert. Baumkirchen Mitte ist nicht nur ein gelungenes Beispiel für Konversion, sondern auch ein Modell für die Rolle von Landschaftsplanung in der Transformation der Städte.

Urbanität zwischen Wildnis und Dichte

Die 6 ha große ökologische Vorrangfläche ist kein Park, sondern ein dynamischer Naturraum. Er bietet Lebensraum für geschützte Arten. Das Projekt verdeutlicht, wie sich das Verständnis von Urbanität verändert. Lange galt die Maxime „Innenentwicklung durch Verdichtung". Gerade in hochverdichteten Quartieren sind Freiflächen jedoch entscheidend – nicht als Rest, sondern als Ressource für Klima, Biodiversität und Aufenthaltsqualität, nicht als stilisierte „Spiellandschaft", sondern als naturnaher Raum, der ein wirkliches Erleben ermöglicht. Das Projekt widerspricht damit nicht der Logik innerstädtischer Nachverdichtung, sondern erweitert sie. Diese Dualität schafft Spannung und räumliche Qualität: Unmittelbar nebeneinander existieren verdichtete Stadt und scheinbar unberührte Wildnis. Die Vorrangfläche liefert Kühlung, Wasserretention und Artenvielfalt – und damit genau die Qualitäten, die eine dichte Stadt überhaupt erst lebenswert machen.

Abb. 5.45: Die barrierefreie Erschließung erlaubt Teilhabe, ohne den ökologischen Raum zu überformen. Die Vorrangfläche bleibt auch ohne intensive Nutzung wertvoll (Quelle: Sonja Weber).

„Natur und Stadt sind keine Gegensätze. Baumkirchen zeigt, wie Biodiversität und Urbanität einander stärken können. Der Clou war, das zu akzeptieren, was da ist – und damit gut umzugehen. Manchmal bedeutet gutes Planen nicht zu gestalten, sondern Raum zu geben. Die Vorrangfläche bleibt auch ohne intensive Nutzung wertvoll – gerade das macht sie dauerhaft resilient. Sie ist kein Park im herkömmlichen Sinn, sondern einen Naturraum, der sich verändert – ein dynamisches Reservat mitten in der Stadt."

Andrea Gebhard (mahl gebhard konzepte)

Exkurs: Ökologische Vorrangflächen – vom Agrarraum in die Stadtplanung

Der Begriff ökologische Vorrangflächen (ÖVF) stammt ursprünglich aus der EU-Agrarpolitik. Seit 2015 sind landwirtschaftliche Betriebe mit mehr als 15 ha Ackerfläche verpflichtet, mindestens 5 % davon als ÖVF auszuweisen. Dazu zählen Brachen, Blühstreifen, Feldgehölze oder Gewässerrandstreifen. Ziel ist es, Biodiversität, Bodenschutz und Landschaftsqualität zu sichern. Inzwischen wird der Ansatz vermehrt auch in der Stadt- und Freiraumplanung aufgegriffen. Dort bezeichnet ÖVF Flächen, die nicht vorrangig der Erholung oder Bebauung dienen, sondern dauerhaft für ökologische Funktionen reserviert sind. Häufig handelt es sich dabei um ehemalige Bahnareale, innerstädtische Brachen, Ränder von Infrastrukturflächen oder Restflächen in verdichteten Quartieren, die als Biodiversitäts-Hotspots oder Klimakorridore gesichert werden. Über Bebauungspläne und Grünordnungen lassen sie sich verbindlich sichern. Damit wird ein ursprünglich agrarisches Steuerungsinstrument zum Werkzeug urbaner Resilienz, mit Aufgaben wie Klimaanpassung, Artenvielfalt und Luftkühlung.

Abb. 5.46: Lageplan (Quelle: mahl gebhard konzepte)

Abb. 5.47: Baumkirchen Mitte zeigt, wie sich urbane Dichte und ökologische Qualität nicht ausschließen müssen, sondern einander stärken (Quelle: Markus Hassler).

Abb. 5.48: Spuren einstiger Nutzungen bleiben als Relikte der Vergangenheit dauerhaft an Ort und Stelle (Quelle: Markus Hassler).

Abb. 5.49: Die größte Herausforderung war die Erschließung der Fläche unter Einhaltung der strengen naturschutzrechtlichen Vorgaben. Das Stegsystem minimiert die Eingriffe und schafft zugleich Zugänglichkeit (Quelle: Sonja Weber).

Praxistipp: Transformation beginnt nicht mit dem Entwurf, sondern mit der Bestandsaufnahme vorhandener Qualitäten. Ein Kataster der Potenziale erfasst systematisch die ökologischen, räumlichen und kulturellen Ressourcen eines Areals: Artenvorkommen, Vegetationsstrukturen, Topografie und Mikroklima, aber auch historische Spuren und industrielle Relikte. Diese Analyse geht über ein klassisches Flächenkataster hinaus, weil sie nicht nur Nutzungsreserven aufzeigt, sondern auch Eigenwerte sichtbar macht. Gerade im Kontext der Innenentwicklung lassen sich auf diese Weise Flächen identifizieren, die nicht bebaut, sondern als Freiraumressource gesichert werden sollten. Das Kataster wird so zur Grundlage für Bebauungspläne, Pflegekonzepte und Artenschutzmaßnahmen und verhindert, dass wertvolle ökologische und kulturelle Strukturen durch kurzfristige Investitionsentscheidungen verloren gehen.

Exkurs: 30-Hektar-Ziel

Der Flächenverbrauch zählt seit Jahrzehnten zu den zentralen Nachhaltigkeitsproblemen in Deutschland. Um die tägliche Umwandlung bislang unbebauter Flächen in Baugebiete, Gewerbeflächen oder Verkehrswege einzudämmen, wurde 2002 im Rahmen der Nationalen Nachhaltigkeitsstrategie das sogenannte 30-Hektar-Ziel eingeführt. Dieses legt fest, dass der tägliche Zuwachs an Siedlungs- und Verkehrsflächen bis 2030 auf maximal 30 ha pro Tag reduziert werden soll.

Nach Zahlen des Umweltbundesamts lag der Flächenverbrauch zwischen 2020 und 2023 bei rund 51 ha pro Tag. Haupttreiber sind Wohnungsneubau, Gewerbeansiedlungen und Verkehrsinfrastruktur. Zwar hat sich der Verbrauch seit den 1990er-Jahren verringert, doch bleibt die Zielmarke in weiter Ferne. Vor diesem Hintergrund gibt es mittlerweile ambitioniertere Zielsetzungen: Im Umweltprogramm 2030 des Bundesministeriums für Umwelt, Naturschutz, Bau und Reaktorsicherheit (BMUB) wurde ein Verbrauch von nur noch 20 ha pro Tag bis 2030 angestrebt (Den ökologischen Wandel gestalten, 2016). Darüber hinaus formuliert die Bundesregierung die langfristige Perspektive einer Netto-Null bis 2050. Damit soll kein zusätzlicher Freiraum mehr verloren gehen; neue Inanspruchnahmen wären dann vollständig durch Rückführungen oder Entsiegelungen auszugleichen.

Fachlich diskutiert wird dabei nicht nur die absolute Zahl, sondern auch die Qualität des Flächenverbrauchs: Während innerstädtische Nachverdichtungen oder die Umnutzung bestehender Areale als vergleichsweise flächenschonend gelten, führt die Ausweisung neuer Baugebiete auf der „grünen Wiese" zu einem irreversiblen Verlust von Flächen. Entscheidend wird daher sein, ob es gelingt, Flächenrecycling, Innenentwicklung und kompakte Bauweisen konsequent zu stärken und gleichzeitig ökologische Funktionen wie Klimaanpassung, Biodiversität und Wasserhaushalt im Blick zu behalten.

Gestalten durch Raumgeben: minimalinvasive Eingriffe

Die Haltung der landschaftsplanerischen Konzeption lässt sich mit „Gestalten durch Raumgeben" beschreiben. Statt Flächen mit neuen Funktionen oder Ausstattungen zu überformen, wurden minimale Interventionen gewählt: Zentrales gestalterisches Element sind Stege aus Fertigelementen, die auf Punktfundamenten liegen. Sie erschließen das Gelände barrierefrei, ohne sensible Böden zu versiegeln. Ergänzend schafft eine Tribüne an der historischen Drehscheibe einen Aufenthalts- und Bildungsort, der Geschichte und Natur verbindet. So wird die Vorrangfläche erlebbar, ohne dass ihr ökologischer Wert kompromittiert wird.

> **Hinweis:** *„Wir wollten, dass man spürt: Dies ist ein besonderer Ort. Aber ohne ihn zu beschädigen"*, erklärt Andrea Gebhard. Besuchende sollen die Natur wahrnehmen, ohne sie zu betreten. Die Aufgabe von Landschaftsarchitektur ist auch das präzise Setzen von Grenzen zwischen Nutzung und Schutz.

Biodiversität als städtebauliches Ziel

Die Brache war bereits durch den Leerstand mit Schotter- und Magerrasenflächen zum Biodiversitäts-Hotspot geworden. Klassische Freiraumgestaltung hätte dort den Verlust der Artenvielfalt bedeutet. Stattdessen setzt das Konzept nun auf gezielte Störungen der Vegetation: Es werden regelmäßig neue Rohbodenstandorte geschaffen, um Sukzession zu unterbrechen und Lebensräume für die momentane Flora und Fauna zu erhalten. Der Park ist damit kein abgeschlossenes Objekt, sondern ein dynamischer Naturraum, der sich durch Eingriffe ständig neu strukturiert. Würde man die Fläche sich selbst überlassen, wäre sie heute weitgehend bewaldet – ein Lebensraum, der den Zielarten nicht entspricht.

Praxistipp: Biodiversitätsziele verlangen aktive Steuerung. Rohbodenmanagement und Störungszyklen sind zentrale Werkzeuge, um Artenvielfalt in städtischen Freiräumen langfristig zu sichern. Die vermeintlich sich selbst überlassene Natur benötigt kontinuierliche Intervention. Landschaftsarchitektur wird dabei zur aktiven Regisseurin ökologischer Prozesse. Das Konzept ist in Baumkirchen Mitte langfristig angelegt: Ein 25-jähriger Pflegeplan schreibt Eingriffe und Monitoring fest, um Biodiversität dauerhaft zu sichern.

Akzeptanz durch Authentizität

Die Gleisanlagen und Relikte des ehemaligen Bahnareals wurden nicht entfernt, sondern als identitätsstiftende Elemente integriert. Das Areal zeigt, dass industrielle Vergangenheit und ökologische Zukunft keine Gegensätze sind. Gerade die bewusste Entscheidung, nicht „aufzuräumen", erzeugt räumliche Authentizität und eine bemerkenswert hohe Akzeptanz bei der Anwohnerschaft. Was anfangs als „ungenutzte Brache" hinterfragt wurde, wird heute als besonderer Ort wahrgenommen. Kinder nutzen die Stege als Abenteuerwege, Spaziergänger schätzen die Ruhe. Ein entscheidender Faktor: Alte Gleise, Stahlteile und Spuren der Industriegeschichte blieben bewusst erhalten.

Tabelle 5.7: Objektübersicht ÖVF Baumkirchen Mitte

Projektdetails	Beschreibung
Standort	München (Berg am Laim)
Bauherr	CA Immo Deutschland GmbH
Freiraum-planung	mahl gebhard konzepte, Landschaftsarchitekten BDLA Stadtplaner PartG mbB (https://mahlgebhardkonzepte.de)
Projekt-beteiligte	Städtebau: Peter Ebner & Friends Architektur: UN Studio, Delugan Meissl Associated Architects, AllesWirdGut, Meili Peter Stadt: Landeshauptstadt München – Referat für Stadtplanung und Bauordnung, Untere Naturschutzbehörde
Typologie	vorher: Bahnbetriebswerk nachher: Stadtquartier mit Wohn- und Bürogebäuden, Einzelhandel und ökologischer Vorrangfläche
Fertigstellung	Wettbewerb 2010, Realisierung ab 2012, abgeschlossen sukzessive bis 2037
Maßnahme	Transformation, Städtebau, Freiraumplanung
Verfahren	städtebaulich-landschaftsplanerischer Wettbewerb, Integration in Bebauungsplan mit Grünordnung
Finanzierung	privat, städtische Integration
Baukosten	KG 500 (Freiraum): ca. 5,04 Millionen €
Fläche	gesamt: 15 ha, davon 6 ha ÖVF
konstruktive Aspekte	Stegsystem aus Betonelementen auf Punktfundamenten, barrierefreie Wegeführung trotz Geländesprüngen, Tribüne an der historischen Drehscheibe
Nachhaltigkeit	keine zusätzliche Versiegelung
Awards	Deutscher Landschaftsarchitekturpreis 2021 (Kategorie Naturschutz & Landschaftserleben), Bayerischer Landschaftsarchitekturpreis 2020 (1. Preis)
Besonderheit	48 Rote-Liste-Arten, Artenschutz nach § 44 BNatSchG, Kaltluft-Entstehungsgebiet, Integration in Biotopverbund

Ökologischer Vorrangsraum Baumkirchen @ mahl gebhard konzepte:

Praxistipp: Im Umgang mit Transformationsflächen gilt: Vorhandene Strukturen und Spuren sollten nicht vorschnell beseitigt werden. Sie sind Träger ökologischer wie kultureller Potenziale und können neue Narrative für Stadtentwicklung erzeugen. Der Raum wirkt roh, scheinbar vergessen – und gerade darin liegt seine Authentizität. Landschaftsplanung zeigt sich dabei als Kulturarbeit, die industrielle Relikte und ökologische Prozesse miteinander verschränkt. Die Vorrangfläche ist kein abgeschlossenes Werk, sondern eine fortlaufende Geschichte, die durch Pflege, Eingriffe und gesellschaftliche Aneignung weitergeschrieben wird.

6 Multicodierung

Statement von Johannes Ernst, steidle architekten

6.1 Position

Multicodierung ist für Johannes Ernst (steidle architekten) ein Instrument, um Koexistenz in der Stadt planbar zu machen, zwischen Nutzungen, Interessen und zeitlichen Überlagerungen:

„Mehr als Nutzungsmix: Nähe. Rhythmus. Aneignung.

Ich verstehe Multicodierung nicht als bunte Mischung um der Mischung willen, sondern als Haltung: Städte wachsen, wenn sie Gegensätze zulassen – räumlich, sozial und zeitlich. Monofunktionale Ordnung erzeugt Leerzeiten und tote Kanten; multicodierte Gebäude erzeugen multicodierte öffentliche Räume. Entscheidend ist, dass Nutzungsmischung nicht nachträglich dekoriert wird, sondern sich aus dem Vorhandenen entwickelt – aus Gebäuden, Planwerken, Betrieben, Zwischennutzungen und der sozialen Wärme, die bereits da ist.

Der erste Schritt ist daher kein Entwerfen, sondern das Lesen der Maßstäbe, der Wege, der Konflikte und der Tragwerke. Multicodierung beginnt mit Respekt vor dem Bestand, baulich wie prozessual. Ich habe gelernt, Eigentümerinteressen nicht zu glätten, sondern zu kultivieren. Wenn jede Partei etwas Eigenes wiederfindet, entsteht Verantwortung und Energie. Planung wird dann Moderation: Interessen sichtbar machen, Konflikte verhandelbar machen und Entscheidungen dokumentieren. Kommunen spielen dabei eine Schlüsselrolle, weil sie das Baurecht setzen; sie sollten diesen Hebel aktiv nutzen, anstatt ihn früh aus der Hand zu geben.

Multicodierung braucht robuste Gebäudestrukturen: große Spannweiten, großzügige Höhen, aktive Erdgeschosse, unabhängige Erschließungen und belastbare Schallschutz- und Brandschutzkonzepte. So können Nutzungen wechseln, sich überlagern oder parallel existieren: Schule neben Großhandel, Wohnen neben Kultur. Ja, dafür sind oft Befreiungen und Sonderlösungen nötig. Die Ausnahme ist dabei die Regel, sie macht Vielfalt überhaupt erst möglich.

Ein wichtiger Motor kann auch die Zwischennutzung sein. Sie hält Areale in Bewegung, verhindert das „Kaltfallen" von Gebäuden und liefert Reallabore für spätere Programme. Wer Zwischennutzungen als strategisches Instrument begreift, reduziert das Risiko, baut Akzeptanz auf und aktiviert vorhandene urbane Potenziale. Freiräume – Plätze, Passagen und Dächer – sind dabei die Regieflächen der Stadt: Sie verbinden Logistik und Aufenthalt, Alltag und Ereignis, und zeigen Transformation sichtbar.

Multicodierung organisiert Koexistenz, sie schafft Nähe, Rhythmus und Aneignung im Alltag. Aus Spannung entsteht Identität. Was es dafür braucht? Zeit für eine ernsthafte Phase 0, Uneitelkeit bei allen Beteiligten, Prozessarchitektur statt starrer Endbilder und einen gesetzlichen Rahmen, der Mischung nicht sanktioniert, sondern fördert. Multicodierung ist kein ästhetisches Manöver, sondern eine gesellschaftliche Vereinbarung über Nähe, Toleranz und Veränderbarkeit. Wenn wir sie ernst nehmen, entsteht Stadt – nicht als Produkt, sondern als dauerfähiger Möglichkeitsraum."

6.2 Definition

6.2.1 Mehrschichtigkeit als Prinzip

› **Multicodierung**
Multicodierung bezeichnet die Gleichzeitigkeit von Bedeutungsebenen, Funktionen und Lesarten in einem Bauwerk oder einem städtischen Raum. Gebäude im Bestand sind nicht nur durch ihre ursprüngliche Nutzung, Typologie oder bauliche Struktur codiert, sondern tragen nach der Transformation auch zusätzliche Schichten der funktionalen Neuinterpretation über ökologische Anforderungen bis hin zu kulturellen Narrativen. In der Postmoderne wurde Double Coding als Strategie verstanden, um unterschiedliche Nutzer- und Deutungshorizonte anzusprechen (nach Charles Jencks). In der Architekturtheorie wird das Konzept als Mehrdeutigkeit und eine offene Lesbarkeit verstanden. In der Nachhaltigkeitsdiskussion wird Multicodierung als produktive Überlagerung von Nutzung, Ressourcenschonung und Klimaverantwortung gedeutet.

› **Codierungsebenen**
Folgende Codierungsebenen werden unterschieden:

- **Funktionale Ebene:** Ein ehemals monofunktionales Gebäude kann durch Umnutzung mehrere Funktionen in sich vereinen, also als Mixed-Use-Gebäude multicodiert werden.
- **Zeitliche Ebene:** Multicodierung kann die gleichzeitige oder zeitlich versetzte Mehrfachnutzung von Räumen bedeuten.
- **Kulturelle Ebene:** Historische Schichten bleiben ablesbar, werden aber durch zeitgenössische Architektursprache und neue Programme überlagert.
- **Soziale Ebene:** Multicodierung ermöglicht Mehrfachadressierungen – unterschiedliche Nutzergruppen und Lebensmodelle finden parallel Platz.
- **Ökologische Ebene:** Bestandsgebäude speichern bereits investierte Ressourcen und gebundene Emissionen (graue Energie), während sie im Betrieb Energie verbrauchen – die Umnutzung optimiert diese Balance.

› **Planungsprinzip**
Multicodierung ist ein zentrales Planungsprinzip, um Transformation als qualitative Steigerung zu begreifen. Als Planungsinstrument eröffnet sie Spielräume für hybride Programme, flexible Grundrisse und adaptive Nutzungsszenarien. Als Gestaltungsmittel schafft sie architektonische Mehrdeutigkeit und fördert die Resilienz von Gebäuden gegenüber zukünftigen Veränderungen. Als kommunikatives Werkzeug erleichtert sie die Vermittlung von Projekten an unterschiedliche Stakeholder, weil sie auf mehreren Bedeutungsebenen anschlussfähig ist. Die Umsetzung multicodierter Transformationen erfordert integrale Planungsprozesse: Die gleichzeitige Bearbeitung funktionaler, ökologischer, kultureller und sozialer Codierungsebenen gelingt nur durch frühe Einbindung aller Fachdisziplinen, von Tragwerksplanung über Bauphysik bis zu Nutzungsmanagement und Denkmalschutz.

6.2.2 Multicodierte Nutzungs- und Raumkonzepte

› **Mixed Use**
Mixed-Use-Gebäude bündeln verschiedene Nutzungen in einem Baukörper und schaffen so eine dauerhafte räumliche und funktionale Vielfalt. Das Prinzip ist auch auf Quartiere übertragbar. Wichtige Parameter:

- **Potenzial:** dauerhafte Aktivierung durch Mischnutzung, Resilienz gegenüber Marktveränderungen, Synergien zwischen Wohnen, Arbeiten, Freizeit und Kultur
- **Herausforderungen:** hohe Komplexität in Planung und Genehmigung, Brandschutz, Schallschutz, Konfliktpotenzial zwischen Nutzungen
- **Beispiele:** u. a. Wohnen kombiniert mit Büros, Gastronomie, Kultur, Bildung

› **Zwischennutzungen**
Zwischennutzungen sind zeitlich befristete, oft experimentelle Bespielungen von Leerständen oder Brachen, die urbane Räume aktivieren und testen. Wichtige Parameter:

- **Potenzial:** Aktivierung von Leerständen, Stärkung lokaler Netzwerke, Testfeld für Neues
- **Herausforderungen:** unsichere Laufzeiten, mangelnde Investitionsbereitschaft, rechtliche Rahmenbedingungen
- **Beispiele:** u. a. Ateliers, Pop-up-Stores, Co-Working, temporäre Wohnformen und Kulturformate

› **Temporäre Nutzungen**
Temporäre Nutzungen setzen auf kurze Zeiträume und hohe Flexibilität, um Flächen oder Gebäude dynamisch zu bespielen. Die Abgrenzung zur Zwischennutzung ist fließend. Wichtige Parameter:

- **Potenzial:** hohe Flexibilität, Sichtbarkeit neuer Ideen, schnelle Reaktion auf Trends
- **Herausforderungen:** wirtschaftliche Tragfähigkeit, fehlende Infrastruktur, geringe Planungssicherheit
- **Beispiele:** u. a. Pop-up-Gastronomie, mobile Arbeitsräume, Veranstaltungsflächen, Sport- und Freizeitangebote

› **Shared Places** › **Co-Use**
Shared Places bezeichnen Räume, die von unterschiedlichen Gruppen oder Programmen gleichzeitig oder zeitlich versetzt genutzt werden. Wichtige Parameter:

- **Potenzial:** effiziente Flächennutzung, soziale Integration, niedrigere Betriebskosten
- **Herausforderungen:** Organisation, Betriebskonzepte, Konfliktmanagement
- **Beispiele:** öffentliche Räume, Kultur- und Quartierszentren, Bibliotheken als Co-Working, Werkstätten als Makerspaces

› **Multi-Programming**
Multi-Programming beschreibt die bewusste Überlagerung von Nutzungszyklen, sodass Gebäude tagsüber, abends und am Wochenende unterschiedliche Funktionen erfüllen. Wichtige Parameter:

- **Potenzial:** maximale Auslastung bestehender Flächen, flexible Nutzungszyklen, effektive Strategie zur Ressourcenschonung durch Intensivierung der Nutzung
- **Herausforderungen:** erhöhter Koordinationsaufwand, Anpassung an unterschiedliche technische Anforderungen
- **Beispiele:** Büroflächen am Tag, Abendnutzung durch Vereine, am Wochenende Eventlocation

› **Hybridhäuser**
Hybridhäuser kombinieren vertikal unterschiedliche Nutzungen und werden zu kompakten, multifunktionalen Stadtbausteinen. Sie stellen eine spezifische, oft hochverdichtete Form des Mixed Use dar. Wichtige Parameter:

- **Potenzial:** kompakte Stadtbausteine, vertikale Vielfalt, urbane Dichte mit hoher Qualität
- **Herausforderungen:** technische und finanzielle Komplexität, Regelwerke, Nutzungskonflikte
- **Beispiele:** Erdgeschoss als öffentlicher Raum (Handel und Gastronomie), darüber Wohnen, Dachnutzung als Freiraum oder zur Energieerzeugung

› **3rd Places** › **Dritte Orte**
Dritte Orte sind soziale Treffpunkte zwischen Wohnen und Arbeiten, die Gemeinschaft, Austausch und Teilhabe ermöglichen. Ihre Multicodierung liegt oft in der Kombination von sozialen, kulturellen und manchmal auch kommerziellen Funktionen. Wichtige Parameter:

- **Potenzial:** Förderung von Begegnung, Integration und Quartiersidentität, sozialer Katalysator
- **Herausforderungen:** Wirtschaftlichkeit, Betreiberstrukturen, dauerhafte Finanzierung
- **Beispiele:** Bibliotheken mit Café und Co-Working, Nachbarschaftszentren und hybride Kulturorte

› **Cluster-Modelle** › **Co-Living-Modelle**
Cluster- und Co-Living-Modelle kombinieren private Wohneinheiten mit gemeinschaftlich genutzten Flächen und ermöglichen flexible Wohnformen. Wichtige Parameter:

- **Potenzial:** Flächeneffizienz, soziale Nähe, Flexibilität für unterschiedliche Haushaltsformen
- **Herausforderungen:** Akzeptanz, rechtliche Unsicherheiten, erhöhte Abstimmungsbedarfe
- **Beispiele:** Gemeinschaftswohnungen mit geteilten Küchen, flexible Einheiten für Wohnen und Arbeiten

› **Nutzungsergänzende Infrastruktur**
Nutzungsergänzende Infrastrukturen erweitern bestehende Gebäude um Funktionen der Versorgung, Mobilität oder Stadtökologie. Wichtige Parameter:

- **Potenzial:** Verbindung von Alltagsnutzung und urbaner Versorgung, ökologische und soziale Synergien
- **Herausforderungen:** hoher Koordinationsaufwand, technische Integration, Genehmigungen
- **Beispiele:** Mobilitätsstationen im Erdgeschoss, Stadtfarmen auf Dächern, Food-Hubs in Parkhäusern

› **Grün-blaue Infrastruktur**
Grün-blaue Infrastrukturen integrieren ökologische Funktionen wie Biodiversität, Wassermanagement oder Klimaregulierung direkt in Gebäude und urbane Systeme. Sie erzeugen damit multiple Vorteile, die weit über eine reine Nutzungsergänzung hinausgehen. Wichtige Parameter:

- **Potenzial:** aktiver Beitrag zur Klimaanpassung und Resilienz, Förderung der Biodiversität, Verbesserung des Mikroklimas, ästhetische Aufwertung, Kreislaufwirtschaft, Bildungsfunktion
- **Herausforderungen:** technische Machbarkeit und Integration, Pflege und Wartung, Kosten, Akzeptanz, rechtliche Rahmenbedingungen
- **Beispiele:** Gründächer, die als Retentionsflächen, öffentliche Parks und Lebensraum für Insekten dienen, vertikale Gärten als Fassadenelemente, Luftfilter und Schattenspender oder öffentliche Plätze, die als Schwammstadtelemente konzipiert sind

6.3 Planungskriterien

6.3.1 Genehmigung, Schutz und Verantwortung

Die Überlagerung von Nutzungen fordert rechtliche Klarheit und technische Präzision. Multicodierung wird zum Balanceakt zwischen Komplexität, Offenheit und Sicherheit.

› **Baurechtliche Grundlagen**
Die baurechtlichen Grundlagen für Multicodierung, Mixed Use, Zwischen- und temporäre Nutzungen sowie Hybridhäuser in Deutschland sind vielschichtig und primär im BauGB, in der BauNVO und in den LBO verankert. Für Multicodierung und Mixed Use sind die BauNVO-Gebietstypen entscheidend: Mischgebiete (§ 6 BauNVO) und Kerngebiete (§ 7 BauNVO) erlauben bereits gemischte Nutzungen, während das 2017 eingeführte urbane Gebiet (§ 6a BauNVO) eine besonders hohe Nutzungsmischung und -dichte ermöglicht und somit ein Schlüssel für moderne Multicodierung ist. Im unbeplanten Innenbereich muss sich eine gemischte Nutzung nach § 34 BauGB in die Eigenart der Umgebung einfügen, während § 12 BauGB über vorhabenbezogene Bebauungspläne maßgeschneiderte Lösungen für komplexe Projekte bietet. Zwischen- und temporäre Nutzungen sind grundsätzlich nach den LBO genehmigungspflichtig, sofern sie bauliche Anlagen oder Nutzungsänderungen darstellen. Abweichungen von Bebauungsplänen können unter bestimmten Voraussetzungen über § 31 BauGB (Ausnahmen und Befreiungen) erteilt werden. Für bestimmte temporäre Bauwerke gelten zudem spezielle Regelungen für sogenannte fliegende Bauten in den LBO. Hybridhäuser, die verschiedene Nutzungen in einem Gebäude integrieren, müssen den Vorgaben des jeweiligen Baugebiets nach BauNVO entsprechen. Dabei bietet das urbane Gebiet die größte Flexibilität. Zudem müssen sie alle technischen Anforderungen der LBO (z. B. zu Brandschutz und Schallschutz) für die jeweiligen Nutzungen erfüllen. Eine frühzeitige Abstimmung mit den zuständigen Behörden ist bei all diesen flexiblen Nutzungsmodellen unerlässlich.

Siehe dazu auch Kapitel 2.

› **Gebäudeenergiegesetz (GEG)**
Das Gebäudeenergiegesetz (GEG) definiert die energetischen Anforderungen und die Ressourceneffizienz von Gebäuden. Bei multicodierten Gebäuden, insbesondere Umnutzungen (Adaptive Reuse) und Mischnutzungen (Mixed Use), erfordert dies eine komplexe Neubewertung der energetischen Eigenschaften. Jede neue Nutzung in einem Bestandsgebäude muss die spezifischen GEG-Anforderungen erfüllen. Da verschiedene Nutzungen unterschiedliche Energiebedarfe, Betriebszeiten und interne

Wärmelasten aufweisen, verlangt das GEG oft eine differenzierte Berechnung für die einzelnen Nutzungsbereiche. Die Gesamtenergiebilanz des Gebäudes ergibt sich dann als Synthese dieser vielfältigen Anforderungen. Ergänzend kann die Integration von grün-blauer Infrastruktur (z. B. Gründächern und Fassadenbegrünung) die Energiebilanz verbessern.

› **Brandschutz**
Der Brandschutz gemäß LBO und DIN EN 13501-1 „Klassifizierung von Bauprodukten und Bauarten zu ihrem Brandverhalten – Teil 1: Klassifizierung mit den Ergebnissen aus den Prüfungen zum Brandverhalten von Bauprodukten" (2019) in multicodierten Gebäuden stellt eine erhebliche planerische Herausforderung dar. Die Integration verschiedener Nutzungen (z. B. Wohnen, Büro und Versammlungsstätten) bringt unterschiedliche Schutzziele, Brandlasten, Personendichten und Evakuierungsstrategien mit sich. Um diesen komplexen Anforderungen gerecht zu werden, sind oft separate Brandabschnitte für einzelne Nutzungsbereiche erforderlich. Fluchtwege müssen für die jeweils höchste Personendichte ausgelegt sein, und Brandmelde- sowie Löschanlagen sind an die spezifischen Risiken jeder Nutzung anzupassen. Auch temporäre Nutzungen erfordern flexible und oft spezifische Brandschutzvorkehrungen. Bei der Umnutzung historischer Gebäude ist Sensibilität nötig, um Bausubstanz und Brandschutzanforderungen zu vereinen, ohne den Denkmalwert zu beeinträchtigen.

Siehe dazu auch Kapitel 2.4.3.

› **Schallschutz**
Multicodierte Gebäude, die lärmintensive (z. B. Gastronomie oder Fitnessstudio) und lärmsensible Nutzungen (z. B. Wohnen und Büros) kombinieren, erfordern eine präzise Schallschutzplanung. Über die Mindestanforderungen der DIN 4109 hinaus sind oft erhöhte Schutzziele zu beachten, etwa nach VDI 4100. Dies wird durch die Planung hochwirksamer Trennbauteile sowie entkoppelter Konstruktionen und die konsequente Vermeidung von Schallbrücken erreicht. Bei wechselnden Raumfunktionen (Multi-Programming) müssen die Schallschutzanforderungen für jede Nutzung und Tageszeit erfüllt sein.

› **Denkmalschutzgesetze der Länder**
Bei Adaptive Reuse von denkmalgeschützten Gebäuden schränkt der Denkmalschutz Umbau- und Gestaltungsmöglichkeiten oft ein. Dies erfordert kreative Lösungen, um moderne Technik und Anforderungen (z. B. zu Haustechnik und Brandschutz) unsichtbar zu integrieren oder bewusst kontrastierend zu gestalten. So bewahrt der Denkmalschutz die kulturelle Ebene der Multicodierung, sichert die Ablesbarkeit historischer Schichten und erhält die Identität des Gebäudes.

› **Bundes-Immissionsschutzgesetz (BImSchG)**
Werden Nutzungen mit potenziellen Emissionen (z. B. Lärm von Lüftungsanlagen, Gerüchen von der Gastronomie oder Lichtemissionen von Werbeanlagen) in einem Gebäude oder dessen Nähe kombiniert, greift das Bundes-Immissionsschutzgesetz (BImSchG). Es stellt sicher, dass Emissionen andere Nutzungen oder die Nachbarschaft nicht unzumutbar belasten. Dies erfordert Maßnahmen wie Abluftreinigungsanlagen, Schallschutz für technische Anlagen oder die Einhaltung von Betriebszeiten. Grünblaue Infrastruktur kann den Immissionsschutz aktiv unterstützen, indem sie Feinstaub bindet, Lärm dämpft oder das Mikroklima verbessert.

› **Arbeitsschutzgesetz (ArbSchG)** › **DGUV-Vorschriften**
Bei der Integration von Arbeitsstätten in multicodierte Gebäude sind die Vorschriften zum Schutz der Arbeitnehmenden zu beachten. Sind in einem Gebäude neben Wohnen auch Büros, Werkstätten, Gastronomie oder andere Arbeitsstätten untergebracht, müssen die spezifischen Anforderungen des Arbeitsschutzgesetzes (ArbSchG) und der DGUV-Vorschriften für jeden Arbeitsbereich erfüllt werden. Dies betrifft Aspekte wie Arbeitsplatzgestaltung, Beleuchtung, Raumklima, Fluchtwege, Erste Hilfe, Sanitäranlagen und die Durchführung von Gefährdungsbeurteilungen. Das gilt auch für temporäre und dynamische Arbeitsplätze.

› **Barrierefreiheit**
Multicodierte Gebäude vereinen oft eine Vielzahl von Nutzungen, von öffentlich zugänglichen Bereichen (z. B. Einzelhandel, Gastronomie oder Büros mit Kundenverkehr) bis hin zu privaten Wohnungen. Dies bringt eine diverse Nutzergruppe mit sich, darunter Personen mit Mobilitätseinschränkungen, Seh- oder Hörbehinderungen, ältere Menschen und Familien mit Kinderwagen. Für öffentlich zugängliche Bereiche wie Einzelhandel oder Büros ist die DIN 18040-1 maßgeblich, während für Wohnnutzungen die DIN 18040-2 gilt. Die Herausforderung besteht darin, diese unterschiedlichen Anforderungen nahtlos in ein Gesamtkonzept zu integrieren, um eine uneingeschränkte Zugänglichkeit und Nutzbarkeit für alle Menschen zu gewährleisten. Dies sichert nicht nur die Einhaltung gesetzlicher Vorgaben, sondern fördert auch die soziale Nachhaltigkeit und Zukunftsfähigkeit des Gebäudes.

6.3.2 Anpassung, Zeitlichkeit und Aktivierung

Zeitliche Befristung wird zum Werkzeug städtischer Anpassungsfähigkeit. Zwischennutzungen und temporäre Programme machen Wandel erfahrbar.

› **Zwischennutzungen** › **Pioniernutzung**
Zwischennutzung bezeichnet die temporäre, oft experimentelle Aktivierung von Gebäuden oder Flächen, die für eine bestimmte Zeit leer stehen oder auf eine endgültige Entwicklung warten. Im Kontext der Multicodierung kann sie eine Brücke zwischen verschiedenen Nutzungsphasen schlagen oder die inhärente Flexibilität eines Gebäudes unterstreichen. Zu den Vorteilen zählen die Vermeidung von Leerstand und damit dem Verfall und der Entwertung von Immobilien, die Möglichkeit, neue Nutzungskonzepte zu erproben und deren Akzeptanz im Quartier zu prüfen, sowie die Belebung und Attraktivität von Stadtquartieren. Oft bietet sie Raum für kulturelle, soziale oder kreative Projekte, die sonst schwer realisierbar wären, und generiert temporäre Einnahmen für Eigentümer. Herausforderungen ergeben sich jedoch aus den rechtlichen Rahmenbedingungen, die eine Klärung von Mietverträgen, Genehmigungen und Haftungsfragen erfordern. Auch bauliche Anpassungen sind notwendig, wie etwa minimale, aber sicherheitsrelevante Umbauten (z. B. Brandschutz und Fluchtwege) ge-

Tabelle 6.1: Ablesbarkeit von Schichten: vertiefte Kriterien am Beispiel von umgenutzten Sakralbauten (eigene Darstellung nach Müller, 2022)

Ebenen/Dimensionen	Leitprinzipien	konkrete Strategien/Beispiele
Typus	Baulicher Typus soll trotz Eingriff erkennbar bleiben.	Sakraler Raumeindruck bleibt nachvollziehbar, auch bei neuer Nutzung.
Raumproportionen	Charakteristische Raumgefüge und Maßstäblichkeit dürfen nicht zerstört werden.	Einbauten sind klar untergeordnet, Proportionen bleiben unverändert lesbar.
Materialität	Historische Materialien sollen sichtbar bleiben, Ergänzungen klar unterscheidbar.	Bestandsmaterialien bleiben sichtbar. Kontrast entsteht z. B. durch Glas oder Stahl.
Atmosphäre	Lichtführung, Akustik und räumliche Stimmung sollen als Teil der Identität bewahrt werden.	Neue Beleuchtungssysteme respektieren das Tageslicht.
Symbolik	Zeichen, Symbole und kulturelle Bezüge werden nicht ausgelöscht, sondern integriert.	Inschriften und sakralraumtypologische Fragmente werden integriert.
Gestaltung	Neue Eingriffe sind zeitgenössisch und als eigene Schicht ablesbar.	Es werden kontrastierende Materialien oder klar erkennbare Konstruktionen eingesetzt.
Narration	Die Transformation erzählt weiter, Vergangenheit und Gegenwart bleiben sichtbar.	Die Narration erfolgt über Ausstellungselemente, Informationssysteme und künstlerische Intervention.
Funktionalität	Neue Nutzungen sollen klar ablesbar und reversibel sein.	Temporäre Einbauten und flexible Module sichern die Funktionalität.

mäß den jeweiligen Landesbauordnungen. Die Einhaltung von Baustellensicherheit und DGUV-Vorschriften ist auch bei temporären Nutzungen zu gewährleisten. Zudem ist eine sorgfältige Koordination mit langfristigen Entwicklungsplänen und potenziellen zukünftigen Nutzenden unerlässlich. Zwischennutzungen sind somit ein Ausdruck von Anpassungsfähigkeit und tragen zur urbanen Resilienz bei, indem sie flexible Antworten auf sich wandelnde Bedürfnisse und Marktbedingungen bieten.

› Bauen auf Zeit (§ 9 Abs. 2 BauGB)
Unter Bauen auf Zeit versteht man die befristete Zulässigkeit von baulichen Anlagen für einen vorübergehenden Zeitraum. Der Bebauungsplan kann festsetzen, dass bestimmte Flächen oder Gebäude nur für eine begrenzte Dauer genutzt werden dürfen, mit anschließender Rückbau- oder Entsiegelungspflicht. Die rechtliche Grundlage bildet § 9 Abs. 2 BauGB, der die zeitliche Befristung von Festsetzungen im Bebauungsplan ermöglicht. Die Gemeinde kann damit flexibel auf temporäre Nutzungsbedarfe reagieren, ohne dauerhaft Baurecht zu schaffen. Typische Anwendungsfälle sind Zwischennutzungen auf Konversionsflächen oder Brachgrundstücken, temporäre Wohnbauten zur Deckung kurzfristigen Bedarfs wie Flüchtlingsunterkünfte oder Studierendenwohnheime, Interimsnutzungen während Planungs- oder Umbauphasen, Veranstaltungsgebäude für zeitlich begrenzte Events sowie experimentelle Bauvorhaben als Pilotprojekte. Die Befristungsdauer muss im Bebauungsplan konkret festgelegt werden und beträgt typischerweise zwischen 3 und 10 Jahren. Nach Fristablauf besteht eine Rückbauverpflichtung, alternativ muss eine Folgenutzung genehmigt werden. Wichtig ist, dass nach Fristende keine Bestandsschutzansprüche entstehen. Der Eigentümer muss den Rückbau absichern, beispielsweise durch Bürgschaft oder Baulast. Bei vorzeitiger Aufgabe der Nutzung kann der Rückbau sofort verlangt werden. Der Vorteil dieses Instruments liegt darin, dass es innovative und flexible Stadtentwicklung ermöglicht, ohne die Flächen langfristig festzulegen.

Siehe dazu auch Kapitel 5.6.1, Exkurs „Pioniernutzung zur Aktivierung von Quartieren“, und Kapitel 6.4.1, Exkurs „Zwischennutzungen auf Zeit“.

6.3.3 Schichtung, Lesbarkeit und Kohärenz

Multicodierung als räumlich-gestalterisches Prinzip ermöglicht durch Überlagerung, Lesbarkeit und Anpassungsfähigkeit neue Formen architektonischer und sozialer Qualität.

› Synergien
Die Identifikation von Synergien ist elementar, da sie die effiziente Überlagerung und Verknüpfung verschiedener Funktionen ermöglicht. Durch die bewusste Planung sich ergänzender Nutzungen wird der Mehrwert des Gebäudes gesteigert und eine dichtere, nachhaltigere Nutzung des Raumes erreicht.

› Schichten
Multicodierung lebt von der Überlagerung verschiedener Nutzungs- und Bedeutungsebenen. Die Ablesbarkeit von Schichten ist ein zentraler Aspekt, insbesondere bei Adaptive Reuse, da sie die Geschichte und die Transformation eines Gebäudes sichtbar macht (siehe Tabelle 6.1). Sie ermöglicht es, die verschiedenen zeitlichen und funktionalen Ebenen des Bauwerks zu erkennen und zu würdigen, wo-

durch das Gebäude eine tiefere Bedeutung erhält. Neue Eingriffe sollten historische Spuren und vorhandene Strukturen nicht verdecken, sondern bewusst sichtbar machen. So entsteht ein mehrschichtiger Bau, in dem Vergangenheit, Gegenwart und Zukunft parallel lesbar bleiben.

› Flexibilität › Adaptivität › Modulares Bauen
› Flexible Wände › Trockenbau › Schalträume
Modulare Bauweisen sind oft essenziell für Multicodierungsprojekte, da sie eine flexible Anpassung von Raumfunktionen über die Zeit ermöglichen. Sie erlauben es, ein Gebäude für verschiedene Nutzungen vorzubereiten oder es im Laufe seines Lebenszyklus ohne großen Aufwand umzugestalten, sodass es mehrere funktionale und zeitliche Schichten aufnehmen kann. Ein zentraler Bestandteil modularer Systeme ist der Trockenbau, der mit seiner leichten, nicht tragenden Konstruktion eine große Flexibilität im Innenausbau bietet. „Versetzbare" Trockenbauwände sind ein Schlüsselelement für die Multicodierung, da sie die Anpassungsfähigkeit eines Gebäudes an wechselnde Anforderungen erhöhen. Sie ermöglichen es, Grundrisse für unterschiedliche Nutzungen zu konfigurieren, und erleichtern zukünftige Umnutzungen. So kann das Gebäude über seine Lebensdauer hinweg verschiedene funktionale Bedeutungen annehmen. Die DIN 4103-1 „Nichttragende innere Trennwände – Teil 1: Anforderungen und Nachweise" (2015) regelt die Anforderungen an nicht tragende innere Trennwände. Im Wohnungsbau stellen Schalträume eine weitere Möglichkeit dar, die räumliche Flexibilität zu erhöhen: Durch die variable Zuschaltung einzelner Räume oder Funktionsbereiche zu benachbarten Einheiten lassen sich Wohnflächen bedarfsgerecht erweitern oder reduzieren. Damit unterstützen Schalträume anpassungsfähige Wohnformen innerhalb modularer Gebäudestrukturen.

› Architektursprache
Eine kohärente Architektursprache ist wichtig, um die Vielfalt der Funktionen und Bedeutungen eines multicodierten Gebäudes ästhetisch zu integrieren. Sie schafft ein harmonisches Gesamtbild, das die unterschiedlichen Schichten zusammenhält und dem Gebäude eine klare Identität verleiht.

6.3.4 Erschließung, Integration und Systemlogik

Technische und räumliche Vernetzung ist eine Voraussetzung für Multicodierung. Erst anpassungsfähige Erschließungs- und Versorgungssysteme erlauben die Koexistenz verschiedener Nutzungen.

› Erschließungssysteme › Separate Zugänge
Flexible Erschließungssysteme sind entscheidend, um unterschiedliche Nutzungen und Nutzergruppen innerhalb eines multicodierten Gebäudes zu integrieren und gleichzeitig zu trennen. Sie ermöglichen die Koexistenz verschiedener Funktionsschichten, indem sie beispielsweise separate Zugänge für Wohnen und Gewerbe bieten oder gemeinsame Bereiche effizient verbinden.

› Offenes Erdgeschoss
Offene Erdgeschosszonen fördern Transparenz, Nutzungsmischung und soziale Interaktion im Stadtraum. Sie sind ein zentrales Gestaltungselement multicodierter Gebäude, da sie Schwellen zwischen öffentlichem und privatem Raum auflösen, flexible Nutzungen ermöglichen und zur Belebung sowie zur funktionalen Aufwertung des Stadtraums beitragen.

Siehe dazu auch Kapitel 6.5.1, Exkurs „Offene Erdgeschosszone".

› Technische Infrastruktur
Eine flexible technische Infrastruktur ist grundlegend für die Multicodierung, da sie die Anpassung an wechselnde funktionale Anforderungen ermöglicht. Sie stellt sicher, dass ein Gebäude auch bei zukünftigen Umnutzungen oder der Integration neuer Technologien die notwendige Versorgung für verschiedene Nutzungsschichten bereitstellen kann.

› Klimasimulationen
Klimasimulationen ermöglichen es, Klimafunktionen als zusätzliche Nutzungsschicht im Stadtraum zu erfassen und planerisch nutzbar zu machen. Sie erweitern das Konzept der Multicodierung um eine ökologische Dimension, in der Gebäude und Freiräume aktiv zur Klimaregulation beitragen.

Siehe dazu auch Kapitel 6.7.1, Exkurs „Klimasimulationen – Open-Source-Werkzeuge".

6.3.5 Kooperation, Management und Konfliktvermeidung

Komplexe Nutzungsmischungen verlangen dialogische Prozesse. Kommunikation und Management schaffen Akzeptanz und Stabilität.

› Nutzungskonflikte
Um die Koexistenz verschiedener Funktionen zu gewährleisten, ist die Minimierung von Nutzungskonflikten unerlässlich. Durch räumliche oder zeitliche Trennung wird sichergestellt, dass die unterschiedlichen Anforderungen der einzelnen Nutzungsschichten harmonisch nebeneinander bestehen können, ohne sich gegenseitig zu beeinträchtigen.

› Moderation
Moderation gewinnt im Kontext städtebaulicher Transformation an strategischer Bedeutung. Sie wird meist von Prozessgestaltenden oder externen Vermittelnden übernommen, um unterschiedliche Interessen zu koordinieren und Konflikte in produktive Aushandlungsprozesse zu überführen.

Siehe dazu auch Kapitel 6.6.1, Exkurs „Moderation städtebaulicher Transformation".

› Pufferzonen
Pufferzonen sind ein wichtiges Instrument im Multicodierungskonzept, um potenzielle Konflikte zwischen unterschiedlichen Nutzungen abzufedern. Sie ermöglichen die Integration von Funktionen mit divergierenden Anforderungen, indem sie eine schützende Schicht zwischen ihnen bilden und so die Gesamtfunktionalität des Gebäudes aufrechterhalten.

› Stakeholder › Partizipation
Die Einbindung von Stakeholdern ist entscheidend für den Erfolg multicodierter Projekte, da sie die vielfältigen

Perspektiven und Bedürfnisse der verschiedenen Nutzergruppen berücksichtigt. Dieser partizipative Ansatz hilft, ein Gebäude zu schaffen, das von Anfang an mehrere soziale und funktionale Anforderungen erfüllt und Akzeptanz findet.

› Kommunikation
Die Mehrdeutigkeit multicodierter Räume muss aktiv vermittelt werden. Transparente Kommunikationsformate von Visualisierungen bis zu partizipativen Workshops helfen, die Vielfalt der Nutzungen nachvollziehbar zu machen und Akzeptanz bei unterschiedlichen Stakeholdern zu sichern.

› Fördermöglichkeiten
Die Nutzung von Fördermöglichkeiten kann die Realisierung komplexer multicodierter Projekte erleichtern, insbesondere wenn sie innovative oder nachhaltige Ansätze verfolgen. Sie unterstützt die Integration verschiedener funktionaler und ökologischer Schichten, die sonst wirtschaftlich schwer umsetzbar wären. Informationen zu Förderprogrammen finden sich bei der KfW und den jeweiligen Landesbanken sowie auf den Websites der Bundesministerien, z. B. des Bundesministeriums für Wirtschaft und Energie (BMWE) und des Bundesministeriums für Wohnen, Stadtentwicklung und Bauwesen (BMWSB).

› Betreibermodelle
Tragfähige Betreibermodelle sind entscheidend für den langfristigen Erfolg multicodierter Gebäude, da sie die Koordination und Verwaltung der verschiedenen Nutzungen und Shared Places sicherstellen. Sie ermöglichen einen reibungslosen Betrieb der unterschiedlichen Funktionsschichten und tragen zur Werterhaltung des Gesamtobjekts bei. Leitfäden und Orientierungen aus dem Facility Management, etwa nach DIN EN ISO 41011 „Facility Management – Begriffe" (2019) ff. und Konzepte für Shared-Use-Facility, Spacesharing oder Mehrfachnutzungsmanagement bieten dafür geeignete Rahmenstrukturen.

6.4 Ausbau

6.4.1 Pop-up-Wohnen im NQ – temporäres Wohnprojekt im Leerstand, IBA'27, Wendlingen

Modulare Wohnmodule (Raum-in-Raum-System) in alter Spinnerei

- Leerstand als Chance
- Monitoring
- Pioniernutzung
- Raum-in-Raum-System
- Wiederverwendbare Wohnholzmodule
- Zwischennutzungen

Abb. 6.1: Experimentelles Wohnen auf Zeit – ein neuer Wohntrend als Gegenreaktion auf die angespannten urbanen Wohnungsmärkte (Quelle: Vuk Kokot)

Mit dem Pilotprojekt auf dem Areal der IBA'27-Ausstellung „Neckarspinnerei Quartier" (NQ) erprobte der Verein ADAPTER e. V. die temporäre Umnutzung einer Industriehalle zu Wohnen. Die ehemalige Produktionsstätte wird von der HOS Projektentwicklung GmbH zu einem gemischten Quartier entwickelt, und die historischen Backsteingebäude werden einer neuen Nutzung zugeführt. Während der Planungsphase der Quartiersentwicklung wurde das Areal durch die Zwischennutzung belebt, und der Leerstand wurde überbrückt. Von Juli bis Oktober 2024 bewohnte eine Wohngruppe etwa 660 m² im Erdgeschoss der denkmalgeschützten Halle. Gestalterische und räumliche Grundlage war ein modulares Innenausbausystem, das raumbildende Strukturen sowie Küchen und Bäder integrierte. Nach der Zwischennutzung wurde das System rückstandsfrei abgebaut, um an einem anderen Ort eine neue Verwendung zu finden. Damit wurde nicht nur ein Beitrag gegen den Leerstand geleistet, sondern auch ein wegweisender Prototyp für reversible Bauweisen und partizipative Planungsprozesse geschaffen.

Bestand umcodieren: temporäres Wohnen

Mit der niedrigschwelligen Umnutzung von ungenutzten oder untergenutzten monofunktionalen Gebäuden (Verwaltung, Gewerbe oder Industrie) zu Wohnraum zur Überbrückung von Leerständen hat der Verein ADAPTER sowohl in organisatorischer und baurechtlicher als auch in baukonstruktiver Hinsicht Neuland betreten. Durch das entwickelte Raumsystem können Flächen schnell und unkompliziert für Wohnzwecke genutzt werden. Dabei werden verschiedene Nachhaltigkeitsstrategien berücksichtigt: Suffizienz (Bestandsgebäude nutzen, Wohnraum teilen, gemeinschaftlich planen, bauen und wohnen), Konsistenz (Wiederverwendbarkeit und Kreislauffähigkeit der Bauteile) und Effizienz (Leichtbau und minimierter Ressourceneinsatz). Das Pilotprojekt im NQ gilt als Beleg für die Machbarkeit. Das Prinzip soll nun im nächsten Schritt auf leerstehende Bürogebäude übertragen werden, deren bauliche und technische Grundausstattung auch eine längerfristige Wohnnutzung über die Wintermonate ermöglicht.

> **Hinweis:** Temporäre Umnutzungen dienen als Testfeld für künftige Quartiersentwicklungen und helfen, Leerstände produktiv in die Stadtentwicklung zu integrieren. Denn in den 7 größten deutschen Städten könnten durch die Nutzung leerstehender Büroflächen 40 % des Wohnraumbedarfs gedeckt werden (Von der Büro- zur Wohnnutzung, 2025).

Modularer Innenausbau: Raum-in-Raum-System

Für den temporären Innenausbau hat ADAPTER das Ausbausystem „endo" entwickelt. Die Raummodule können frei angeordnet werden und eignen sich zur Unterteilung großer Räume sowie zur Bildung akustisch getrennter Räume. Das System basiert auf vorgefertigten Holzpaneelen mit integrierter Dämmung und zum Patent angemeldeten Verbindern. Die Elemente können von 2 Personen transportiert und von Laien mit einfachem Werkzeug montiert werden. In die Paneele sind Installationen für Strom, Wasser und Abwasser integriert. Transluzente Schiebeelemente ermöglichen Belichtung und Schallschutz. Die Größen der Bauteile sind mit den Nutzungsanforderungen sowie den Gegebenheiten von Bestandsgebäuden (Raumhöhen, Tür-

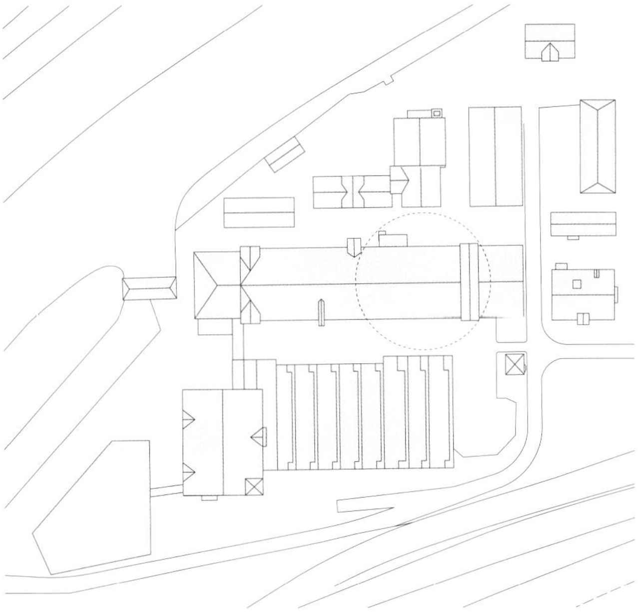

Abb. 6.2: Lageplan der Neckarspinnerei. Das Pop-up-Wohnprojekt fand im markierten Erdgeschoss der Produktionshalle Platz (Quelle: ADAPTER e. V.).

„Die erste und wirkungsstärkste Strategie im ökologisch nachhaltigen Bauen heißt: ‚Baue nicht.' Demgegenüber steht die Herausforderung des sich stetig verschärfenden Wohnraummangels. Die zweite Strategie lautet: ‚Erhöhe die Auslastung der Gebäude.' Der dynamische Immobilienmarkt führt allerdings gerade bei Gewerbeimmobilien regelmäßig zu Gebäudeleerständen. Durch die Anwendung von ‚endo' kann leerstehender Gebäudebestand umgerüstet werden, damit Abriss und Neubau vermieden, der Flächenversiegelung entgegengewirkt und mit minimalem Einsatz von nachwachsenden, regionalen und kreislauffähigen Materialien neuer Wohnraum geschaffen werden kann."

Richard Königsdorfer (ADAPTER e. V.)

breiten usw.) und mit der Transportierbarkeit abgestimmt. So kann flexibel auf den Bestand reagiert werden. Die Paneele bestehen aus Holz-Dreischichtplatten mit einer dazwischen liegenden Holzfaserdämmung. Durch die geölten Holzoberflächen wird eine angenehme Raumatmosphäre erzielt. Das System ermöglicht die Aneignung und individuelle Nutzung durch die Bewohnerschaft. Nach Ende der Nutzungsphase können die Raummodule wieder in ihre Einzelteile zerlegt und an einem anderen Ort in einer anderen Konfiguration erneut aufgebaut werden.

Praxistipp: Reversible Innenausbausysteme ermöglichen die schnelle Umwandlung von Leerstand in Wohnraum mit minimalem Eingriff in die Bestandssubstanz. Um die Produktionskosten niedrig zu halten, sollte darauf geachtet werden, möglichst wenige unterschiedliche Paneele zu planen. Bereits auf dem Markt etablierte Systeme für den Innenausbau sind nur bedingt geeignet: Trockenbausysteme können nur einmal genutzt werden, Messebausysteme weisen keine zufriedenstellende akustische und thermische Trennung auf, und Büroeinbausysteme sind zu unflexibel, um eine Wohnnutzung zu ermöglichen.

Partizipation und soziale Innovation

In Workshops definierte die künftige Bewohnerschaft ihre persönlichen und gemeinsamen Wohnbedürfnisse mithilfe von Atmosphärenbildern und Szenarien statt klassischer Grundrisse. Darauf basierend entwickelten die Planenden Raumvarianten, die gemeinsam weiterbearbeitet und schließlich durch die Wohngruppe aufgebaut wurden. Dies stärkte die Identifikation mit dem Projekt und förderte ein starkes Gemeinschaftsgefühl. ADAPTER e. V. initiierte, plante und koordinierte die Wohnzwischennutzung, ist Eigentümer des Innenausbausystems und tritt als Vermieter für die Bewohnerschaft auf.

Exkurs: Zwischennutzungen auf Zeit

Im Rahmen des Forschungsprogramms „ExWoSt – Experimenteller Wohnungs- und Städtebau" veröffentlichte das Bundesinstitut für Bau-, Stadt- und Raumforschung (BBSR) im Jahr 2008 die Studie „Die Genehmigungsfähigkeit von Zwischennutzungen nach Bauplanungsrecht und nach Bauordnungsrecht" von Prof. Dr. Gerd Schmidt-Eichstaedt als Bestandteil des Forschungsvorhabens „Zwischennutzungen und Nischen im Städtebau als Beitrag für eine nachhaltige Stadtentwicklung". Die Studie zeigt, dass befristete Zwischennutzungen sowohl planungsrechtlich (BauGB) als auch bauordnungsrechtlich (LBO) möglich sind – vorausgesetzt, brandschutz- und sicherheitsrelevante Auflagen werden erfüllt. Trotz des bereits über 15 Jahre zurückliegenden Veröffentlichungsdatums ist die Studie nach wie vor eine Referenz von großer Bedeutung in der Diskussion um Zwischennutzungen. Behörden, wissenschaftliche Akteure und Planungsbüros nutzen sie als rechtlich fundierte Argumentationshilfe, speziell, wenn es um befristete Genehmigungen als Instrument für temporäre Nutzung geht.

Literaturtipp: Zwischennutzungen und Nischen im Städtebau als Beitrag für eine nachhaltige Stadtentwicklung. In: Werkstatt: Praxis 57 (2008):

Hinweis: Partizipative Prozesse erhöhen die Akzeptanz und passen die Raumkonzepte an reale Bedürfnisse an. Ein wesentliches Learning: Die Nachfrage nach temporärem Wohnen ist vorhanden. Die Bereitschaft, für eine begrenzte Zeit in ein experimentelles Projekt einzuziehen, ist groß. Für junge Menschen und gemeinschaftsorientierte Zielgruppen bietet diese Wohnform eine attraktive, bezahlbare Alternative.

Abb. 6.3: Schematischer Schnitt durch den Raummodulaufbau (Quelle: ADAPTER e. V.)

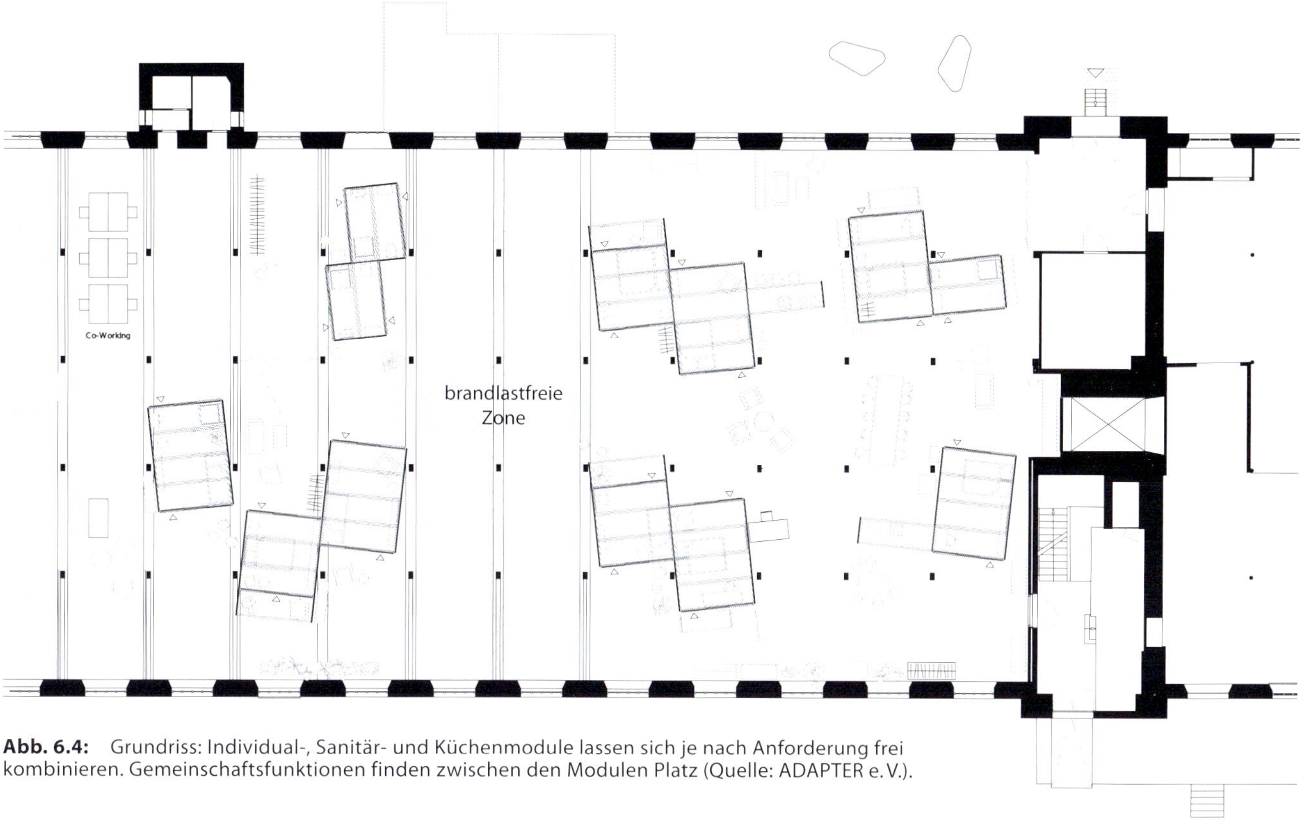

Abb. 6.4: Grundriss: Individual-, Sanitär- und Küchenmodule lassen sich je nach Anforderung frei kombinieren. Gemeinschaftsfunktionen finden zwischen den Modulen Platz (Quelle: ADAPTER e. V.).

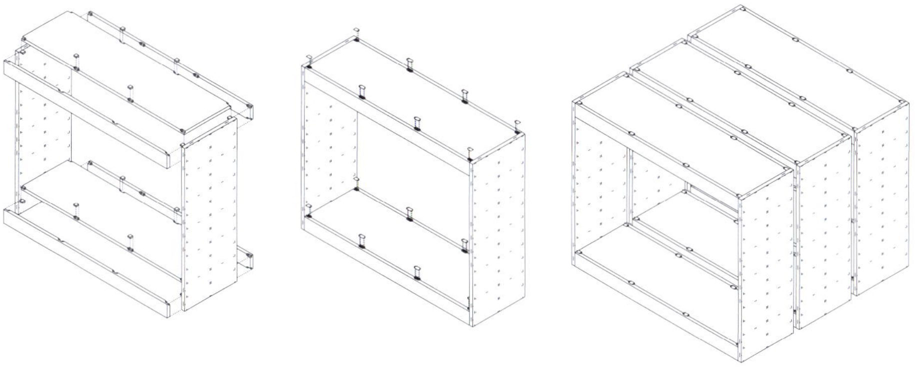

Abb. 6.5: Das flexibel anpassbare Raumsystem besteht aus einem einfachen Bausatz für Paneele (links), die zu Rahmen gesteckt werden (Mitte) und je nach Raumgröße zu unterschiedlich großen Modulen angeordnet werden (rechts) (Quelle: ADAPTER e. V.).

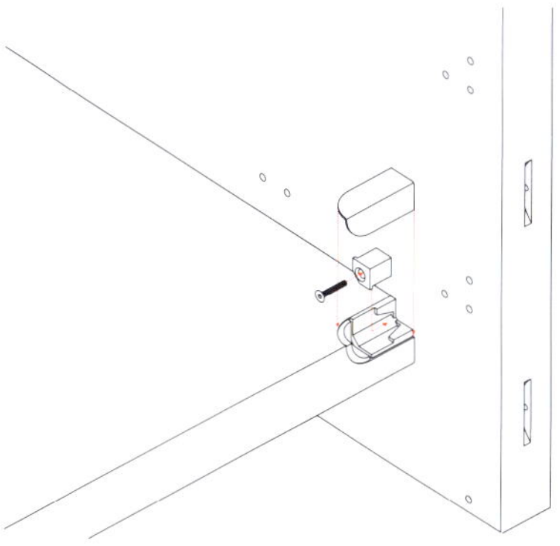

Abb. 6.6: Detail: das patentierte Stecksystem (Quelle: ADAPTER e. V.)

Abb. 6.7: Zum Aufbau braucht es keine Vorkenntnisse (Quelle: ADAPTER e. V.)

Abb. 6.8: Komfort im Wohnmodul (Quelle: Vuk Kotot)

Baurechtliches Novum: befristete Genehmigung

Das Projekt belegt die baurechtliche und baukonstruktive Machbarkeit der temporären Umnutzung von Gewerbeflächen in Wohnraum. Novum ist dabei die zeitlich befristete Baugenehmigung für Wohnen in einem Gewerbeareal anhand einer Befreiung gemäß § 31 Abs. 2 BauGB von der faktischen Einstufung als Gewerbegebiet nach § 34 BauGB – ein in Deutschland bislang kaum erprobtes Vorgehen. Entscheidend waren die frühzeitige Einbindung aller Akteure (Eigentümer, Behörden und Brandschutzgutachter) sowie die Entwicklung eines gemeinsamen Verständnisses der „roten Linien". Eine abschließende bautechnische Abnahme durch den zuständigen Sachverständigen bestätigte die Umsetzbarkeit.

Praxistipp: Temporäre Genehmigungen eröffnen Handlungsspielräume. Das ExWoSt-Forschungsvorhaben (siehe Exkurs S. 151) lieferte die Basis für die Vorbereitung der zeitlich befristeten baurechtlichen Genehmigung.

Gebäudetechnik und Brandschutz

Strom, Wasser und Abwasser wurden extern bis zu den Schnittstellen der Module geführt. Ab dort sind die Leitungen vollständig in das System integriert, einschließlich der Küchen- und Sanitärversorgung. Steckdosen, Beleuchtung und Infrarotheizungen versorgen die Individualräume, perspektivisch werden auch Maßnahmen zum sommerlichen Wärmeschutz und zur Belüftung integriert. Die größte technische Hürde stellte der Brandschutz dar. Die Nutzung im Erdgeschoss wirkte sich zunächst positiv aus, da Flucht- und Rettungswege deutlich erleichtert wurden. Auch im ersten Obergeschoss waren Maßnahmen erforderlich. Es wurden Brandmelder installiert, und es wurde über Lichtschranken sichergestellt, dass kein unerlaubter Aufenthalt stattfindet. Im Erdgeschoss wurde die Brandmeldeanlage erweitert, gebrauchte Brandschutztüren wurden eingebaut und in den Individualräumen wurden Rauchmelder installiert. Verpflichtende Brandschutzbelehrungen für die Bewohnerschaft waren obligatorisch.

Praxistipp: Der Brandschutz bei Zwischennutzungen erfordert flexible Konzepte. Neben baulichen Investitionen können angepasste organisatorische Maßnahmen wie beispielsweise Evakuierungsübungen oder Zugangskontrollen für nicht genutzte Bereiche entscheidende Sicherheit schaffen.

Monitoring als Grundlage für Skalierung

Bauphysikalische Messungen (von Temperatur, Luftqualität und Akustik) und sozialwissenschaftliche Befragungen dokumentierten Stärken und Defizite des Projekts. Während die soziale Integration erfolgreich verlief, zeigte sich Bedarf bei Belüftung und Temperaturregulierung. Die Begleitstudie war entscheidend, um aussagekräftige Erkenntnisse aus dem Pionierprojekt zu gewinnen und verlässliche Aussagen zur Praxistauglichkeit treffen zu können. Die Erkenntnisse fließen nun in die Weiterentwicklung des Bausystems und in künftige Projekte ein.

Tabelle 6.2: Objektübersicht Pionierwohnen im NQ

Projektdetails	Beschreibung
Standort	Wendlingen am Neckar
Bauherr	Bauherr: ADAPTER e. V. Nutzende: Wohngruppe (9 Personen) Eigentümerin: HOS Projektentwicklung GmbH
Planung	ADAPTER e. V. (https://adapter-stuttgart.de)
Typologie	vorher: Produktionshalle (1863 bis 2020) dazwischen: temporäre Wohnnutzung (2024) nachher: Veranstaltungs- und Seminarräume, Co-Working-Bereich, Quartierskantine (bis 2027)
Fertigstellung	Pilotphase Juli bis Oktober 2024
Maßnahme	temporärer Innenausbau einer ehemaligen Produktionshalle zu Wohnraum
Verfahren	zeitlich befristete Baugenehmigung (Wohnnutzung im Gewerbeareal)
Finanzierung	unterstützt durch die Vector Stiftung, gefördert im Rahmen des „Programms zur Kofinanzierung für regionale Innovationen in IBA'27-Projekten" vom Verband Region Stuttgart
Brutto-Grundfläche	660 m^2 temporär umgebaut (Gesamtareal Neckarspinnerei: 8.100 m^2, davon 7.400 m^2 Leerstand seit 2020)
Statik	ausschließlich raumbildender Innenausbau
Brandschutz	flächendeckende Brandmeldeanlage in UG, EG und OG 1, vernetzte Rauchmelder in den Zimmern, Brandschutztüren F60 zu Treppenraum (Reuse), Brandschutzschulung für alle Bewohnenden und regelmäßige Brandschutzbegehungen
Schallschutz	gebäudeübergreifender Schallschutz nicht erforderlich, Schallschutz innerhalb der Nutzungseinheit technisch innerhalb des endo-Systems abgedeckt
Monitoring	bauphysikalische Messungen: CAPE Ingenieure PartGmbB sozialwissenschaftliche Befragungen: Planergemeinschaft für Stadt und Raum eG und ADAPTER e. V.
Awards	reddot design award 2025 (Winner), Bauwelt-Preis 2025 (engere Wahl)
Besonderheit	wissenschaftliche Begleitung

Pionierwohnen im NQ @ ADAPTER e. V.:

Praxistipp: Begleitende Evaluation ist für experimentelle Projekte unverzichtbar. Sie liefert belastbare Daten, mit denen Systeme optimiert, Behörden überzeugt und Fördermittel begründet werden können.

6.5 Hochbau

6.5.1 CORE – Kaufhaus wird Innovationsplattform, Oldenburg

Mischnutzung aus Markthalle, Co-Working und Eventflächen als Prototyp einer urbanen Multicodierung

- Betreibermodelle
- Co-Working
- Innovationsplattform
- Kaufhausumnutzung
- Markthalle
- Multicodierung
- Offenes Erdgeschoss
- Stadtentwicklung
- Transformation

Abb. 6.9: Die Markthalle im offenen EG lädt zum Verweilen ein (Quelle: Ulf Duda).

Die Kaufhausimmobilie aus den späten 1950er-Jahren hatte ihre Funktion verloren und stand leer. Was zum Sinnbild städtischen Niedergangs geworden wäre, nutzte ein lokales Investorenkollektiv um das Architekturbüro ANGELIS & PARTNER als Chance: Anstelle des Abrisses wurde eine Neuprogrammierung des Bestands umgesetzt, die das Gebäude nicht nur ökonomisch stabilisierte, sondern auch in die Stadtgesellschaft zurückführte. Mit der im Jahr 2021 eröffneten Innovationsplattform CORE (Co-Innovation & Recreation) ist ein vielschichtiger Baustein der Stadtentwicklung entstanden. Auf 2 Geschossen vereint das Projekt eine Markthalle, Gastronomie, Co-Working-Räume und Eventflächen. Die baulichen Eingriffe blieben minimal, setzten auf die Ressourcen des Bestands und zielten auf maximale Wirkung: ein offenes Erdgeschoss als Magnet für die Öffentlichkeit und eine offene Arbeitswelt im Obergeschoss als Attraktor für Kreative und Unternehmen. Das CORE steht exemplarisch für eine zeitgemäße Strategie der Transformation: Umnutzung statt Neubau, Multifunktion statt Monokultur, Stadtgesellschaft statt Konsumtempel. Für viele Mittelstädte ist das CORE zu einem Referenzprojekt geworden, das zeigt, wie aus Leerstand ein urbaner Nukleus entstehen kann.

Transformation im Bestand – Kaufhaus als Ressource

Von 16.000 m² Nutzfläche im City Center Oldenburg waren rund 11.000 m² ungenutzt. Ein Hotel und einzelne Läden hielten sich noch, die Hauptmieter waren ausgezogen. Der Leerstand zog auch die Nachbarschaft in Mitleidenschaft. ANGELIS & PARTNER Architekten entschieden sich einzugreifen: *„Wir wollten keinen klassischen Zwischennutzungsansatz, sondern einen dauerhaften Innovationsort, der Kreative, Unternehmen und Bürger und Bürgerinnen gleichermaßen anspricht"*, erklärt Alexis Angelis. Die Basis war die robuste Struktur des Bestands: ein 10 m × 10 m Stützenraster und großzügige Geschosshöhen. Diese ermöglichten eine flexible Neuaufteilung der Flächen und die Integration zeitgemäßer Technik. Fassaden und Gebäudestruktur aus dem letzten Umbau 2005 waren intakt, sodass sich die Eingriffe auf punktuelle Öffnungen, Entkernungen und einen neuen Innenausbau konzentrieren konnten.

> **Hinweis:** Kaufhäuser aus den 1950er- bis 1970er-Jahren sind konstruktiv oft optimal für Umnutzungen geeignet. Das großflächige Stützenraster erlaubt flexible Neuaufteilungen, die Fassaden lassen sich mit vergleichsweise geringen Eingriffen öffnen.

Minimale bauliche Eingriffe

Die Transformation folgte dem Prinzip „minimaler Eingriff bei maximaler Wirkung". Die Mall als Erschließungsfläche wurde in Nutzflächen umgewandelt, leichte Einbauten wurden entfernt. Installationen wurden zurückgebaut und auf Rohbauzustand gebracht. Haustechnik wurde weitgehend erneuert, die Sprinkleranlage teilweise übernommen und angepasst. Lüftungstechnik auf dem Dach konnte weitergenutzt werden. Die Rolltreppe wurde entfernt und durch eine großzügige Treppenanlage ersetzt. Bestandstreppenhäuser blieben erhalten. Neue Eingänge und Faltfassaden öffnen das Gebäude zur Stadt. WC-Anlagen, Küchenbereiche und Tribünen wurden komplett neu errichtet. Die Möbel wurden teilweise individuell gefertigt, teilweise aus Standardlösungen und Recyclingmaterialien zusammengesetzt.

„Es geht darum, Räume als Ressource zu begreifen. Ein leerstehendes Kaufhaus ist auf den ersten Blick wertlos, tatsächlich aber ein enormes Potenzial. Wir haben durch Neuprogrammierung, Umnutzung und Transformation einen Ort geschaffen, der Gemeinwohl, Stadtentwicklung und Wirtschaftlichkeit verbindet. Das steht für mich exemplarisch für das, was Städte heute brauchen: Räume neu denken, öffnen und als Plattform für Kreativität und Gemeinschaft bereitstellen."

Alexis Angelis
(ANGELIS & PARTNER Architekten)

Abb. 6.10: Die neue Gastronomie im Erdgeschoss belebt die Innenstadt (Quelle: Ulf Duda).

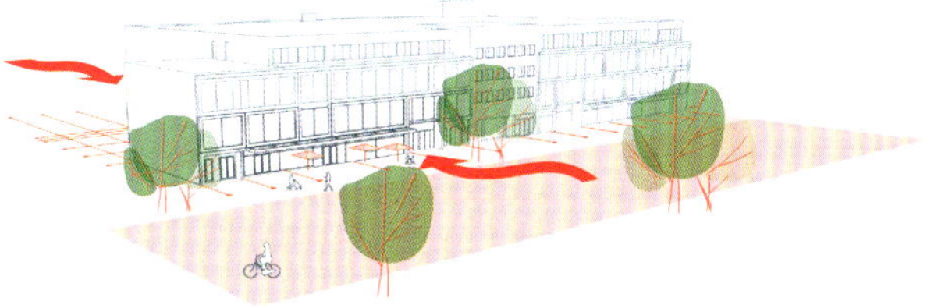

Abb. 6.11: Das Erdgeschoss wurde der Öffentlichkeit „geschenkt" (Quelle: ANGELIS & PARTNER Architekten mbB).

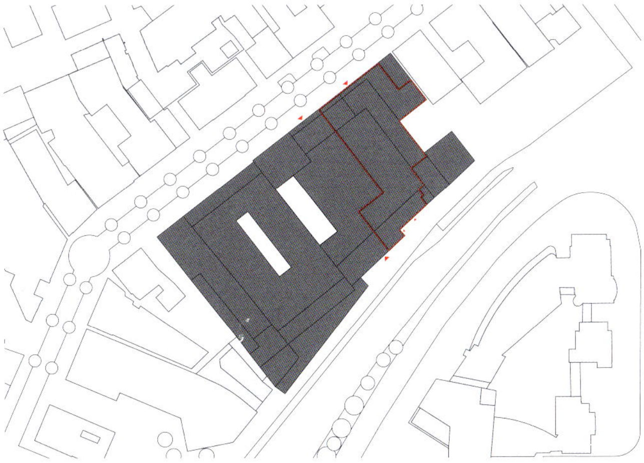

Abb. 6.12: Lageplan (Quelle: ANGELIS & PARTNER Architekten mbB)

Praxistipp: Gerade bei Umnutzungen lohnt es sich, bestehende technische Infrastruktur selektiv weiterzuverwenden. Eine genaue Bestandsaufnahme der Haustechnik vor Planungsbeginn spart Kosten und reduziert die Bauzeit.

Exkurs: Offene Erdgeschosszone

Das Forschungsprojekt „Stadtunterbau – Urban Base" (2020 bis 2023), gefördert im Programm „Zukunft Bau" des BBSR, wurde vom Institut für Entwerfen und Städtebau der Leibniz Universität Hannover gemeinsam mit Partnern durchgeführt. Es untersuchte die Rolle von Erdgeschossen und Souterrains als eigenständige „Stadtschicht". Ziel war es, diese unteren Geschosse als produktive Schnittstellen zwischen öffentlichem und privatem Raum zu aktivieren und dadurch urbane Qualitäten zu stärken.

Der Ansatz gliederte sich in 3 Ebenen:

- Hardware (baulich-räumliche Typologien für flexible Nutzung),
- Software (programmatische Konzepte jenseits klassischer Einzelhandelsnutzungen, etwa Co-Working, Kultur oder Nachbarschaftsräume) und
- Orgware (rechtliche und organisatorische Rahmenbedingungen für dauerhafte Aktivierung).

Neben theoretischen Grundlagen entstanden Tools und Handlungsoptionen: Best-Practice-Analysen europäischer Projekte, Empfehlungen für Gestaltung und Nutzung sowie Strategien für Betrieb und Finanzierung. Damit liefert „Stadtunterbau" praxisnahes Wissen für Planende und Kommunen, wie Erdgeschosszonen neu gedacht und als Schlüssel für resiliente, gemischte Stadtquartiere genutzt werden können.

Literaturtipp:	Stadtunterbau – Urban Base. Hannover: Gottfried Wilhelm Leibniz Universität Hannover, 2023:

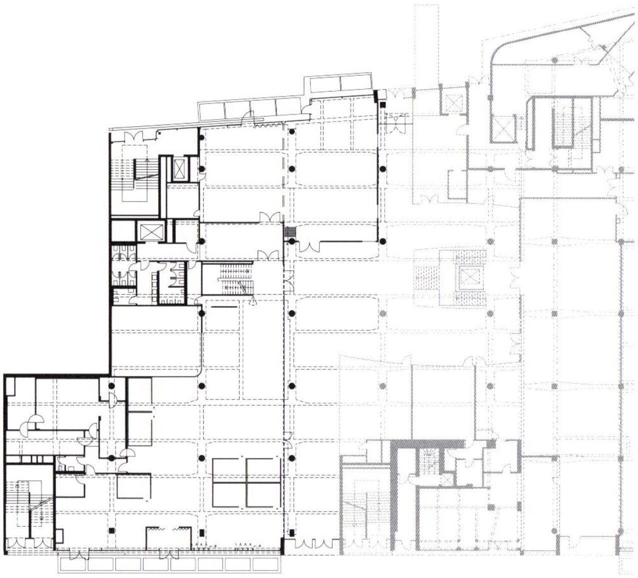

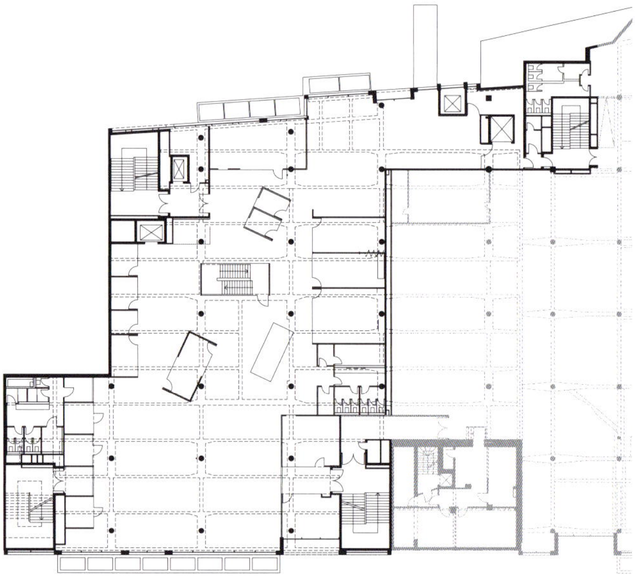

Abb. 6.13: Grundrissausschnitt CORE im City Center Oldenburg: EG mit Markthalle und Eventlocation (oben), OG mit Co-Working (unten) (Quelle: ANGELIS & PARTNER Architekten mbB)

Abb. 6.15: Die Öffnung der einst geschlossenen Fassaden fand schon im Rahmen einer früheren Umbauphase statt (Quelle: Ulf Duda).

Abb. 6.14: Der Co-Working-Bereich ist wie eine Stadt gegliedert, mit Boulevard, Plätzen und unterschiedlichen „Häusern" (Quelle: Ulf Duda).

Offenes Erdgeschoss als urbane Ressource

Das Erdgeschoss wurde der Stadt zurückgegeben – eine Entscheidung entgegen gängiger Immobilienlogik. Statt renditestarken Einzelhandelsflächen entstand eine Markthalle mit Gastronomie, Bar, Tribüne und Auditorien. Acht Streetfood-Stände bilden das Zentrum, ergänzt um eine Bar mit angeschlossener Außennutzung. Die Tribüne ist multifunktional: Sitzlandschaft, Veranstaltungsbühne, Spiel- und Aufenthaltsort. Zusammen mit 2 flexiblen Auditorien wird das Erdgeschoss zum öffentlichen Raum im Gebäude. Die Nutzung ist bewusst niederschwellig: Bürger können dort essen, Veranstaltungen besuchen oder einfach verweilen. Universitäten und Kulturinstitutionen nutzen die Räume regelmäßig für Formate. Eine klassische Bürgerbeteiligung fand nicht statt. Stattdessen „schenkten" die Initiatoren der Stadt einen neuen Ort. Die Bevölkerung reagierte begeistert, die Markthalle und die Eventräume wurden schnell angenommen.

> **Praxistipp:** Ein offenes Erdgeschoss ist der Schlüssel zur Reaktivierung von Großstrukturen. Die wertvollsten Erdgeschossflächen als „Cashcow" zu behandeln, ist ein überholtes Modell. Öffentlich zugängliche Nutzungen senken Schwellenängste, schaffen Akzeptanz in der Stadtgesellschaft und stärken die Adresse im Stadtraum.

Multicodierte Arbeitswelten als kleine Stadt

Das erste Obergeschoss des CORE ist keine klassische Bürolandschaft, sondern ein multicodiertes Gefüge mit Co-Working-Zonen, Gruppenräumen und Rückzugsorten. Die zentrale Empfangssituation ist in einem recycelten Schiffscontainer untergebracht – ein starkes Symbol für die kreative, provisorische und ressourcenschonende Grundhaltung. Es findet eine Überlagerung von Arbeit, Bildung, Kultur und Begegnung statt, es ist eine „kleine Stadt im Haus".

Hinweis: Multicodierte Arbeitswelten entstehen, wenn Flächen bewusst auf zeitliche und funktionale Überlagerung hin geplant werden. Statt monofunktionaler Zonen eignen sich modulare Strukturen, mobile Trennsysteme und robuste Materialien, die flexible Umnutzung im Tages- und Wochenrhythmus zulassen.

Baurechtliche Hürden – Umnutzung und Stellplatzpflicht

Die baurechtliche Einordnung erwies sich als schwierig. Das Grundstück war im Bebauungsplan für Einzelhandel festgesetzt. Für eine hybride Mischnutzung existierte im Planungsrecht keine Kategorie. Die Behörden begleiteten das Verfahren jedoch konstruktiv: Die Markthalle mit Streetfood-Ständen und Bar wurde schließlich als Gastronomie genehmigt, obwohl sie zugleich als öffentlicher Treffpunkt und Veranstaltungsort fungiert. Damit zeigt sich ein Problem vieler Innenstädte: Innovative Multicodierungen lassen sich häufig nicht in bestehende B-Pläne einordnen. Ein großes Hindernis war auch der Stellplatznachweis. Obwohl das Projekt mitten in der Innenstadt liegt und öffentlich gut angebunden ist, musste eine Stellplatzablöse von rund 1 Million € gezahlt werden. *„Eine Absurdität, wenn gleichzeitig überall über die Belebung der Innenstädte diskutiert wird"*, so Angelis.

Praxistipp: Es lohnt sich, flexible Szenarien vorzubereiten und zu prüfen, unter welche vorhandenen Kategorien sich die Nutzung subsumieren lässt (z. B. Gastronomie, Freizeit oder Büro). Oft entscheidet die Auslegung über die Machbarkeit.

Bei Projekten im Bestand sind Stellplatzsatzungen häufig der größte Widerspruch zur Innenentwicklung. Mobilitätskonzepte sollten daher frühzeitig eingebunden werden. Es sollte auf reduzierte Stellplatzanforderungen hingewirkt werden, so diese nicht mittlerweile ohnehin angepasst wurden.

Betreiberkonzept als Schlüssel zur Transformation

Das CORE ist kein Selbstläufer. Entscheidend für den Erfolg des Projekts ist die Betreibergesellschaft CORE GmbH, die die Mischnutzung kuratiert, Veranstaltungen organisiert und die Markthalle bespielt. Die Immobiliengesellschaft selbst ist Mitgesellschafter der Betreibung. Dadurch entsteht eine Quersubventionierung zwischen Immobilie und Nutzung. Damit unterscheidet sich das Projekt wesentlich von klassischen Immobilienentwicklungen, die nach Fertigstellung in eine rein renditeorientierte Verwaltung übergehen. Die Erfahrung zeigt: Der laufende Betrieb solcher multifunktionalen Orte ist finanziell anspruchsvoll und bewegt sich häufig nur knapp im wirtschaftlich tragfähigen Bereich. Fördermittel standen bei CORE nicht zur Verfügung; die Immobilie wird rein privatwirtschaftlich betrieben. Dennoch profitieren Städte erheblich von solchen Projekten, da sie Attraktivität, Frequenz und Identität im Zentrum stärken.

Hinweis: Für die Zukunft ist es entscheidend, dass Kommunen die langfristige Unterstützung von Betreiberkonzepten als Instrument der Innenstadtentwicklung anerkennen. Dies kann in Form von Förderprogrammen oder einer aktiven Beteiligung an Betreibergesellschaften oder auch über programmatische Kooperationen erfolgen. Erst durch eine solche Partnerschaft zwischen privatem Engagement und öffentlicher Verantwortung entsteht eine verlässliche Grundlage, auf der sich innovative Mischnutzungen dauerhaft stabilisieren lassen.

Tabelle 6.3: Objektübersicht CORE / City Center Oldenburg (CCO)

Projektdetails	Beschreibung
Standort	Oldenburg
Bauherr	CCO Entwicklungsgesellschaft mbH Betreiber: Betreibergesellschaft CORE GmbH (www.core-oldenburg.de)
Planung	Gebäude und Interior: ANGELIS & PARTNER Architekten (www.angelis-partner.de) Projektentwicklung: NEU_FUNDLAND Projekte GmbH (www.neufundland-projekte.de)
Projektbeteiligte	Tragwerk: OP Engineers TGA: Dammann Ingenieurgesellschaft Brandschutz: Hambrock Bauplanung Möblierung: NOORD GOOD Interior
Typologie	vorher: Kaufhaus (Hertie / City Center Oldenburg) nachher: Innovationsplattform (Co-Working, Markthalle, Events)
Fertigstellung	2021
Maßnahme	Transformation, Multicodierung, Innenausbau, Neuprogrammierung
Finanzierung	private Investorengruppe, Eigenkapital, Crowdinvesting; keine öffentlichen Fördermittel
Baukosten	KG 300 + 400: ca. 8 Millionen €
Brutto-Grundfläche	CCO, gesamt oberirdisch: ca. 19.800 m^2 CORE-Flächen netto: ca. 4.500 m^2 Brutto-Grundfläche inklusive 2. OG: 3.400 m^2
Brutto-Rauminhalt	CCO, gesamt oberirdisch: ca. 78.500 m^3 CORE inklusive 2. OG: 14.450 m^3
Stellplätze	Ablösezahlung (ca. 1 Million €) statt Nachweis

CORE @ Angelis & Partner:

6.6 Städtebau

6.6.1 Werksviertel – Kreativquartier auf ehemaligem Pfanni-Gelände, München

Das Werksviertel-Mitte am Münchner Ostbahnhof: ein Stadtquartier für Kreativität, Kunst, Kultur und Wohnen

- Bestandserhalt
- Energieautarkie
- Eigentümerstruktur
- Freiraumgestaltung
- Hybridbau
- Moderation
- Multicodierung
- Prozessarchitektur
- Zwischennutzungen

Abb. 6.16: Mit dem Werksviertel entsteht ein neues Zentrum städtischen Lebens, wo einst Kartoffelknödel, Schmierstoffe, Bekleidung und Motorräder hergestellt wurden (Quelle: Ivana Bilz).

Das Werksviertel zeigt eindrucksvoll, wie Städtebau durch Mischung, Akzeptanz von Widersprüchen und gezielte Steuerung von Vielfalt eine urbane Identität hervorbringen kann, die über das Quartier hinauswirkt. Auf der bislang vernachlässigten Südseite des Ostbahnhofs entstand seit 2010 unter der Leitung von steidle architekten eines der ambitioniertesten Stadtentwicklungsprojekte Deutschlands. Auf dem rund 39 ha großen ehemaligen Pfanni-Areal, 1949 eröffnet und 1996 stillgelegt, wurde über Jahrzehnte hinweg Stadtgeschichte geschrieben: von der industriellen Kartoffelproduktion über den legendären „Kunstpark Ost“ (1996 bis 2003) mit seiner Zwischenwelt aus Clubs, Ateliers und Subkultur bis hin zur heutigen Nutzung als hybrides Stadtquartier. Letzteres überführt den Spirit der Subkultur in ein dauerhaftes, gesellschaftlich anerkanntes Stadtmodell. Bei der Transformation wurde auf den kreativen Umgang mit dem Bestand gesetzt: Historische Produktionsstätten wurden ertüchtigt, aufgestockt und umgenutzt. Ergänzt durch Neubauten internationaler Büros (u. a. MVRDV, Hild und K, N-V-O, CF Moeller, GRAFT, Snohetta usw.) sowie eine gezielte Freiraumplanung entstand ein buntes Quartier, in dem Wohnen, Arbeiten, Kultur und Freizeit eng verzahnt sind.

Stadtstruktur: Vielfalt annehmen

Das Werksviertel war durch eine heterogene Eigentümerstruktur geprägt: Acht Eigentümer verfolgten unterschiedliche Ziele. Für die Stadtplanung stellte diese Konstellation zunächst ein Problem dar. Um 2000 hatte die Landeshauptstadt München einen Wettbewerb ausgelobt, dessen Strukturplan vor allem auf Abriss setzte. Diesem Konzept fehlte jedoch die Akzeptanz bei den Eigentümern, die sich in ihren spezifischen Bedürfnissen nicht wiederfanden. Genau an dieser Stelle kamen steidle architekten ins Spiel: Mit der benachbarten Medienbrücke (2009 bis 2011) hatte das Büro gezeigt, wie Bestand innovativ weitergebaut werden kann. Über diesen Zugang wurde zunächst gemeinsam mit dem Pfanni-Erben Werner Eckart ein alternatives Konzept entwickelt, das auf Erhalt und Weiterentwicklung setzte. Zentrale Strategie war, jedem Eigentümer Kontinuität zu sichern und zugleich Spielräume für neue Nutzungen zu schaffen. So konnten Großhandelsflächen erhalten, Neubauten ergänzt, Zwischennutzungen integriert und Bestandsgebäude neu bespielt werden. Damit diese Vielfalt genehmigungsfähig wurde, waren komplexe Verfahren nötig. Zahlreiche kreative Interpretationen und auch Befreiungen von der Baunutzungsverordnung mussten erteilt werden, da die enge Nachbarschaft von Schule, Wohnen, Großhandel, Clubkultur und Hotelnutzung baurechtlich nicht vorgesehen ist. Unterstützt durch juristische Beratung und ein Moderationsbüro gelang es, ein Konzept zu entwickeln, das rechtlich tragfähig war und die Vielfalt der Nutzungen zuließ. Die Stadt München schwenkte schließlich unterstützend auf diese Linie ein.

Anstelle einer Umstrukturierung hin zu einem klassischen, homogenen Wohngebiet mit ausgewiesenen Büro- und Dienstleistungsflächen wurde ein Weg geebnet, den Bestand mit seinen Zwischennutzungen zu respektieren und weiterzuschreiben. Damit war die Arbeitsgrundlage für steidle architekten gelegt – nicht als Sieger eines Wettbewerbs, sondern als Moderator und Impulsgeber in einem konfliktreichen, aber fruchtbaren Aushandlungsprozess. Bemerkenswert ist, dass auch Elemente der von 03 Architekten und der LH München im Vorfeld entwickelten Strukturplanung in das Konzept integriert wurden – ein Zeichen für den respektvollen Umgang mit bereits erarbei-

Abb. 6.17: *„Alt und neu, kultiviert und roh, Punk und Klassik, Anzug und Malerkittel, Business- und Backpackerhotel, […] Enge und Weite sollten sich in unmittelbarer Nähe wiederfinden."* (Werksviertel München seit 2009, 2024, Seite 12) (Quelle: Ivana Bilz)

Abb. 6.18: Schwarzplan (Quelle: steidle architekten)

teten Planungen als vorhandener „Bestand", mit dem weitergearbeitet wurde.

Praxistipp: Das Vorhandene sollte ernst genommen werden, sei es baulicher Bestand, frühere Planwerke oder die Interessen der Eigentümer. Transformation gelingt, wenn bestehende Strukturen nicht als Hemmnis, sondern als Ressource verstanden werden. Planung sollte den Bestand als „Impulsgeber" betrachten und räumliche wie soziale Potenziale aktivieren. Entscheidend ist die Fähigkeit, heterogene Positionen zu lesen, sie zusammenzuführen und moderierend zu einem robusten Gesamtbild zu verdichten. Experten für Baurecht, Moderation, Partizipation usw. sind dabei einzubinden.

Bestand als Basis: bauliche Transformation

Die Qualität des Werksviertels liegt in der Kombination ikonischer Solitäre mit der städtebaulichen Logik des Bestands. Großmaßstäbliche Industriebauten wie Werk3 oder das Kartoffelmehlsilo in Werk4 wurden integriert und zu städtebaulichen Ankern. Die Dimensionen der Industriebauten – lange Riegel, große Spannweiten und hohe Silos – prägen die Maßstäblichkeit des neuen Quartiers. Neubauten wie Werk12 (MVRDV/N-V-O Architekten) oder Werk17 (Hild und K Architekten) beziehen sich auf diese industriellen Proportionen und übersetzen sie in eine zeit-

„Vielfalt entstand, weil wir die unterschiedlichen Interessen nicht eingeebnet, sondern kultiviert haben. Entscheidend war, das Vorhandene zu lesen, Gegensätze zu akzeptieren und daraus eine neue Logik für den Städtebau zu entwickeln. Unser Ziel war es, das räumliche Potenzial des Bestands mit dem soziokulturellen Potenzial der Zwischennutzungen zu kombinieren und so ein lebendiges Stück Stadt zu entwickeln. Ohne die Zwischennutzungen hätte das Areal nie diese Lebendigkeit entwickelt; sie waren von Anfang an essenziell."

Johannes Ernst, geschäftsführender Gesellschafter (steidle architekten)

Exkurs: Moderation städtebaulicher Transformation

Moderation ist eine Schlüsselkompetenz in Transformationsprozessen: Sie strukturiert Akteurslandschaften, übersetzt Fach- und Rechtsfragen und macht Konflikte verhandelbar. Moderationsbüros übernehmen die Rolle von Prozessbegleitern. Sie strukturieren Verhandlungen zwischen Eigentümern, Kommune und Nutzenden, übersetzen komplexe Anforderungen und schaffen Verbindlichkeit. Typische Methoden sind Stakeholder-Mapping, Szenarienarbeit, Workshops und Konfliktklärung. Das Ergebnis sind tragfähige Leitplanken statt starrer Endbilder und verlässliche Vereinbarungen, die Anpassungen zulassen. Praxiswissen und Formate bündelt der BBSR-Leitfaden zur Partizipationskultur.

Literaturtipp: Multifunktionale Innenstadtentwicklung und Partizipationskultur. BBSR-Online-Publikation 102/2024. Bonn: Bundesinstitut für Bau-, Stadt- und Raumforschung (BBSR), 2024:

Abb. 6.19: Zwischennutzung: Das Gelände war von 1996 bis 2003 mit dem Kunstpark Ost eine der größten Partymeilen in Europa (Quelle: OTEC GmbH).

genössische Formensprache. Auch die Erschließung folgt diesem Ansatz: Neue Passagen im Erdgeschoss öffnen das Quartier, während die Freiraumstruktur bestehende Gleise und Kanäle aufnimmt und mit neuen Parks und Plätzen verbindet. Städtebau entsteht durch die Überlagerung von Alt und Neu – ein Prozess, der die industrielle DNA des Ortes lesbar hält und zugleich urbane Vielfalt erzeugt. Das Werksviertel wurde zum Experimentierfeld für neue städtebauliche Lösungen, vor allem hinsichtlich der städtebaulichen Rahmenbedingungen: Neue Brandschutz- und Schallschutzlösungen wurden gefunden, um Schule, Wohnen, Gewerbe und Kultur in unmittelbarer Nachbarschaft zu ermöglichen. Ebenso waren Sonderlösungen bei Abstandsflächen, Zonierungen und Nutzungsverteilung notwendig. Die Lage am Ostbahnhof erlaubt es, die Zahl der Stellplätze auf rund 7.500 zu reduzieren, etwa 75 % weniger als bei vergleichbaren Projekten.

Abb. 6.20: Im Quartier blieb auch nach der Transformation der Charakter der Subkultur erhalten (Quelle: Ivana Bilz).

> **Hinweis:** Im Städtebau von Transformationsarealen sind Maßstab und Struktur des Bestands zentrale Ressourcen. Anstatt sie zu tilgen, sollten sie als räumliche Anker genutzt und mit zeitgenössischen Ergänzungen in eine neue urbane Ordnung überführt werden.

Freiraum als Bindeglied

Die Freiraumgestaltung mit rund 10 ha öffentlicher Flächen stärkt die soziale Nachhaltigkeit und verringert den Hitzeinsel-Effekt. Die Freiraumplanung von Jühling & Köppel Landschaftsarchitekten knüpft an industrielle Relikte an: Alte Transportgleise wurden integriert, Schwemmkanäle zur Platzentwässerung genutzt und Verbundsteine neu produziert. Zentraler Ort ist der Knödelplatz, flexibel bespielbar für Märkte und Festivals. Grünzüge, Dachlandschaften und das Container Collective als temporärer Auftakt sichern Offenheit und Experiment. Die intensive Dachbegrünung – von der Stadtalm mit Schafen auf Werk3 bis zu den Biodiversitätsgärten auf Werk17 – erfüllt neben sozialen auch ökologische und technische Funktionen wie Kühlung und Regenrückhalt.

Abb. 6.21: Lageplan (Quelle: steidle architekten / Jühling & Köppel Landschaftsarchitekten)

soz. soziale

Abb. 6.22: Nutzungsverteilung (Quelle: steidle architekten)

Abb. 6.23: Rendering der Wohnblöcke im östlichen Quartiersteil (Quelle: steidle architekten)

> **Hinweis:** Freiraumgestaltung kann Transformation sichtbar machen. Das Spiel mit Spuren des Bestands schafft Identität und erlaubt flexible Nutzungen.

Zwischennutzung als Motor

Von Beginn an war klar: Der „Motor" des Viertels darf nie ausgehen. Zwischennutzungen – ob Clubs, Ateliers oder Container-Module – halten das Areal lebendig, während gebaut wird. Sie schufen die Voraussetzung dafür, dass sich das Quartier kontinuierlich entwickeln konnte, ohne Unterbrechung oder Verödung. Viele Projekte wuchsen direkt aus der Zwischennutzung heraus: Start-ups, Kreative und Kulturbetriebe, die zunächst temporär Flächen belegten, wurden später dauerhaft im Quartier verankert. Besonders sichtbar ist das Container Collective (steidle architekten, Jühling & Köppel, Panagiotis Doumakisl), das als experimentelles Ensemble aus Containern zunächst provisorisch geplant war, inzwischen aber als Inkubator für neue Nutzungen wirkt. Es zeigt exemplarisch, wie temporäre Strukturen Innovationskraft entfalten und neue Milieus anziehen.

> **Praxistipp:** Zwischennutzungen sollten als integraler Bestandteil des städtebaulichen Prozesses begriffen werden – nicht als Übergangslösung, sondern als strategisches Instrument. Sie ermöglichen es, Risiken klein zu halten, Pioniernutzungen auszuprobieren und gesellschaftliche Akzeptanz aufzubauen.

Übertragbarkeit und Zukunftsfähigkeit

Das Werksviertel ist ein Unikat – und doch lassen sich seine Prinzipien auf andere Projekte übertragen: Akzeptanz von Gegensätzen, Respekt vor dem Bestand, Planung als Moderation heterogener Interessen, flexible Gebäude als Möglichkeitsräume. Die Stärke liegt im prozessualen Städtebau, der nie „fertig" ist, sondern kontinuierlich weiterentwickelt werden kann.

> **Hinweis:** Multicodierte Stadtquartiere sind nicht planbar wie homogene Siedlungen. Statt starrer Masterpläne braucht es Prozessarchitektur mit robusten Rahmenbedingungen und Raum für das Unerwartete.

Tabelle 6.4: Objektübersicht Werksviertel

Projektdetails	Beschreibung
Standort	München
Bauherr	OTEC GmbH & Co. KG – Werksviertel-Mitte (Hauptansprechpartner)
Planung	Städtebau, Architektur: steidle architekten (www.steidle-architekten.de) Landschaftsarchitektur: Jühling & Köppel Landschaftsarchitekten (www.juehling.net), WGF Nürnberg – Landschaftsarchitekten (www.wgf-nuernberg.de)
Projektbeteiligte	Baurecht: Böhm, Glaab, Sandler Moderation: Pro Stadt Architektur: N-V-O Nuyken von Oefele Architekten (Werk7, Werk13), MVRDV (Werk12), Hild und K Architekten (Werk17, Werk1.4), Florian Nagler Architekten, Drei Sterne Plus, studio emde – muck petzet (Werk20) usw.
Typologie	vorher: Industrie- und Gewerbeareal nachher: gemischt genutztes Stadtquartier (Wohnen, Arbeiten, Kultur, Freizeit und Bildung)
Fertigstellung	seit 2010 im Bau, Fertigstellungshorizont: ca. 2030
Maßnahme	Städtebau, Hochbau, Innenausbau und Freiraum (Instandsetzung des Bestands, Aufstockungen, hybride Strukturen im Neubau)
Baukosten	KG 300 + 400: ca. 2 Milliarden €
Brutto-Grundfläche	vorher: 281.000 m^2 nachher: 687.000 m^2
Brutto-Rauminhalt	vorher: 1,10 Millionen m^3 nachher: 2,75 Millionen m^3
Geschossflächenzahl	vorher: 0,9 nachher: 2,3
Zertifikate	Einzelbauten: DGNB Gold (Highrise One), LEED (diverse Gebäude)
Energie	Nahwärme- und Nahkälteversorgung (Energieautarkie)
Brandschutz/ Schallschutz	Sonderlösungen zur Zonierung der Nutzungen, Schallpuffer Schule/Konzerthaus, Wohnen/ Gewerbe
Abstandsflächen	nach Bauverordnung mit punktuellen Befreiungen, Akzeptanz von Bestandsabständen
Stellplätze	ca. 7.500 (75 % Reduktion durch ÖPNV-Anbindung Ostbahnhof)
Awards	Core77 Design Award 2025 (Winner Built Environment), IAA Award 25 (Winner), DNA 25 (Honorable Mention), International Urban Project Award 2024 (Sonderpreis), Deutscher Städtebaupreis 2023, BDA-Preis Bayern 2022 (Auszeichnung), Bayerischer Landschaftsarchitekturpreis 2022 (Werk17), Deutscher Architekturpreis DAM 2021 (Werk12), Bayerischer Staatspreis „Bauen im Bestand" 2021 (Werk3), Polis Award 2021 (1. Preis)

Werksviertel @ steidle architekten:

6.7 Freiraum

6.7.1 Klimaplatz Hauptbahnhof – funktional verdichteter Freiraum, Karlsruhe

Multifunktionaler Platz mit grün-blauer Infrastruktur

- › Form follows climate
- › Grün-blaue Infrastruktur
- › Klimaresilienz
- › Klimasimulationen
- › Monitoring
- › Schwammstadt
- › Stadtreparatur

Abb. 6.24: Der Klimaplatz am Hauptbahnhof Süd schafft zwischen Hochhäusern, Bahnhof und Tiefgarage einen klimaresilienten Stadtraum. Großkronige Bäume, Wasserinszenierung und klare Zonierungen verwandeln die einstige Parkplatzfläche in einen lebendigen, vielschichtigen Freiraum (Quelle: bauchplan).

Der Bahnhofsvorplatz Karlsruhe Süd war ein hitzegeplagter Parkplatz – versiegelt, unattraktiv und unzeitgemäß. Zwischen gläsernen Bürohochhäusern entwickelte das Büro bauchplan zusammen mit berchtoldkrass space&options ein städtebaulich wie klimatisch wirksames Alternativbild. Der Klimaplatz übersetzt die Herausforderungen des Standorts – Hitzestress, Windverwirbelungen und funktionale Dichte – in eine praxisnahe Freiraumlösung mit Nachahmungspotenzial. Mit 2 Baumhainen als „grünen Lungenflügeln", einem Schwammstadtkörper, klimawirksamer Oberflächengestaltung und integrativer Verkehrslenkung ist ein neuer urbaner Raumtyp entstanden. Charakteristisch ist dabei die vertikale Funktionsschichtung: unter dem Platz eine Tiefgarage, darüber ein Retentions- und Wurzelraumvolumen und auf Stadtniveau ein differenzierter Bewegungs- und Aufenthaltsraum. Diese technische und räumliche Überlagerung demonstriert, wie aus einem monofunktionalen Raum ein stadträumlich komplexer Ort wird.

Stadtreparatur durch funktionale Verflechtung

Der Klimaplatz repariert einen funktional und atmosphärisch misslungenen Stadtraum. Mehrfachcodierung wird zum Prinzip: Der Platz ist Verkehrsknoten, Aufenthaltsraum und grüne Visitenkarte mit Klimafunktion. Er funktioniert als Umsteigepunkt, aber auch als Pausenort. Die Fontänenanlage dient als Kinderspiel, Kühlung und gestalterischer Akzent. Der Verkehr wird an den Rand gedrängt, der Mensch rückt ins Zentrum.

Praxistipp: Niedrigschwellige Befragungen vor Ort helfen, reale Bedürfnisse zu erfassen und Planungsziele anzupassen. In Karlsruhe wurden Passanten auf dem damaligen Parkplatz befragt, was sie sich für den Platz wünschten. Eindeutige Antworten: Schatten, Ruhe, Wasser und keine Autos.

Form follows climate: evidenzbasiertes Entwerfen

Statt reine Gestaltungsideen zu verfolgen, wurde der Entwurf vom klimatischen Kontext aus evidenzbasiert entwickelt. Simulationen zu klimatischen Hotspots, Oberflächentemperaturen, Verdunstungseffekten und Windverhalten begleiteten jede Planungsphase. Die exakten Baumstellungen, Belagsmaterialien und Mikroklimastrategien wurden datenbasiert getestet und optimiert. Heute läuft ein kontinuierliches Monitoring: Sensoren messen die Bodenfeuchte, und Evaluierungen der Universität Kassel vergleichen reale Messwerte mit den Vorhersagen.

Hinweis: Im Projekt wurde eine Simulationslösung auf Basis von Open-Source-Plugins für die 3D-CAD-Software entwickelt, um Temperaturverläufe, Verschattung und Verdunstung lokal zu analysieren. Die Integration direkt in den Entwurfsprozess ermöglichte eine gezielte klimaadaptive Platzgestaltung. Für vergleichbare Vorhaben stehen mittlerweile marktübliche Werkzeuge für mikroklimatische Strömungssimulationen oder eine Auswahl an Open-Source-Plugins zur Verfügung.

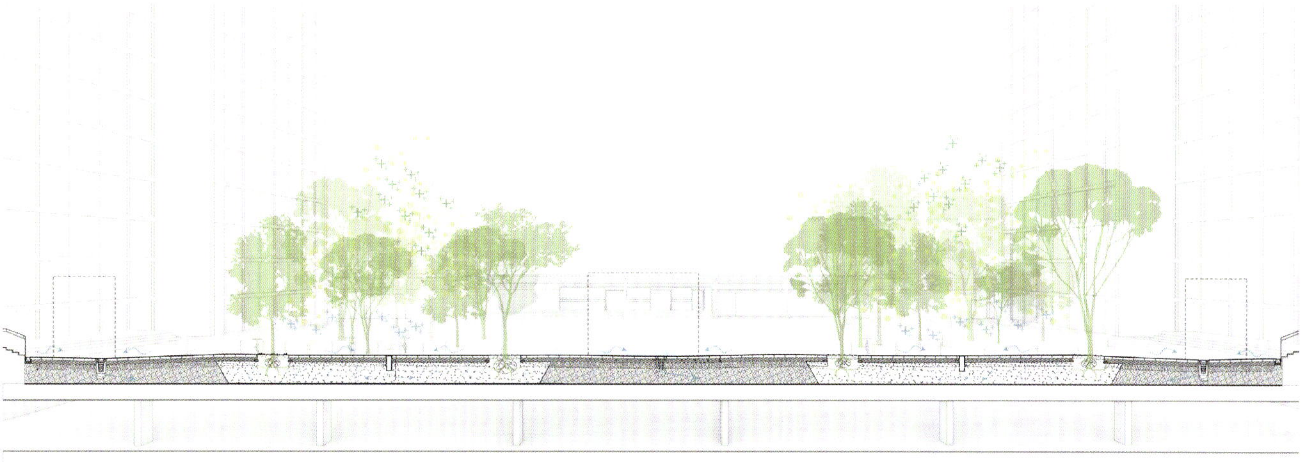

Abb. 6.25: Ausbildung einer spezifischen, sanft modellierten Platztopografie zur Wassersammlung in den Aufenthaltsbereichen des Klimahains (Quelle: bauchplan)

Abb. 6.26: Das temperaturgesteuerte Fontänenfeld kühlt nicht nur das Mikroklima, sondern aktiviert den Platz auch als Spiel- und Aufenthaltsort (Quelle: bauchplan / Foto: David Riek).

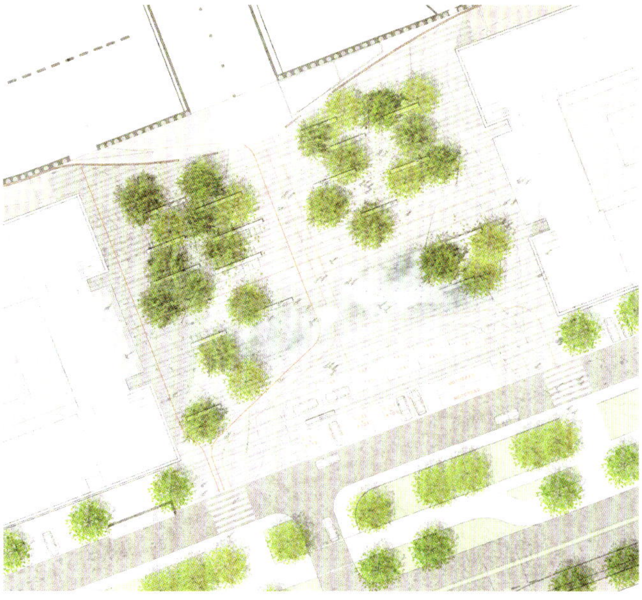

Abb. 6.27: Lageplan (Quelle: bauchplan)

„Wir lieben den Begriff des ‚gebauten Kompromisses' und begreifen diesen nicht als Schwäche, sondern als Ausdruck zeitgemäßer Planung. Es geht darum, Prinzipien zu vertreten, aber trotzdem möglichst viele Menschen mitzunehmen. Gerade bei komplexer Infrastruktur wie der Schwammstadt zeigt sich: Resilienz entsteht nicht im Alleingang, sondern nur im Dialog."

Tobias Baldauf (bauchplan)

Exkurs: Klimasimulationen – Open-Source-Werkzeuge

Klimaanalyse und mikroklimatische Optimierung gehören zunehmend zum Standard in Stadt- und Freiraumplanung. In frühen Leistungsphasen (Leistungsphasen 1 bis 3 nach HOAI) können einfache Strahlungs- und Temperaturanalysen wertvolle Hinweise für Verschattung, Begrünung und Materialwahl geben.

Neben kommerziellen Tools stehen mittlerweile auch leistungsfähige Open-Source-Lösungen zur Verfügung, die sich gut in bestehende Planungsprozesse integrieren lassen:

- **Ladybug Tools** (für Grasshopper/Rhino3D): Dies ist die bekannteste Open-Source-Suite für architektonische Klimasimulationen. Sie ermöglicht Strahlungsanalysen, Sonnenlaufstudien, UTCI-Berechnungen (Berechnungen des universellen thermischen Klimaindex) sowie Verdunstungsmodelle und ist ideal für die Entwurfsphase, die Freiraum- und die Fassadenplanung.
- **UMEP** (Urban Multi-Scale environmental Predictor): Dabei handelt es sich um ein QGIS-Plugin zur Simulation von Oberflächentemperaturen, thermischem Komfort (UTCI), Strahlung und Schattenwurf im Stadtraum. Besonders geeignet ist es für die Stadtplanung und GIS-basierte Standortanalysen.
- **SUEWS** (Surface urban Energy and Water Balance Scheme) und **UWG** (Urban Weather Generator): SUEWS und UWG eignen sich für komplexe Klima- und Energieflusssimulationen. Sie sind wissenschaftlich fundiert, weniger visuell ausgerichtet und geeignet für Forschung sowie kommunale Klimaanalysen.

Generationenhain: Pflanzung mit System

Besonderes Augenmerk lag auf der Vegetation. Zentrales Element ist der Generationenhain: 25 klimaresiliente Bäume unterschiedlicher Größen, gepflanzt über einer 1.000 m^3 großen Retentionsstruktur. Teilsickerrohre, durchlässiger Belag, optimiertes Substrat und Sensorik bilden eine schwammartige Infrastruktur, die Wasser zurückhält, gezielt abgibt und das Wurzelwachstum fördert. Diese grün-blaue Struktur puffert nicht nur Starkregenereignisse ab, sondern sichert auch die Versorgung in Trockenzeiten, und zwar dauerhaft ohne Bewässerung. Die Bäume wurden gemeinsam mit der Stadt ausgewählt – ein Erfolg, der nach anfänglichem Widerstand auf Seiten der kommunalen Grünplanung durch faktenbasierte Nachweise erzielt wurde.

Praxistipp: Bei unterbauten Flächen ist die frühzeitige Abstimmung mit Substrat- und Baumspezialisten zu suchen. Schwammstadtlösungen müssen standortspezifisch entwickelt werden und langfristig pflegeverträglich sein. Die Planung sollte idealerweise in Kooperation mit Baumexperten und Baumschulen erfolgen.

Abb. 6.28: Die Belagsflächen bestehen aus Betonplatten mit versickerungsoffenen Fugen (Quelle: bauchplan / Foto: David Riek).

Kühlen durch Verdunstung: Oberflächengestaltung

Das Belagssystem wurde als atmungsaktive Haut konzipiert: Rasenfugen und offenporige Betonplatten lassen Regenwasser versickern und fördern Verdunstung. In den Aufenthaltsbereichen sorgt ein temperaturgesteuertes Fontänenfeld für mikroklimatische Abkühlung. Es reagiert dynamisch auf die Oberflächentemperatur und den Sonnenverlauf. Gleichzeitig dient es als spielerisches Element im Platzgeschehen und betont den Charakter des Platzes als Rückzugsraum.

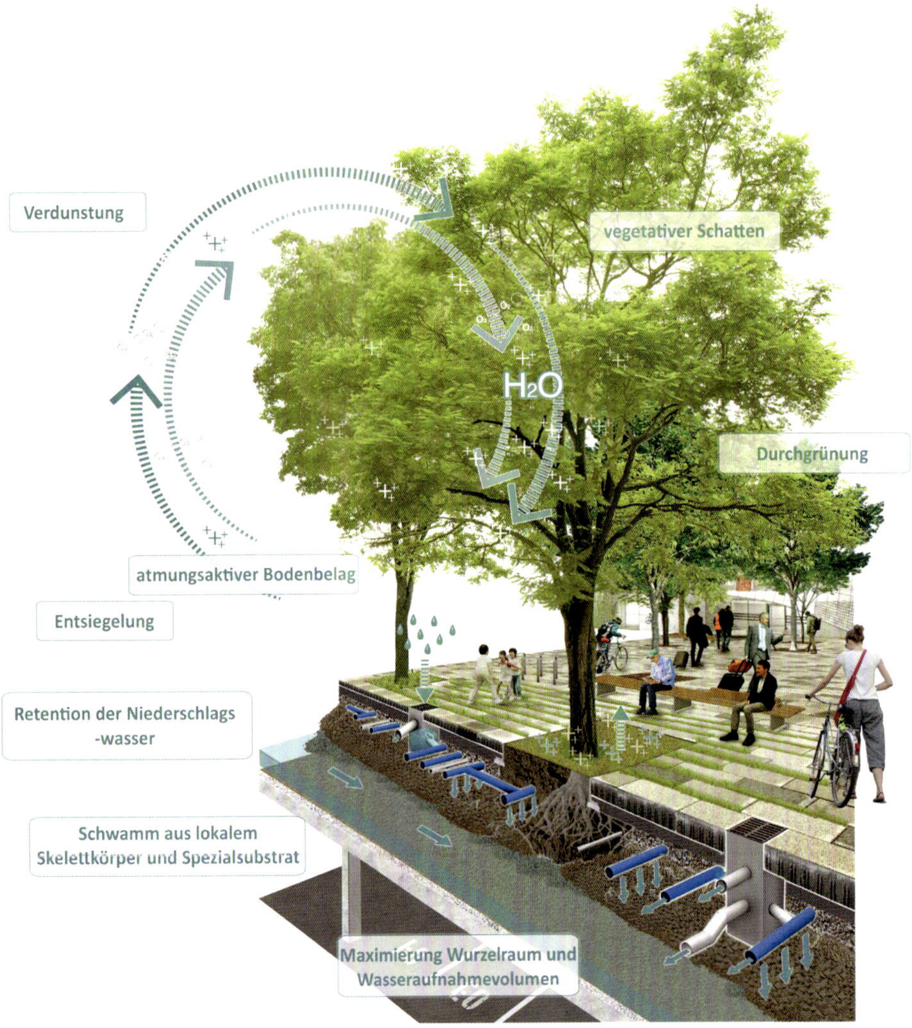

Abb. 6.29: Schaubild des Klimaeffekts (Quelle: bauchplan)

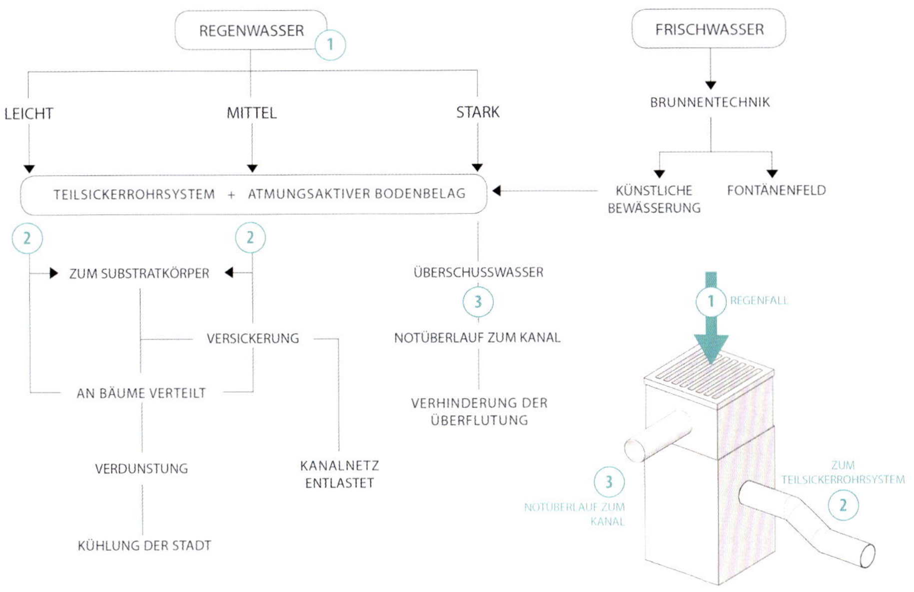

Abb. 6.30: Wassermanagement des Klimaplatzes (Quelle: bauchplan)

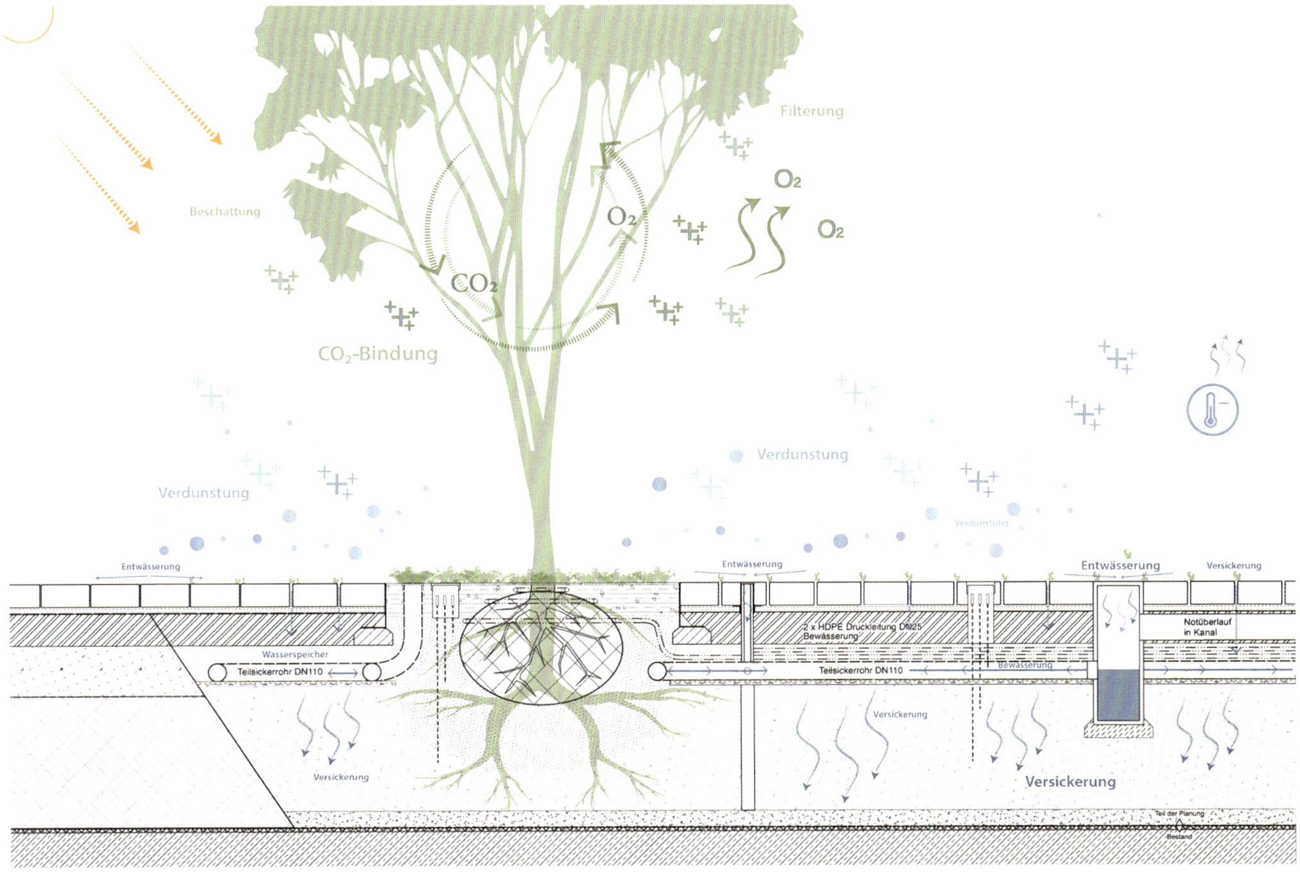

HDPE High Density Polyethylen

Abb. 6.31: Spezifisches Schwammstadtmodell Karlsruhe mit verbundenen Baumquartieren und System aus Teilsickerrohren für Belüftung und Wassermanagement (Quelle: bauchplan)

Hinweis: Große Bäume haben eine hohe Verdunstungsleistung. Viele Städte pflanzen üblicherweise aber kleine Straßenbäume. Klimasimulationen verdeutlichen die Wirksamkeit im Vorfeld und helfen zu verhandeln. Verdunstungskühlung durch kombinierte Maßnahmen wie Wasserspiele und Vegetation erfordert genaue Abstimmung mit Unterhalt und Frostschutzstrategie.

Schwammstadtkörper mit System: Technik und Pflege

Die komplexe Technik unter dem Platz – vom Teilsickersystem über Revisionsschächte bis hin zu Sensortechnik – wurde modular, wartungsfreundlich und betriebssicher ausgeführt. Die Planung wurde über Jahre in engem Austausch mit Politik, Pflegebetrieben und Fachämtern weiterentwickelt. Trotz anfänglicher Skepsis wird bis heute nicht zusätzlich bewässert: Die grün-blauen Systeme funktionieren autark. Baurechtliche Standards (z. B. Streusalzverträglichkeit und Barrierefreiheit) machten flexible Lösungen notwendig. Die verwaltungsinterne Einordnung war beim Klimaplatz eine Herausforderung: Wegen des hohen Grünanteils entsprach die Platzfläche nicht mehr dem klassischen Tiefbau- oder Straßenraum, als städtischer Platz fiel der Raum aber auch nicht in die Zuständigkeit des Gartenbauamts. Erst die enge Abstimmung und Moderation zwischen Gartenbau-, Straßen- und Pflegeämtern machte eine klare Übergabe möglich.

Praxistipp: Bei städtischen Plätzen mit hohem Vegetationsanteil sollte frühzeitig geklärt werden, welches Amt für Pflege, Unterhalt und Kontrolle zuständig ist, vor allem bei Platzflächen mit atypischer Begrünung.

Infrastrukturplanung: Raumfunktion klar zonieren

Das Projekt setzt auf funktionale Klarheit: Taxistände, Fahrrad-Abstellanlagen und Kiss+Ride befinden sich an den Rändern. So bleibt die zentrale Fläche frei für Aufenthalt, Mikroklima und Vegetation. Die Trennung erfolgt nicht nur durch Zonierung, sondern auch durch gezielte Höhenmodulation und Möblierung. Das Gestaltungsmotto „Öffentlichkeit bauen" wurde nicht nur räumlich, sondern auch prozessual umgesetzt: durch transparente Kommunikation mit Nutzergruppen, Baustellenführungen und Wissenstransfer in andere Kommunen.

Hinweis: Verkehrsberuhigung und Funktionstrennung lassen sich mit geringfügigen Höhenversprüngen, taktilen Belagswechseln und begleitender Begrünung realisieren. Hinweise aus den Richtlinien RASt 06 „Richtlinien für die Anlage von Stadtstraßen" (2007) und EFA „Empfehlungen für Fußgängerverkehrsanlagen" (2002) unterstützen eine nutzergerechte Raumorganisation.

Resilienz sichtbar machen

Der Klimaplatz Karlsruhe ist ein Pilotprojekt für klimaadaptive Infrastruktur. Die Wirksamkeit ist nicht abstrakt, sondern konkret: Schatten, Windschutz, Verdunstung und Aufenthaltsqualität. Evaluierung, Kommunikation und Pflege sind essenzielle Bausteine langfristiger Resilienz. Die Kombination aus Daten, Atmosphäre und Nutzung schafft ein übertragbares Modell. Die Offenheit gegenüber Monitoring und die Bereitschaft zu lernen machen das Projekt zukunftsfähig. Die Qualität der Maßnahmen definiert, wie sie im Alltag wirken und von der Bevölkerung wahrgenommen und genutzt werden.

Praxistipp: Gestalterische Prinzipien sollten regelmäßig überprüft, nachgesteuert und kommuniziert werden – Monitoring-Daten, Beteiligungsauswertungen oder Sichtbarkeitsindikatoren helfen, die Wirkung im Alltag messbar zu machen. Resilienz bedeutet nicht nur zu planen, sondern auch zu begleiten.

Tabelle 6.5: Objektübersicht Klimaplatz

Projektdetails	Beschreibung
Standort	Karlsruhe
Bauherr	Stadt Karlsruhe
Planung	bauchplan (www.bauchplan.de)
Projektbeteiligte	Stadt- und Raumplanung: berchtoldkrass space&options Verkehrskonzept: dwd ingenieure
Typologie	vorher: versiegelte Parkplatzfläche nachher: klimaresilienter, multifunktionaler Freiraum
Fertigstellung	2023
Maßnahme	Freiraumplanung mit grün-blauer Infrastruktur und Schwammstadtelementen
Verfahren	eingeladenes städtebauliches Gutachterverfahren (2018/2019) / Mehrfachbeauftragung
Schwammstadtsystem	Retentionsvolumen ca. 1.200 m^3, Aufbau über der Tiefgarage, durchwurzelbare Substratschicht mit Teilsickerrohren und Notüberlauf, Verdunstungskühlung über den Boden
Vegetation	Generationenhain aus klimaresilienten Baumarten unterschiedlicher Baumgrößen
Wassertechnik	Fontänenfeld im südlichen Platzbereich, temperatur- und sonnenstandgesteuerte Düsen, Rückführung in das Kreislaufsystem, Notüberlauf bei Starkregenereignissen
Pflege/Betrieb	spezifisches Karlsruher Schwammstadtquartier mit Monitoring-Funktion der Bodenfeuchte und System zur bedarfsweisen Belüftung sowie Be- und Entwässerung in Zusammenarbeit mit Substrat- und Schwammstadtexperten
Monitoring	Stadt Karlsruhe (Sensorik) und Universität Kassel (wissenschaftliche Begleitung über 5 Jahre)
Awards	Deutscher Landschaftsarchitekturpreis 2025 (Kategorie Klimaanpassung)
Besonderheit	integrierte Mobilitätslösung mit neuen Aufenthaltsangeboten, Beleuchtungskonzept mit Merkzeichenfunktion

Klimaplatz @ bauchplan:

7 Zirkularität

Statement von Margit Sichrovsky, LXSY Architektur

7.1 Position

In ihrem Statement skizziert Margit Sichrovsky (LXSY Architektur) den Paradigmenwechsel von einer linearen Baupraxis hin zu einer zirkulären Baukultur:

„Paradigmenwechsel: vom Wegwerfmodell zur Ressource

Zirkuläres Bauen ist kein Trend, sondern eine fundamentale Haltungsfrage. Es geht darum, wie wir als Gesellschaft mit unserer gebauten Umwelt umgehen. Behandeln wir Gebäude weiterhin als Wegwerfprodukte oder begreifen wir sie als wertvolle Ressourcenspeicher? In einer Zeit, in der der Bausektor massive Mengen an CO_2 und Abfall verursacht, ist Zirkularität ein Hebel, den wir nicht länger ignorieren können. Zirkuläre Ansätze verändern dabei nicht nur Bauprozesse, sondern auch unsere Städte. Sie verschieben den Blick: weg von der Idee des immer Neuen hin zu einer Kultur des Weiterbauens. Städte werden zu Materiallagern, in denen Bestandserhalt, Transformation und Wiederverwendung selbstverständlich werden. Was obsolet ist, wird zur Ressource – und jede bauliche Intervention Teil eines größeren Kreislaufs. Damit entsteht eine Baukultur, die Patina zulässt, auf Resilienz, Anpassungsfähigkeit und Wandel setzt.

Baukultur im Kreislauf: Prozesse, Ressourcen, Ästhetik und Werte

Die Debatte darf dabei nicht bei Zahlen, Bilanzen und grauer Energie stehenbleiben. Das ist wichtig – aber nicht genug. Wenn wir aus vergangenen Fehlern lernen wollen, müssen wir Baukultur neu denken. Zirkuläres Bauen ist weit mehr als Second-Hand-Design. Es geht um eine bewusst kuratierte Materialwahl, um architektonische Qualität und eine Ästhetik, die sich aus der Geschichte der Bauteile speist. „Form follows availability" heißt nicht Beliebigkeit, sondern einen kreativen Umgang mit dem, was da ist, und die Fähigkeit, daraus etwas Neues, Schönes und Funktionales zu schaffen.

Zirkularität und gemeinsames Handeln

Die Verantwortung liegt bei Architekten und Architektinnen, Bauherrschaft, Handwerkenden und Fachplanenden – alle müssen an einem Strang ziehen. Auch die Gesellschaft ist gefordert: Wir müssen unsere Komfortstandards, unser Flächenverständnis und unsere Normen hinterfragen. Müssen wir jedes Bauteil ersetzen, nur weil es nicht mehr dem neuesten Standard entspricht? Sollten wir nicht alte Regelwerke hinterfragen, wenn sie ressourcenintensive Lösungen erzwingen? Zirkuläres Bauen bedeutet auch, den Mut zu pragmatischen Einzelfallentscheidungen zu haben.

Prozesslogik neu denken: Ausschreibung, Planung und Kooperation

Die größten Hürden liegen nicht im Material, sondern in den bestehenden Strukturen und Prozessen. Ausschreibungen, Verträge und Gewährleistungssysteme sind auf lineares Bauen zugeschnitten. Zirkuläres Planen und Bauen verlangt iterative Abläufe, parallele Materialsuche und flexible Konstruktionsweisen. Das ist komplex. Wichtig ist, diese Komplexität nicht als Risiko zu verstehen, sondern als Chance für neue Kooperationen, Transparenz und eine andere Baustellenkultur.

Zukunftsaufgabe: Zirkularität als neue Baupraxis

Der größte Hebel liegt im Erhalt des Bestands. Ein nicht abgerissenes Gebäude spart mehr Ressourcen als jede Recyclingstrategie. Darin liegt der Kern zirkulärer Baukultur: Wertschätzung des Vorhandenen, kombiniert mit der Offenheit für Wandel. Zirkuläres Bauen ist mehr als eine Option, es ist ein notwendiger Paradigmenwechsel."

7.2 Definition

Die Definitionen und Konzepte des zirkulären Bauens sind nicht einheitlich festgelegt und entwickeln sich kontinuierlich weiter. Je nach Quelle, Disziplin und Anwendungskontext können Begriffe und Ansätze variieren.

7.2.1 Vom Verbrauch zum Kreislauf

› Zirkuläres Bauen › Kreislauf

Zirkuläres Bauen bezeichnet den Ansatz, Materialien, Bauteile und Gebäude nicht als Verbrauchsgüter, sondern als Ressourcen in kontinuierlichen Kreisläufen zu verstehen. Es ist per se bestandsorientiert, da es stets auf vorhandene Gebäude, Bauteile und Materialien zurückgreift und diese als Grundlage des Neuen begreift. Die stofflichen und funktionalen Potenziale von Rückbauobjekten werden genutzt, verlängert und in Kreisläufen weitergeführt. Damit verbindet zirkuläres Bauen ökologische Wirksamkeit (Reduktion von Emissionen und Abfall), ökonomische Vernunft (Werterhalt und Restwertnutzung von Materialien) sowie kulturelle Verantwortung (Weiterentwicklung statt Tabula rasa). Es ist nicht nur ein technisches Konzept, sondern eine Haltung, die Architektur als Teil eines ressourcenbewussten, langfristigen Stadtumbaus versteht.

Im Zentrum steht die Hierarchie der Kreislaufwirtschaft mit den folgenden Prinzipien:

- **Erhalt vor Abriss:** Die Lebensdauer von Gebäuden wird durch Sanierung, Transformation und flexible Nutzungsmodelle verlängert. Dies minimiert den Bedarf an neuen Materialien und die Entstehung von Abbruchabfällen.
- **Wiederverwendung und sortenreiner Rückbau:** Bauteile und Materialien werden so gefügt, dass sie demontierbar und erneut nutzbar sind. Dies erfordert eine sorgfältige Planung des Rückbaus.
- **Kreislauffähiges Design:** Konstruktionen und Planungsprozesse werden so angelegt, dass zukünftige Anpassungen, Umnutzungen und Rückführungen in den Materialkreislauf von Beginn an mitgedacht sind. Dies beinhaltet die Auswahl von Materialien, die langlebig, schadstofffrei und gut trennbar sind. Die Fügungen sind demontierbar, Verbundstoffe werden vermieden.
- **Hochwertiges Recycling:** Wenn Wiederverwendung nicht möglich ist, werden Materialien sortenrein erfasst und zu neuen, gleichwertigen Produkten recycelt, um Downcycling zu vermeiden.
- **Rückgewinnung:** Als letzte Option, wenn Recycling nicht praktikabel ist, wird die energetische Verwertung von Materialien in Betracht gezogen.

Die Kommission Nachhaltiges Bauen (KNBau) hat im Zuge der nationalen Kreislaufwirtschaftsstrategie eine Vision für eine zirkuläre Bauwirtschaft entwickelt und gibt einen guten Überblick und Definitionen als Einstieg in das zirkuläre Bauen (Transformation zu einer zirkulären Bauwirtschaft als Beitrag zu einer nachhaltigen Entwicklung, 2024).

7.2.2 Ebenen und Prinzipien zirkulärer Planungsansätze

Zentrale Ansätze des zirkulären Bauens im Bestand lassen sich in thematischen Clustern zusammenfassen, ohne Anspruch auf Vollständigkeit und mit der Möglichkeit, je nach Projektkontext erweitert oder differenziert zu werden. Zudem finden die Maßnahmen auf unterschiedlichen Maßstabsebenen statt (siehe Tabelle 7.1).

› Erhalt › Verlängerung

Zirkuläre Planung beginnt mit dem Grundsatz, die Bausubstanz möglichst lange zu nutzen. Wichtige Parameter:

- **Ziel:** Verlängerung der Lebensdauer durch Sanierung, Reparatur und Instandsetzung, Minimierung des Bedarfs

Tabelle 7.1: Maßstabsebenen des zirkulären Bauens

Maßstab	Ebenen	Beschreibung	zirkuläre Hebel (Auswahl)
Nano	Material	Sekundär- oder biobasierte Baustoffe	Rezyklatanteil, Schadstofffreiheit, Materialpässe
	Produkt	zirkulär gestaltete Bauprodukte mit langer Nutzungsdauer, einfacher Demontierbarkeit und reduzierter Materialvielfalt	Produktpässe, Rücknahmesysteme, Demontierbarkeit
Mikro	Komponente	Bauteile und Elemente aus zirkulären Produkten, modulare Systeme	modulares Design, lösbare Fügetechniken, Wiederverwendungsquote
	Gebäude	Credo „Transformation vor Abriss": Bauwerk aus zirkulären Komponenten und/oder mit zirkulärer Entwurfslogik (adaptierbar, flexibel, rückbaubar)	Schichtenprinzip, Gebäuderessourcenpass, Rückbaustrategie
Makro	Quartier/Stadt	städtische Systeme, zirkuläre Infrastrukturen, vernetzte Material- und Energieströme, Sharing	Flächenkataster, Materialbörsen, Urban Mining, zirkuläre Beschaffung
Makro +	Region	regionale Steuerung von Ressourcenströmen, Infrastruktur und Genehmigungsprozessen, Verbindung von Stadt- und Regionalplanung	Stoffstrommanagement, sektorübergreifende Planung, DIN SPEC 91468[1)]

1) DIN SPEC 91468 „Leitfaden für ressourceneffiziente Stadtquartiere" (2022)

an neuen Materialien und Vermeidung von Abbruchabfällen
- **Planungsansatz:** Bestandspflege und Instandsetzung, präventiv und reaktiv
- **Methodik:** Substanzerhalt, energetische Nachrüstung (nach GEG), technische Ertüchtigung, behutsame Modernisierung usw.

› Suffizienz › Nichtbauen
Suffizienz ist die bewusste Entscheidung gegen Baumaßnahmen, insbesondere gegen einen Neubau, wenn Bestand genügt. Wichtige Parameter:

- **Ziel:** Reduzierung von Ressourcenverbrauch durch Vermeidung unnötiger Eingriffe
- **Planungsansatz:** Suffizienzstrategie, Bedarfsprüfung
- **Methodik:** Leerstand aktivieren, Umnutzungen prüfen, Bedarfe und Standards kritisch hinterfragen, Flächenreduktion fördern usw.

Siehe dazu auch Kapitel 7.5.1, Exkurs „Suffizienz".

› Transformation › Umnutzung
Werden Gebäude durch neue Nutzungen funktional weitergeführt, ohne dass ihre Grundstruktur aufgegeben wird, wird von Transformation gesprochen. Wichtige Parameter:

- **Ziel:** Anpassung an veränderte Bedürfnisse, Vermeidung von Abriss, Erhalt der grauen Energie
- **Planungsansatz:** Adaptive Reuse
- **Methodik:** Funktionswechsel, Umnutzung (z. B. Büro zu Wohnen, Kirche zu Kulturraum), Umbau und Reprogrammierung usw.

› Weiterbauen
Beim Weiterbauen geht es darum, bestehende Strukturen zu ergänzen, zu erweitern oder zu optimieren, um ihre Potenziale auszuschöpfen. Wichtige Parameter:

- **Ziel:** Nachverdichtung, zusätzliche Kapazitäten ohne Neuinanspruchnahme von Boden, Reduzierung des Flächenverbrauchs
- **Planungsansatz:** additiver bzw. subtraktiver Weiterbau
- **Methodik:** Aufstockung, Anbau, horizontale Ergänzungen, Integration neuer Funktionen usw.

› Selektiver Rückbau › Urban Mining
Urban Mining versteht Gebäude als Materiallager, aus dem sich Rohstoffe gezielt zurückgewinnen lassen. Wichtige Parameter:

- **Ziel:** Minimierung von Abfall, Rückführung wertvoller Stoffe in den Kreislauf, Schonung von Primärrohstoffen
- **Planungsansatz:** Gebäude als Ressourcendepot
- **Methodik:** sortenreiner Rückbau, Materialpässe, digitale Erfassung der Bauteileigenschaften, Nutzung von Bauteilbörsen, umfassende Schadstoffanalyse vor dem Rückbau usw.

› Wiederverwendung › Materialkreisläufe
Bauteile und Materialien können wiederverwendet werden, indem sie aus Rückbauprozessen direkt in zirkuläre Bauvorhaben integriert werden. Wichtige Parameter:

- **Ziel:** Substitution von Primärrohstoffen durch Reuse-Materialien
- **Planungsansatz:** zirkuläres Material- und Bauteilmanagement
- **Methodik:** Sekundärbaustoffe und -bauteile, Beschaffung über Bauteilbörsen, Qualitätssicherung und Zertifizierung von Reuse-Materialien und -Bauteilen, Aufbereitung und Prüfung von gebrauchten Bauteilen, Entwicklung von Standards, Logistik für Transport und Lagerung

› Flexible Planung › Reversible Planung
Gemäß diesem Konzept werden Gebäude so konzipiert oder weitergebaut, dass sie sich in ihrem Lebenszyklus flexibel anpassen, ggf. demontieren und wiederverwenden lassen. Wichtige Parameter:

- **Ziel:** Erhöhung der Nutzungsflexibilität, Verlängerung von Lebens- und Anpassungszyklen, Ermöglichung zukünftiger Kreisläufe
- **Planungsansatz:** reversibles Bauen, Design for Disassembly (DfD), Cradle-to-Cradle-Prinzipien
- **Methodik:** Schichtenmodell, adaptives Bauen, modulare Grundrisse, lösbare Verbindungen, offene Installationsführung, Trockenbauweisen, Anpassung an zukünftige Bedarfe usw.

› Modulare Ergänzungen › Temporäre Ergänzungen
Ergänzende Strukturen werden dabei temporär, versetzbar oder modular geplant, um flexibel auf Veränderungen reagieren zu können. Es werden leicht rückbaubare Strukturen gewählt. Wichtige Parameter:

- **Ziel:** Decken eines kurz- bis mittelfristigen Raumbedarfs ohne dauerhafte Ressourcenbindung oder irreversible Eingriffe in den Bestand, Erhöhung der Anpassungsfähigkeit
- **Planungsansatz:** zirkuläre Zwischenlösungen, temporäre Architektur
- **Methodik:** Leichtbau, modulare Systeme, temporäre Einfügungen, rückbaubare Elemente, Pavillons oder Container-Lösungen, Mehrfachnutzung usw.

7.3 Planungskriterien

Das zirkuläre Bauen unterliegt einem dynamischen Entwicklungsprozess. Die Rahmenbedingungen und Prozesse werden kontinuierlich weiterentwickelt und befinden sich teils noch im Entwurfs- oder Pilotstadium. Die dargestellten Inhalte geben den Stand der Diskussion zum Zeitpunkt der Erstellung dieses Buches wieder. Definitionen, Regelwerke und anerkannte Verfahren können sich ändern oder neue Ergänzungen erfahren. Dieses Kapitel vermittelt deswegen einen Zwischenstand in einem laufenden Transformationsprozess.

7.3.1 Regulierung, Verantwortung und Spielräume

Zirkularität fordert neue Lesarten bestehender Gesetze. Regelwerke aus Bereichen wie Abfall-, Produkt- und Umweltrecht gewinnen an Bedeutung und werden verstärkt Thema im architektonischen Diskurs.

› Baurechtliche Grundlagen › Nationale Gesetze
› EU-Richtlinien
Das zirkuläre Bauen wird durch ein Zusammenspiel aus EU-Richtlinien, nationalen Gesetzen und technischen Standards reguliert. Besonders wichtig sind das Kreislauf-

wirtschaftsgesetz (KrWG), die Gewerbeabfallverordnung (GewAbfV) und die Bauproduktenverordnung. Diese schaffen die Grundlage für Abfallvermeidung, Wiederverwendung und Recycling im Bauwesen. Wichtige Richtlinien der Europäischen Union sind der Circular Economy Action Plan (CEAP) zur Förderung der Kreislaufwirtschaft als zentraler Bestandteil des EU Green Deals, die EU-Bauproduktenverordnung (EU-BauPVO), die Abfallrahmenrichtlinie (Richtlinie 2008/98/EG) als Grundlage des nationalen KrWG und die Ecodesign for sustainable Products Regulation (ESPR) zur Förderung eines umweltgerechten Produktdesigns einschließlich Baumaterialien, damit diese leichter wiederverwendet oder recycelt werden können.

› BauGB › BauNVO › LBO
Für das zirkuläre Bauen im Bestand gelten selbstverständlich die bekannten gesetzlichen Grundlagen aus BauGB und BauNVO. Sie bilden den rechtlichen Rahmen für Nachverdichtungen, Umnutzungen und Umbauten. Relevant sind vor allem § 34 BauGB (Bauen im unbeplanten Innenbereich), § 13a BauGB (Bebauungspläne der Innenentwicklung) sowie § 12 BauGB (Vorhaben- und Erschließungsplan). Schutz- und Sicherheitsanforderungen wie Schall- und Brandschutz, Standsicherheit und Barrierefreiheit haben uneingeschränkt Priorität, auch wenn sie manchmal im Spannungsfeld mit Zirkularität stehen. So kann ein erhöhter Schallschutz mehr Materialeinsatz oder eine barrierefreie Erschließung größere Eingriffe in den Bestand erfordern. Für diese Fälle braucht es pragmatische Lösungen, die Nutzung von Abweichungen im Bauordnungsrecht und innovative technische Details, die Zirkularität ermöglichen, ohne die Sicherheit oder Nutzung zu gefährden. Zunehmend schaffen einzelne Landesbauordnungen (LBO) zusätzliche Spielräume für Bestandserhalt und zirkuläre Ansätze. So erlaubt etwa § 67 BauO Bln Ausnahmen und Abweichungen, wenn sie dem Weiterbau oder der Weiternutzung bestehender Gebäude dienen. Dadurch werden innovative Lösungen wie der Einsatz von Reuse-Bauteilen oder alternative Bauweisen auch jenseits klassischer DIN-Vorgaben möglich.

Siehe dazu auch Kapitel 2.

› Denkmalschutzgesetze der Länder › Erhaltungssatzungen
Denkmalschutzgesetze der Länder (DSchG) und Erhaltungssatzungen sichern historisches Erbe, können aber in einem gespannten Verhältnis zu Kreislaufstrategien stehen. Während zirkuläres Bauen auf Austausch, Demontage und Materialkreisläufe setzt, fokussiert der Denkmalschutz auf den originalen Substanzerhalt. Dies bedeutet eine frühzeitige Abstimmung mit Denkmalbehörden, um Innovation und Substanzschutz in Einklang zu bringen. Konzepte wie das Weiterbauen im Bestand oder die denkmalgerechte Sanierung versuchen, diese Spannungsfelder aufzulösen, indem sie behutsame Eingriffe und die Wiederverwendung historischer Materialien fördern.

Siehe dazu auch Kapitel 2.4.4.

› Kreislaufwirtschaftsgesetz (KrWG)
Das Kreislaufwirtschaftsgesetz (KrWG) legt die Abfallhierarchie fest: Vermeidung – Vorbereitung zur Wiederverwendung – Recycling – sonstige Verwertung – Beseitigung. Es setzt die EU-Abfallrahmenrichtlinie in deutsches Recht um. Für die Baupraxis heißt das, dass Materialien aus Rückbauprojekten vorrangig wiederverwendet oder recycelt werden sollen, bevor sie deponiert werden. Damit ist das KrWG die rechtliche Basis für Urban Mining, Materialpässe und Reuse-Strategien und verpflichtet zur Dokumentation der Abfallströme, insbesondere von Bau- und Abbruchabfällen.

› Abfalleigenschaft › Materialrecht
Die Unterscheidung zwischen Abfall und Material ist eine besonders große Herausforderung für das zirkuläre Bauen. Alles, was als Abfall deklariert ist, darf grundsätzlich nicht ohne Weiteres als Baustoff in den Markt zurück. Ein Material verliert seinen Abfallstatus erst, wenn es ein „Ende der Abfalleigenschaft" erreicht hat (Abfallrahmenrichtlinie 2008/98/EG vom 19. November 2008 und § 5 KrWG vom 24. Februar 2012, zuletzt geändert am 2. März 2023). Um als Sekundärmaterial oder Sekundärrohstoff im Bauwesen eingesetzt werden zu dürfen, muss es anschließend die Anforderungen des Materialrechts erfüllen. Das heißt, es muss die Vorgaben spezifischer Materialverordnungen wie der Ersatzbaustoffverordnung (ErsatzbaustoffV) einhalten, wenn es z. B. als Recyclinggesteinskörnung oder aufbereiteter Boden verwendet wird. Für die Wiederverwendung von gebrauchten Bauprodukten (z. B. Fenster, Türen, Stahlträgern oder Ziegeln) aus Rückbauprojekten fehlen oft spezifische Kriterien für das „Ende der Abfalleigenschaft" im Sinne des KrWG. In diesem Fall liegt der Fokus primär auf der Einhaltung der Anforderungen des Bauprodukten- und Bauordnungsrechts für das gebrauchte Produkt. Das bedeutet, dass das gebrauchte Bauprodukt die gleichen technischen und sicherheitstechnischen Anforderungen für den vorgesehenen Verwendungszweck erfüllen muss wie ein neues Produkt. Es benötigt ggf. eine Leistungserklärung (DoP), eine CE-Kennzeichnung oder eine allgemeine bauaufsichtliche Zulassung (abZ) bzw. eine Zustimmung im Einzelfall (ZiE), um als vollwertiges Bauprodukt gelten zu können, oder entsprechende Nachweise und Deklarationen für die Verwendung.

› Ersatzbaustoffverordnung (ErsatzbaustoffV)
Die ErsatzbaustoffV vom 9. Juli 2021, zuletzt geändert am 13. Juli 2023, regelt bundeseinheitlich die Verwendung mineralischer Ersatzbaustoffe (z. B. Beton, Asphalt und Bodenmaterialien) sowie deren Grenzwerte für Schadstoffe. Für zirkuläres Bauen im Bestand eröffnet sie die Möglichkeit, rezyklierte Materialien rechtssicher einzusetzen, stellt aber auch Anforderungen an Nachweisführung, Qualitätssicherung und Dokumentation.

› Bauprodukteverordnung (BauPVO)
› Ecodesign for sustainable Products Regulation (ESPR)
Die Bauprodukteverordnung regelt derzeit die Leistung und Sicherheit von Bauprodukten in der EU. Sie verlangt die Leistungserklärung (DoP) und die CE-Kennzeichnung, die wesentliche Merkmale wie Festigkeit oder Brandverhalten deklarieren. Im Kontext des zirkulären Bauens ist die BauPVO wichtig, da sie Transparenz über die verwendeten Materialien schafft – eine Grundvoraussetzung für deren sichere Wiederverwendung und die Erstellung von Materialpässen. Allerdings fokussiert die BauPVO primär auf

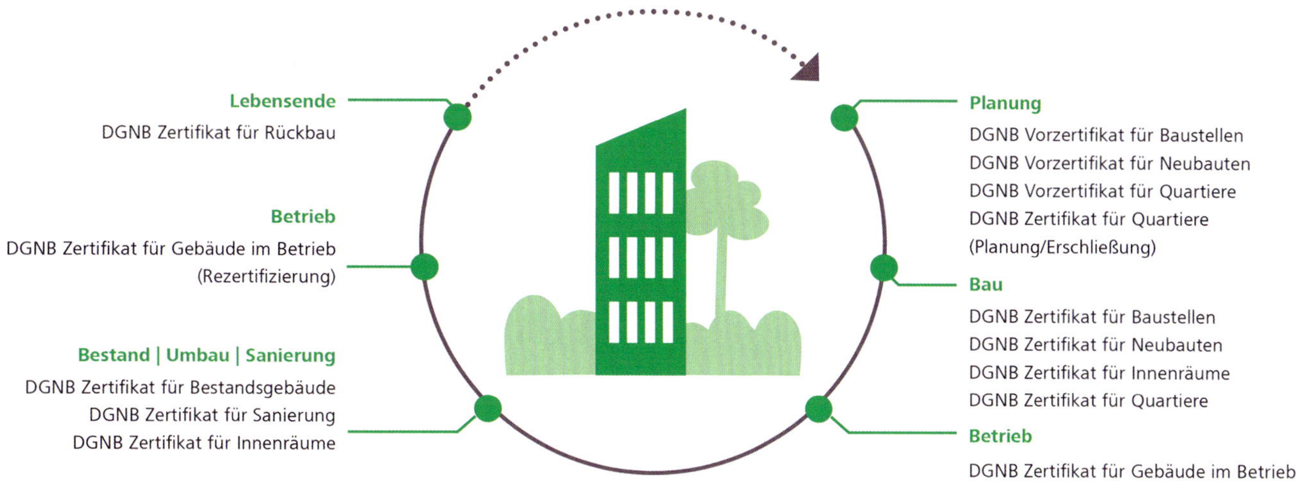

Abb. 7.1: Übersicht der DGNB-Zertifizierungen im Gebäudelebenszyklus (Quelle: DGNB)

das Inverkehrbringen neuer Produkte und enthält noch keine umfassenden, verbindlichen Anforderungen an die Kreislauffähigkeit (z. B. zu Recyclinganteil und Demontierbarkeit) von Bauprodukten. An dieser Stelle setzt die Ecodesign for sustainable Products Regulation (ESPR; Verordnung 2024/1781 vom 13. Juni 2024) an. Sie wird die BauPVO in Bezug auf Nachhaltigkeitsaspekte ergänzen und zukünftig auch für Bauprodukte produktspezifische Ökodesign-Anforderungen festlegen. Die ESPR wird es ermöglichen, Mindestanteile an Recyclingmaterial sowie Anforderungen an die Reparierbarkeit, Demontierbarkeit und Wiederverwendbarkeit von Bauprodukten verbindlich vorzuschreiben.

› EU-Taxonomie › Förderrecht › Fördermittel › Zertifizierung

Die EU-Taxonomieverordnung (Verordnung EU 2020/852 vom 18. Juni 2020) definiert Nachhaltigkeitskriterien für Finanzierungen und Investitionen und nimmt dabei auf die Vorgaben des EU-Abfallrechts Bezug, nach denen mindestens 70 % der nicht gefährlichen Bau- und Abbruchabfälle für die Wiederverwendung oder das Recycling vorbereitet werden. Auch Aspekte wie Demontierbarkeit und Materialpässe sind Kriterien für die Förderfähigkeit und die Einstufung als nachhaltige Investition. In Deutschland knüpfen Programme wie das Qualitätssiegel Nachhaltiges Gebäude (QNG) und Zertifizierungssysteme der Deutschen Gesellschaft für Nachhaltiges Bauen (DGNB) (siehe Abb. 7.1) an diese Vorgaben an und integrieren Kriterien für Zirkularität und Lebenszyklusbetrachtung. Ergänzend sind die Bundesförderung für effiziente Gebäude (BEG) sowie die damit verbundenen KfW-Kredite und -Zuschüsse von Bedeutung, die an Nachhaltigkeitskriterien und QNG-Nachweise gekoppelt sind. Das Bundesministerium für Wohnen, Stadtentwicklung und Bauwesen (BMWSB) fördert Pilot- und Forschungsprojekte, die zirkuläre Bauweisen und Urban Mining erproben. Landesförderbanken wie die NRW.BANK oder die L-Bank Baden-Württemberg bieten spezielle Programme für ressourcenschonendes Bauen im Bestand an. Auf europäischer Ebene sind Horizon Europe und der Green Deal Call zentrale Förderinstrumente, die Forschung und Innovation im Bereich der Kreislaufwirtschaft im Bauwesen unterstützen. Ergänzend zur EU-Taxonomie stärkt auch die EU-Gebäuderichtlinie den Fokus auf Lebenszyklusleistung und Kreislaufwirtschaft.

7.3.2 Lebensdauer, Ressourceneffizienz und Bilanzierung

Die Betrachtung von Lebenszyklen ersetzt Momentaufnahmen, Bewertung wird zum Steuerungsinstrument.

› Lebenszyklusbetrachtung (LCA)

Die Lebenszyklusbetrachtung (Life Cycle Assessment, LCA) bewertet die Umweltauswirkungen eines Produkts, eines Prozesses oder einer Dienstleistung über den kompletten Lebenszyklus. Sie quantifiziert die ökologischen Auswirkungen von Gebäuden und Baustoffen von der Rohstoffgewinnung bis zur Entsorgung oder Wiederverwertung, um Optimierungspotenziale aufzuzeigen. Relevante Normen sind z. B. die DIN EN 15804 „Nachhaltigkeit von Bauwerken – Umweltproduktdeklarationen – Grundregeln für die Produktkategorie Bauprodukte" (2022) für Umweltproduktdeklarationen (EPDs).

› Lebenszyklus-Kostenanalyse (LCC)

Die Lebenszyklus-Kostenanalyse (Life Cycle Costing, LCC) ist eine Methode zur Bewertung der Gesamtkosten eines Gebäudes oder einer Komponente über dessen gesamten Lebenszyklus. Die LCC berücksichtigt Investitions-, Betriebs-, Wartungs-, Instandhaltungs-, Rückbau- und Wiederverwertungskosten, um den Werterhalt von Materialien zu bewerten.

Tabelle 7.2: Eigene Interpretation der R-Strategien in Anlehnung an die Normungs-Roadmap Circular Economy des Deutschen Instituts für Normung (Kadner et al., 2021)

Kreislaufphasen	Nr.	R-Strategien[1)]	Bedeutung[1)]	Übertragung auf Bauen im / mit dem Bestand[1)]
Ressourcenverbrauch reduzieren	R0	refuse	vermeiden	auf nicht zwingend notwendige Baumaßnahmen, Materialien oder Systeme verzichten
	R1	rethink	überdenken	Nutzungs- und Baukonzepte hinterfragen (Ziel: Flächen effizienter nutzen und ihre Lebensdauer verlängern)
	R2	reduce	reduzieren	Material- und Energieeinsatz durch effiziente Bauweisen senken (z. B. schlanke Konstruktionen), Rückbau- und Umnutzungspotenziale mitdenken, Flächen- und Techniküberdimensionierungen vermeiden
Nutzung verlängern und Wert erhalten	R3	reuse	wiederverwenden	Second-Life-Bauteile und -Materialien direkt für den gleichen Zweck erneut nutzen (d. h. Ausbauprodukte aus Rückbauprojekten wie Fenster, Türen, Fassadenelemente usw.)
	R4	repair	reparieren	bestehende Bauteile instand setzen, statt sie auszutauschen (z. B. Fenster überarbeiten, Dächer nachbessern, Holzböden aufarbeiten)
	R5	refurbish	sanieren	Gebäude oder Bauteile technisch und gestalterisch ertüchtigen (im Bestand: energetische Sanierungen, Fassaden- oder Haustechnik-Updates, ohne den Kern des Gebäudes zu ersetzen)
	R6	remanufacture	wiederaufbereiten	Bauteile aus gebrauchten Komponenten systematisch (industriell) überarbeiten, prüfen und in den Neuproduktstatus zurückführen
Kreisläufe schließen	R7	repurpose	umfunktionieren und umnutzen	Bauteile oder Gebäude einer neuen Funktion zuführen, die nichts mit ihrer ursprünglichen Nutzung zu tun hat
	R8	recycle	recyceln	Abbruchmaterialien in Sekundärrohstoffe umwandeln, z. B. Betonbruch in Gesteinskörnung
aus dem Kreislauf entnehmen	R9	recover	verwerten	Energie- oder stoffliche Rückgewinnung aus Bauabfällen, die nicht wieder- oder weiterverwendet werden können (unterste Stufe der Kreislaufhierarchie: besser als Deponie, aber kein zirkulärer Prozess im engeren Sinne)

1) Die R-Strategien werden in der Literatur und der Praxis sehr unterschiedlich dargestellt. Reihenfolge, Benennung und Gewichtung variieren je nach Betrachtungsebene von Material, Produkt, Bauteil oder Gebäudesystem. Die in dieser Tabelle gewählte Übertragung auf das Bauen im Bestand ist eine eigene Interpretation und versteht sich als Orientierungsrahmen, der weitere Ansätze nicht ausschließt.

› **R-Strategien** › **Refuse** › **Rethink** › **Reduce** › **Reuse** › **Repair** › **Refurbish** › **Remanufacture** › **Repurpose** › **Recycle** › **Recover**

Die R-Strategien sind ein methodisches Raster, um Ressourcen im Bauwesen über den gesamten Lebenszyklus hinweg effizient zu nutzen, und liefern ein Priorisierungsschema für Planungsentscheidungen (siehe Tabelle 7.2). Je niedriger die Ziffer der Strategie, desto höher ist der Effekt für die Ressourcenschonung: Der Verzicht (Refuse, Nr. R0) oder die direkte Wiederverwendung von Bauteilen (Reuse, Nr. R3) ist wirksamer als nachgelagertes Recycling (Nr. R8).

7.3.3 Flexibilität, Digitalisierung und Demontage

Planen im Kreislauf heißt, Rückbau und Wiederverwendung von Beginn an mitzudenken. Architektur wird zur reversiblen Struktur.

› **Dynamischer Masterplan**

Der dynamische Masterplan ist eine Antwort auf die Notwendigkeit, Bauprozesse angesichts von Ressourcenknappheit, Abfallproblematik und Klimawandel flexibler und kreislauffähiger zu gestalten. Seine Entwicklung wurde durch die Digitalisierung und das Aufkommen der Kreislaufwirtschaft vorangetrieben. Dynamische Masterpläne kommen bereits in Pilotprojekten und innovativen Quartiersentwicklungen zum Einsatz. Im zirkulären Bauen ist der dynamische Masterplan darauf ausgelegt, Materialströme zu managen und Rückbau- sowie Wiederverwendungsprozesse zu optimieren. Er ist kein statisches Dokument, sondern ein strategisches Werkzeug, das diese Ziele durch kontinuierliche Anpassungsfähigkeit und Datenintegration ermöglicht.

Siehe dazu auch Kapitel 7.6.1, Exkurs „Dynamischer Masterplan“.

› **Bestandsanalyse** › **Pre-Demolition-Audit**

Grundlage jeder zirkulären Strategie ist die präzise Aufnahme des Gebäudebestands. Dazu gehören Bauzustand, Tragfähigkeit, Schadstoffbelastungen und vor allem die Materialinventur. Instrumente wie Pre-Demolition-Audits oder

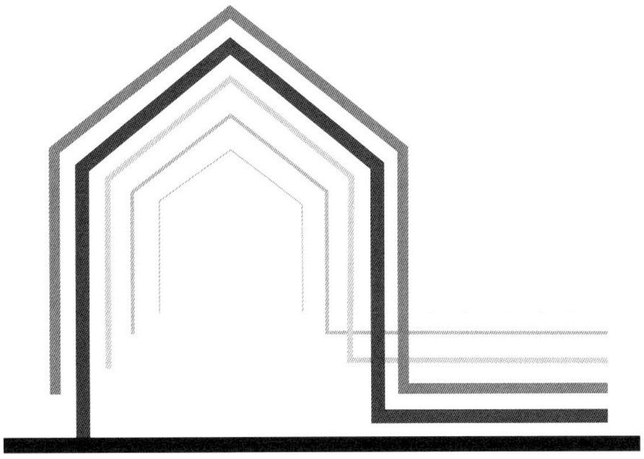

Abb. 7.2: Konzept der Schichten (Shearing Layers) in Anlehnung an Brand (1995)

digitale Gebäuderessourcenpässe ermöglichen es, die in einem Gebäude gebundenen Rohstoffe sichtbar zu machen und ihr Wiederverwendungspotenzial einzuschätzen. Es beinhaltet oft eine Schadstofferkundung gemäß relevanten Richtlinien (z. B. TRGS 519 für Asbest). Ohne eine solche Analyse bleibt der Bestand eine „Black Box", die Kreislauffähigkeit verhindert.

› Digital Enabler › Datenmanagement
Digital Enabler und Datenmanagement umfassen den Einsatz von Technologien und Prozessen zur Erfassung, Verwaltung und Bereitstellung von Informationen, die für die Umsetzung des zirkulären Bauens notwendig sind. Dazu gehören Building Information Modeling (BIM) für Zirkularität, die Erstellung und Pflege von Materialpässen sowie die Nutzung digitaler Zwillinge von Gebäuden. Ziel ist es, Transparenz über Materialströme und Gebäudeeigenschaften zu schaffen, um fundierte Entscheidungen für den gesamten Lebenszyklus zu ermöglichen und den sortenreinen Rückbau sowie die Wiederverwendung von Bauteilen zu erleichtern.

› Building Information Modeling (BIM) für Zirkularität
BIM für Zirkularität erweitert die traditionelle BIM-Methodik um spezifische Informationen und Funktionen, die für die Umsetzung zirkulärer Prinzipien relevant sind. Dies beinhaltet die Integration von Materialpässen, die Dokumentation von lösbaren Verbindungen und die Planung für Demontage und Wiederverwendung. Dadurch soll der gesamte Lebenszyklus eines Gebäudes im Hinblick auf Ressourceneffizienz optimiert werden.

› Design for Disassembly (DfD) › Demontierbarkeit › Reversibilität › Fügetechniken
Design for Disassembly ist ein zentrales Planungs- und Konstruktionsprinzip, das auf Demontierbarkeit und Wiederverwendbarkeit abzielt. Bauteile müssen lösbar, reparierbar und sortenrein trennbar sein. Dies bedeutet, dass systematisch auf Schraub-, Steck- und Klemmverbindungen statt Verklebungen oder Verbundsysteme gesetzt wird. Es lässt sich methodisch und regelwerkbasiert hinterlegen, z. B. durch die DIN SPEC 91484 „Verfahren zur Erfassung von Bauprodukten als Grundlage für Bewertungen des Anschlussnutzungspotentials vor Abbruch- und Renovierungsarbeiten (Pre-Demolition-Audit)" (2023) und den Urban Mining Index. So können heutige Eingriffe morgen wieder rückgebaut und genutzt werden, ohne Abfall zu erzeugen.

› Schichtenmodellansatz › Open Building › Shearing Layers
Der Ansatz des Open Building von John Habraken versteht Gebäude als Systeme mit voneinander unabhängigen Ebenen. Tragstruktur, Erschließung und technische Infrastruktur bilden die festen Schichten, während Grundrisse, Ausbau und Nutzung flexibel bleiben. Für zirkuläres Bauen bedeutet dies, Eingriffe so zu gestalten, dass spätere Anpassungen möglich sind, ohne das ganze Gebäude zu beeinträchtigen. Open Building unterstützt damit die Anpassungsfähigkeit von Bestandsbauten und ist eng mit dem Konzept der Shearing Layers von Stewart Brand verknüpft (siehe Abb. 7.2). Dieses Modell unterteilt Gebäude in Schichten mit unterschiedlichen Lebenszyklen (u. a. Tragwerk, Hülle, Ausbau und Technik). Eingriffe sollen so geplant werden, dass einzelne Lebenszyklusschichten unabhängig voneinander erneuert oder ersetzt werden können.

7.3.4 Wiederverwendung, Transparenz und Wertschöpfung

Materialien zirkulieren, statt verbraucht zu werden – Dokumentation, Wiederverwendung und Sekundärmärkte schaffen eine neue Ökonomie des Bauens.

› Cradle to Cradle (C2C)
Der Cradle-to-Cradle-Ansatz (C2C-Ansatz; https://c2c.ngo) verfolgt das Ziel, Materialien und Produkte so zu konzipieren und einzusetzen, dass sie nach ihrer Nutzung vollständig und schadstofffrei in biologische oder technische Kreisläufe zurückgeführt werden können. Dies bedeutet, dass Baustoffe entweder als „biologische Nährstoffe" biologisch abbaubar sind oder als „technische Nährstoffe" sortenrein trennbar und vollständig wiederverwertbar sind. Die C2C-Zertifizierung (https://c2ccertified.org) bietet dafür einen umfassenden Rahmen zur Bewertung und Auszeichnung von Produkten.

› Urban Mining › Urban Mining Index (UMI) › Materialernte
Urban Mining begreift Gebäude und Städte als Rohstofflager für die Materialernte: Bauteile und Materialien werden systematisch für die Wiederverwendung gewonnen. Der Ansatz wird durch das KrWG gefördert, das die Wiederverwendung und das Recycling von Abfällen priorisiert. Zur praktischen Umsetzung dient der Urban Mining Index

(UMI), der die Kreislauffähigkeit von Gebäuden systematisch bewertet. Die Gewerbeabfallverordnung (GewAbfV) konkretisiert die sortenreine Trennung von Bau- und Abbruchabfällen, eine Voraussetzung für die hochwertige Materialrückgewinnung. Gleichzeitig stellen die Landesbauordnungen sicher, dass wiederverwendete Bauteile gleichwertige Sicherheits- und Leistungsanforderungen wie neue Produkte erfüllen müssen. Ergänzend dazu liefern Umweltproduktdeklarationen (EPD) nach DIN EN 15804 wichtige Informationen zur Umweltleistung von Materialien und unterstützen so die Bewertung von Reuse-Produkten.

› Baustoffrecycling
Baustoffrecycling ist ein notwendiger, aber nachrangiger Schritt – immer dann, wenn direkte Wiederverwendung oder Weiterverwendung nicht mehr möglich ist. Anders als oft angenommen, stellt Recycling die letzte Stufe hochwertiger Kreislaufführung dar. Denn beim Recycling sind Materialqualität, Energie- und CO_2-Bilanz meist schlechter als bei Reuse oder Reparatur. Im Bestand betrifft dies vor allem mineralische Baustoffe. Voraussetzungen sind sortenreiner Rückbau, Schadstofftrennung und klare Regelwerke wie die Ersatzbaustoffverordnung.

› Sekundärbaustoffe
Dies sind Materialien, die aus Rückbau oder Recycling stammen (z. B. Betonbruch, Holz, Stahl und Ziegel). Sie bieten die Möglichkeit, Baustoffe gezielt zu ersetzen oder zu ergänzen, ohne auf Primärrohstoffe zurückzugreifen. Herausforderungen bestehen bei Normen, Qualitätssicherung und bauaufsichtlicher Zulassung. Zentrales Regelwerk ist die Ersatzbaustoffverordnung.

› Ressourcenmanagement › Baustoffmanagement › Bauteilmanagement
Ressourcen-, Baustoff- und Bauteilmanagement beinhalten beim zirkulären Bauen vor allem die Erfassung vorhandener Materialien (z. B. in Form von Materialpass und/oder Materialkataster), die Bewertung ihres Wiederverwendungspotenzials (Restwertanalyse) und die Koordination ihrer Nutzung im Umbau oder Rückbau. Dazu gehören auch die digitale Dokumentation (z. B. über die Plattform Madaster), die Abstimmung mit Bauteilbörsen, Logistik und Zwischenlagerung sowie die Erstellung von Gebäuderessourcenpässen. Ein vorausschauendes Baustoff- und Bauteilmanagement macht Bestandsgebäude zu aktiven Materialdepots und unterstützt Planende dabei, ökologische, ökonomische und rechtliche Anforderungen miteinander in Einklang zu bringen. Mehrere spezialisierte Berufsbilder haben sich etabliert, um diese Aufgaben zu übernehmen, von der Nachhaltigkeitsberatung über das Bauteilmanagement bis zur Rückbaukoordination und Schadstoffbegutachtung.

› Materialpass
Der Materialpass ist ein Informationsdokument für ein einzelnes Material oder Bauteil (statische Bestandsaufnahme), ähnlich einem Steckbrief mit Angaben zu Materialzusammensetzung, Eigenschaften, Recyclingfähigkeit, möglichen Schadstoffen, Rücknahme durch Hersteller usw.

› Material Track
Unter Material Track versteht man die digitale Nachverfolgung von Materialien über ihren Lebenszyklus (dynamische Nachverfolgung). Ziel ist es, Herkunft, Einbau, Nutzung, Umbau und Rückbau von Baustoffen transparent zu dokumentieren und deren erneute Verwendung oder Rückführung in den Kreislauf sicherzustellen. Technisch wird dies meist über digitale Plattformen, QR-Codes, RFID-Chips oder BIM-Modelle umgesetzt.

› Materialkataster
Ein Materialkataster ist eine systematische Erfassung und Dokumentation aller in einem Gebäude enthaltenen Baustoffe und Bauteile. Es dient als Grundlage dafür, den Bestand als „Rohstofflager" zu bewerten und im Sinne des Urban Mining nutzbar zu machen. Erfasst werden Art, Menge, Qualität, Einbauort und, wenn möglich, Rückbau- und Wiederverwendungspfad der Materialien.

› Bauteilbörse › Baustoffbörse › Bauteilbeschaffung
Bauteil- bzw. Baustoffbörsen sind physische oder digitale Plattformen, über die gebrauchte Bauteile und Materialien aus Rückbau, Sanierung oder Überproduktion wieder in den Markt gelangen. Sie bilden die Schnittstelle zwischen Rückbauunternehmen, Planenden und Bauherren und ermöglichen die Wiederverwendung z. B. von Türen, Fenstern, Bodenbelägen, Leuchten und Sanitäranlagen oder auch größeren Bauteilen wie Trägern und Fassadenelementen. Bauteilbörsen und Bauteilhandel sind zentrale Beschaffungsquellen. Planende können dort gezielt auf Second-Life-Materialien zugreifen und damit Primärrohstoffe ersetzen. Die Plattformen ermöglichen Kosteneinsparungen von 30 bis 70 % gegenüber Neuprodukten. In Deutschland gibt es ein wachsendes Netzwerk von Bauteilbörsen für gebrauchte Baumaterialien und Bauteile (siehe Tabelle 7.3).

› Product-as-a-Service (PaaS) › Bauteil-Leasing
Product-as-a-Service (PaaS) und Bauteil-Leasing sind Geschäftsmodelle, bei denen Bauteile oder Materialien nicht gekauft, sondern gemietet oder geleast werden. Der Hersteller oder Anbieter bleibt Eigentümer und ist für Wartung, Reparatur und Rücknahme am Ende der Nutzungsdauer verantwortlich. Dies fördert die Langlebigkeit, die Wiederverwendbarkeit und die Rückführung in den Kreislauf, da der Anbieter ein Interesse am Werterhalt seiner Produkte hat.

› Gebäuderessourcenpass
Der Gebäuderessourcenpass ist ein digitales Instrument zur Dokumentation der Materialien, Bauteile und Produkte zur Bilanzierung von Ressourcen über den gesamten Lebenszyklus eines Gebäudes. Für den Bestand kann er nachträglich erstellt oder bei Umbauten aktualisiert werden. Er erleichtert spätere Sanierungen, Rückbauten und die Nutzung der Immobilie als Rohstofflager.

› Restwertanalyse
Zirkuläres Bauen muss ökonomisch überzeugen. Die Restwertanalyse bewertet den ökonomischen Wert der in einem Gebäude enthaltenen Materialien. Damit wird ein Gebäude nicht nur nach Nutzung und Lage, sondern auch nach seinem „Materialwert" betrachtet. Die Lebenszyklus-Kostenanalyse (LCC) ist dafür ein wichtiges Instrument.

Tabelle 7.3: Exemplarische Übersicht verschiedener Arten von Baustoffbörsen und Reuse-Baustoffhandel

Plattformen/Handel	Arten	Zielgruppen	Angebote	Besonderheiten
Überregionale Plattformen (exemplarische Auswahl, kein Anspruch auf Vollständigkeit) digitalisieren als bundesweite Akteure den Reuse-Prozess und schaffen Schnittstellen zu Planungstools (BIM und Materialpässen).				
Bauteilnetz Deutschland (www.bauteilnetz.de)	Netzwerk mit Online-Katalog, Vernetzung regionaler Bauteilbörsen (derzeit 15)	Bauherren, Architekten, Denkmalschutz, Handwerk	gebrauchte Bauteile (Türen, Fenster, Böden usw.)	Koordination von Rückbau und Vermittlung, bundesweites Netzwerk
Concular (https://concular.de/)	digitale Plattform, Datenbank, physische Urban Mining Hubs (z. B. Berlin)	professionelle Projekte, Planer, Bauträger, Kommunen	digitale Erfassung, Vermittlung und Wiederverwendung von Bauteilen	führender Anbieter im Bereich Urban Mining, Anbindung an BIM und Materialpässe
Restado (https://restado.de/)	Online-Plattform	Bauherren, Handwerk, Planer	gebrauchte und überschüssige Baustoffe	größter Online-Marktplatz für Reuse-Baumaterialien im Raum Deutschland, Österreich und Schweiz
Regionale Bauteilbörsen mit Lagern (exemplarische Auswahl, gibt es mittlerweile in fast allen Regionen) sichern lokale Materialkreisläufe und haben oft gemeinnützige oder pädagogische Schwerpunkte.				
Bauteilbörse Bremen (www.bauteilboerse-bremen.de)	Lager mit etwa 2.000 m^2 Ausstellungsfläche, Online-Katalog	private Bauherren, Handwerk	Bauteile aus Rückbau wie Türen, Fenster, Treppen, Sanitär und Heizkörper	eine der ersten Bauteilbörsen, Rückbauberatung, Abtransport, Lagerung
Bauteilbörse Hannover (http://bauteilboerse-hannover.de/)	gemeinnütziger Verein, physisches Lager, Online-Angebot	private Bauherren, Gewerbe	Fenster, Türen, Bodenbeläge, Ausbauprodukte	Modellprojekt mit Bildungs- und Workshop-Charakter, eigene Werkstatt
Flaeming-Antik (Berlin-Brandenburg; (https://flaeming-antik.de/)	Online-Angebot, Lager	private Liebhaber historischer Bauteile und Denkmalschutz	historische Baustoffe und antike Bauteile, Möbel	auf historische Originale spezialisiert
Digitale Marktplätze (exemplarische Auswahl) ermöglichen den direkten Handel zwischen Unternehmen, Handwerksbetrieben und Privatpersonen (B2B, B2C, C2C) und erweitern so den Zugang zu wiederverwendbaren Baustoffen.				
Bedarfsmarkt (www.bedarfsmarkt.de)	Online-Marktplatz	Bauunternehmen, Handwerk, Privatleute	Baustoffe, Bauteile, Baustellenausrüstung, Werkzeug	Plattform von und für Unternehmen, B2B
Zündstoffe Materialvermittlung Dresden (https://materialvermittlung.org/)	Materiallager, digitale Vermittlungsplattform	private Bauherren, Renovierungsprojekte, kleines Gewerbe	Vermittlung von Restmaterialien	gemeinnütziges Projekt mit Bildungsangeboten

7.3.5 Kooperation, Prozessqualität und Gestaltungskultur

Zirkularität verändert die Kultur des Bauens. Sie fordert Kooperation, Prozessqualität und eine Gestaltungshaltung, die Gebrauchsspuren als Ausdruck von Zeit und Wert begreift.

› Prototyping
Prototyping bezeichnet im Bauwesen das frühzeitige Erproben von Materialien, Bauteilen oder Konstruktionsweisen in kleinem Maßstab, bevor sie im Projekt flächendeckend umgesetzt werden. Funktionalität, Demontierbarkeit und Kreislauffähigkeit werden praktisch getestet und anhand realer Versuchsbauten oder Mock-ups optimiert. Beim zirkulären Bauen ist Prototyping besonders wichtig, weil viele Methoden noch wenig standardisiert sind. Durch Prototypen können Planende Risiken minimieren, Bauherren überzeugen und neue Lösungswege sichtbar machen.

Siehe dazu auch Kapitel 7.4.1, Exkurs „Zirkuläres Bauen – erste Schritte im Innenraum".

› Prozessarchitektur
Prozessarchitektur beschreibt die Gesamtkonzeption und Steuerung der Abläufe im Planungs- und Bauprozess. Anstatt sich nur auf das gebaute Objekt zu konzentrieren, liegt der Fokus auf den Organisations- und Entscheidungsstrukturen, die zur Realisierung eines Projekts führen. Im zirkulären Bauen erfordert Prozessarchitektur, dass Materialströme, Rückbau- und Reuse-Strategien, Genehmigungen und Beteiligte von Anfang an integriert gedacht werden. Dazu gehören iterative Planungszyklen (z. B. Anpassung des Entwurfs an tatsächlich verfügbare Reuse-Bauteile), die Koordination mit Bauteilbörsen, die Abstimmung mit Genehmigungsbehörden sowie die Definition klarer Verantwortlichkeiten für Dokumentation, Material-Tracking und Rückbauoptionen. Prozessarchitektur sorgt somit dafür, dass Zirkularität nicht nur im Entwurf, sondern in allen Abläufen verankert ist.

› Zirkuläre Leistungsphasen (HOAI+)
› Honorarordnung für Architekten und Ingenieure (HOAI)
Das Konzept der „zirkulären Leistungsphasen HOAI+" erweitert die traditionellen Leistungsphasen der Honorarordnung für Architekten und Ingenieure (HOAI) um eine vorgeschaltete Leistungsphase 0 (Bedarfsplanung und Zirkularitätsstrategie) und eine nachgeschaltete Leistungsphase 10 (Rückbau- und Ressourcenmanagement). Diese Erweiterung ermöglicht eine ganzheitliche Lebenszyklusbetrachtung von Bauprojekten und verankert zirkuläre Planungsaspekte im Prozess, um den Anforderungen der Kreislaufwirtschaft im Bauwesen gerecht zu werden. Die Forderung, die HOAI-Leistungsphasen für das zirkuläre Bauen zu erweitern, ist derzeit ein wichtiges Thema und ein branchenweiter Trend in der Diskussion um kreislaufgerechtes Bauen. Die Leistungsphasen 0 und 10 sind aber noch keine Grundleistungen der HOAI, sondern werden als Besondere Leistungen oder eigenständige Aufträge verstanden und beauftragt:

- **Leistungsphase 0** (Bedarfsplanung und Zirkularitätsstrategie): Diese Phase umfasst die Analyse von Bestandsressourcen, Umnutzungspotenzialen und Demontierbarkeit, die Erstellung von Materialkatastern und Pre-Demolition-Audits. Darunter werden Zirkularitätsziele für Materialwiederverwendung, Recyclingquoten und Lebenszykluskosten definiert, und es wird eine Zirkularitätsstrategie für das Bauwerk entwickelt. Diese Phase legt die entscheidenden Grundlagen für ein kreislaufgerechtes Projekt.
- **Leistungsphase 10** (Rückbau- und Ressourcenmanagement): Diese Phase folgt auf die Objektbetreuung (Leistungsphase 9). Sie plant den selektiven Rückbau zur Maximierung der Wiederverwendung und des Recyclings von Bauteilen und Materialien durch ein detailliertes Rückbaukonzept. Material- und Gebäuderessourcenpässe werden fortgeschrieben, die Logistik für Sekundärmaterialien wird geplant und deren Qualität wird gesichert. Eine Wirtschaftlichkeitsbetrachtung der Materialverwertung kann ebenfalls Teil dieser Phase sein, die Bauteile als wertvolle Ressourcen für künftige Projekte erschließt.

Aber auch innerhalb der traditionellen HOAI-Leistungsphasen (Leistungsphasen 1 bis 9) müssen zirkuläre Aspekte konsequent integriert werden. Dies umfasst die Festlegung von Zirkularitätszielen und Materialrecherchen (Leistungsphase 1), die Entwicklung von Design-for-Disassembly-Konzepten sowie von modularen Bauweisen und die erste Materialauswahl basierend auf Lebenszyklusanalysen (LCA) und Umweltproduktdeklarationen (EPD) sowie die Integration von Materialpässen (Leistungsphasen 2 und 3). In den späteren Phasen (Leistungsphasen 4 bis 9) werden diese Konzepte detailliert, in Genehmigungsunterlagen berücksichtigt, in Ausführungsplänen und Leistungsbeschreibungen verankert, bei der Vergabe bewertet und während der Objektüberwachung und -betreuung kontrolliert und dokumentiert. Ziel ist die durchgängige Berücksichtigung von Demontierbarkeit, Wiederverwendung und Recycling über den gesamten Planungs- und Bauprozess hinweg.

> **Praxistipp:** Wichtig ist: Die Vertragsgestaltung muss Leistungsphase 0 und Leistungsphase 10 explizit als Besondere Leistungen im Architekten- und Ingenieurvertrag vereinbaren. Dabei sind Inhalte und Ziele detailliert zu beschreiben. Auch die Integration zirkulärer Aspekte in die Leistungsphasen 1 bis 9 sollte vertraglich festgehalten werden. Ein angemessenes Honorar für diese zusätzlichen Leistungen ist über Zeithonorare oder Pauschalen zu regeln, die den erhöhten Aufwand für Recherche, Koordination und Dokumentation widerspiegeln. Planende benötigen spezialisiertes Wissen im Bereich Kreislaufwirtschaft, Materialwissenschaften und Lebenszyklusanalyse. Deshalb muss in Qualifikation und Weiterbildung investiert werden. Praktische Unterstützung zum Umgang mit der HOAI und der Verankerung des zirkulären Bauens innerhalb der Leistungsphasen inklusive praktischer Checklisten unterschiedlicher Fachplanungsdisziplinen (siehe Abb. 7.3) bietet der Leitfaden „Zirkuläres Bauen erfolgreich umsetzen" (2024).

› Baustellenkultur
Die sich wandelnde zirkuläre Baustellenkultur ist ein Paradigmenwechsel, der die Baustelle zu einem Hub für Ressourcenschonung und Wertschöpfung macht. Statt Abriss steht der selektive Rückbau im Vordergrund, bei dem Materialien als wertvolle Ressourcen für zukünftige Projekte

Architektur

Projekt

Checkliste Zirkuläres Bauen

bearbeitet von Version

LP 0 Bedarfsplanung

- ☐ ☐ Unterstützung/Erstellung von Bedarfsanalysen, alternativen Nutzungskonzepten von bestehendem Raum im Vorfeld der HOAI-Beauftragung
- ☐ ☐
- ☐ ☐

LP 1 Grundlagenermittlung

- ☐ ☐ Erstellung Konzept für Zirkuläres Bauen (ZB) auf Basis der ZB-Planungsleitlinien
- ☐ ☐
- ☐ ☐

LP 2 Vorplanung

- ☐ ☐ Berücksichtigung ZB-Planungsleitlinien (z. B. flächeneffiziente, materialsparende Planung)
- ☐ ☐ Fortsetzung Erstellung ZB-Konzept
- ☐ ☐ Erstellung Konzept Flexibilität und Umnutzungsfähigkeit (alternative Nutzungskonzepte aus LP 0 beachten)
- ☐ ☐ Prüfung modularer Bauweisen/Fertigteile
- ☐ ☐ Erstellung Materialkonzept (Berücksichtigung alternativer Materialien) inkl. Variantenuntersuchungen
- ☐ ☐ Minderung Bodenaushubmassen
- ☐ ☐
- ☐ ☐

LP 3 Entwurfsplanung

- ☐ ☐ Aktualisierung und Vertiefung ZB-Konzept
- ☐ ☐ Integration Flexibilität und Umnutzungsfähigkeit
- ☐ ☐ Integration modularer Bauweisen/Fertigteile
- ☐ ☐ Erstellung Konzept zur Wartungs-, Reinigungs- und Instandhaltungsfreundlichkeit
- ☐ ☐ Minderung Bodenaushubmassen
- ☐ ☐ Fortschreibung Materialkonzept inkl. Variantenuntersuchungen
- ☐ ☐ Eignungsprüfung von Re-Use-Bauteilen
- ☐ ☐ Design for Disassembly: Sortenreine Rückbaubarkeit und Wiederverwendbarkeit
- ☐ ☐ Erstellung Bauteilkatalog als Basis für Gebäuderessourcenpass
- ☐ ☐ Aufsetzen Building Information Modell (BIM)
- ☐ ☐
- ☐ ☐

LP 4 Genehmigungsplanung

- ☐ ☐ Ausformulierung Materialentscheidungen
- ☐ ☐ Detaillierung und Anpassung ZB-Konzept
- ☐ ☐
- ☐ ☐

LP 5 Ausführungsplanung

- ☐ ☐ Detaillierung und Anpassung ZB-Konzept
- ☐ ☐ Modulare Bauweisen/Fertigteile weiter integrieren
- ☐ ☐ Wartungs-, Reinigungs- und Instandhaltungsfreundlichkeit weiter integrieren
- ☐ ☐ Design for Disassembly: Erstellung Rückbaukonzept inkl. Rückbaupläne
- ☐ ☐ Fortschreibung Materialkonzept inkl. Variantenuntersuchungen
- ☐ ☐ Eignungsprüfung von Re-Use-Bauteilen
- ☐ ☐ Integration schadstoffarmer Produkte und Produkte mit Hersteller- oder Verbandsrücknahme
- ☐ ☐ Bauteilkatalog fortschreiben
- ☐ ☐ Daten für Gebäuderessourcenpass sammeln
- ☐ ☐ BIM-Modell fortschreiben
- ☐ ☐
- ☐ ☐

LP 6 Vorbereitung Vergabe

- ☐ ☐ Integration ZB-spezifischer Anforderungen in Ausschreibung
- ☐ ☐ Integration Abfallvermeidung in Ausschreibung
- ☐ ☐ Umgang mit Bodenaushub in Ausschreibung verankern
- ☐ ☐
- ☐ ☐

LP 7 Mitwirkung Vergabe

- ☐ ☐ Prüfung von Angeboten hinsichtlich ZB-Belange
- ☐ ☐ Abstimmungen mit Bietenden hinsichtlich ZB-Belange
- ☐ ☐
- ☐ ☐

LP 8 Objektüberwachung/Bauausführung

- ☐ ☐ Angleichen des Bauteilkatalogs an das realisierte Gebäude
- ☐ ☐ Finalisierung des Gebäuderessourcenpasses
- ☐ ☐
- ☐ ☐

LP 9 Objektbetreuung

- ☐ ☐ Finalisierung Rückbaukonzept inkl. Rückbauplänen
- ☐ ☐ Gebäuderessourcenpass erstellen
- ☐ ☐ Erstellung Wartungskonzept
- ☐ ☐
- ☐ ☐

LP 10 Rückbau

- ☐ ☐ Umnutzungs- und Erneuerungsprozesse begleiten
- ☐ ☐ Zum Zeitpunkt des Rückbaus: Anpassung Rückbaukonzept an aktuellen Stand der Technik
- ☐ ☐ Zum Zeitpunkt des Rückbaus: Prüfung und Aktualisierung Gebäuderessourcenpass; alternativ: Erfassung Bauteilinventar
- ☐ ☐
- ☐ ☐

Zirkuläres Bauen erfolgreich umsetzen © LUBW

© LUBW Zirkuläres Bauen erfolgreich umsetzen

Abb. 7.3: Exemplarische Checkliste für Architekten, um zirkuläre Aufgaben entlang der Leistungsphasen zu konkretisieren (Zirkuläres Bauen erfolgreich umsetzen, 2024, Seite 78)

betrachtet werden. Die Baustelle ist aber ebenso der zentrale Ort, an dem aus diesen wiedergewonnenen Materialien und zirkulären Produkten Neues geschaffen wird. Dabei ist das praktische Know-how des Handwerks unverzichtbar. Dessen Expertise in der Materialbewertung, den Demontagetechniken und der Fähigkeit, gemeinsam vor Ort pragmatische Lösungen für die Wiederverwendung und Integration von Bauteilen zu finden, ist entscheidend. Dies fördert eine enge Zusammenarbeit aller Beteiligten und das entsprechende Mindset.

› Zirkuläre Ästhetik

Zirkularität verändert auch die Architekturästhetik. Wiederverwendete Bauteile oder Materialien prägen oft ein sichtbares Second-Life-Design. Für den Bestand bedeutet das, die vorhandene Substanz nicht zu verstecken, sondern gestalterisch zu integrieren. So entstehen neue Ausdrucksformen, die die Geschichte des Gebäudes erzählen und Baukultur im Sinne von Nachhaltigkeit erweitern.

› Co-Kreation › Partizipation

Zirkuläre Projekte gelingen besser, wenn Eigentümer, Nutzende und Behörden frühzeitig eingebunden sind. Gerade im Bestand erfordern neue Nutzungskonzepte starke Akzeptanz. Partizipative Prozesse können dabei helfen, Hemmschwellen abzubauen und die gesellschaftliche Dimension von Zirkularität sichtbar zu machen.

7.4 Ausbau

7.4.1 Impact Hub Berlin at CRCLR-House – Community & Co-Working Space in zirkulärer Bauweise, Berlin

Innenausbau aus kreislauffähigen Materialien, rückbaufähige und sortenreine Konstruktionen

- 9-R-Strategie
- Ausschreibung
- Iterative Planung
- Material Track
- Materialpass
- Prototyping
- Reuse-Materialien
- Rückbaubarkeit
- Zirkuläres Bauen

Abb. 7.4: Die ehemalige Lagerhalle gliedert sich durch den Einbau einer Galerie aus Holz in 2 Ebenen (Quelle: Studio Bowie).

Mit dem Impact Hub Berlin at CRCLR-House entstand ein Modellprojekt für kreislaufgerechten Innenausbau im Bestand. In Auseinandersetzung mit zirkulären Bauweisen wurden die Wiederverwendung von Bauteilen, Flexibilität, recycelte Materialien, zukünftige Nutzungsänderungen sowie reversible Strukturen berücksichtigt. Eine ehemalige Lagerhalle auf dem Kindl-Areal wurde von LXSY Architektur zu einem Community- und Co-Working Space transformiert, der mit 70 % wiederverwendeten, recycelten oder nachwachsenden Materialien realisiert wurde. Die Ertüchtigung der Halle sowie deren Aufstockung erfolgten durch TRNSFRM eG nach dem Entwurf von Die Zusammenarbeiter. Die Gestaltung des Interieurs basiert auf einer modularen Konstruktion, die sich konsequent an verfügbaren Bauteilen im Spannungsfeld von „use as is" und „upcycle" orientiert. Statt anhand vordefinierter Produktspezifikationen wurde mit konkreten Materialbeständen geplant und ausgeschrieben – als Reaktion auf Lagerverfügbarkeiten, nicht auf Normkataloge. Prototyping-Workshops mit Gewerken und Nutzenden sorgten für Reuse-Materialsicherheit, aber auch für eine gemeinsame Haltung. Das Projekt beweist, dass zirkuläres Bauen mehr ist als Technik: Es ist ein baukultureller Wandel, der auf Gestaltung, Prozesskompetenz und Zusammenarbeit setzt.

Zirkuläre Baukultur

Zirkuläres Design braucht ein klares gestalterisches Leitbild abseits von „Second-Hand-Charme". Statt Mangelästhetik steht im Impact Hub Berlin at CRCLR-House eine ruhige, hochwertige Gesamtwirkung im Fokus: „Form follows availability", aber mit architektonischem Anspruch. Die Materialien wurden kuratiert und auf ihre gestalterische Wirkung hin geprüft. Eine bewusste Materialauswahl, strukturierte Farbkonzepte und eine Haltung zur Patina sichern architektonische Qualität trotz Materialheterogenität. Die zirkuläre Ästhetik ist kein Nebeneffekt, sondern zentraler Bestandteil des Entwurfs.

Praxistipp: Zirkuläres Bauen erfordert Variantenplanung – es braucht immer einen Plan B! Materialabgleich und iteratives Arbeiten verursachen Mehraufwand. Dieser lässt sich nicht vollständig über klassische HOAI-Leistungsbilder abdecken und sollte als besondere Leistung frühzeitig vertraglich vereinbart werden.

Material Track, Ausschreibung und Materialpass

Die Planung erfolgte iterativ entlang zweier Stränge: der klassischen Architekturplanung und des sogenannten Material Track. Dieser umfasst die Recherche, Prüfung, Lagerung und Rückverfolgbarkeit gebrauchter Bauteile. Dabei ist der permanente Planungsabgleich mit Statik, Bauphysik, Schadstoffgutachten und Gestaltung entscheidend. Ausschreibungen erfolgten nicht nach Produktspezifikation, sondern nach Aufwand: Handwerksfirmen sichteten das vorhandene Material gemeinsam mit dem Planungsteam und bewerteten es im Hinblick auf Prüf- und Aufbereitungsaufwand sowie Einsatzfähigkeit. Die eingesetzten Materialien und Produkte stammten u. a. von Abrissbaustellen,

Abb. 7.5: Um der Historie des Ortes gerecht zu werden, bleibt der industrielle Charakter des Bestands weiterhin bewusst erlebbar (Quelle: Studio Bowie).

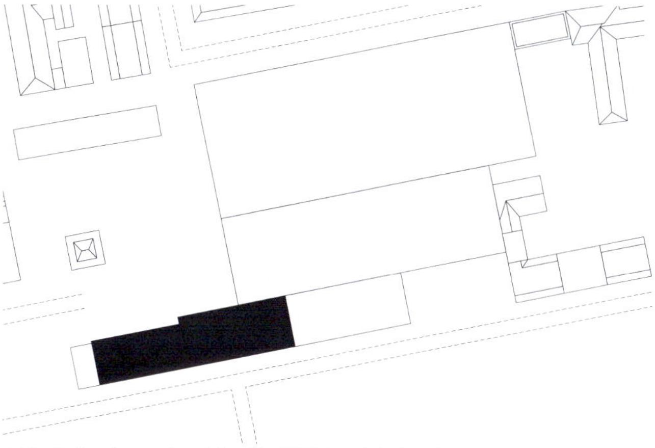

Abb. 7.6: Lageplan (Quelle: LXSY Architektur)

Messen und Museen oder aus Lagerbeständen von Firmen. Auch funktionale Elemente wie Kabeltrassen, Sanitäranlagen, Lüftungsrohre und Heizungen wurden gebraucht aus zweiter Hand verwendet. Die verbauten Komponenten wurden in digitalen Materialpässen dokumentiert, mit Angaben zu Herkunft, Verarbeitung, Einbau und Rückbaumöglichkeit. Dieses Dokumentationssystem ermöglicht Transparenz, Planungssicherheit und Rückbaulogik über den Lebenszyklus hinweg.

> **Hinweis:** Der Material Track (Recherche, Prüfung, Lagerung und Dokumentation gebrauchter Bauteile) lässt sich organisatorisch klar vom Entwurfsprozess abgrenzen und kann auch extern vergeben werden, z. B. an spezialisierte Dienstleister, sogenannte Bauteiljäger, oder separat vergütet werden.

Konstruktion und Grundriss: Raster, Galerie und Raumstruktur

Die ehemalige Lagerhalle gliedert sich durch den Einbau einer Galerie aus Holz in 2 Ebenen. Angepasst an die hohe Brüstung der Fenster der Halle, die umlaufenden Notausgänge und das vorgegebene Raster der Stützen, erfolgten die Platzierung der Erschließung und die Anordnung der

„Die größte Herausforderung von Reuse liegt nicht im Material, sondern in der Denkweise. Zirkuläres Bauen ist nicht nur klimarelevant, sondern kulturell bedeutsam. Es geht um neue Formen der Verantwortung, um Ästhetik und um ein gemeinsames Verständnis von Wert und Wandel im Bauen.“

Margit Sichrovsky, Partnerin (LXSY Architektur)

Exkurs: Zirkuläres Bauen – erste Schritte im Innenraum

Zirkuläres Bauen wirkt zunächst komplex – rechtlich, technisch und organisatorisch. Doch der Einstieg kann pragmatisch und kleinschrittig erfolgen. *„Einfach anfangen“*, rät Margit Sichrovsky, *„aber nie allein. Man braucht ein Team, das mitzieht.“* Gerade der Innenausbau eignet sich hervorragend für das zirkuläre Bauen, weil dabei die Anforderungen an die Bauteile geringer sind als im Außenbereich. Für erste Schritte empfiehlt es sich, mit einzelnen Bauteilen zu beginnen, etwa mit rückbaubaren Bodenbelägen, Reuse-Türen oder modularen Trennwänden. Diese Elemente lassen sich vergleichsweise einfach beschaffen, dokumentieren und einbauen. Wer sie erfolgreich integriert, sammelt schnell wertvolle Erfahrung für das nächste größere Projekt. Gleichzeitig ist es wichtig, sich frühzeitig mit geltenden Normen, Ausschreibungsvorgaben und Gewährleistungsfragen vertraut zu machen. Wer seine planerischen Spielräume kennt, kann sie gezielt nutzen. Mittlerweile gibt es eine wachsende Zahl an Plattformen und Materialbörsen, die den Zugang zu zirkulären Ressourcen erleichtern. Darüber hinaus bietet der Austausch mit anderen Büros und Fachplanenden die Chance, von bestehenden Projekten zu lernen. Gemeinsame Prototyping-Workshops, Materialsichtungen oder kollegiale Beratung sind wertvolle Formate, um Unsicherheiten abzubauen und Handlungskompetenz aufzubauen. Viele Architektenkammern, darunter etwa die Kammern von Nordrhein-Westfalen, Bayern oder Berlin, bieten praxisnahe Leitfäden und Fortbildungsformate.

Literaturtipp: A wie zirkulär. Ein Leitfaden zum Planen und Bauen im Kreislauf. Berlin: Architektenkammer Berlin, 2024:

Abb. 7.7: Grundrisse EG (oben) und 1. OG (unten) (Quelle: LXSY Architektur)

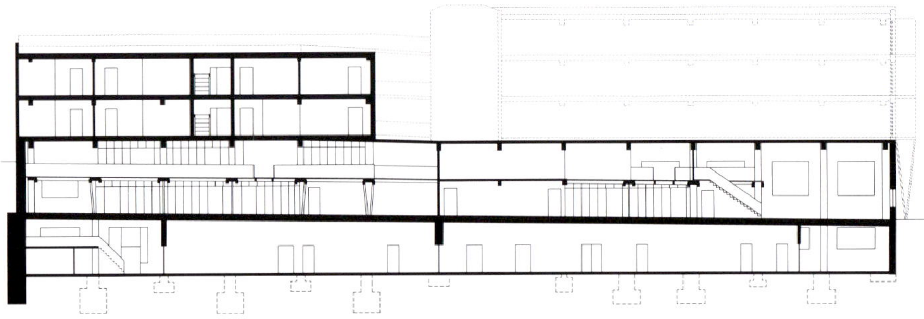

Abb. 7.8: Schnitt (Quelle: LXSY Architektur)

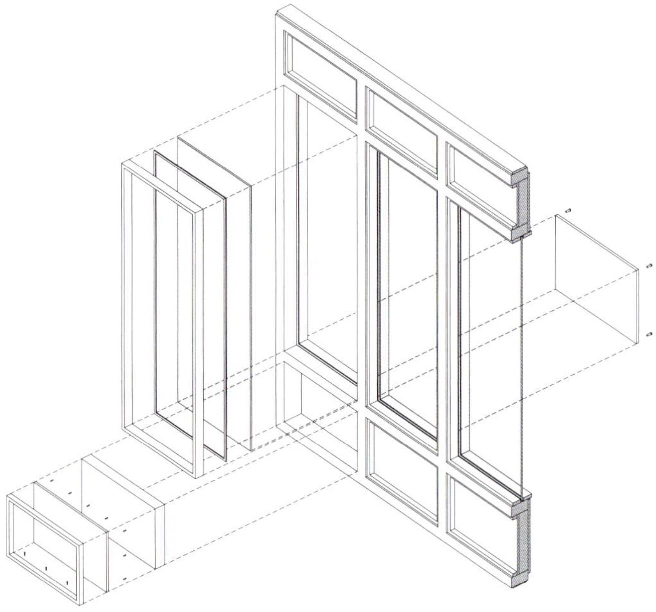

Abb. 7.9: Detail: Aufbau der raumtrennenden Elemente (Quelle: LXSY Architektur)

Abb. 7.10: Abgestimmt auf die unterschiedlichen Bedürfnisse, gibt es verschiedene Raumqualitäten für laute (oben) und leise Arbeitsumgebungen (unten) (Quelle: Studio Bowie).

Multifunktionsräume und Teamspaces ober- und unterhalb dieser Galerieebene. Öffentliche Bereiche im Erdgeschoss wie das Café sind auch für die Nachbarschaft zugänglich. Der Grundriss organisiert sich in offene und geschlossene Zonen, differenziert nach Aktivitätsniveau und akustischen Anforderungen: Offene Arbeitsbereiche, Rückzugszonen, Besprechungsräume und Werkstattflächen sind funktional gegliedert. Die Akustik wurde mit natürlichen Neumaterialien wie Stroh- und Filzplatten verbessert. Die gesamte Konstruktion ist demontierbar sowie reversibel und ermöglicht bei Bedarf spätere Umnutzungen.

Praxistipp: Grundriss und Einbauten basieren auf einem Rastermaß von 62,5 cm, das im Trockenbau gängig ist und deshalb besonders gut mit Reuse-Materialien harmoniert. Das Maß erlaubt minimale Verschnitte und maximale Wiederverwendbarkeit, besonders bei Plattenware, Glas und Einbauten. Tragende Elemente und brandschutzrelevante Bauteile wurden aus regulatorischen Gründen neu und konventionell ausgeführt. Dabei zeigt sich: Zirkularität hat derzeit noch Grenzen in der Normwelt, die durch technische und rechtliche Klarheit weiterentwickelt werden müssen.

Prototyping: vom Test zur Haltung

Zirkuläres Bauen lebt vom Austausch und erfordert ein Team mit Haltung. Über Beteiligungsformate ließen sich Bauherrschaft, Nutzende, Handwerker und Fachplanende frühzeitig einbinden. Sie wurden mit ihrem Know-how zu „Co-Entwerfenden". In der Entwurfsphase wurden in Workshops z. B. zum Brandschutz gemeinsam verschiedene Reuse-Materialien, Aufbauten und Konstruktionen getestet. Prototyping schafft Klarheit über Materialien und Prozesse, reduziert Fehler auf der Baustelle und stärkt das Commitment im Projektteam. Die Umsetzung erfolgte als kollektive Baustelle mit gemeinsamer Werkstatt. Das erforderte gewerkeübergreifende Kommunikation und gegenseitiges Vertrauen – eine Baustellenkultur, die nicht durch Kontrolle, sondern durch Kooperation getragen wurde.

Hinweis: Nicht alle Fachplanenden und Firmen sind offen für iterative Prozesse oder gebrauchte Materialien. Es sollte bewusst ein „Team der Willigen" ausgewählt werden, mit Bereitschaft zu Kooperation, Flexibilität und gemeinsamem Lernen.

Qualitätssicherung, Mängeldefinition und Verantwortung

Reuse-Materialien bringen Spuren, Patina oder Unregelmäßigkeiten mit sich. Um spätere Nachträge oder Streitigkeiten zu vermeiden, sollten Planungsteam, Bauherrschaft und Gewerke vor Vergabe gemeinsam festlegen, was als akzeptabler Zustand gilt und was als Mangel. Zirkuläre Planung kollidiert häufig mit bestehenden Normierungs-, Ausschreibungs- und Honorarstrukturen. Es braucht die Bereitschaft, bestehende Vertrags- und Rechtslogiken kritisch zu hinterfragen und im Team aktiv nach Lösungen zu suchen.

Praxistipp: Im zirkulären Innenausbau lassen sich Haftungsfragen oft pragmatisch lösen, z. B. über Wartungsverträge, abgestufte Abnahmen oder individuelle Vereinbarungen mit Bauherrschaft und Gewerken.

Hinweis: Wiederverwendete Bauteile sind oft gründlicher geprüft als neue Produkte, etwa durch Schadstoffanalysen, händische Sichtung und statische Einzelbewertungen. Diese aufwendige Qualitätssicherung sollte gegenüber Bauherrschaft und Behörden aktiv als Vorteil kommuniziert werden.

Tabelle 7.4: Objektübersicht Impact Hub Berlin at CRCLR-House

Projektdetails	Beschreibung
Standort	Berlin
Bauherr	Impact Hub Berlin GmbH (https://berlin.impacthub.net/de/)
Planung	LXSY Architektur PartGmbB (www.lxsy.de)
Projekt-partner	Transformation, Sanierung: TRNSFRM eG (www.trnsfrm.org) Aufstockung: Die Zusammenarbeiter Gesellschaft von Architekten mbH (www.zusammenarbeiter.de)
Typologie	vorher: Lagerhalle nachher: Co-Working and Community Space
Fertigstellung	2022
Maßnahme	Innenausbau in zirkulärer Bauweise
Verfahren	Direktauftrag
Brutto-Grundfläche	1.780 m²
Energie-effizienz	nicht im Fokus (Fokus lag auf grauer Energie und Materialwiederverwendung)
Brandschutz	teilweise konventionell (Neuteile), zirkuläre Bauteile mit Einzelabstimmung
Schallschutz	naturnahe Materialien (Hanf, Strohplatten und Filz)
Awards	DAM PREIS 2024 (nominiert), FRAME AWARD 2023, Heinze Award 2023 (nominiert), polis AWARD 2023
Besonderheit	70 % Reuse, Materialpässe, Prototyping-Workshops, kollektive Baustellenkultur

Impact Hub Berlin at CRCLR-House @ LXSY Architektur:

7.5 Hochbau

7.5.1 Suffizienzhaus U10 – Lückenschluss im Martini-Quartier, Kassel

Radikal einfach, radikal nachhaltig: Prototyp für zirkuläres Bauen im urbanen Kontext

- Baugruppe
- Flächenreduktion
- Lowtech
- Massivholz
- Mindestanforderungen
- Reuse-Bauteile
- Standards
- Suffizienz
- Zirkuläres Bauen

Abb. 7.11: Das Suffizienzhaus U10 schließt eine Baulücke im Martini-Quartier in Kassel (Quelle: Constantin Meyer, Köln).

Suffizienz als Planungsprinzip: Weniger ist mehr!

Das fünfgeschossige Mehrfamilienhaus zeigt, wie einfaches, kostengünstiges und ressourcenbewusstes Bauen praktisch, teils fast pragmatisch, funktionieren kann. Foundation 5+ architekten, die das komplette Martini-Quartier entwickelt haben, planten den kompakten Bau in einer 13 m breiten Baulücke mit dem Anspruch, radikal einfach, nachhaltig, kostengünstig und flexibel zu bauen. Das Holzhaus nach KfW55-EE-Standard setzt auf Massivholz-Bauweise und zirkuläre Bauprodukte. Im Gegensatz zum lang vorherrschenden Effizienzdenken, das oft mit technischer Aufrüstung verbunden ist, setzt das U10 auf Suffizienz: Flächenreduktion, einfache Konstruktion, bewusster Verzicht und Bauen nach Mindeststandards. Das außerhalb der thermischen Hülle platzierte Stahltreppenhaus reduziert das beheizte Volumen. Statt eines Kellergeschosses wurden unbeheizte Dachräume für gemeinschaftliche Nutzungen wie Waschküche und Lagerräume realisiert. Der offene Durchgang im Erdgeschoss dient als Fahrrad-Abstellraum, Werkstatt und Spielbereich.

> **Praxistipp:** Durch die Platzierung von Erschließung und Nebenräumen außerhalb der beheizten Hülle lassen sich Energiebedarf und Baukosten senken. Treppenhäuser außerhalb der thermischen Hülle ermöglichen zudem flexible Grundrisse, reduzieren Flächenbedarf und vereinfachen das Brandschutzkonzept. Im Sommer werden die Laubengänge, die Balkone und das Treppenhaus zu gemeinschaftlichen Aufenthaltsflächen im Freien.

Lowtech statt Smart Building: Technik entschlacken

Ein zentraler Installationsschacht pro Etage versorgt je 2 Küchen und Bäder – effizient, kostengünstig und wartungsarm. Regenwasserzisterne und Solarthermieanlage ersetzen komplexe Haustechnik. Das Energiekonzept stützt sich auf einfache, robuste Komponenten, ergänzt um vorbereitete Anschlüsse für Mieterstrom-Balkonkraftwerke.

> **Praxistipp:** Weniger Technik bedeutet weniger Wartung und niedrigere Lebenszykluskosten. Durch Lowtech-Konzepte gewinnen Nutzende Handlungshoheit zurück. Die konsequente Begrenzung der Technik erfordert frühzeitig abgestimmte Grundriss- und Erschließungskonzepte.

Konstruktion aus Massivholz: urbaner Holzbau

Wände, Decken und Dachkonstruktion bestehen aus Massivholzelementen (CLT), ergänzt durch nicht tragende Holzständerwände mit Holzfaserdämmung. Kurze Spannweiten, ein modulares Raster und eine tragende Mittelachse ermöglichen eine wirtschaftliche Bauweise mit einfacher Lastabtragung und hoher Grundrissflexibilität.

> **Praxistipp:** Massivholz ermöglicht bei mehrgeschossigen Bauten einfache Anschlussdetails ohne aufwendige Stahlverbindungen – ideal bei begrenzten Budgets.

Abb. 7.12: Das beheizte Volumen des Gebäudes wird durch ein außerhalb der thermischen Gebäudehülle liegendes Treppenhaus verringert (Quelle: Constantin Meyer, Köln).

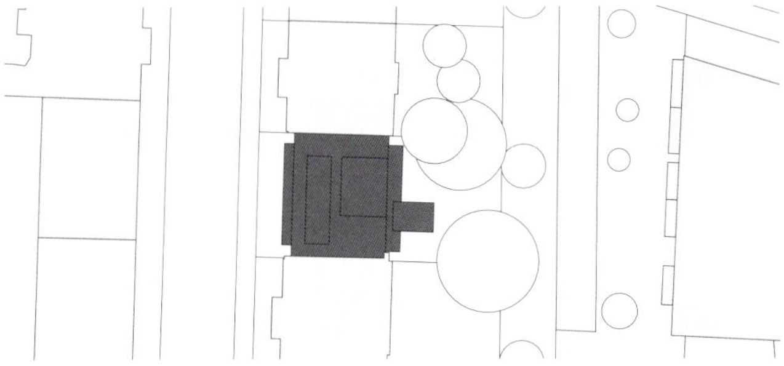

Abb. 7.13: Lageplan (Quelle: foundation 5+ architekten BDA)

„Zirkuläres Bauen bedeutet für uns nicht nur, Bauteile wiederzuverwenden – es verändert die gesamte Planung. Man muss sich von dem Gedanken verabschieden, alles auf Maß zu planen. Die Gestaltung entwickelt sich aus dem, was da ist: ‚Form follows findings'. Das ist kein Kompromiss, sondern ein gestalterischer Gewinn. Unsere Fassade besteht aus Farbfehlproduktionen, gebrauchten Wellblechen, alten Schiefern. Und trotzdem oder gerade deshalb wirkt sie lebendig und einzigartig. Die größte Herausforderung war nicht die Bauteiljagd, sondern der Mut zur Improvisation. Wir haben gelernt: Wenn man Reuse ernst nimmt, braucht es Vertrauen in das Team, in die Handwerker, in den Prozess und eine gewisse Lust am Abenteuer. Denn was heute Ausschuss ist, kann morgen Architektur sein."

Matthias Foitzik , Partner (foundation 5+ architekten)

Exkurs: Suffizienz

Suffizienz bezeichnet das Prinzip, den Ressourcenverbrauch durch bewusste Begrenzung von Konsum, Flächenbedarf und Energieeinsatz zu reduzieren. Im Gebäudebereich bedeutet das u. a. kleinere Wohnflächen, einfache Bauweisen, Umnutzung bestehender Gebäude und die Orientierung an tatsächlichen Bedürfnissen statt an wachstumsorientierten Standards. Die BBSR-Publikation „Suffizienz – Forschung im Gebäudebereich" enthält eine Sammlung von Forschungsprojekten und Praxisbeispielen, die Suffizienz als strategischen Hebel für klimaneutrales Bauen und Wohnen beleuchten. Sie zeigt: Suffizienz ist ein gesellschaftlicher Transformationsprozess, der individuelle Lebensstile, technische Standards und politische Rahmenbedingungen gleichermaßen betrifft. Fünf übergeordnete Suffizienzziele für Gebäude:

- Bestandsentwicklung vor Neubau
- Reduktion des Flächenkonsums
- Anpassungsfähigkeit und Flexibilität
- Lowtech und sparsames Bauen
- energiesparendes Nutzungsverhalten

Zentrale Erkenntnisse:

- Technisch ist Suffizienz möglich – oft einfacher und kostengünstiger als angenommen.
- Planungs- und Rechtsrahmen sind häufig noch hinderlich (z. B. DIN-Normen und Komfortstandards).
- Raum für Suffizienz entsteht, wenn Normen hinterfragt, lokale Ressourcen genutzt und soziale Innovationen gefördert werden.
- Gestalterische Qualität spielt eine Schlüsselrolle dabei, suffiziente Lösungen als alltagstauglich zu etablieren.

Die Veröffentlichung betont: Suffizienz ist keine Einzellösung, sondern Teil eines integrierten Nachhaltigkeitsverständnisses. Ihre Umsetzung braucht Mut zur Veränderung, politisches Engagement und kreative Planungsansätze, z. B. über Lowtech-Strategien, zirkuläres Design oder gemeinschaftsorientiertes Wohnen.

Literaturtipp: Suffizienz. Forschung im Gebäudebereich. Bonn: Bundesinstitut für Bau-, Stadt- und Raumforschung (BBSR) im Bundesamt für Bauwesen und Raumordnung (BBR), 2024:

Reuse als Haltung: Planen mit dem Unplanbaren

Die Fassade wurde aus Faserzementplatten mit Farbfehlern, gebrauchtem Wellblech und Schiefer errichtet. Rund die Hälfte der Fenster wurde für ein nie realisiertes Bauprojekt produziert. Fliesen, Heizkörper, Türen und Balkongeländer, selbst das Eingangstor – alles Reuse aus Lagerauflösungen oder Gebrauchtangeboten. Die Planung folgte dem Fund: Öffnungen, Formate und Gestaltung wurden nachträglich immer wieder angepasst.

Hinweis: Reuse erfordert flexible Planungsprozesse, enge Abstimmung mit Bauherrschaft und Handwerk sowie die kreative Bereitschaft, sich vom Ideal des perfekten Entwurfs zugunsten des Möglichen zu lösen. Der Bauantrag wurde klassisch ohne Berücksichtigung von Reuse-Materialien eingereicht, nach Abschluss des Projekts wurde ein entsprechend angepasster Plan nachgereicht. Ausschreibungen müssen Lieferung und Einbau trennen, um gebrauchte Komponenten inte-

grieren zu können. Die vertrauensvolle Abrechnung der Handwerkerleistung auf Stundenbasis führt zu fairen Konditionen für alle. Oft war beim Suffizienzhaus U10 der Einbau der gebrauchten Bauteile sogar mit weniger Aufwand verbunden als veranschlagt.

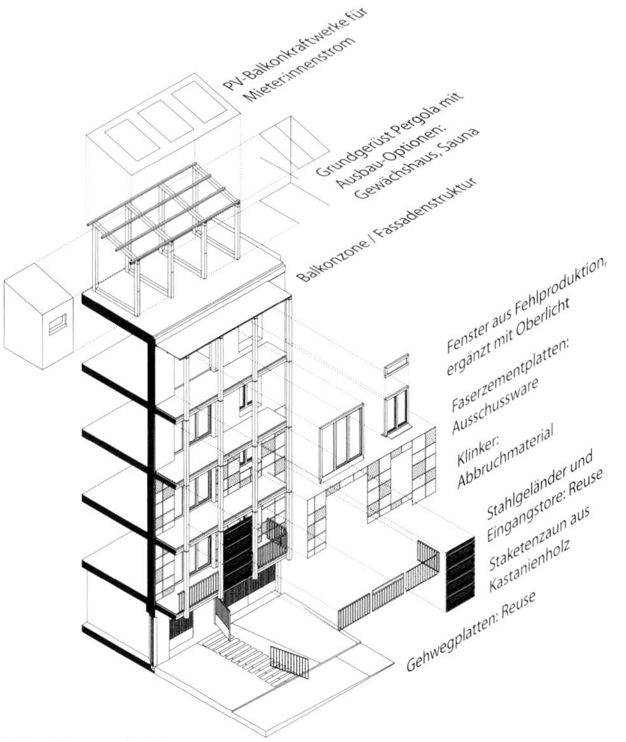

PV Photovoltaik

Abb. 7.14: Axonometrie: Der große Anteil von gebrauchten Baumaterialien und nachwachsenden Rohstoffen ist wegweisend (Quelle: foundation 5+ architekten BDA).

Partizipation: Gemeinschaft als Ressource

Die Baugruppe U10 ist Bauherrin und Vermieterin zugleich, foundation 5+ ist ebenfalls in der Baugruppe vertreten. Vermietet wurde an eine Hausgemeinschaft, die Mitbestimmung, Eigenverantwortung und Selbstorganisation lebt. Die Bewohnenden waren in die Grundrissgestaltung eingebunden und können die Gemeinschaftsflächen (z. B. Dachterrasse) weiterentwickeln.

Praxistipp: Architekten und Architektinnen sollten gemeinschaftliche Prozesse früh integrieren und moderieren. Kooperative Modelle bringen nicht nur soziale Resilienz, sondern ermöglichen auch Flexibilität im Betrieb.

Typologie und Grundriss: einfach und flexibel

Jede Etage ist formal und baurechtlich eine Wohneinheit. Das flexible Grundrissraster ermöglicht aber unterschiedliche Trennungen, z. B. für Wohngemeinschaften oder Cluster. Die Erschließung über außen liegende Balkone und ein zentraler Haustechnikschacht erlauben vielfältige variable Teilungen inklusive Reaktivierung für künftige Lebensmodelle.

Hinweis: Symmetrische, klar gegliederte Grundrisse mit zentralem Versorgungskern erleichtern flexible Nutzungen. Die baurechtlichen Vorgaben bleiben durch Verbindungstüren erhalten, ohne die Nutzungsmöglichkeiten einzuschränken.

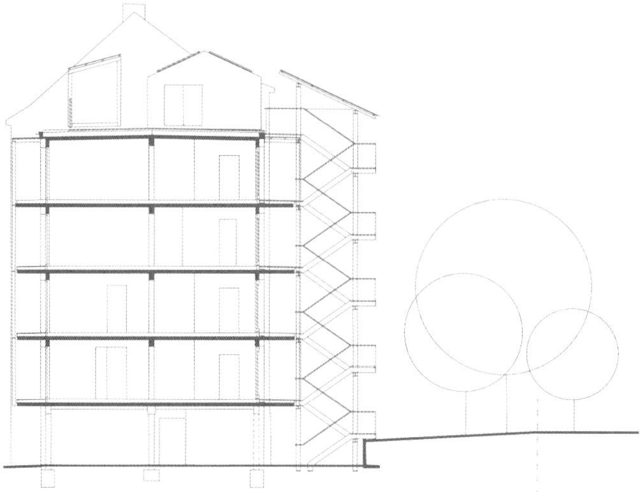

Abb. 7.15: Schnitt: Statt in einem ressourcenintensiven Kellergeschoss stehen auf dem Dach Räume für Waschraum usw. zur Verfügung (Quelle: foundation 5+ architekten BDA).

Baurecht und Sonderlösungen: Spielräume aktivieren

Das Treppenhaus liegt außerhalb der Baugrenze, wurde jedoch durch Nachbarschaftsabsprachen ermöglicht, ebenso wie der Rettungsweg über das Nachbargrundstück. Eine enge Abstimmung mit der Bauaufsicht war nötig. Besonderer Kniff: Durch die Ausbildung von Cluster-Grundrissen mit einem zentralen Rettungsweg für die gesamte Etage gelten die vorgestellten Laubengänge per Definition als Balkone, dürfen bespielt und möbliert werden und sind in der Materialität nicht eingeschränkt.

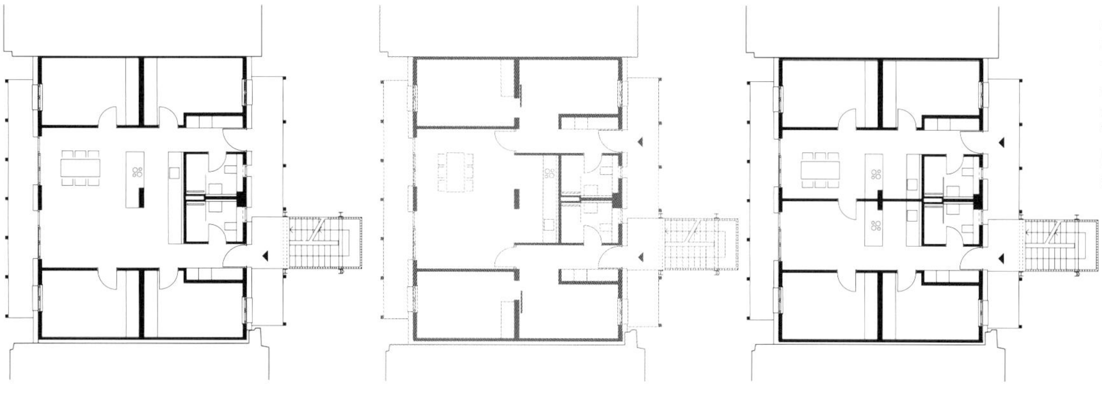

Abb. 7.16: Die Grundrisse sind einfach und ermöglichen die flexible Aufteilung der Etagen in mehrere Wohnbereiche (Quelle: foundation 5+ architekten BDA).

Abb. 7.17: Der außen liegende Treppenturm mit angeschlossenen nutzbaren Laubengängen ermöglicht einen hohen Grad an Flexibilität in Aufteilung und Erschließung der Wohnungen (Quelle: Constantin Meyer, Köln).

Praxistipp: Sonderlösungen sind möglich, wenn sie funktional gut begründet und räumlich abgestimmt sind. Früher Kontakt mit Genehmigungsbehörden und die Einbindung der Nachbarschaft eröffnen Handlungsspielräume für kreative, rechtssichere Lösungen.

Projektorganisation und Bauteiljagd: Aufwand steuern

Die Suche, Auswahl und Anpassung der Reuse-Bauteile erfolgte größtenteils in Eigenleistung durch das Planungsteam und die Baugruppe: Geländer aus Kleinanzeigen, Fenster von Herstellern, Fliesen aus Lagerauflösungen – stets mit pragmatischen Lösungen für Montage und Anpassung. Kooperative Handwerksunternehmen wurden auf Stundenbasis eingebunden. Die Kooperation beruhte auf Vertrauen und Offenheit im Umgang mit improvisierten Lösungen.

Hinweis: Reuse funktioniert nur mit engagierten und zugewandten Projektbeteiligen (Bauherrschaft, Planende und Fachplanende), da die Material- und Bauteilbeschaffung sowie die Plananpassung sich in einem iterativen Prozess gegenseitig bedingen. Die Auswahl geeigneter Handwerker für die Umsetzung ist ebenso von großer Wichtigkeit wie zusätzliche vertragliche Dienstleisterregelungen für den Mehraufwand des zirkulären Bauens.

Suffizienz als zukunftsfähige Architekturstrategie

Mit Baukosten von nur 2.650 €/m^2 (KG 300 + 400) zeigt das Suffizienzhaus U10, dass nachhaltiges Bauen nicht teuer sein muss. Das Projekt vereint kompakte, flexible Typologie, partizipative Prozesse und einen großen Anteil wiederverwendeter Materialien. Es ist ein Modell für das urbane Weiterbauen – mit klarer Haltung, architektonischer Qualität und einer mutigen Reduktion auf das Wesentliche.

Tabelle 7.5: Objektübersicht Suffizienzhaus U10

Projektdetails	Beschreibung
Standort	Kassel
Bauherr	Baugruppe U10, vermietet an eine Hausgemeinschaft
Planung	foundation 5+ architekten BDA (www.foundation-kassel.de)
Projektbeteiligte	Statik: IB Karin Haberstroh Brandschutz: IB René Stein Bauphysik: RBS Ingenieure TGA: Maestre UG Ökobilanz/LCA: FH Erfurt, Christoph Kunde Bauteilernte: Baugruppe U10
Typologie	vorher: Baulücke, Kriegsschaden nachher: mehrgeschossiger Wohnungsbau
Fertigstellung	2024
Maßnahme	Neubau/Vermietungsmodell
Verfahren	Direktauftrag einer privaten Baugemeinschaft
Finanzierung	frei finanziert, Förderung über KfW55 EE
Baukosten	KG 300 + 400: 2.650 €/m^2 Wohnfläche
Brutto-Grundfläche	997 m^2
Grundflächenzahl	0,49
Geschossflächenzahl	2,38
Zertifikate	Energieeffizienzklasse A, KfW55 EE, Ökobilanz-LCA
Konstruktion	Massivholz-Bauweise von Wänden, Decken und Dach, Holzständer-Bauweise innen, Reuse-Bauteile
Gebäudetechnik	Lowtech, Solarthermie, Photovoltaikanschlüsse vorinstalliert, Regenwasseranlage
Brandschutz	GK4 nach MHolzBauRL, Flucht- und Rettungsweg über Nachbargrundstück (mit Baulast)
Schallschutz	nach DIN-Mindestschallschutz, keine erhöhten Anforderungen zur Kostenminimierung
Abstandsflächen	durch den Treppenturm seitlich überschritten, in Abstimmung mit den Nachbarn genehmigt
Stellplätze	3 Pkw-Stellplätze (gemäß B-Plan 0,75 pro Wohnung), 1 Stellplatz durch eine Mehrzahl an Fahrradstellplätzen abgelöst
Awards	DMK Award für nachhaltiges Bauen 2025, PROJECTS ´25 (Heinze ArchitekTOUR, Offenbach), Deutscher Nachhaltigkeitspreis 2025 (Nominierung)

Suffizienzhaus U10 @ foundation 5+:

7.6 Städtebau

7.6.1 Circular City Heidelberg – auf dem Weg zur kreislauffähigen Stadt, Heidelberg

Zirkuläres Bauen auf kommunaler Ebene: erste Kommune Deutschlands mit digitalem Gebäudematerialkataster

- Baustoffrecycling
- Dynamischer Masterplan
- Kommunaler Bestand
- Kreislaufwirtschaft
- Materialdokumentation
- Materialkataster
- Ressourcenmanagement
- Stadtentwicklung
- Urban Mining
- Zirkuläres Bauen

Abb. 7.18: Auf dem Areal des Patrick-Henry-Village soll eine „Wissensstadt von morgen" mit Arbeiten und Wohnen entstehen. Basis ist ein sogenannter dynamischer Masterplan (Quelle: Rendering: KCAP Architects&Planners).

Die Stadt Heidelberg ist beim Thema Urban Mining Vorreiter in Deutschland. Mit dem Pilotprojekt „Circular City" legt sie einen Grundstein für effizientes Baustoffrecycling und zukunftsgerechtes Bauen. Die Stadt sieht dabei ihre Rolle nicht nur als Betreiberin von Liegenschaften, sondern auch als Initiatorin struktureller Innovation im kommunalen Bauwesen. Das Projekt „Circular City" folgt dem Motto: „Die heutigen Gebäude sind die Rohstoffe von morgen." Herzstück des Vorhabens ist ein digitales Materialkataster für den kommunalen Gebäudebestand. Gebäude, die nicht umgenutzt werden können, sollen dabei als Rohstofflager dienen. In Zusammenarbeit mit Forschung, Wirtschaft und Planung wird das Konzept zunächst am Beispiel des Patrick-Henry-Village (PHV), eines militärischen Konversionsareals im 16. Heidelberger Stadtteil, erprobt. Die Circular City ist eingebettet in die klimapolitischen Zielsetzungen der Stadt Heidelberg, die bis 2050 klimaneutral werden will. Das langfristige Ziel: die Etablierung eines systematischen Urban-Mining-Prozesses in allen kommunalen Liegenschaften und eine kommunale Planungskultur, die Ressourcenschonung als strukturelles Prinzip begreift.

Pilotfläche Patrick-Henry-Village

Das Konversionsareal Patrick-Henry-Village dient als Pilotfläche für die Umsetzung des kommunalen Urban-Mining-Konzepts. Das rund 100 ha große Areal war bis 2013 Wohnstandort der US-Armee. Heute wird es unter Federführung der Stadt in ein urbanes Quartier transformiert. Auf dem Gelände befanden sich 325 Bestandsgebäude, die entweder saniert oder rückgebaut werden müssen. Für die Stadt Heidelberg stellen sie ein „gigantisches Rohstofflager" dar – mit einem geschätzten Materialvolumen von 465.880 t, darunter etwa 50 % Beton, 20 % Mauerwerk und 5 % Metalle. Auch Bauteile wie Küchenzeilen, Toiletten und Steckdosen wurden bei der Erhebung berücksichtigt. Ziel ist es, die stoffliche Zusammensetzung der Gebäude so präzise wie möglich zu erfassen, um Verwertungswege bereits vor dem Rückbau definieren zu können. Dafür wurden zunächst 3 Gebäude exemplarisch untersucht, inklusive Kernbohrungen zur Analyse der Wand-, Decken- und Bodenaufbauten. Die gewonnenen Daten wurden anschließend auf weitere 22 Wohngebäude, 4 Doppelhäuser und 11 Sonderbauten im südlichen Baufeld A5 übertragen. So entstand ein verlässliches Bild der im Quartier verbauten Ressourcen. Ein wesentlicher Bestandteil des Projekts ist auch die Identifikation von Schadstoffen. In bisherigen Untersuchungen wurden problematische Stoffe wie Asbest in Putz oder PKA-Kleber unter Parkett entdeckt. Diese Daten dienen dazu, sichere Rückbauprozesse zu gewährleisten und Materialien gezielt für die Wiederverwendung oder das Recycling aufzubereiten.

Die städtische Vision geht aber über reine Materialerfassung hinaus: Die Rückbaumaßnahmen sollen selektiv erfolgen. Geeignete Bauteile und Stoffe werden entweder wiederverwendet oder stofflich verwertet, etwa für den Straßen- oder Mauerbau, teilweise auch als Einbauelemente im Neubau. Um dies zu ermöglichen, fand 2024 die erste Ausschreibung für Rückbau und Urban Mining statt, gefolgt von ersten Rückbauarbeiten, vorbehaltlich des vollständigen Erwerbs der Fläche durch die Stadt Heidelberg von der Bundesanstalt für Immobilienaufgaben (BiMa). Trotz vieler Fortschritte bleiben rechtliche und technische Hürden bestehen, wie die Lagerung von Materialien, die als Abfall klassifiziert werden könnten, oder die Zertifizierung von wiederverwendbaren Baustoffen.

Gebäudematerialkataster

Den Auftakt des Projekts bildete eine erste Grobanalyse mithilfe des „Urban Mining Screener", eines Instruments des Umweltberatungsinstituts EPEA, das eine überschlägige

Einschätzung des Materialpotenzials bestehender Gebäude erlaubte. Die gewonnenen Daten wurden auf der Plattform Madaster digital erfasst und bewertet. Diese Phase diente der strategischen Orientierung und Priorisierung. Inzwischen wurden auf dem Areal des Patrick-Henry-Village vertiefte Untersuchungen an über 300 Bestandsgebäuden vorgenommen, u. a. mit Kernbohrungen und Materialproben, ergänzt um eine detaillierte Schadstoffanalyse für Innen- und Außenräume. Aus den Ergebnissen wurde ein umfassendes Material- und Bauteilkataster erstellt, das spezifische Informationen zu Bauweisen, Mengen, Wiederverwertbarkeit und potenziellen Belastungen liefert. Dieses Kataster bildet nun die Grundlage für konkrete Rückbau-, Lager- und Wiederverwendungsstrategien.

Übertragbarkeit und Relevanz

Heidelberg ist die erste Stadt Deutschlands, die Urban Mining systematisch als kommunale Strategie etabliert. Die Methodik lässt sich auf andere Städte übertragen – insbesondere dort, wo kommunale Bestände aktiv gemanagt werden. Die Kombination aus Materialkataster, kommunaler Steuerung und digitaler Infrastruktur gilt als Modellfall für zirkuläres Planen und Bauen im Bestand.

Abb. 7.19: Urban Mining in Heidelberg (Quelle: Stadt Heidelberg)

Abb. 7.20: Luftbild des Patrick-Henry-Village (Quelle: Stadt Heidelberg / Foto: Christian Buck)

Exkurs: Dynamischer Masterplan

Der dynamische Masterplan für das Patrick-Henry-Village ist ein innovatives, prozessorientiertes Planungsinstrument, das klassische städtebauliche Konzepte mit zukunftsoffenen Steuerungsmechanismen kombiniert. Im Gegensatz zu statischen Masterplänen setzt das Modell auf Flexibilität, Etappierung und Regelwerke, die bewusst Raum für zukünftige Entwicklungen lassen. Das städtebauliche Grundgerüst aus Baufeldern, Freiräumen, Erschließungsachsen und Nutzungsbändern wird als stabile Struktur definiert. Der dynamische Masterplan verzichtet jedoch auf eine Vorabdefinition aller Inhalte. Stattdessen werden qualitativ-gestalterische Regeln, modulare Typologien und ein Set an Instrumenten formuliert, das es erlaubt, auf zukünftige Bedarfe zu reagieren. Kern des Konzepts ist ein Regelwerk, das Gestaltungsspielräume ermöglicht und gleichzeitig Anforderungen an Nachhaltigkeit, Nutzungsmischung, Bauweisen oder soziale Infrastruktur vorgibt. Grundstücke werden nicht meistbietend, sondern auf Basis von Konzeptqualität vergeben. Der dynamische Ansatz erlaubt es, nachhaltige und zirkuläre Prinzipien wie Urban Mining zu integrieren. Weitere Informationen zum dynamischen Masterplan des Patrick-Henry-Village sind der Broschüre „PHVision" von KCAP Planners & Architects der Stadt Heidelberg zu entnehmen.

Literaturtipp: PHVision. Dynamischer Masterplan. Zürich: KCAP Architects&Planners, 2019:

Tabelle 7.6: Objektübersicht Circular City Heidelberg

Projektdetails	**Beschreibung**
Standort	Heidelberg
Initiatoren und Projektbeteiligte	Das Projekt wurde von der Stadt Heidelberg initiiert und wird verwaltungsintern im Dezernat II für Stadtentwicklung und Bauen unter Leitung des ersten Bürgermeisters Jürgen Odszuck koordiniert. Neben Madaster und EPEA sind auch Drees & Sommer sowie Heidelberg Materials (vormals HeidelbergCement) beteiligt. Letztere bringen ihre Expertise in der Wiederverwertung mineralischer Baustoffe und der Entwicklung von Recyclingbeton ein. Die Stadt übernimmt dabei die steuernde Rolle und versteht das Projekt als Element einer integrierten kommunalen Nachhaltigkeitsstrategie.
Typologie Testgelände	Patrick-Henry-Village: vorher: militärisches Wohngebiet nachher: urbanes Transformationsareal
Fertigstellung	laufendes Pilotprojekt (Start: 2022)
Maßnahme	Entwicklung eines Gebäudematerialkatasters für Kreislaufwirtschaft, Ausschreibung, Rückbau und Wiederverwendung
Besonderheit	Die Stadt Heidelberg wurde in den Strategiebeirat „Kreislaufgerechtes Bauen" des Bundesbauministeriums einberufen.

Circular City Heidelberg @ Stadt Heidelberg:

7.7 Freiraum

7.7.1 U-Halle – Hybrid zwischen Innen- und Außenraum, Mannheim

Von der Monofunktionalität zum Multitalent: ehemalige Militärhalle wird zum Klimaakteur

- Baumateriallogistik
- Bestandstransformation
- Hybridstruktur
- Klimaaktive Öffnung
- Materialkreisläufe
- Partizipative Planung
- Prozessarchitektur
- Reversibles Bausystem
- Subtraktiver Entwurf
- Zirkuläres Bauen
- Zwischennutzung

Abb. 7.21: Statt für einen Abriss der U-Halle entschied sich die Stadt Mannheim für einen Umbau in mehreren Phasen: erst Hauptgebäude der Bundesgartenschau 2023, ab 2026 dann Stadtteilzentrum (Quelle: Hütten & Paläste / Foto: Lukac & Diehl).

Die Transformation der U-Halle auf dem ehemaligen Spinelli-Kasernengelände in Mannheim steht für einen Paradigmenwandel im Umgang mit dem Bestand, der Definition von Gebäude und Freiraum sowie einem iterativen statt linearen Planungsprozess. Das fast 21.000 m^2 große ehemalige Distributionszentrum der US-Armee wurde schrittweise in eine robuste, klimaaktive, zirkulär gedachte Raumstruktur überführt. Der radikal-pragmatische Umbau, zunächst als Headquarter für die Bundesgartenschau 2023 und darüber hinaus in einem 2. Bauabschnitt als Stadtteilzentrum, zeigt, wie durch minimalinvasive Eingriffe, reversibles Bauen und partizipative Planung ein bislang monofunktionaler Ort in ein atmendes Gefüge aus offenen Hallen, grünen Höfen und Mikroklimata transformiert werden kann. Das Bauwerk besteht aus einem Nord- und einem Südflügel mit einem beachtlichen Umgriff von 700 m und einer Breite von jeweils 27 m. Damit blockierte die Militärhalle eine zentrale Kaltluftschneise Mannheims. Durch den Rückbau von Dach- und Wandsegmenten entstanden 6 neue Innenhöfe als Retentionsflächen mit eigener Vegetation. Der Fokus lag dabei nicht auf einem finalen Entwurf, sondern auf der Entwicklung prozessbasierter Umbauprinzipien, die langfristig Veränderung ermöglichen.

> **Praxistipp:** Konversion beginnt mit einer ehrlichen Bewertung des Bestands – strukturelle Einfachheit, Wiederverwendbarkeit und räumliche Robustheit sind bedeutsame Chancen.

Hybrid aus Gebäude und Freiraum

Die transformierte Halle ist ein hybrider Bautypus, der Architektur und Freiraum als durchlässiges Kontinuum versteht. Durch gezielte Perforationen des Hallenbestands wurde eine Abfolge von Innen- und Außenräumen geschaffen, die von Wind, Wasser und Vegetation durchdrungen ist. Neue Höfe und Durchlüftungszonen verbessern das Mikroklima. Oberflächen, Belichtung und Erschließung wurden so abgestimmt, dass ein schwellenloser Übergang zwischen Innen- und Außenraum entsteht. Der Bodenbelag läuft kontinuierlich durch, auch in den Außenbereichen ohne das erforderliche Gefälle zur Entwässerung. Mithilfe eines sogenannten Pützenmappings wurden mittels Drohnenbildern natürliche Senken im Industrieboden identifiziert, an denen gezielt Öffnungen in die bestehende Bodenplatte eingeschnitten wurden. Diese wurden mit Erde gefüllt sowie bepflanzt und dienen heute als Retentionsflächen zur Versickerung von Regenwasser – eine einfache, kostengünstige und wirksame Lösung, die ohne komplette Entfernung und/oder Neuverlegung des Bodens auskommt.

> **Praxistipp:** Auch einstige Innenräume ohne Gefälle lassen sich durch punktuelles Öffnen und Begrünen in klimaaktive Freiflächen transformieren.

Zirkulär bauen: Ressourcenlogistik planen

Die U-Halle ist ein Prototyp für zirkuläre Architektur in öffentlicher Hand. 95 % der verwendeten Materialien stammen aus Bestand oder Rückbau, darunter Giebelwände aus Polycarbonatplatten eines nahen Gewächshausumbaus,

Abb. 7.22: Ein Möglichkeitsraum: Das Potenzial der Halle liegt in ihrem neutralen, sich wiederholenden konstruktiven System (Quelle: Hütten & Paläste / Foto: Lukac & Diehl).

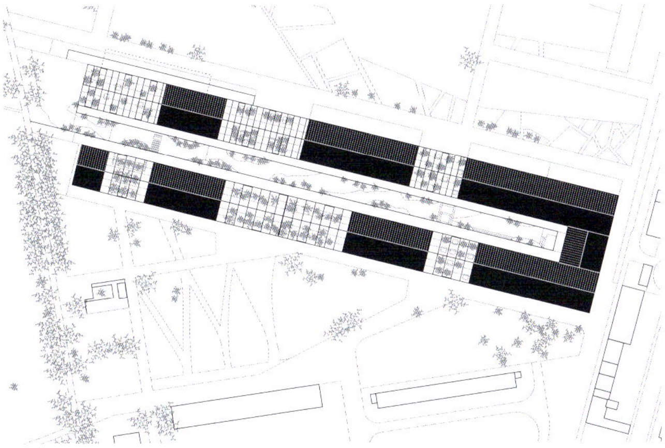

Abb. 7.23: Lageplan (Quelle: Hütten & Paläste)

Fenster als RWA-Elemente und Bodenplatten als Beeteinfassung. Die Halle wurde dabei zu ihrem eigenen Materialreservoir und Baustofflager. Bereits beim Rückbau wurden Bauteile gesichert, sortiert und teilweise direkt an Ort und Stelle weiterverwendet. Es entstand ein unmittelbarer Ressourcenkreislauf mit kurzen Wegen und minimaler Neuproduktion. Die Halle wurde zudem durch die Einrichtung von Zwischenlagerflächen zu ihrem eigenen Logistikzentrum.

„Viele standen davor und dachten, die Halle sei noch nicht fertig. Aber genau das war der Punkt: Sie ist nicht gemacht worden, um perfekt zu sein, sondern um weiterzumachen. Wir haben gezielt Spuren des Bestands sichtbar gelassen, Materialien roh belassen, Ausbesserungen punktuell statt flächig vorgenommen. Diese Unfertigkeit ist kein Mangel, sondern ein Angebot an die Stadtgesellschaft, sich den Raum zu eigen zu machen. Das Gebäude ist kein Objekt zum Bewundern, sondern ein dynamisches Instrument für urbane Transformation."

Frank Schönert, Co-Founder (Hütten & Paläste)

Exkurs: Urbane Co-Kreation

Partizipation wird in vielen Projekten als begleitende Maßnahme verstanden – als Feedback-Schleife zur Akzeptanzförderung. Doch in der Transformation von Bestandsstrukturen kann sie viel mehr sein: ein aktiver Teil der Planung. Gerade dort, wo Gebäude prozessoffen transformiert werden, übernehmen Nutzende neue Rollen: Sie werden zu Mitgestaltenden von Raumkonfigurationen, zu Autoren temporärer Strukturen und zu Akteuren der Ressourcennutzung.

Solche Prozesse benötigen nicht nur Dialog, sondern auch planerische Werkzeuge: Regelwerke, Baukastensysteme, konfigurierbare Raumraster oder partizipative Planungsformate, etwa baubegleitende Werkstätten oder Co-Kreationsphasen. Partizipation wird damit Teil des Systems, nicht Add-on am Rand. Ein Instrument liefert der „Leitfaden Ko-Kreation: Urbane Transformationen mit Urban Design Thinking". Der Ansatz basiert auf dem Design-Thinking-Modell und überträgt dessen kreative Prozesslogik auf urbane Transformationsaufgaben von der Beobachtung über Ideation und Prototyping bis zur Umsetzung.

Literaturtipp: Pahl-Weber, Elke; Flade, Kilian; Gabsch, Greta; Jeutner, Marcus: Leitfaden Ko-Kreation: Urbane Transformationen mit Urban Design Thinking. Berlin: TU Berlin University Press, 2022:

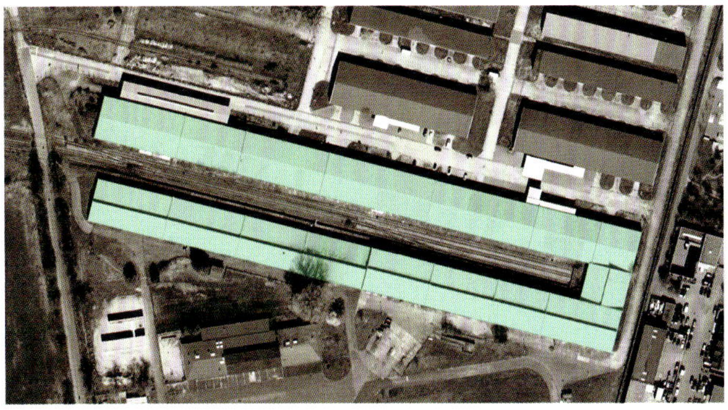

Abb. 7.24: Bestand vor der Transformation (Quelle: BUGA2023 gGmbH)

Abb. 7.25: Das konstruktive Grundsystem erlaubte es, Teile der Hülle zu öffnen, während die Tragkonstruktion bestehen blieb (Quelle: Hütten & Paläste / Foto: Lukac & Diehl).

Abb. 7.26: In die Bodenplatte eingeschnittene Öffnungen ermöglichen die Entwässerung der neu geschaffenen Freibereiche innerhalb der Gebäudestruktur (Quelle: Hütten & Paläste / Foto: Lukac & Diehl).

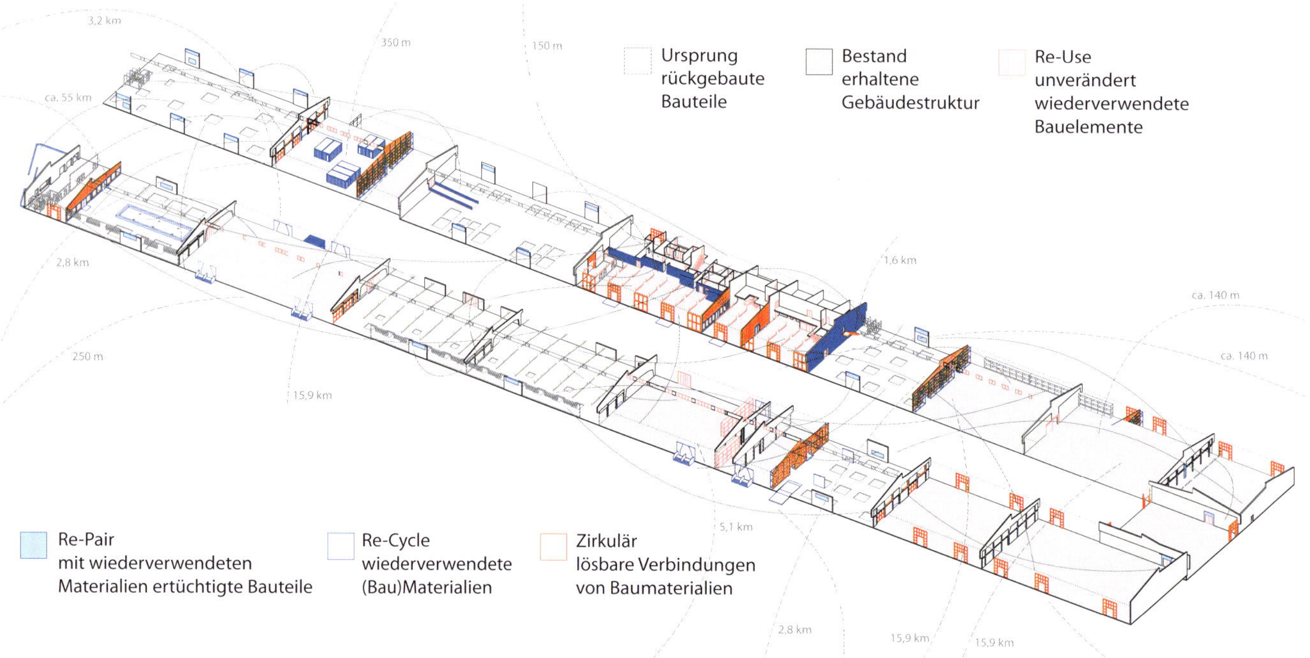

Abb. 7.27: Zirkulärer Umbau: Materialkreisläufe in der U-Halle (Quelle: Hütten & Paläste)

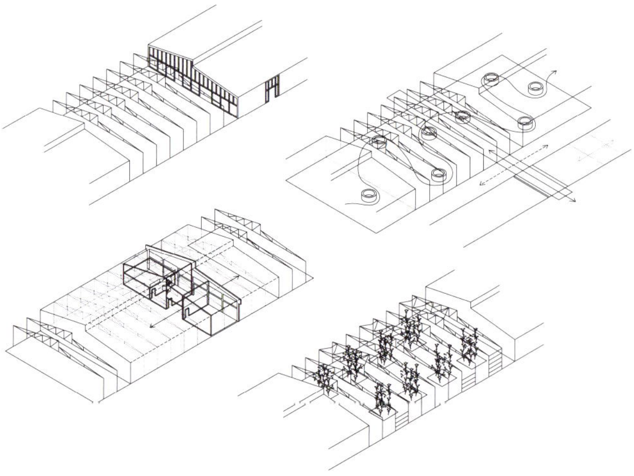

Abb. 7.28: Das Schottensystem erlaubt flexible Raumzonierungen, freie Bewegungsführung und Vegetationsbereiche (Quelle: Hütten & Paläste).

Praxistipp: Zirkuläre Planung bedeutet Logistik: Es geht darum, Flächenbedarf für temporäre Materialpuffer einzuplanen, Transportwege zu minimieren und Bauteile im Projektkreislauf zu halten. Reversibilität und Zirkularität werden als Entwurfsprinzipien begriffen.

Reversibel statt final: Strukturprinzip zur Umprogrammierung

Zum Zeitpunkt des Planungswettbewerbs standen viele Nutzungen wie Art und Umfang von Gastronomie und Ausstellungen noch nicht fest. Bauliche Gutachten fehlten gänzlich. Es wurde ein anpassbares Gebäudekonzept vorgeschlagen, für dessen prozesshafte Planung und Umsetzung einfache Umbau- und Organisationsprinzipien entwickelt wurden. Statt eines finalen Raumprogramms entwickelte das Büro Hütten & Paläste ein Regelwerk für die Transformation, die theoretisch stetig weitergeführt werden könnte.

Grundlage ist ein modulares System aus Schotten mit umsetzbaren Wandelementen, die temporäre wie dauerhafte Nutzungsszenarien ermöglichen. Mobile Trennwände, reversibel gefügte Giebelwände und modular erschlossene Raumzellen erlauben eine flexible Anpassung an zukünftige Bedarfe. Die Halle bleibt veränderbar, mit dauerhaft offener Nutzungslogik.

Hinweis: Bei der U-Halle begann aufgrund mangelnder Bestanddokumentationen alles mit einem prototypischen Rückbauabschnitt zur Analyse von Tragwerk, Materialien und Potenzialen. Die Planung wurde zur kuratierten Aneignung des Vorgefundenen.

Umbauprinzip: Nutzende als Co-Planende

Die Halle ist kein fertiges Gebäude, sondern eine offene Struktur: Raumzonen wurden als funktionale Slots definiert, nicht als feste Grundrisse. Nutzungen wurden bzw. werden von den Nutzenden im Dialog mitgestaltet. Möglich wurde dies durch ein vorab entwickeltes Regelwerk aus funktionalen Prinzipien, baulichen Modulen und offenem Tragwerk. Neue Einbauten bestehen aus Elementen mit lösbaren Verbindungen. Das ermöglicht spätere Umnutzungen ohne Substanzverlust.

Praxistipp: Planung im Bestand kann als diskursiver Prozess verstanden werden. Der Entwurfsprozess sollte nicht linear gestaltet werden, sondern iterativ und explorativ.

Konstruktive und technische Lösungen

Die Halle vereint 3 Tragwerkstypen aus verschiedenen Bauphasen von 1938 bis in die 1980er-Jahre. Um den veränderten Windlasten nach der Gebäudeperforation zu begegnen, wurden diagonale Flachstahlverbände und Ringanker eingebaut. Alle neuen Bauteile wurden mit sichtbaren, lösbaren Steck-, Zapf- oder Schraubverbindungen ausgeführt. Trotz ihrer Größe bleibt die Halle in Phase 1 weitgehend Lowtech: Die Photovoltaikanlage erzeugt mehr Strom, als verbraucht wird. Nur der Gastronomiebereich ist beheizt. Die offene Struktur sorgt für natürliche Belüftung. Ein technischer Ausbau für künftige Nutzungen ist vorbereitet, aber nicht vorgezogen – ein flexibles Infrastrukturkonzept überführt die Halle in ihre nächsten Lebenszyklen.

Praxistipp: Technische Infrastruktur sollte skalierbar geplant werden – weniger für den Moment, mehr für den Übergang.

Sequenzieller Genehmigungsprozess: Experiment mit System

Die Flexibilität der U-Halle wurde durch Ringverteilungen für Strom, große Öffnungen für Fluchtwege und reversible Bauteile angelegt, konnte aber nicht in der Genehmigung abgebildet werden. Genehmigt wurde die Halle zunächst als temporäres Veranstaltungsgebäude für die Bundesgartenschau. Eine Herausforderung stellte dabei der Brandschutz dar, da die als Lagerhalle konzipierte Struktur zur Versammlungsstätte mit hohen Personenzahlen umgenutzt werden sollte. Weil das Tragwerk keinen Feuerwiderstand aufwies (F0), wurde ein detailliertes Brandschutzkonzept mit Kompensationsmaßnahmen erstellt. Statt klassischer Maßnahmen wie Sprinkleranlagen kamen großflächige Rauch- und Wärmeabzugsöffnungen sowie eine Brandmeldeanlage zum Einsatz. Die Fluchtwegführung wurde unter Berücksichtigung realer Nutzungsbarrieren (Beete, Einbauten usw.) eng mit der Bauaufsicht abgestimmt. Künftige Umnutzungen erfolgen über Einzelanträge, jeweils basierend auf der vorhandenen Infrastruktur.

Hinweis: Flexibilität lässt sich nicht genehmigen, aber vorbereiten. Robuste Grundstrukturen mit modularer Technik und klarer Rettungswegelogik sowie bereits vordefinierte Nutzungszonen erleichtern die Folgegenehmigungen von künftigen Umnutzungen über Einzelanträge.

Tabelle 7.7: Objektübersicht U-Halle

Projektdetails	Beschreibung
Standort	Mannheim
Bauherr	Phase 1: BUGA 2023 gGmbH Phase 2: Stadt Mannheim
Planung	Hütten & Paläste (www.huettenundpalaeste.de)
Projektbeteiligte	Tragwerk: EFG Beratende Ingenieure GmbH Haustechnik: SBI GmbH Brandschutz: Stümpert-Strunk GmbH Entwässerung: Ramboll Studio Dreiseitl
Typologie	vorher: Distributionszentrum der US-Armee nachher: BUGA-Zentrale (Freiraumhybrid)
Fertigstellung	2023 (Phase 1)
Maßnahme	Umbau, Öffnung, Begrünung, klimaökologische Entsiegelung, technische Ertüchtigung
Verfahren	Mehrfachbeauftragung „Mannheims U-Halle in neuem Gewand“
Baukosten	KG 300: 7,8 Millionen € KG 400: 4,5 Millionen €
Brutto-Grundfläche	vorher: 20.948 m^2 nachher: 12.255 m^2 (Halle) + 8.693 m^2 (Höfe)
Grundflächenzahl	vorher: 0,085 nachher: 0,025
Geschossflächenzahl	vorher: 0,085 nachher: 0,026
Awards	DAM Preis 2025 (Shortlist), Deutscher Nachhaltigkeitspreis 2024 (Sieger), Staatspreis Umbaukultur 2024 (Anerkennung)
Besonderheit	Pionierprojekt für zirkuläres Bauen im Maßstab XXL, klimaaktive Öffnung, 95 % Materialwiederverwendung

U-Halle @ Hütten & Paläste:

7.7.2 Schulhof Phorms Campus Mitte – Spiellandschaft aus Containern, Berlin

Reversibel, vertikal und kindgerecht: urbane Spielfläche auf beengtem Raum neu gedacht

- Container-Architektur
- Denkmalschutz
- Freiraumaktivierung
- Kindgerechte Gestaltung
- Raumaneignung
- Sicherheitskultur
- Zirkularität

Abb. 7.29: Aufgrund des Platzmangels orientieren sich die gestapelten Spiellandschaften in die Höhe statt in die Breite (Quelle: HEJM).

Vertikales Spiel im denkmalgeschützten Hof

Der Campus Mitte der bilingualen Privatschule befindet sich in einem ehemaligen Industrieensemble aus der Gründerzeit. Die denkmalgeschützten Backsteinbauten gehörten zu den Fabrikanlagen der AEG am Volkspark Humboldthain. Die beiden Schulhöfe in den dichten Blockinnenbereichen sind versiegelt und durch Feuerwehrflächen und Unterkellerung baulich extrem eingeschränkt. Aufgrund des Platzmangels entwickelte das Architekturbüro baukind in Kooperation mit KuKuk Box Spielstrukturen aus Containern, die sich in der Höhe ausbreiten. Mit ihrer stapelbaren Bauweise bieten sie neue Spiel-, Bewegungs- und Rückzugsräume für Kinder und Jugendliche vom Kita-Alter bis zur gymnasialen Oberstufe. Die Container-Elemente wurden um eine zweite Ebene aus Holzkuben ergänzt und ohne Fundamente aufgestellt. Sie sind reversibel sowie statisch selbsttragend und erschließen durch differenzierte Fensteröffnungen, Klettermodule und Rückzugsnischen das Raumvolumen in allen Dimensionen. Das Projekt zeigt, wie urbane Bestände und versiegelte Restflächen – selbst unter strengen Auflagen und bei hoher Verdichtung – mit einfachen Mitteln reaktiviert und in wertvolle Spiel-, Bewegungs- und Rückzugsräume für Kinder verwandelt werden können.

> **Hinweis:** Perspektivwechsel in der Gestaltung beginnt mit einfachen Details: mit Elementen, die sich in Maßstab, Funktion und Atmosphäre nicht an den Vorstellungen Erwachsener orientieren, sondern an Kinder richten.

Umgang mit Bestand und Restriktionen

Die denkmalgeschützten Backsteinfassaden, unterkellerte Flächen ohne verifizierte Pläne sowie brandschutzrechtlich reservierte Flächen ließen kaum Spielraum für klassische Bodeninterventionen. Die Container stehen daher lastverteilend auf der Fläche und sind weitgehend fundamentfrei. Eine Ausnahme bildet ein Punktfundament unter der Röhrenrutsche.

> **Praxistipp:** Aufmaß und tragfähige Zonen müssen im Bestand ggf. gespiegelt werden – gute Vorbereitung erleichtert die Abstimmung mit dem Tragwerksplaner. Da es für den Schulhof keine verlässlichen Pläne der Unterkellerung gab, wurde die Statik über eine „Spiegelung von unten nach oben“ nachvollzogen, um geeignete Aufstellflächen und Möglichkeiten für Punktfundamente zu ermitteln.

Denkmalschutz: Farbgestaltung im Dialog

Der Denkmalschutz war in die Planung eingebunden: Neben klaren Abständen zur historischen Fassade wurde auch die Farbgebung der Spielobjekte darauf abgestimmt. Die anthrazitfarbenen Container wurden bewusst zurückhaltend gestaltet; das Farbsystem setzt Akzente in Türkis (Bezug zur Bestandsfassade) und Rot (Corporate Color von Phorms). Die Farbe des Holzes nimmt den warmen Farbton des Backsteins auf.

> **Praxistipp:** Denkmalschutz als Dialog begreifen: Farbe und Material fügen sich ein, ohne sich unterzuordnen. Moderne Interventionen dürfen dabei bewusst als zeitgenössischer Kontrast zum Bestand auftreten. Damit rücken sie die historische Bausubstanz stärker in das Bewusstsein.

Abb. 7.30: Reversible Spielstruktur aus Containern und Holz im denkmalgeschützten Innenhof: stapelbar, ohne Fundamente, kreislaufgerecht gebaut und neben dem Backstein sichtbar zurückhaltend gestaltet (Quelle: HEJM)

„Unsere Gestaltung ist bewusst abstrakt, um den Kindern den Freiraum zu geben, einen eigenen Zugang zum Spielort zu finden, sich den Raum anzueignen und die Fantasie anzuregen. Wir geben keinen fertigen Raum vor, sondern eine Struktur, die sich durch Nutzung verwandelt. Wenn Kinder erleben, dass ein Container mehr sein kann als nur eine graue Box, beginnt auch eine neue Wahrnehmung von Stadt, Material und Möglichkeiten."

Gil Ja Geiss, Projektleiterin (baukind)

Sicherheit: Brandschutz und Spielgeräte

Der Platzbedarf für Feuerwehr-Aufstellflächen und -fahrwege war so groß, dass sich die Gestaltung auf 2 verhältnismäßig kleine Bereiche beschränken musste. Feuerwehrzufahrten und -aufstellflächen wurden exakt freigehalten. Brandschutztechnische Auflagen entfielen, da keine Gebäudeklasse betroffen war. Die entwickelten Spielobjekte entsprechen der Normenreihe DIN EN 1176 „Spielplatzgeräte und Spielplatzböden" für öffentliche Spielplätze, die Gesamtkonzeption der Normenreihe DIN 18034 „Spielplätze und Freiräume zum Spielen". Besondere Aufmerksamkeit galt Fangstellen, Fallräumen sowie der Zugänglichkeit für betreuende Erwachsene.

Exkurs: Stadtumbau für Kinder

Städte sind oft stark regulierte Räume, die Kinder ausschließen. Kinder erleben Stadt sehr individuell, abhängig von Alter, Mobilitätsradius, Verkehrsaufkommen und sozialem Umfeld. Oft prägt der Schulweg das Verhältnis zur Stadt. Nicht selten fehlen sichere Bewegungsräume, Rückzugsorte, Treffpunkte oder freie Flächen zur Aneignung. Besonders wichtig sind unbesetzte Orte und Räume ohne Zuschreibungen – Flächen, bei denen nicht schon vorher festgelegt ist, wie sie genutzt werden sollen.

„Deutschland ist ein Stadt-Kinder-Land. 90 Prozent aller Kinder leben bei uns in Städten – 60 Prozent allein in Groß- und Mittelstädten", heißt es in der Information zur Raumentwicklung „Stadt(t)räume von Kindern" (2018) des BBSR. Kinderfreundliche Stadt- und Raumentwicklung bedeutet, Kindern mehr sichtbaren und erreichbaren Raum in der Stadt zuzugestehen – nicht nur in Form einzelner Spielplätze, sondern auch als durchgehende, sichere und selbstbestimmte Erfahrungsräume. Häufig sind diese Räume durch Verdichtung, Verkehr und einseitige Nutzungsansprüche stark eingeschränkt. Eine kindgerechte Stadtentwicklung muss daher Bewegungsräume schaffen, die vielfältig, informell und alltagsnah sind. Wesentlich ist auch die Beteiligung von Kindern an der Planung ihres Lebensumfelds. Als Experten ihrer eigenen Lebenswelt sollten sie frühzeitig in Planungsprozesse einbezogen werden. Wo dies gelingt, entstehen qualitätsvolle und akzeptierte Räume, die Identifikation fördern. Voraussetzung dafür ist, Gestaltung auf Augenhöhe als Aufgabe zu verstehen, mit ressortübergreifenden Strategien, die bauliche, soziale und bildungspolitische Dimensionen zusammenbringen. Eine kinderfreundliche Stadtentwicklung stärkt nicht nur Kinder, sondern auch die Lebensqualität und Zukunftsfähigkeit urbaner Räume insgesamt.

Normen und Schutzziele:

- DIN EN 1176 „Spielplatzgeräte und Spielplatzböden" (Normenreihe)
- DIN 33942 „Barrierefreie Spielplatzgeräte – Sicherheitstechnische Anforderungen und Prüfverfahren" (2016)
- DIN 18034 „Spielplätze und Freiräume zum Spielen" (Normenreihe) mit Hinweisen zur Konzeption und Planung

Literaturtipp: Stadt(t)räume von Kindern. Kinderorientierte Stadtentwicklung. Ausgabe: 2/2018. Bonn: Bundesinstitut für Bau-, Stadt- und Raumforschung (BBSR) im Bundesamt für Bauwesen und Raumordnung (BBR), 2018:

Abb. 7.31: Das Spielmodul verzahnt offene Bewegungsräume mit Rückzugszonen und ersten Grünstrukturen – ein spielerischer Kontrast zur strengen Backsteinarchitektur und ein Anfang für mehr Natur im Hof (Quelle: HEJM).

Abb. 7.32: Nur die Rutsche wurde mit einem Punktfundament verankert (Quelle: HEJM).

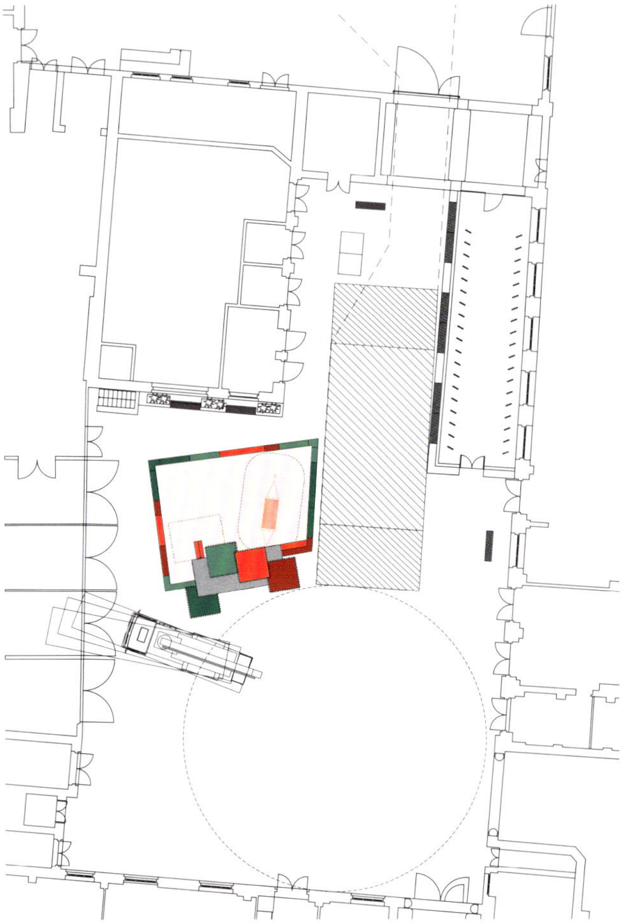

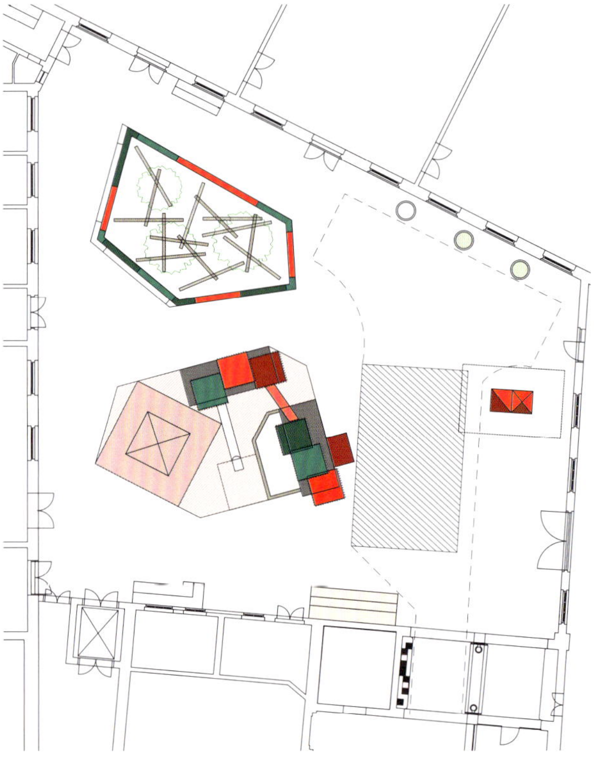

Abb. 7.33: Grundrisse der beiden Höfe mit Spielaufbauten: Der Platzbedarf für Feuerwehr-Aufstellflächen und -fahrwege war so groß, dass sich die Gestaltung auf 2 verhältnismäßig kleine Bereiche beschränkte (Quelle: baukind).

Praxistipp: Sicherheitsnormen müssen ernst genommen werden, ohne das Spiel zu reglementieren. Das Zulassen von kalkulierten Risiken ist ebenso Teil einer kindgerechten Sicherheitsförderung wie das Reglementieren und Verbieten. Wichtig ist die Anleitung durch Erwachsene. Das pädagogische Umfeld sollte in die Planung einbezogen bzw. eingewiesen werden. Die fachliche Auseinandersetzung ist notwendig, um für die Entwicklung der Kinder das richtige Maß an Sicherheit und Risiko zu finden.

Raumaneignung und Alltagstauglichkeit

Die Wege durch die Container sind nicht linear. Viele Funktionen ergeben sich erst durch die Nutzung. Die gestalterische Zurückhaltung (keine bunten Figuren, keine niedlichen Motive), besonders die Container-Ästhetik (roh, industriell und anthrazitfarben) führte zu Diskussionen. Einige Erwachsene empfanden sie als „Baustellenoptik" oder zu unfreundlich für Kinder. Erst durch den tatsächlichen Gebrauch, das Verhalten der Kinder und deren Aneignung der Struktur wurden viele dieser Vorbehalte relativiert. Die Container wurden bemalt, bespielt, umfunktioniert und so in das Alltagsleben integriert.

Hinweis: Gestalterische Offenheit ist kein Mangel, sondern Entwurfskonzept, und schafft Raum für Interpretation und individuelle Aneignung. Ein starkes Konzept hilft, heterogene Gruppen zu überzeugen – lieber „Form follows idea" statt thematischer Spielplatzbilder. Frühzeitige Konzeptkommunikation öffnet die Wahrnehmung.

Kreislauf und Aktivierungspotenzial

Die Entscheidung gegen ortsfeste Fundamente und für eine demontierbare, stapelbare Systemkonstruktion macht das Projekt zu einem praktischen Modell zirkulärer Freiraumplanung. Statt Reuse-Materialien steht die Prozesslogik im Vordergrund: temporäre Fügung, minimale Eingriffe und ein reversibles System. Auch alle Hochbeete und Sandkisten sind aufgesetzt statt abgegraben und damit mobil. Die Materialien sind robust und wartungsarm. Die Container-Struktur hat die Nutzung der Höfe radikal verändert. Der Schulhofumbau zeigt exemplarisch, wie vertikales Denken, robuste Konstruktion und konsequente Reduktion Freiraumqualität in engen urbanen Kontexten erzeugen können. Neue Zonen, neue Rhythmen und neue Sichtweisen: Sie aktivieren nicht nur Fläche, sondern auch Wahrnehmung für Baukultur und Kindzentrierung. Gerade im Kontrast zum historischen Bestand wird das Neue lesbar.

Tabelle 7.8: Objektübersicht Schulhof Phorms Campus Mitte

Projektdetails	Beschreibung
Standort	Berlin
Bauherr	Phorms Education SE (www.phorms.de)
Planung	baukind GmbH (www.baukind.de)
Projektpartner	Spielgeräte: KuKuk Box GmbH (www.kukuk-box.com)
Typologie	vorher: versiegelter Innenhof nachher: Schulhof, vertikaler Spielfreiraum
Fertigstellung	2023
Maßnahme	Freiraumtransformation im Bestand, Schulhofgestaltung mithilfe von Spiel-Containern
Baukosten	KG 300: 225.000 € netto KG 500: 304.450 € brutto
Brutto-Grundfläche (Freiraum)	970 m² / 1.110 m² (Höfe)
Statik	selbsttragendes Spielobjekt ohne Fundamente aufgrund von Unterkellerung
Brandschutz	Platzbedarf für Feuerwehr-Aufstellflächen
Besonderheit	denkmalgeschützter Kontext, reversible Container-Architektur

Spiellandschaft @ baukind GmbH:

Abb. 7.34: Roh belassene Container-Wände treffen auf warme Holzdetails. Die raue Materialität bildet bewusst einen Kontrast zu klassischen Spielplatzbildern (Quelle: HEJM).

8 Anhang

8.1 Normen, Rechtsvorschriften und Literatur

Normen

DIN 276:2018-12 Kosten im Bauwesen

DIN 277:2021-08 Grundflächen und Rauminhalte im Hochbau

DIN 1054:2021-04 Baugrund – Sicherheitsnachweise im Erd- und Grundbau – Ergänzende Regelungen zu DIN EN 1997-1

DIN 1055-3:2006-03 Einwirkungen auf Tragwerke – Teil 3: Eigen- und Nutzlasten für Hochbauten [zurückgezogen]

DIN 4020:2010-12 Geotechnische Untersuchungen für bautechnische Zwecke – Ergänzende Regelungen zu DIN EN 1997-2

DIN 4103-1:2015-06 Nichttragende innere Trennwände – Teil 1: Anforderungen und Nachweise

DIN 4108-7:2011-01 Wärmeschutz und Energie-Einsparung in Gebäuden – Teil 7: Luftdichtheit von Gebäuden – Anforderungen, Planungs- und Ausführungsempfehlungen sowie -beispiele

DIN 4109-5:2020-08 Schallschutz im Hochbau – Teil 5: Erhöhte Anforderungen

DIN 14090:2024-02 Flächen für die Feuerwehr auf Grundstücken

DIN 18012:2018-04 Anschlusseinrichtungen für Gebäude – Allgemeine Planungsgrundlagen

DIN 18013:2020-03 Nischen für Zählerschränke für Elektrizitätszähler

DIN 18040-1:2010-10 Barrierefreies Bauen – Planungsgrundlagen – Teil 1: Öffentlich zugängliche Gebäude

DIN 18040-2:2011-09 Barrierefreies Bauen– Planungsgrundlagen – Teil 2: Wohnungen

DIN 18041:2016-03 Hörsamkeit in Räumen – Anforderungen, Empfehlungen und Hinweise für die Planung

DIN 33942:2016-04 Barrierefreie Spielplatzgeräte – Sicherheitstechnische Anforderungen und Prüfverfahren

DIN EN 81-20:2020-06 Sicherheitsregeln für die Konstruktion und den Einbau von Aufzügen – Aufzüge für den Personen- und Gütertransport – Teil 20: Personen- und Lastenaufzüge

DIN EN 81-50:2020-06 Sicherheitsregeln für die Konstruktion und den Einbau von Aufzügen – Prüfungen – Teil 50: Konstruktionsregeln, Berechnungen und Prüfungen von Aufzugskomponenten

DIN EN 1168:2011-12 Betonfertigteile – Hohlplatten

DIN EN 1990:2021-10 Eurocode: Grundlagen der Tragwerksplanung

DIN EN 1991-1-1/NA: 2010-12 Nationaler Anhang – National festgelegte Parameter – Eurocode 1: Einwirkungen auf Tragwerke – Teil 1-1: Allgemeine Einwirkungen auf Tragwerke – Wichten, Eigengewicht und Nutzlasten im Hochbau

DIN EN 1995-1-1:2010-12 Eurocode 5: Bemessung und Konstruktion von Holzbauten – Teil 1-1: Allgemeines – Allgemeine Regeln und Regeln für den Hochbau

DIN EN 1997-1:2022-10 Entwurf Eurocode 7: Entwurf, Berechnung und Bemessung in der Geotechnik – Teil 1: Allgemeine Regeln

DIN EN 13501-1:2019-05 Klassifizierung von Bauprodukten und Bauarten zu ihrem Brandverhalten – Teil 1: Klassifizierung mit den Ergebnissen aus den Prüfungen zum Brandverhalten von Bauprodukten

DIN EN 13501-2:2023-12 Klassifizierung von Bauprodukten und Bauteilen zu ihrem Brandverhalten – Teil 2: Klassifizierung mit den Ergebnissen aus den Feuerwiderstandsprüfungen und/oder Rauchschutzprüfungen, mit Ausnahme von Lüftungsanlagen

DIN EN 15221-1:2007-01 Facility Management – Teil 1: Begriffe [zurückgezogen]

DIN EN 15804:2022-03 Nachhaltigkeit von Bauwerken – Umweltproduktdeklarationen – Grundregeln für die Produktkategorie Bauprodukte

DIN EN 15978:2012-10 Nachhaltigkeit von Bauwerken – Bewertung der umweltbezogenen Qualität von Gebäuden – Berechnungsmethode

DIN EN 17037:2019-03 Tageslicht in Gebäuden [zurückgezogen]

DIN EN ISO 41011:2019-04 Facility Management – Begriffe

DIN SPEC 91468:2022-12 Leitfaden für ressourceneffiziente Stadtquartiere

DIN SPEC 91484:2023-09 Verfahren zur Erfassung von Bauprodukten als Grundlage für Bewertungen des Anschlussnutzungspotentials vor Abbruch- und Renovierungsarbeiten (Pre-Demolition-Audit)

VOB/C ATV DIN 18299: 2023-09 Allgemeine Regelungen für Bauarbeiten jeder Art

Rechtsvorschriften

Abfallrahmenrichtlinie: Richtlinie 2008/98/EG des Europäischen Parlaments und des Rates vom 19.11.2008 über Abfälle und zur Aufhebung bestimmter Richtlinien

ArbSchG: Gesetz über die Durchführung von Maßnahmen des Arbeitsschutzes zur Verbesserung der Sicherheit und des Gesundheitsschutzes der Beschäftigten bei der Arbeit (Arbeitsschutzgesetz) vom 07.08.1996 (BGBl. I S. 1246), das zuletzt durch Artikel 32 des Gesetzes vom 15.07.2024 (BGBl. 2024 I Nr. 236) geändert worden ist

BauGB: Baugesetzbuch in der Fassung der Bekanntmachung vom 03.11.2017 (BGBl. I S. 3634), das zuletzt durch Artikel 5 des Gesetzes vom 12.08.2025 (BGBl. 2025 I Nr. 189) geändert worden ist

BauNVO: Verordnung über die bauliche Nutzung der Grundstücke (Baunutzungsverordnung) in der Fassung der Bekanntmachung vom 21.11.2017 (BGBl. I S. 3786), die zuletzt durch Artikel 2 des Gesetzes vom 03.07.2023 (BGBl. 2023 I Nr. 176) geändert worden ist

BauO Bln: Bauordnung für Berlin vom 29.09.2005 (GVBl. 2005, 495), zuletzt geändert durch Artikel 3 des Gesetzes vom 11.12.2024 (GVBl. S. 614)

BauO NRW: Bauordnung für das Land Nordrhein-Westfalen (Landesbauordnung 2018) vom 21.07.2018

BauPVO: Verordnung (EU) 2024/3110 (EU-Bauproduktenverordnung) des Europäischen Parlaments und des Rates vom 27.11.2024 zur Festlegung harmonisierter Vorschriften für die Vermarktung von Bauprodukten und zur Aufhebung der Verordnung (EU) Nr. 305/2011

BayBO: Bayerische Bauordnung in der Fassung der Bekanntmachung vom 14.08.2007 (GVBl. S. 588, BayRS 2132-1-B), die zuletzt durch die §§ 4 und 5 des Gesetzes vom 25.07.2025 (GVBl. S. 254) geändert worden ist

BBodSchG: Gesetz zum Schutz vor schädlichen Bodenveränderungen und zur Sanierung von Altlasten (Bundes-Bodenschutzgesetz) vom 17.03.1998 (BGBl. I S. 502), das zuletzt durch Artikel 7 des Gesetzes vom 25.02.2021 (BGBl. I S. 306) geändert worden ist

BGG: Gesetz zur Gleichstellung von Menschen mit Behinderungen (Behindertengleichstellungsgesetz) vom 27.04.2002 (BGBl. I S. 1467, 1468), das zuletzt durch Artikel 7 des Gesetzes vom 23.05.2022 (BGBl. I S. 760) geändert worden ist

BImSchG: Gesetz zum Schutz vor schädlichen Umwelteinwirkungen durch Luftverunreinigungen, Geräusche, Erschütterungen und ähnliche Vorgänge (Bundes-Immissionsschutzgesetz) in der Fassung der Bekanntmachung vom 17.05.2013 (BGBl. I S. 1274; 2021 I S. 123), das zuletzt durch Artikel 1 des Gesetzes vom 12.08.2025 (BGBl. 2025 I Nr. 189) geändert worden ist

BImSchV: Sechzehnte Verordnung zur Durchführung des Bundes-Immissionsschutzgesetzes (Verkehrslärmschutzverordnung) vom 12.06.1990 (BGBl. I S. 1036), die zuletzt durch Artikel 1 der Verordnung vom 04.11.2020 (BGBl. I S. 2334) geändert worden ist

BNatSchG: Gesetz über Naturschutz und Landschaftspflege (Bundesnaturschutzgesetz) vom 29.07.2009 (BGBl. I S. 2542), das zuletzt durch Artikel 48 des Gesetzes vom 23.10.2024 (BGBl. 2024 I Nr. 323) geändert worden ist

BWaldG: Gesetz zur Erhaltung des Waldes und zur Förderung der Forstwirtschaft (Bundeswaldgesetz) vom 02.05.1975 (BGBl. I S. 1037), das zuletzt durch Artikel 112 des Gesetzes vom 10.08.2021 (BGBl. I S. 3436) geändert worden ist

BWoV BE: Verordnung über bauliche Anforderungen an barrierefreies Wohnen (Barrierefreies Wohnen Verordnung Berlin) vom 29.01.2019

EEWärmeG: Gesetz zur Förderung Erneuerbarer Energien im Wärmebereich (Erneuerbare-Energien-Wärmegesetzes) vom 07.08.2008 (BGBl. I S. 1658), in Kraft getreten am 01.01.2009, außer Kraft getreten aufgrund Gesetzes vom 08.08.2020 (BGBl. I S. 1728) m. W. v. 01.11.2020

EnEG: Energieeinsparungsgesetz in der Fassung der Bekanntmachung vom 01.09.2005 (BGBl. I S. 2684), das zuletzt durch Artikel 1 des Gesetzes vom 04.07.2013 (BGBl. I S. 2197) geändert worden ist

EnEV: Zweite Verordnung zur Änderung der Energieeinsparverordnung vom 18.11.2013 (BGBl. 2013 I Nr. 67)

ErsatzbaustoffV: Verordnung über Anforderungen an den Einbau von mineralischen Ersatzbaustoffen in technische Bauwerke (Ersatzbaustoffverordnung) vom 09.07.2021 (BGBl. I S. 2598), die durch Artikel 1 der Verordnung vom 13.07.2023 (BGBl. 2023 I Nr. 186) geändert worden ist

Erstes Modernisierungsgesetz Bayern vom 23.12.2024 (GVBl. 2024 S. 605)

ESPR: Verordnung (EU) 2024/1781 des Europäischen Parlaments und des Rates vom 13.06.2024 zur Schaffung eines Rahmens für die Festlegung von Ökodesign-Anforderungen für nachhaltige Produkte, zur Änderung der Richtlinie (EU) 2020/1828 und der Verordnung (EU) 2023/1542 und zur Aufhebung der Richtlinie 2009/125/EG

EStG: Einkommensteuergesetz in der Fassung der Bekanntmachung vom 08.10.2009 (BGBl. I S. 3366, 3862), das zuletzt durch Artikel 1 des Gesetzes vom 14.07.2025 (BGBl. 2025 I Nr. 161) geändert worden ist

Gebäuderichtlinie: Richtlinie (EU) 2024/1275 des Europäischen Parlaments und des Rates vom 24.04.2024 über die Gesamtenergieeffizienz von Gebäuden

GefStoffV: Verordnung zum Schutz vor Gefahrstoffen (Gefahrstoffverordnung) vom 26.11.2010 (BGBl. I S. 1643, 1644), die zuletzt durch Artikel 1 der Verordnung vom 02.12.2024 (BGBl. 2024 I Nr. 384) geändert worden ist

GEG: Gesetz zur Einsparung von Energie und zur Nutzung erneuerbarer Energien zur Wärme- und Kälteerzeugung in Gebäuden (Gebäudeenergiegesetz) vom 08.08.2020 (BGBl. I S. 1728), das zuletzt durch Artikel 1 des Gesetzes vom 16.10.2023 (BGBl. 2023 I Nr. 280) geändert worden ist

GewAbfV: Verordnung über die Bewirtschaftung von gewerblichen Siedlungsabfällen und von bestimmten Bau- und Abbruchabfällen (Gewerbeabfallverordnung) vom 18.04.2017 (BGBl. I S. 896), die zuletzt durch Artikel 9 Absatz 3 des Gesetzes vom 30.09.2025 (BGBl. 2025 I Nr. 233) geändert worden ist

Grundgesetz für die Bundesrepublik Deutschland in der im Bundesgesetzblatt Teil III, Gliederungsnummer 100-1, veröffentlichten bereinigten Fassung, das zuletzt durch Artikel 1 des

Gesetzes vom 22.03.2025 (BGBl. 2025 I Nr. 94) geändert worden ist

HBauO: Hamburgische Bauordnung vom 14.12.2005

HBO: Hessische Bauordnung vom 28.05.2018, mehrfach geändert sowie §§ 63a und 64a neu eingefügt durch Gesetz vom 09.10.2025 (GVBl. 2025 Nr. 66)

HOAI: Verordnung über die Honorare für Architekten- und Ingenieurleistungen (Honorarordnung für Architekten und Ingenieure) vom 10.07.2013 (BGBl. I S. 2276), die zuletzt durch Artikel 3 des Gesetzes vom 22.03.2023 (BGBl. 2023 I Nr. 88) geändert worden ist

KrWG: Gesetz zur Förderung der Kreislaufwirtschaft und Sicherung der umweltverträglichen Bewirtschaftung von Abfällen (Kreislaufwirtschaftsgesetz) vom 24.02.2012 (BGBl. I S. 212), das zuletzt durch Artikel 5 des Gesetzes vom 02.03.2023 (BGBl. 2023 I Nr. 56) geändert worden ist

LBO BW: Landesbauordnung Baden-Württemberg vom 08.08.1995 (GBl. S. 617), in Kraft getreten am 01.01.1996, zuletzt geändert durch Gesetz vom 18.03.2025 (GBl. S. 25) m. W. v. 28.06.2025

MBO: Musterbauordnung in der Fassung vom November 2002, zuletzt geändert durch Beschluss der Bauministerkonferenz vom 26./27.09.2024

MBeVO: Muster-Verordnung über den Bau und Betrieb von Beherbergungsstätten (Muster-Beherbergungsstättenverordnung) in der Fassung vom Dezember 2000, zuletzt geändert durch Beschluss der Fachkommission Bauaufsicht vom Mai 2014

M-GarVO: Muster einer Verordnung über den Bau und Betrieb von Garagen (Muster-Garagenverordnung) in der Fassung vom Mai 1993, geändert durch Beschlüsse vom 19.09.1996, 18.09.1997 und 30.05.2008

MVKVO: Musterverordnung über den Bau und Betrieb von Verkaufsstätten (Muster-Verkaufsstättenverordnung) in der Fassung vom September 1995 (ARGEBAU 09/1995; 12/1996; 12/1999; 07/2014)

MVStättVO: Musterverordnung über den Bau und Betrieb von Versammlungsstätten (Muster-Versammlungsstättenverordnung) in der Fassung vom Juni 2005, zuletzt geändert durch Beschluss der Fachkommission Bauaufsicht vom Juli 2014

SächsBO: Sächsische Bauordnung in der Fassung der Bekanntmachung vom 11.05.2016 (SächsGVBl. S. 186), die zuletzt durch Artikel 1 des Gesetzes vom 01.03.2024 (SächsGVBl. S. 169) geändert worden ist

StVO: Straßenverkehrs-Ordnung vom 06.03.2013 (BGBl. I S. 367), die zuletzt durch Artikel 24 der Verordnung vom 11.12.2024 (BGBl. 2024 I S. 411) geändert worden ist

Taxonomieverordnung: Verordnung (EU) 2020/852 des Europäischen Parlaments und des Rates vom 18.06.2020 über die Einrichtung eines Rahmens zur Erleichterung nachhaltiger Investitionen und zur Änderung der Verordnung (EU) 2019/2088

UVgO: Bekanntmachung der Verfahrensordnung für die Vergabe öffentlicher Liefer- und Dienstleistungsaufträge unterhalb der EU-Schwellenwerte (Unterschwellenvergabeordnung) vom 02.02.2017, berichtigt durch BAnz AT 08.02.2017 B1

VgV: Verordnung über die Vergabe öffentlicher Aufträge (Vergabeverordnung) vom 12.04.2016 (BGBl. I S. 624), die zuletzt durch Artikel 1 der Verordnung vom 07.02.2024 (BGBl. 2024 I Nr. 39) geändert worden ist

VOB/B: Vergabe- und Vertragsordnung für Bauleistungen – Teil B: Allgemeine Vertragsbedingungen für die Ausführung von Bauleistungen in der Fassung 2016 (Bekanntmachung vom 31.07.2009, BAnz. Nr. 155 vom 15.10.2009), geändert durch Bekanntmachung vom 26.06.2012 (BAnz AT 13.07.2012 B3), zuletzt geändert durch Bekanntmachung vom 07.01.2016 (BAnz AT 19.01.2016 B3)

WHG: Gesetz zur Ordnung des Wasserhaushalts (Wasserhaushaltsgesetz) vom 31.07.2009 (BGBl. I S. 2585), das zuletzt durch Artikel 2 des Gesetzes vom 12.08.2025 (BGBl. 2025 I Nr. 189) geändert worden ist

Zweites Modernisierungsgesetz Bayern vom 23.12.2024 (GVBl. 2024 S. 619)

Literatur

05.09 Grünvolumen 2020. Berlin: Senatsverwaltung für Stadtentwicklung und Wohnen, 2020. https://share.google/D0lMmjydNodIDmc58 [Zugriff: 24.10.2025]

A wie zirkulär. Ein Leitfaden zum Planen und Bauen im Kreislauf. Berlin: Architektenkammer Berlin, 2024. https://www.ak-berlin.de/fileadmin/user_upload/Fachthemen_Nachhaltiges_Planen_und_Bauen/20241028_A_WIE_ZIRKULAER_EIN_LEITFADEN_ZUM_PLANEN_UND_BAUEN_IM_KREISLAUF.pdf [Zugriff: 28.10.2025]

Ahrens, Frederike; Berger, Corinna; Flintrop, Annika; Milbert, Antonia; Müller, André; Schreiber, Jonathan; Weber, Manuela: Die Agenda 2030 auf lokaler Ebene umsetzen. BBSR-Online-Publikation 33/2025. Bonn: Bundesinstitut für Bau-, Stadt- und Raumforschung (BBSR), 2025. https://www.bbsr.bund.de/BBSR/DE/veroeffentlichungen/bbsr-online/2025/bbsr-online-033-2025-dl.pdf [Zugriff: 24.10.2025]

ASR V3a.2:2012-08 Barrierefreie Gestaltung von Arbeitsstätten. Dresden: Bundesanstalt für Arbeitsschutz und Arbeitsmedizin, Ausschuss für Arbeitsstätten, 2012

Aufbauen, umbauen, nachverdichten: Neuer Holzbau in Bestand und Fläche. Wuppertal: Studiengemeinschaft Holzleimbau e. V., 2023

AV Stellplätze: Ausführungsvorschriften zu § 49 Absatz 1 und 2 der Bauordnung für Berlin (BauO Bln) über Stellplätze für Kraftfahrzeuge für Menschen mit schwerer Gehbehinderung und Rollstuhlnutzende sowie für Abstellplätze für Fahrräder vom 16.06.2021 (ABl. S. 2326)

Baier, Reinhold; Engelen, Katja; Klemps-Kohnen, Alexandra; Reinartz, Angelika: Einsatzbereiche und Einsatzgrenzen von Straßenumgestaltungen nach dem „Shared Space“-Gedanken. BASt-Bericht V 251. Bergisch Gladbach: Bundesanstalt für Straßen- und Verkehrswesen, 2015

Batista, Anamarija; Siedle, Julia: Rethinking obsolete typologies. Basel: Birkhäuser, 2025

BestandsGebäudeGrün (BEGG). Berlin: Bundesverband GebäudeGrün e. V., 2025. https://www.gebaeudegruen.info/project/begg/ [Zugriff: 25.10.2025]. Download Forschungsbericht: https://oa.tib.eu/renate/items/160b21ad-7ccd-485d-b069-0111c5e9c821 [Zugriff: 29.12.2025].

Böhm, Jutta; Böhme, Christa; Bunzel, Arno; Kühnau, Christina; Landua, Detlef; Reinke, Markus: Urbanes Grün in der doppelten Innenentwicklung. BfN-Skripten 444. Bonn: Bundesamt für Naturschutz (BfN), 2016. https://www.bfn.de/publikationen/bfn-schriften/bfn-schriften-444-urbanes-gruen-der-doppelten-innenentwicklung [Zugriff: 24.10.2025]

Bossemeyer, Hans-Dieter: Gebäudeschadstoffe im Bild. Köln: RM Rudolf Müller Medien GmbH & Co. KG, 2020

Bossemeyer, Hans-Dieter; Dolata, Stephan; Dünger, Olaf; Zwiener, Gerd: Schadstoffe im Baubestand, 3. Aufl. Köln: RM Rudolf Müller Medien GmbH & Co. KG, 2025

Brand, Stewart: How buildings learn. New York City, USA: Penguin Books, 1995

CEAP: Ein neuer Aktionsplan für die Kreislaufwirtschaft für ein saubereres und wettbewerbsfähigeres Europa. Mitteilung der Kommission an das Europäische Parlament, den Rat, den Europäischen Wirtschafts- und Sozialausschuss und den Ausschuss der Regionen. Stand: 03/2020. https://eur-lex.europa.eu/legal-content/DE/TXT/HTML/?uri=CELEX:52020DC0098 [Zugriff: 28.10.2025]

Croeser, Thami; Sharma, Roshan; Weisser, Wolfgang W.; Bekessy, Sarah A.: Acute canopy deficits in global cities exposed by the 3-30-300 benchmark for urban nature. In: Nature Communications 15 (2024), Nr. 9333. https://doi.org/10.1038/s41467-024-53402-2 [Zugriff: 24.10.2025]

db 360 °: Spezial. Bauen ohne Bauland. db-Onlinetalk, 02.07.2025. Leinfelden-Echterdingen: deutsche bauzeitung, 2025

Denkmalschutz. Stuttgart: Deutsche Gesellschaft für Nachhaltiges Bauen, 2025. https://www.dgnb.de/de/zertifizierung/gebaeude/sanierung [Zugriff: 21.10.2025]

Den ökologischen Wandel gestalten. Integriertes Umweltprogramm 2030. Berlin: Bundesministerium für Umwelt, Naturschutz, Bau und Reaktorsicherheit (BMUB), 2016

Dietlmeier, Caroline; Gruhne, Stefan; Pytlik, Simon; Zach, Mascha Eva: Wohnen weiterbauen. Berlin: Gebr. Mann Verlag, 2025

Digitalisierung und Bauen im Bestand. Berlin: Bundesarchitektenkammer (BAK), 2025. https://bak.de/wp-content/uploads/2025/05/BAK_DigitalisierungUndBauenImBestand.pdf [Zugriff: 18.10.2025]

EFA. Empfehlungen für Fußgängerverkehrsanlagen. Stand: 2002. Köln: Forschungsgesellschaft für Straßen- und Verkehrswesen, 2002

Ein Leitfaden für eine flächensparende und kompakte Siedlungsentwicklung in der Metropolregion Hamburg (Fokus: Wohnen). Hamburg: Metropolregion Hamburg, 2024. https://metropolregion.hamburg.de/resource/blob/872546/dd74154192b7bfd588a0c4785ac3dfdc/do-leitfaden-siedlungsentwicklung-data.pdf [Zugriff: 20.10.2025]

Empfehlungen und Stellungnahmen des Beirats für Raumentwicklung. Berlin: Bundesministerium für Wohnen, Stadtentwicklung und Bauwesen, 2023

Fath, Maren; Storck, Michael; Kurzer, Christoph; Willmy, Steffen; Schridde, Joachim; Sieder, Mike; Hafner, Annette; Winter, Stefan; Kessel, Tanja: Leitlinie zur Vereinfachung der Planung und Durchführung von Aufstockungs-/Erweiterungsmaßnahmen als Nachverdichtungsmaßnahme in innerstädtischen Bereichen. Stuttgart: Fraunhofer IRB Verlag, 2019

Flexibilität und Umnutzungsfähigkeit (ECO2.1). DGNB System – Kriterienkatalog Gebäude Sanierung. Version 2021. Stuttgart: Deutsche Gesellschaft für Nachhaltiges Bauen, 2021

Forschungsprojekt Innovative Wohnformen – Best Practices, Projektionen und Realisierungsbedingungen. Bonn: Bundesinstitut für Bau-, Stadt- und Raumforschung, 2025

Fortschreibung Wohngebäude- und Wohnungsbestand (Code: 31231). Stand: Oktober 2025. Wiesbaden: Statistisches Bundesamt (Destatis), 2025. https://www-genesis.destatis.de/datenbank/online/statistic/31231/table/31231-0001 [Zugriff: 01.11.2025]

GIRL: Feststellung und Beurteilung von Geruchsimmissionen (Geruchsimmissions-Richtlinie) in der Fassung vom 29.02.2008 und einer Ergänzung vom 10.09.2008

Grüntuch-Ernst, Almut: Hortitecture. Berlin: Jovis Verlag GmbH, 2018

Hinweise zu Straßenräumen mit besonderem Überquerungsbedarf – Anwendungsmöglichkeiten des „Shared Space"-Gedankens. Ausgabe 2011. Köln: Forschungsgesellschaft für Straßen- und Verkehrswesen Verlag GmbH, 2011

Hoymann, Jana; Schlömer, Claus; Maretzke, Steffen: Raumordnungsprognose 2045 – Haushaltsprognose. Bonn: Bundesinstitut für Bau-, Stadt- und Raumforschung (BBSR), 2025. https://www.bbsr.bund.de/BBSR/DE/veroeffentlichungen/analysen-kompakt/2025/ak-08-2025-dl.pdf?__blob=publicationFile&v=2 [Zugriff: 24.10.2025]

Kabat: Brandschutz in Baudenkmälern und historischen Bauten. 2. Aufl. Köln: RM Rudolf Müller Medien GmbH & Co. KG, 2025

Kadner, S.; Kobus, J.; Hansen, E.; Akinci, S.; Elsner, P.; Hagelüken, C.; Jaeger-Erben, M.; Kick, M.; Kwade, A.; Kühl, C.; Müller-Kirschbaum, T.; Obeth, D.; Schweitzer, K.; Stuchtey, M.; Vahle, T.; Weber, T.; Wiedemann, P.; Wilts, H.; von Wittken, R.: Circular Economy Roadmap für Deutschland. München/London: acatech/SYSTEMIQ, 2021. https://static1.squarespace.com/static/5b52037e4611a0606973bc79/t/61c1e6423a5240679dd86ab1/1640097378486/Circular+Economy+Roadmap+f%C3%BCr+Deutschland_DE_DOI.pdf [Zugriff: 12.11.2025]

Kleinwohnformen – Wohn- und Lebensraum mit Potenzial? Luzern: Hochschule Luzern, 2025

Konijnendijk, Cecil: The 3-30-300 rule for urban forestry and greener cities. In: Biophilic Cities Journal 4 (2021), Nr. 2

Küchel, Lisa; Bosch-Lewandowski, Simone; Ulrich, Alexandra; Weeber, Rotraut; Weeber, Hannes; Rapp, Johanna; Bott, Cornelia;

Nguyen, Le Trang: Freiraum und Lebensqualität in urbanen Stadtquartieren. Ludwigsburg: Wüstenrot Stiftung, 2022. https://wuestenrot-stiftung.de/publikationen/freiraum-und-lebensqualitaet-in-urbanen-stadtquartieren-download/ [Zugriff: 24.10.2025]

Leitfaden für die Erstellung einer Baustellenordnung. Karlsruhe: Offensive Gutes Bauen, 2020

Leitfaden kommunale Förderinstrumente Dach- und Fassadenbegrünung sowie Entsiegelung und Hofbegrünung. BuGG-Fachinformation. Berlin: Bundesverband GebäudeGrün e. V. (BuGG), 2024. https://www.gebaeudegruen.info/wp-content/uploads/2025/02/BuGG_Fachinfo_Leitfaden_Foerderinstrumente_20240410_Final_kl.pdf [Zugriff: 24.10.2025]

Leitfaden zur Einrichtung temporärer Spielstraßen in Berlin. Berlin: Senatsverwaltung für Umwelt, Mobilität, Verbraucher- und Klimaschutz, 2022. https://mobilitaetsbildung-berlin.de/wp-content/uploads/2022/10/leitfaden-temporaere-spielstrassen.pdf [Zugriff: 24.10.2025]

Mann, Gunter; Scharf, Bernhard; Kraus, Florian; Köhler, Manfred: Handbuch Bauwerksbegrünung. 2. Aufl. Köln: RM Rudolf Müller Medien GmbH & Co. KG, 2022

M-HFHHolzR: Muster-Richtlinie über brandschutztechnische Anforderungen an hochfeuerhemmende Bauteile in Holzbauweise in der Fassung vom Juli 2004

MHolzBauRL: Muster-Richtlinie über brandschutztechnische Anforderungen an Bauteile und Außenwandbekleidungen in Holzbauweise in der Fassung vom 24.09.2024

MIndBauRL: Muster-Richtlinie über den baulichen Brandschutz im Industriebau (Muster-Industriebau-Richtlinie), Stand: Mai 2019

MLAR: Muster-Richtlinie über brandschutztechnische Anforderungen an Leitungsanlagen (Muster-Leitungsanlagen-Richtlinie) in der Fassung vom 10.02.2015, zuletzt geändert durch Beschluss der Fachkommission Bauaufsicht vom 03.09.2020

Monitoringbericht 2023 zur Deutschen Anpassungsstrategie an den Klimawandel. Dessau-Roßlau: Umweltbundesamt, 2023. https://www.umweltbundesamt.de/sites/default/files/medien/376/publikationen/das-monitoringbericht_2023_bf_korr.pdf [Zugriff: 24.10.2025]

Moreno, Carlos; Allam, Zaheer; Chabaud, Didier; Gall, Catherine; Pratlong, Florent: Introducing the "15-Minute City" – sustainability, resilience and place identity in future post-pandemic cities. In: Smart Cities 4 (2021), Nr. 1, S. 93–111

Müller, Bettina-Maria: TYPUS + ADAPTION. Bauliche Qualitätssicherung in sakralen Transformationsprozessen. München: Technische Universität München, TUM School of Engineering and Design, Diss., 2022. https://mediatum.ub.tum.de/?id=1656414 [Zugriff: 24.10.2025]

Multifunktionale Innenstadtentwicklung und Partizipationskultur. BBSR-Online-Publikation 102/2024. Bonn: Bundesinstitut für Bau-, Stadt- und Raumforschung (BBSR), 2024. https://www.staedtebaufoerderung.info/SharedDocs/downloads/DE/Praxis/ArbeitshilfenundLeitfaeden/BBSR-Online-Publikation_102_2024_Partizipationskultur.pdf?__blob=publicationFile&v=2 [Zugriff: 25.10.2025]

Nanz, Patrizia; Fritsche, Miriam: Handbuch Beteiligung. Gestaltungsmöglichkeiten für Bürgerinnen und Bürger. Bonn: Bundeszentrale für politische Bildung, 2024

Offermann, Markus; Lindner, Sigrid; Reiser, Marco; Braungardt, Sibylle; Bürger, Veit; Kocher, Daniel; Bruse, Michael; Cramer, Laura: Climate Change 30/2022. Abschlussbericht: Nachhaltige Gebäudeklimatisierung in Europa. Dessau-Roßlau: Umweltbundesamt, 2022. https://www.umweltbundesamt.de/sites/default/files/medien/479/publikationen/cc_30-2022_nachhaltige_gebaeudeklimatisierung_in_europa.pdf [Zugriff: 24.10.2025]

Pahl-Weber, Elke; Flade, Kilian; Gabsch, Greta; Jeutner, Marcus: Leitfaden Ko-Kreation: Urbane Transformationen mit Urban Design Thinking. Berlin: TU Berlin University Press, 2022

Pfoser, Nicole: Handbuch Bauwerksbegrünung im Bestand. Köln: RM Rudolf Müller Medien GmbH & Co. KG, 2025

PHVision. Dynamischer Masterplan. Zürich: KCAP Architects&Planners, 2019. https://www.heidelberg.de/site/HD_Microsite/get/documents_E1717651486/heidelberg/Objektdatenbank/Konversion/PDF/PHV_Dynamischer%20Masterplan/konversion_12_pdf_01_Dynamischer_Masterplan_PHV_Bericht.pdf [Zugriff: 28.10.2025]

Pop-up-Maßnahmen für die Mobilitätswende. Ein Leitfaden für Kommunen. Stand: Juli 2025. Berlin: Deutsche Umwelthilfe e. V., 2025. https://www.duh.de/fileadmin/user_upload/download/Projektinformation/Verkehr/Mobilitaetswende/Handlungsleitfaden_Pop-Up-Mobilitaetswende_final_250804.pdf [Zugriff: 24.10.2025]

RAB 32. Regeln zum Arbeitsschutz auf Baustellen. Unterlage für spätere Arbeiten. Stand: März 2003. Berlin: Bundesministerium für Wirtschaft und Arbeit, 2003

RASt 06. Richtlinien für die Anlage von Stadtstraßen. Ausgabe 2006. Köln: Forschungsgesellschaft für Straßen- und Verkehrswesen, Arbeitsgruppe Straßenentwurf, 2006

Reallabore für urbane Transformation: Methoden, Akteure und Orte experimenteller und ko-produktiver Stadtentwicklung am Beispiel der BMBF-Zukunftsstadtforschung. Berlin: Synthese- und Vernetzungsprojekt Zukunftsstadt (SynVer*Z), 2022. https://www.nachhaltige-zukunftsstadt.de/downloads/SynVerZ_Sammelband_Reallabore.pdf [Zugriff: 24.10.2025]

Rettich, Stefan; Tastel, Sabine: Die obsolete Stadt – Wege in die Zirkularität. Ein Projekt der Universität Kassel (Fachgebiet Städtebau). Jovis Verlag, Berlin, 2025

Schwerdtner, Patrick; Kessel, Tanja; Roth, Carsten; Kian, Shayan Ashrafzadeh; Bucherer, Michael; Schippmann, Felix; Uhlendorf, Tino; Wahnes, Sönke: Handlungsleitfaden Initiierung. Band 49. Stuttgart: Fraunhofer IRB Verlag, 2020

Sommerstraßen in München. München: Landeshauptstadt München, Mobilitätsreferat, 2024. https://muenchenunterwegs.de/sommerstrassen [Zugriff: 24.10.2025]

Stadt(t)räume von Kindern. Kinderorientierte Stadtentwicklung. Ausgabe 2/2018. Bonn: Bundesinstitut für Bau-, Stadt- und Raumforschung (BBSR) im Bundesamt für Bauwesen und Raumordnung (BBR), 2018. https://www.bbsr.bund.de/BBSR/DE/veroeffentlichungen/izr/2018/2/downloads/izr-2-2018-komplett-dl.pdf?__blob=publicationFile&v=2 [Zugriff: 28.10.2025]

Stadtunterbau – Urban Base. Hannover: Gottfried Wilhelm Leibniz Universität Hannover, 2023. https://stadtunterbau.de/ [Zugriff: 25.10.2025]

Stellplatzsatzung Leipzig: Satzung der Stadt Leipzig über die Stellplatzpflicht. Beschluss Nummer VI-DS-04952-DS-01 der Ratsversammlung vom 19.11.2019, veröffentlicht im Amtsblatt am 07.12.2019

Suffizienz. Forschung im Gebäudebereich. Bonn: Bundesinstitut für Bau-, Stadt- und Raumforschung (BBSR) im Bundesamt für Bauwesen und Raumordnung (BBR), 2024. https://www.bbsr.bund.de/BBSR/DE/veroeffentlichungen/sonderveroeffentlichungen/2024/suffizienz-forschung-gebaeudebereich-dl.pdf?__blob=publicationFile&v=2 [Zugriff: 28.10.2025]

TA Lärm: Sechste Allgemeine Verwaltungsvorschrift zum Bundes-Immissionsschutzgesetz (Technische Anleitung zum Schutz gegen Lärm) vom 26.08.1998 (GMBl Nr. 26/1998 S. 503), geändert durch Verwaltungsvorschrift vom 01.06.2017 (BAnz AT 08.06.2017 B5)

TA Luft: Neufassung der Ersten Allgemeinen Verwaltungsvorschrift zum Bundes-Immissionsschutzgesetz (Technische Anleitung zur Reinhaltung der Luft) vom 18.08.2021 (GMBl 2021 S. 1050)

Transformation zu einer zirkulären Bauwirtschaft als Beitrag zu einer nachhaltigen Entwicklung. Dessau-Roßlau: Kommission Nachhaltiges Bauen am Umweltbundesamt (KNBau), 2024. https://www.umweltbundesamt.de/sites/default/files/medien/479/publikationen/knbau_transformation_zu_einer_zirkulaeren_bauwirtschaft.pdf [Zugriff: 28.10.2025]

TRGS 519. Technische Regeln für Gefahrstoffe. Asbest – Abbruch- Sanierungs- oder Instandhaltungsarbeiten. Ausgabe Januar 2014. Berlin: Bundesanstalt für Arbeitsschutz und Arbeitsmedizin, Ausschuss für Gefahrstoffe (AGS), 2014, zuletzt geändert und ergänzt: GMBl 2025, Nr. 7, 28.02.2025, S. 144–145

TRGS 521. Technische Regeln für Gefahrstoffe. Abbruch-, Sanierungs- und Instandhaltungsarbeiten mit alter Mineralwolle. Ausgabe Februar 2008. Berlin: Bundesanstalt für Arbeitsschutz und Arbeitsmedizin, Ausschuss für Gefahrstoffe (AGS), 2008

TRGS 524. Technische Regeln für Gefahrstoffe. Schutzmaßnahmen bei Tätigkeiten in kontaminierten Bereichen. Ausgabe Februar 2010. Berlin: Bundesanstalt für Arbeitsschutz und Arbeitsmedizin, Ausschuss für Gefahrstoffe (AGS), 2010, zuletzt geändert und ergänzt: GMBl 2011, Nr. 49–51, S. 1018–1019

Urbane Freiräume – Qualifizierung, Rückgewinnung und Sicherung urbaner Frei- und Grünräume. Handlungsempfehlungen für die kommunale Praxis. Bonn: Bundesinstitut für Bau-, Stadt- und Raumforschung, 2019

VDI 4100:2012-10. Schallschutz im Hochbau – Wohnungen – Beurteilung und Vorschläge für erhöhten Schallschutz. Düsseldorf: Verein Deutscher Ingenieure, 2012

Verfahren zur städtebaulichen und gestalterischen Konzeption (PRO1.6). DGNB System – Kriterienkatalog Gebäude Sanierung. Version 2023. Stuttgart: Deutsche Gesellschaft für Nachhaltiges Bauen, 2023

Von der Büro- zur Wohnnutzung. Die Lösung zur Bewältigung des Wohnungsmangels? Chicago, USA: Jones Lang LaSall Inc. (JLL), 2025. https://www.jll.com/de-de/insights/buero-zur-wohnnutzung [Zugriff: 01.11.2025]

VV TB NRW: Verwaltungsvorschrift Technische Baubestimmungen NRW (Runderlass des Ministeriums für Heimat, Kommunales, Bau und Gleichstellung, S. 614–408) vom 15.06.2021

Wenner, Fabian; Thierstein, Alain: Potenziale der Innenentwicklung in München. München: Technische Universität München, 2024. https://mediatum.ub.tum.de/doc/1737396/m2u6h-c9125lrsrqfq6iif9oks.Potenziale-Innenentwicklung_WEB.pdf [Zugriff: 20.10.2025]

Werksviertel München seit 2009. München: steidle architekten, 2024. https://www.steidle-architekten.de/fileadmin/content/projekte/20_M_Werksviertel_Mitte/240311_steidle_architekten_Werksviertel_Ausstellungseroeffnung_DSP_23-24.pdf [Zugriff: 01.11.2025]

Zirkuläres Bauen erfolgreich umsetzen. Ein praxisnaher Leitfaden für Entscheidungstragende, Bauverantwortliche und Planende. Karlsruhe: Landesanstalt für Umwelt Baden-Württemberg (LUBW), 2024. https://intep.com/wp-content/uploads/2024/10/2429_08_41021_LUBW_Leitfaden_Zirkulaeres_Bauen_final_barrierefrei.pdf [Zugriff: 28.10.2025]

Zwischennutzungen und Nischen im Städtebau als Beitrag für eine nachhaltige Stadtentwicklung. In: Werkstatt: Praxis 57 (2008). https://www.bbsr.bund.de/BBSR/DE/veroeffentlichungen/ministerien/bmvbs/wp/2008/heft57_DL.pdf?__blob=publicationFile&v=2 [Zugriff: 25.10.2025]

8.2 Stichwortverzeichnis